3. Der Kapitelabschluss

Der Kompetenz-Check am Ende eines Kapitels dient der Festigung der im Rahmen der Thematik erworbenen Kompetenzen.

Das Wichtigste in Kürze
Die Inhalte der Thematik werden über Mindmaps zusammengefasst. Die Zusammenstellung der Arbeitsbegriffe zum Thema soll helfen, die inhalts- und prozessbezogenen Kompetenzen zu wiederholen.

Klausurtraining
Im abschließenden Klausurtraining können Sie dann ihre Fähigkeiten und methodischen Fertigkeiten überprüfen und vertiefen.

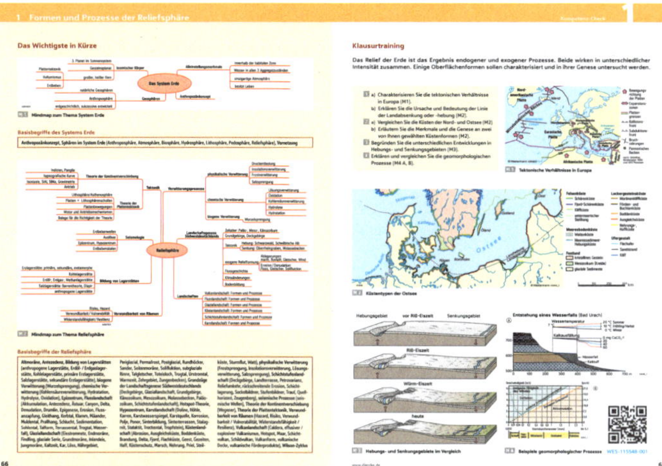

4. Diercke-Links, Weblinks, QR-Codes

www.diercke.de 100800-242 — Durch Eingabe des Karten-Codes unter diercke.westermann.de gelangen Sie auf die passende Seite im Diercke Weltatlas (2015). Dort erhalten Sie Hinweise zu ergänzenden Atlaskarten sowie weiterführenden Materialien.

↗ *WES-115548-005* — Durch Eingabe des Weblinks auf der Seite www.westermann.de/webcode erhalten Sie Zugriff auf Aufgabenlinks und Zusatzmaterialien.

Das verlinkte Material können Sie mithilfe eines QR-Code-Readers herunterladen oder Sie geben den Webcode auf der Internetseite www.westermann.de/webcode ein.

Operatoren

Anforderungsbereich I

beschreiben
Sachverhalte schlüssig wiedergeben

bezeichnen
Sachverhalte (insbesondere bei nichtlinearen Texten wie zum Beispiel Tabellen, Schaubildern, Diagrammen oder Karten) begrifflich präzise formulieren

nennen
Sachverhalte in knapper Form anführen

Anforderungsbereich II

analysieren
Materialien oder Sachverhalte systematisch untersuchen und auswerten

begründen
Aussagen (zum Beispiel eine Behauptung, eine Position) durch Argumente stützen, die durch Beispiele oder andere Belege untermauert werden

charakterisieren
Sachverhalte mit ihren typischen Merkmalen und in ihren Grundzügen bestimmen

darstellen
Sachverhalte strukturiert und zusammenhängend verdeutlichen

ein- / zuordnen
Sachverhalte schlüssig in einen vorgegebenen Zusammenhang stellen

Anforderungsbereich II

erklären
Sachverhalte schlüssig aus Kenntnissen in einen Zusammenhang stellen (zum Beispiel Theorie, Modell, Gesetz, Regel, Funktions-, Entwicklungs- und / oder Kausalzusammenhang)

erläutern
Sachverhalte mit Beispielen oder Belegen veranschaulichen

erstellen
Sachverhalte (insbesondere in grafischer Form) unter Verwendung fachsprachlicher Begriffe strukturiert aufzeigen

herausarbeiten
Sachverhalte unter bestimmten Gesichtspunkten aus vorgegebenem Material entnehmen, wiedergeben und / oder gegebenenfalls berechnen

Anforderungsbereich III

vergleichen
Vergleichskriterien festlegen, Gemeinsamkeiten und Unterschiede gewichtend einander gegenüberstellen sowie ein Ergebnis formulieren

beurteilen
Aussagen, Vorschläge oder Maßnahmen untersuchen, die dabei zugrunde gelegten Kriterien benennen und ein begründetes Sachurteil formulieren

bewerten
Aussagen, Vorschläge oder Maßnahmen beurteilen, ein begründetes Werturteil formulieren und die dabei zugrunde gelegten Wertmaßstäbe offenlegen

entwickeln
zu einer vorgegebenen oder selbst entworfenen Problemstellung einen begründeten Lösungsvorschlag entwerfen

erörtern
zu einer vorgegebenen These oder Problemstellung durch Abwägen von Pro- und Kontra-Argumenten ein begründetes Ergebnis formulieren

gestalten
zu einer vorgegebenen oder selbst entworfenen Problemstellung ein Produkt rollen- beziehungsweise adressatenorientiert herstellen

überprüfen
Aussagen, Vorschläge oder Maßnahmen an Sachverhalten auf ihre sachliche Richtigkeit hin untersuchen und ein begründetes Ergebnis formulieren

westermann

Rote Reihe

Sphären im System Erde

MATERIALIEN SII

Herausgeber:
Jürgen Bauer

Autorinnen und Autoren:
Jürgen Bauer
Felix Kietz
Frank Morgeneyer
Marianne Schmidt

unter Mitwirkung der
Verlagsredaktion

Cover: Sonnenaufgang über dem Pazifischen Ozean
Einband vorn: Hinweise zum Buch, Operatoren

Druck A² / Jahr 2024
Alle Drucke der Serie A sind im Unterricht parallel verwendbar.

Redaktion: Jens Gläser
Layout: Yvonne Behnke, Berlin
Druck und Bindung: Westermann Druck GmbH, Georg-Westermann-Allee 66, 38104 Braunschweig

ISBN 978-3-14-115548-8

Sphären im System Erde

Systeme lassen sich anhand definierter Kriterien gegeneinander abgrenzen und bestehen stets aus verschiedenen Elementen, die untereinander in Beziehungen stehen. Diese Wechselwirkungen bestimmen immer auch die Dynamik und die Entwicklung des jeweiligen Systems. Welche Charakteristika zeigt vor diesem Hintergrund das System Erde?

1 Beschreiben Sie die Struktur und wichtige Prozesse im System Erde (M1, M3, M4).

2 „Die Entwicklung der Erde ist eine Abfolge von langsamen und abrupten, von zyklischen und linearen Prozessen, von Katastrophen und Erholungen.“ Nennen Sie Beispiele (M5 – M7).

3 Beschreiben Sie an Beispielen, auf welche Weise der Mensch in das System Erde eingegriffen hat.

4 Erklären Sie die Begriffe Anthroposphäre und Anthropozän (M2).

3 Erstellen Sie eine Mindmap zum Thema „Die Erde, ein einzigartiger Planet“.

Planetenart	Felsenplanet
Alter	4,543 Mrd. Jahre
mittlerer Abstand zur Sonne	149,6 Mio. km
Umlaufdauer um die Sonne	365,24 Tage (1 Jahr)
Rotationsdauer	23 h, 56 min (1 Tag)
Umfang am Äquator	40 075 km
Durchmesser am Äquator	12 756 km
Masse	5,974 x 10^{24} kg
mittlere Oberflächentemperatur	+15 Grad Celsius (errechnet)
Meeresfläche	362 Mio. km^2
Landfläche	148 Mio. km^2
Begleiter	Mond
besondere Kennzeichen	Wasser in 3 Aggregatzuständen, beherbergt Leben
Anzahl heute lebender Arten	5 bis 100 Mio.

M 1 Steckbrief des blauen Planeten

Das System Erde als Ganzes, die sogenannte **Geosphäre**, ist ein komplexes und offenes System. Es wird durch Energieflüsse aus dem Erdinneren und von der Sonne angetrieben. Sie und der Stoffaustausch mit seiner Umgebung machen den Planeten zu einem offenen System: Sein Körper ist durch Zusammenballung von Sternenstaub erst zu seiner heutigen Größe herangewachsen. In seiner Frühphase lieferten Kometen wahrscheinlich große Teile seines heutigen Wasservolumens und heute noch rieseln als nicht verglühter Meteoritenrest etwa 100 Tonnen Staub pro Tag auf ihn hinab. Umgekehrt verliert die Erde pro Tag etwa 140 Tonnen, vor allem Wasserstoff und Helium, deren leichte Moleküle von der Gravitation der Erde nicht dauerhaft in ihrer **Atmosphäre** gehalten werden können.

Kein Lebewesen hat die Erde in so kurzer Zeit so sehr verändert wie der Mensch. Seit Beginn der neolithischen Revolution entwickelten sich seine Eingriffe in die Naturlandschaften und Ökosysteme immer umfassender. Die dabei entstandenen Kulturlandschaften sind aber stets nur künstlich geschaffene Gebilde auf Zeit: Ohne ständige Hege, Pflege und Energiezufuhr lässt sich mittel- und langfristig der jeweilige Zustand der **Anthroposphäre**, der durch menschliche Aktivitäten neu entstandenen Sphäre des Planeten, nicht aufrechterhalten.

Die Gesamtheit der von Menschen zu Wasser, an Land und in der Luft geschaffenen Dinge wiegt mittlerweile schon mehr als die Gesamtheit aller Tiere und Pflanzen und hat mit rund 30 Billionen Tonnen ein hunderttausendmal höheres Gewicht als alle Menschen zusammen: Da der Mensch zu einem der wichtigsten Einflussfaktoren auf biologische, geologische und atmosphärische Prozesse geworden ist, vertreten viele Wissenschaftler die Auffassung, der Planet Erde sei in ein neues geologisches Zeitalter, das **Anthropozän**, das „Zeitalter der Menschen“, eingetreten. Sein Beginn wird vielfach auf die Mitte des 20. Jahrhunderts datiert, denn damals begann mit der sogenannten „großen Beschleunigung“ eine so starke und nachhaltige Mobilisierung von Energien und Ressourcen, dass die Biosphäre zunehmend verändert wurde.

M 2 Basisinformation

Die Entwicklung des Universums hat die Vielzahl der chemischen Elemente und Moleküle hervorgebracht, aus denen alle Himmelskörper, Pflanzen, Tiere und wir Menschen aufgebaut sind. Die Entstehung und das Fortdauern des Lebens auf unserem Planeten wurden jedoch erst durch die Besonderheiten des Planeten Erde und das vielleicht einzigartige Zusammenwirken vielerlei Faktoren im System Sonne, Erde und Mond möglich:

- Seit dem Zünden ihres nuklearen Feuers vor 4,6 Milliarden Jahren schickt die Sonne unaufhörlich einen gewaltigen Strom von Protonen und Elektronen, den „Sonnenwind“, durch das Sonnensystem, der wie ein ferner Schutzschild die energiereiche und daher lebensfeindliche kosmische Höhenstrahlung schon am Rand des Sonnensystems abwehrt. Die Erde ist dabei vor dem Sonnenwind durch ihr Magnetfeld geschützt.
- Zusätzlich zum Sonnenwind sendet die Sonne elektromagnetische Strahlung aus, die die Erde erleuchtet und erwärmt. Die Erde ist dabei vor zu energiereicher Strahlung (UV-Strahlung) durch ihre Ozonschicht geschützt.
- Der Abstand der Erde zur Sonne ist gerade so groß, dass Wasser in festem, flüssigem und gasförmigem Zustand vorkommt, dass lebenswichtige Moleküle wie die Nukleinsäuren (Erbsubstanz) und die Proteine stabil bleiben und eine Vielzahl chemischer Reaktionen weder zu schnell noch zu langsam ablaufen.
- Die Erde hat genügend Masse, um durch ihre Schwerkraft flüssige und gasförmige Bestandteile (Ozeane und Atmosphäre mit einer einzigartigen Zusammensetzung) an sich zu binden.
- Trotz seiner ständigen Auskühlung ist der Erdkörper groß genug, um aus dem heißen Erdkern noch ständig Energie nach außen abzugeben und damit u. a. plattentektonische Prozesse zu ermöglichen.
- Der Mond der Erde wirkt stabilisierend auf die Lage der Erdachse. Er verhindert so, dass sich durch ein Schlingern der Achse Jahreszeiten und Temperaturen zu rasch verändern. Zusammen mit der Sonne erzeugte der Mond auch die Gezeitenkräfte.

M 3 Der Planet Erde – ein kosmischer Körper

www.diercke.de
100800-323-08

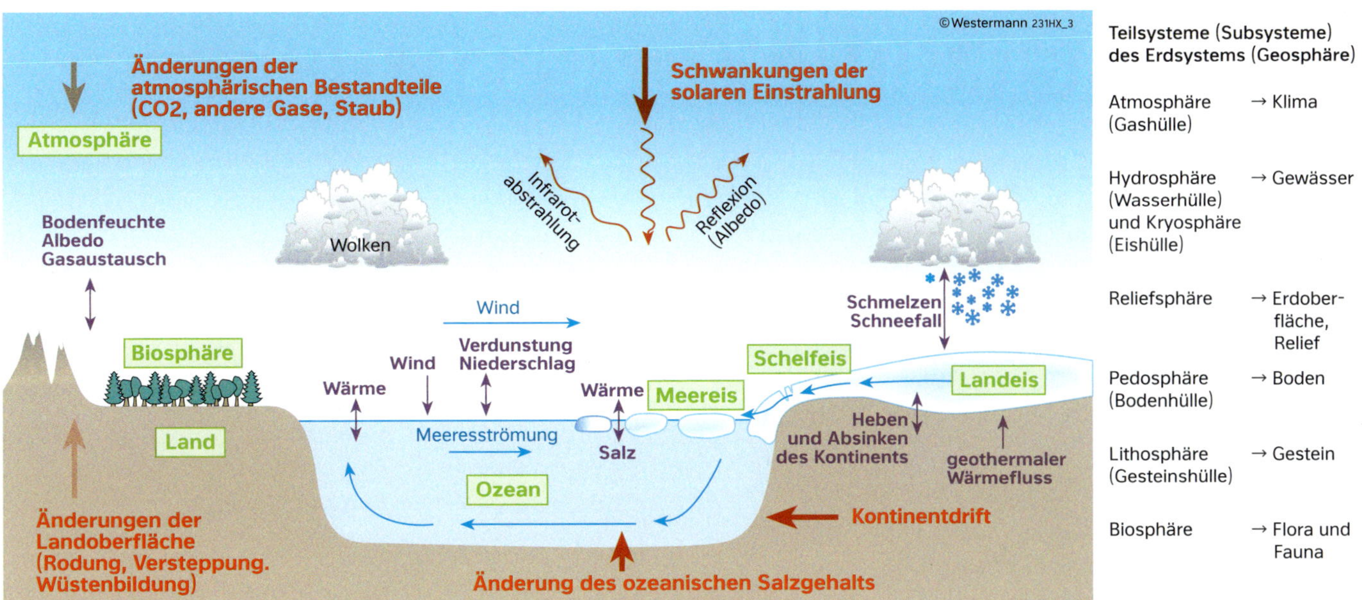

M 4 **Das System Erde und seine Subsysteme**

Die Entwicklung des Planeten Erde ist eine Geschichte ständiger Veränderungen. Sie werden ausgelöst durch eine Vielzahl **endogener** (von innen kommender) und **exogener** (von außen kommender) Einflüsse und **Prozesse**, die letztendlich durch energetische Ungleichgewichte angetrieben werden und die kein anderer Planet des Sonnensystems so besitzt.

Das größte Ungleichgewicht besteht innerhalb des Planeten selbst – zwischen dem noch heißen Erdinneren und seiner erkalteten Außenhaut. Mit 30 Kilometern Dicke besitzt diese sinnbildlich die Dicke einer Eischale, bildet aber eine effektive Wärmedämmung. Ohne sie hätte die Erde längst einen Großteil ihres Wärmegehalts verloren. Von der aus dem Inneren drängenden Wärme wird die Außenhaut der Erde daher fortwährend aufgerissen und in Stücke zerlegt. Vulkanismus, Erdbeben, Verschiebungen von Erdplatten und Gebirgsbildungen sind Erscheinungen, die daraus resultieren. Letztendlich wird der Energiestrom aus dem Erdinnern aber fortwährend als Infrarotstrahlung ins All abgegeben. Der Planetenkörper erkaltet.

Die Energie für die Erwärmung der Erdoberfläche und der Atmosphäre stammt zu 99 Prozent von der Sonne. Da die von der Sonne kommende Energie aber auch wieder abgestrahlt wird, ist das System „Erde, Atmosphäre und All" langfristig und global gesehen zwar im Gleichgewicht, wegen der Kugelgestalt, der Erdrotation, der Schrägstellung der Erdachse und der Wanderung der Erde um die Sonne variiert die Erwärmung der Oberfläche und der Atmosphäre räumlich und zeitlich jedoch erheblich. Die Folgen sind die Entstehung von Tag und Nacht, von Jahreszeiten, von großräumigen Luftmassen- und Meeresströmungen, die den Energieaustausch zwischen unterschiedlich warmen Regionen sicherstellen, sowie die Ausbildung mehr oder weniger breitenkreisparalleler Geozonen mit höchst unterschiedlichen Merkmalen und spezifischen Ökosystemen.

Der in diese Prozesse eingebettete Wasserkreislauf führt – zusammen mit der Gravitation – dazu, dass neu entstehende Höhenunterschiede wieder ausgeglichen werden: Selbst die höchsten Gebirge werden durch die Erosion nach und nach wieder eingeebnet. Die dabei entstehenden Sedimente liefern das Baumaterial für andere Reliefformen und meist auch neue Gebirge. Alle Stoffströme auf und in der Erde sind miteinander verwobene Kreislaufprozesse mit intensivem Recycling.

M 5 **Die Stoff- und Energieströme der Erde**

M 6 **Cyanobakterien – eine der ältesten Lebensformen**

Seit ihrer Entstehung haben sich die Lebewesen in praktisch alle Kreisläufe des immer komplexer gewordenen planetarischen Stoffwechsels eingeschaltet, mit weitreichenden Folgen: Ohne die Fotosynthese der grünen Pflanzen hätte der Planet eine andere Atmosphäre, ohne ihre Biomasseproduktion gäbe es keine Nahrungsketten und -netze, keine Bodenbildung und keine Lagerstätten fossiler Brennstoffe. Die Lebewesen der Erde haben ihren Heimatplaneten auf unglaubliche Art und Weise verändert und sich dabei alle nur denkbaren Lebensräume erschlossen – das Wasser, das Land und auch die Luft.

Doch Naturereignisse wie Vulkanausbrüche, das Zusammenspiel von kosmischen und irdischen Faktoren, wie z. B. bei der Entstehung der Eiszeiten, brachten das Leben schon mehrfach an den Rand des Untergangs. Bis auf die durch einen Meteoriteneinschlag ausgelöste Katastrophe, die die Dinosaurier auslöschte, wurde das Aussterben zahlloser weiterer Arten durch Veränderungen der Treibhausgaskonzentration in der Atmosphäre ausgelöst. Die Kreisläufe des Wassers, des Kohlenstoffs und des Gesteins sind demnach die wichtigsten globalen biogeochemischen Kreislaufprozesse des Planeten.
Immer wieder haben sich die Erde und seine Lebewesen von diesen Rückschlägen erholt und weiterentwickelt. Maßgebend für den ständigen Evolutionsprozess des Planeten ist seine enorme Fähigkeit der Selbstregulation: Seit der Entstehung des Lebens vor über 3,5 Mrd. Jahren ist die Temperatur der Erdoberfläche – von Ausnahmen abgesehen – auf einem für das Leben erträglichen Niveau geblieben, obwohl die Sonne ihre Wärmeabgabe seitdem um 25 Prozent gesteigert hat.

M 7 **Die Erde und ihre Lebewesen**

Formen und Prozesse der Reliefsphäre

Gebirgslandschaft im Himalaya

Die Erde ist nach einem klassischen geographischen Konzept wie eine Zwiebel aus verschiedenen Hüllen, den Sphären, aufgebaut, denen verschiedene Merkmale und Prozesse zugeordnet werden. Die Lithosphäre ist die älteste dieser Sphären. Die anderen natürlichen Sphären sind im Laufe der Erdgeschichte erst nach und nach dazugekommen, beeinflussten sich gegenseitig immer mehr und veränderten die Entwicklung des Planeten und sein Aussehen fortwährend und tiefgreifend.
Deutlich wird dies an der Grenzfläche zwischen Lithosphäre und Atmosphäre, der Reliefsphäre. Sie umfasst die Vielfalt der Oberflächenformen der festen Erde, ihr Relief.
Wie entsteht über das Zusammenwirken endogener und exogener Faktoren und Prozesse das Relief der Erde?

Die Theorie der Kontinentverschiebung

Geologische Prozesse, die dabei wirkenden Kräfte und Mechanismen sowie die entstehenden Reliefformen waren immer Arbeitsfelder der verschiedenen Disziplinen der Erderforschung. Eine umfassende Theorie, die mit wenigen grundsätzlichen und allgemein geltenden Prinzipien die Phänomene erklären konnte, fehlte den Geowissenschaften aber lange Zeit. Wie andere Ansätze war daher auch die Theorie der Kontinentverschiebung von Alfred Wegener umstritten. Warum erkannten viele Wissenschaftler die Theorie nicht an?

1 Erläutern Sie das Zitat Wegeners (M1).
2 Charakterisieren Sie die Indizien Wegeners für den von ihm angenommenen Urkontinent Pangäa (M3).
3 Vergleichen Sie die Vorstellung des Mobilismus und des Fixismus (M2, M5).
4 Stellen Sie Wegeners argumentative Zusammenhänge von hypsografischer Kurve, Isostasie und abgesunkenen Landbrücken dar (M4, M5, M8).
5 Erläutern Sie das Messergebnis in M6.
6 Begründen Sie, weshalb Wegener bis zuletzt umstritten blieb (M7).
7 Überprüfen Sie folgende Aussagen (M8):
- Die isostatische Ausgleichsfläche liegt in ca. 25 km Tiefe.
- Die höchsten Berge haben die tiefsten Wurzeln.
- Die ozeanische Kruste ist leichter als die kontinentale.

M 1 Alfred Wegener

Seit dem 17. Jahrhundert ist einzelnen Gelehrten immer wieder aufgefallen, dass sich die heutigen Kontinente wie Teile eines Puzzles zu einem großen Kontinent zusammenfügen lassen. 1912 versuchte der deutsche Meteorologe und Polarforscher Alfred **Wegener** in einem Vortrag erstmals, die frühere Existenz eines Urkontinents Pangäa mit einer Fülle von Indizien zu belegen. Nach Wegeners **Theorie der Kontinentverschiebung** begann Pangäa vor etwa 200 Millionen Jahren in mehreren aufeinanderfolgenden Phasen in einzelne Kontinente zu zerbrechen. Zwischen den auseinanderdriftenden Kontinenten hätten sich neue Ozeane gebildet und ursprünglich zusammenhängende geologische Strukturen und Verbreitungsgebiete fossiler Tier- und Pflanzenarten seien dadurch getrennt worden (M3). Bei der Kollision und an der Vorderseite driftender Kontinente würden der Meeresboden und Teile der Landmassen zu Gebirgen zusammengestaucht. So entstanden nach Wegener die Anden und die Rocky Mountains als „Bugwellen" des nach Westen driftenden amerikanischen Kontinents. Inselbögen wie die Antillen betrachtete Wegener dagegen als abgebrochene und zurückgebliebene „Heckteile" von Amerika.

Wegeners Theorie (Mobilismus) stieß bei vielen, vor allem deutschen Geowissenschaftlern auf heftigen Widerstand. Sie waren der Überzeugung, dass Kontinente keine horizontalen, sondern nur vertikale Bewegungen durchführen können (Fixismus). Nach dieser Auffassung ließen sich gleichartige geologische Strukturen und Fossilien auf benachbarten Kontinenten nur durch abgesunkene ehemalige Landbrücken erklären. Dies passte zumindest teilweise zu der sogenannten Kontraktionstheorie. Danach entstünden Gebirge wie die Falten eines schrumpelnden Apfels durch das Schrumpfen der Erde infolge ihrer allmählichen Abkühlung. Die Aussage des bedeutenden Geologen Eduard Suess „Der Zusammenbruch des Erdballs ist es, dem wir beiwohnen" war der Kernsatz dieses geologischen Weltbildes.

M 2 Basisinformation

M 3 Die Indizien Wegeners

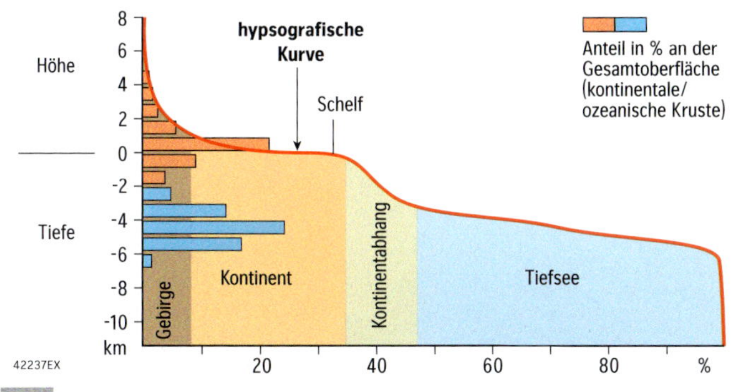

M 4 **Hypsografische Kurve**

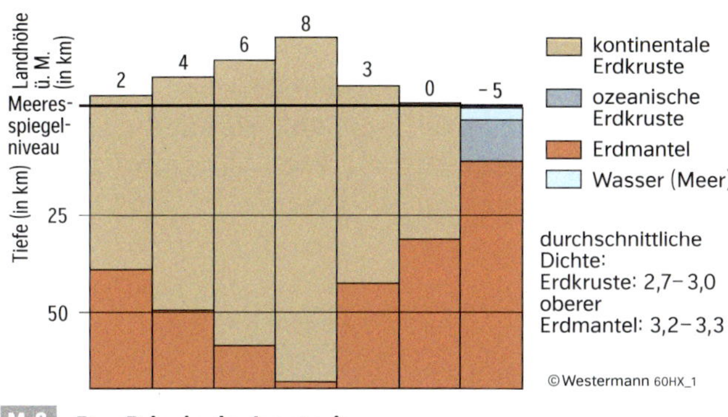

M 8 **Das Prinzip der Isostasie**

Die mittlere Höhe der Kontinente wurde bereits zu Lebzeiten Wegeners auf rund 800 Meter über dem Meeresspiegel berechnet. Das Relief der Meeresböden war dagegen zu Beginn des 20. Jh. noch weitgehend unbekannt. Durch die Verlegung von Unterseekabeln wussten Wissenschaftler, dass es in knapp vier Kilometern Tiefe ausgedehnte Ebenen geben musste. Doch erst in den Jahren 1926 und 1927 entdeckte z.B das deutsche Forschungsschiff „Meteor" durch Echolotungen im Südatlantik das gewaltige Gebirge des Mittelatlantischen Rückens und dessen zentrale, später als Rift Valley bezeichnete Grabenzone. Heute stellt die hypsografische Kurve die Reliefunterschiede der Erdoberfläche zusammenfassend dar. Die zwei dominierenden Höhenniveaus erklärte Wegener mithilfe des physikalischen Prinzips des Tauch- oder Schwimmgleichgewichts, der Isostasie. Danach verdrängen in Flüssigkeiten schwimmende Körper ein ihrer Masse äquivalentes Flüssigkeitsvolumen: Bei gleichem Volumen tauchen Körper mit hoher Dichte tiefer ein als Körper mit geringerer Dichte. Bei gleicher Dichte, aber verschiedenem Volumen tauchen Körper ebenfalls unterschiedlich tief ein.

In beiden Fällen entstehen Reliefunterschiede und ebenfalls muss in beiden Fällen das Gesamtgewicht der oberhalb der sogenannten isostatischen Ausgleichsfläche liegenden Masse gleich sein und somit auch die gleiche Erdanziehungskraft (Gravitation) anzeigen.

Nach Wegeners Vorstellung schwimmen die aus leichterem SiAl-Material (Silizium, Aluminium) bestehenden und hochaufragenden Kontinente wie Schiffe auf dem dichteren, aber plastisch verformbaren Meeresboden aus SiMa (Silizium, Magnesium): „Schiffe aus SiAl durchpflügen ein Meer aus SiMa." Bei horizontalen Bewegungen von Kontinenten müsste der Boden der sich öffnenden Meere daher aus SiMa bestehen. Wären die heute durch Meere getrennten Kontinente dagegen durch abgesunkende Landbrücken verbunden gewesen, müsste der heutige Meeresgrund aus SiAl bestehen.

Da zu Lebzeiten Wegeners Gesteinsproben aus großer Meerestiefe aus technischen Gründen noch nicht gewonnen werden konnten, konnte die Zusammensetzung des Meeresbodens zunächst nur indirekt über Schwerkraftmessungen ermittelt werden.

M 5 **Anwendung eines grundlegenden physikalischen Prinzips**

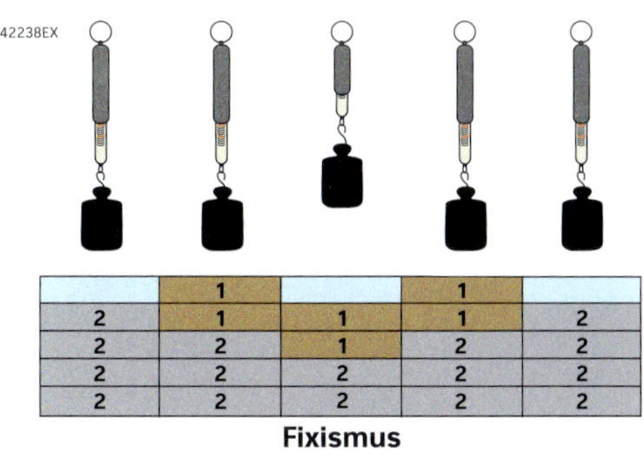

Die Anziehungskraft zweier Massen (Gravitation) lässt sich mit Gravimetern messen. Sie funktionieren wie einfache Federwaagen: Bei starker Schwerkraft wird das Gewicht stärker nach unten gezogen als bei geringerer Schwerkraft. 1923 konnte der Holländer F. V. Meinesz mit seinen in einem getauchten U-Boot erschütterungsfrei durchgeführten Messungen zeigen, dass die Gravitation der Meeresböden überall gleich ist und dass sie daher eine höhere Dichte besitzen müssen als die Kontinente.

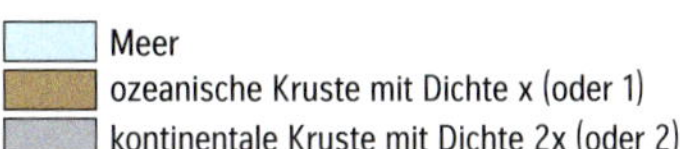

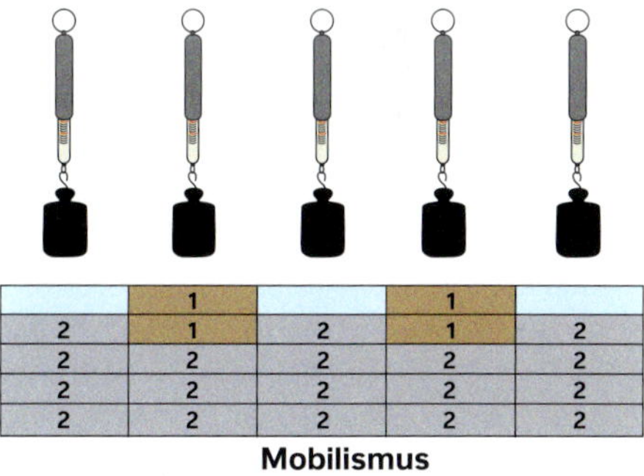

M 6 **Hypothese und Beweis des physikalischen Prinzips**

Trotz der eindeutigen geophysikalischen Ergebnisse von Meinesz betrachteten viele Geologen Wegeners Theorie weiterhin skeptisch. Nicht nur weil er „nicht vom Fach" war und an einem Grundpfeiler der Geologie rüttelte, sondern vor allem weil er durch die Annahme zweier auf der Erdrotation beruhender Triebkräfte der Kontinentverschiebung unglaubwürdig wurde: Wegen der Drehung der Erde haben die Kontinente die Tendenz, sich von den Polen Richtung Äquator zu bewegen, da dort die größte Zentrifugalkraft wirkt („Polfluchtkraft"). Zusätzlich würden die Kontinente bei der ostwärts gerichteten Drehung der Erde durch die stationären Gezeitenberge abgebremst und dadurch relativ nach Westen wandern („Gezeitenbremse").

Nach Berechnungen durch z.B. den Engländer H. Jeffreys erwiesen sich diese Kräfte allerdings als viel zu gering. Zudem schloss Wegener 1927 aus Positionsberechnungen dänischer Wissenschaftler von Grönland und einer östlich vorgelagerten Insel, dass beide sich um etwa 35 Meter pro Jahr nach Westen verschieben und Nordamerika sich um etwa einen Millimeter pro Tag von Europa entfernt. Wegen möglicher Messfehler blieb die Fachwelt jedoch überwiegend skeptisch. Wegener selbst glaubte aber bis zu seinem Tod auf einer Expedition in Grönland an die Richtigkeit seiner Theorie. Auch profilierte Geologen wie der Schotte Arthur Holmes, der Südafrikaner Alexandre du Toit (1937: „Our Wandering Continents") sowie amerikanische Geowissenschaftler waren von ihr überzeugt.

M 7 **Gegner und Befürworter der Theorie**

Die Theorie der Plattentektonik

Jahrzehnte nach Wegeners Tod ließen sich die Architektur der festen äußeren Erdschale sowie die Mechanismen und Ursachen der dort ablaufenden geologischen Prozesse mithilfe der Theorie der Plattentektonik in einem globalen Rahmen erklären. Was sind die Grundaussagen dieser Theorie?

1. Charakterisieren Sie die Bewegungen einzelner Erdplatten (M1a–c).
2. Erläutern Sie die grundlegenden Aussagen der Theorie der Plattentektonik (M1–M4).
3. Vergleichen Sie die Größe der einzelnen Platten und ihren Aufbau aus ozeanischer und/oder kontinentaler Lithosphäre (Atlas).
4. Erklären Sie die Besonderheiten von Hotspots (M6, M7).
5. **a)** Charakterisieren Sie die in Abbildung M5 dargestellten Prozesse.
   b) Nennen Sie Regionen der Erde, in denen Vergleichbares abläuft (M5, Atlas).

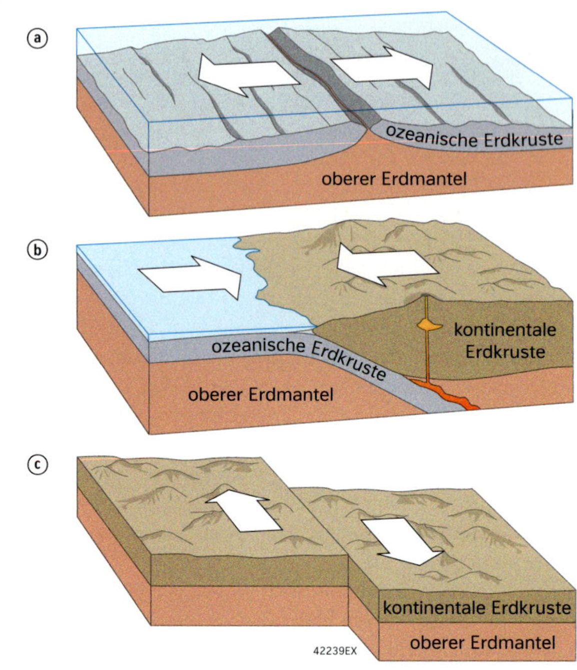

M1 Plattenbewegungen

Nach der **Theorie der Plattentektonik** besteht die Kugelschale der **Lithosphäre** aus einem Mosaik von Platten, die auf der plastischen Asthenosphäre beweglich gelagert sind. Die in sich starren Platten bewegen sich relativ zueinander, ihre Ränder sind tektonisch aktiv. Die Anordnung der Erdbeben- und Vulkanzonen sowie der Gebirge spiegeln Größe, Umrisse und Bewegung der Platten wider:

- *Zwei Platten divergieren*, sie entfernen sich voneinander. Entlang des Risses steigt laufend Magma auf. Dabei wird an Mittelozeanischen Rücken bzw. an kontinentalen Rift Valleys (Grabenbrüche) ständig neue Lithosphäre gebildet. Ozeane entstehen oder werden erweitert. Durch Abkühlung verdichtet sich die neu gebildete Lithosphäre und sackt aus isostatischen Gründen mit wachsender Entfernung vom Rift langsam ein. Jede Neubildung eines Ozeans führt zum Auseinanderweichen zuvor zusammenhängender Kontinentbruchstücke (Kontinentwanderung). Die gegenüberliegenden Ränder auseinanderdriftender Kontinente sind tektonisch ruhig (passive Kontinentränder).
- *Zwei Platten konvergieren*, sie bewegen sich aufeinander zu. Dabei schiebt sich an Tiefseerinnen die dichtere ozeanische Platte unter die weniger dichte kontinentale – Lithosphäre wird an Subduktionszonen abgebaut. Beim Abtauchen drückt sich die ozeanische Platte an die kontinentale und bedingt deren Stauchung. Erreicht die ozeanische Platte die Asthenosphäre, gibt sie das enthaltene Wasser ab. Das freigesetzte Wasser dringt in den Asthenosphärenkeil ein und setzt dort die Schmelztemperatur herab, sodass Magma entsteht. Dieses steigt entlang von Bruchzonen in der kontinentalen Platte auf. Erstarren die Schmelzen bereits in der Tiefe, entstehen Intrusionskörper (Plutone), dringt es bis an die Erdoberfläche kommt es zu Vulkanismus. Die Ein- und Anlagerung von Gesteinen verdickt den kontinentalen Plattenrand. Er wird gehoben und ein Gebirge bildet sich heraus. Bei der Kollision zweier Kontinente entsteht aus dem Material des zusammengeschobenen Meeresbeckens und der Kontinentränder auch ein Gebirge. Bei der Kollision zweier ozeanischer Platten bilden sich auf oberen Platte vulkanische Inselbögen.
- *Zwei Platten bewegen sich aneinander vorbei:* Lithosphäre wird an Transformstörungen weder gebildet noch abgebaut. Es gibt keinen Vulkanismus und keine Gebirgsbildung, aber Erdbeben.

M2 Basisinformation

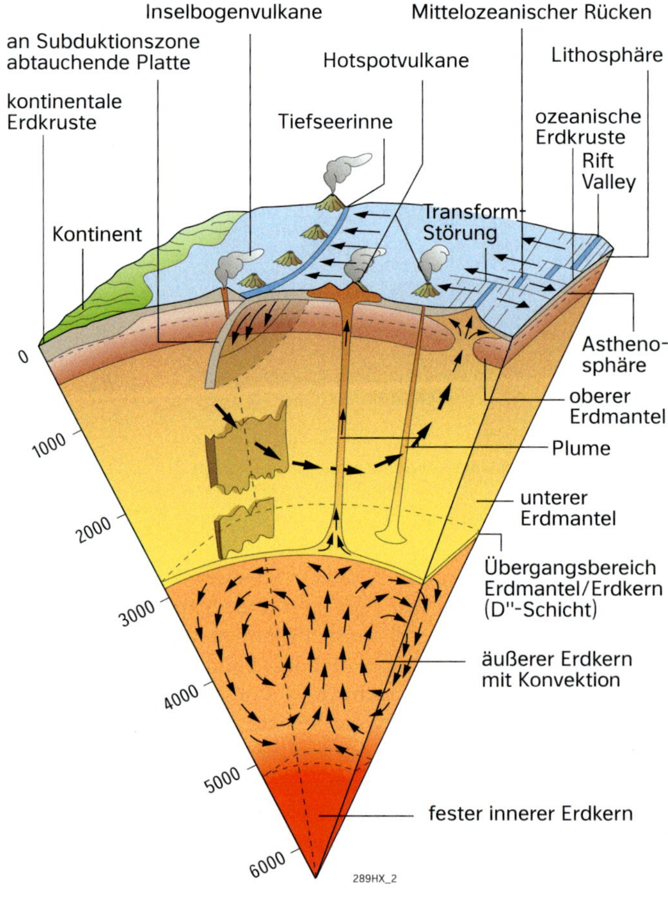

M3 Plattentektonik – Ausdruck der Dynamik der Erde

Ursache der Plattenbewegungen ist letztlich das Wärmeungleichgewicht zwischen dem heißen Erdkern und der kühleren Außenhaut der Erde. Ob die dadurch ausgelösten Konvektionsströme jedoch den ganzen Erdmantel umfassen oder ob es mehrere übereinanderliegende Konvektionssysteme gibt, ist noch nicht abschließend geklärt. Es gibt zudem unterschiedliche Antriebsmechanismen der Platten, die aber auch zusammenwirken können.

- Plattenzug (Slab Pull): In den Subduktionszonen sinken die ältesten, dichtesten und daher schwersten Bereiche ozeanischer Platten durch ihr Eigengewicht ab, ziehen die restliche Platte vom Rift weg hinter sich her und öffnen dadurch den Mittelozeanischen Rücken.
- Rückendruck (Ridge Push): Die Platten gleiten von den Aufwölbungen der Mittelozeanischen Rücken seitlich ab und werden zusätzlich durch nachdrängendes Magma auseinandergedrückt. Die damit einhergehende Druckentlastung führt dort zur Magmenbildung, dessen Aufstieg die Rücken aufwölbt.
- Rinnensog (Trench Suction): Durch die Subduktion der einen Platte wird die nicht subduzierte (hangende) Platte in Richtung der Subduktionszone, der Rinne gezogen.
- Konvektionsströme: Sie schleppen die Platten durch Reibungskopplung nur passiv mit.

M 4 **Motor und Mechanismen der Plattenbewegung**

Für die vielen erloschenen oder noch aktiven Vulkane, die nicht an den Rändern, sondern innerhalb der Platten liegen, konnte im Rahmen der **Hotspot-Theorie** auch eine Erklärung gefunden werden: Dort quillt Magma aus großer Tiefe, vermutlich von der Kern-Mantel-Grenze, nach oben. Die als Plumes oder Manteldiapire (griech. diapirein: durchbohren) bezeichneten, pilzförmigen Intrusionen bilden dabei innerhalb des Erdmantels einzelne heiße Flecken – sogenannte **Hotspots**.
Von dort aus kann das Magma weiter nach oben steigen und die Lithosphäre durchbrechen. Bewegt sich eine Lithosphäreplatte über eine solche stationäre und lange Zeit aktive Magmasäule hinweg, verliert diese bald den Kontakt zur Ausbruchsöffnung und der Vulkan erlischt. Bei anhaltendem Vulkanismus entstehen dabei mehr oder weniger lange Vulkanketten oder Reihen aus Vulkanbergen (z. B. die Hawaii-Inseln).

Hotspots können auch das Zerbrechen eines Kontinents initiieren. Dabei entstanden oft riesige Flutbasaltdecken wie z. B. die Dekkan-Basalte in Indien. Insgesamt sind derzeit rund 120 Hotspots bekannt.

Seit einiger Zeit steht fest, dass Hotspots aber nicht immer ortsfest sein müssen, sondern ihre Position relativ zum tiefen Erdinnern ändern können. Ihre Magmasäulen werden zum Beispiel durch Konvektionsströme im Erdmantel abgelenkt und möglicherweise verlagern sich sogar die Quellpositionen der Plumes selbst.

M 6 **Hotspots – eine notwendige Erweiterung der Theorie**

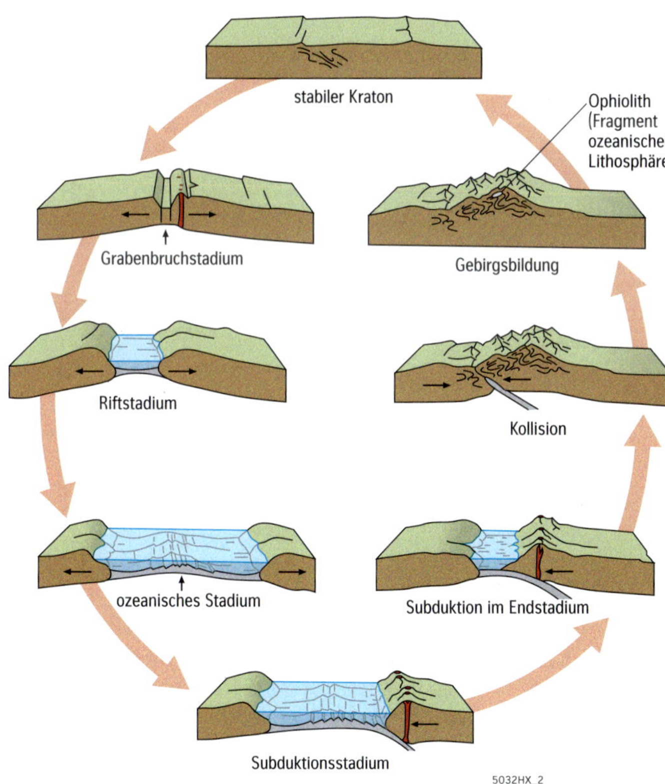

Der nach dem Geophysiker John Tuzo Wilson benannte **Wilsonzyklus** (1970) führt plattentektonische Prozesse modellhaft zu einer zyklischen Abfolge von Entstehung, Ausbreitung und Verschwinden von Ozeanen und damit zu einem Wechsel von Zerbrechen sowie Bildung von „Superkontinenten" zusammen. Seit etwa 2,7 Milliarden Jahren gab es mindestens sechs Superkontinente. Sie waren in jeweils unterschiedlichen Kombinationen zusammengesetzt aus Bruchstücken, die heute zum Teil mitten in den Kontinenten liegen und mehr als 20-mal älter sind als die älteste ozeanische Lithosphäre.

M 5 **Wilsonzyklus**

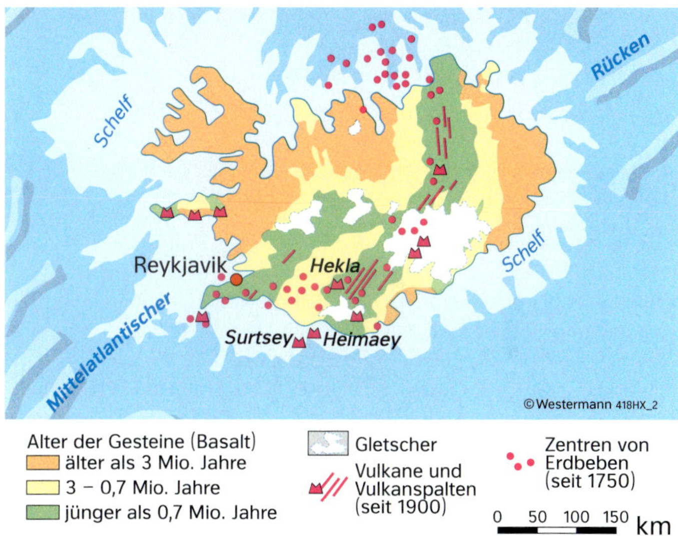

Island ist der einzige über den Meeresspiegel hinausragende Teil des Mittelatlantischen Rückens und liegt genau auf der Plattengrenze. Der westliche Teil befindet sich auf der Nordamerikanischen, der östliche Teil auf der Eurasischen Platte. Die an dieser Spreizungszone außergewöhnlich hohe Magma- und Lavaproduktion ist auf einen Manteldiapir zurückzuführen, der die Untergrenze der Lithosphäre vor etwa 60 Millionen Jahren erreichte, seit etwa etwa 40 Millionen Jahren zu einem Teil der Mittelatlantischen Spreizungszone geworden ist und deren Spaltenvulkanismus noch verstärkte. Doch auch ohne diesen Hotspot wäre die am nördlichen Polarkreis gelegene „Insel aus Feuer und Eis" ganz vulkanischen Ursprungs. Das die Insel durchziehende Rift Valley zeigt Flachbeben, aktiven Vulkanismus und starke Dehnung (2 cm pro Jahr). Es besteht im Süden aus zwei, im Norden aus einer Dehnungszone und ist am Ende jeweils durch W-E-streichende Transformstörungen mit dem ozeanischen Rift verbunden. Die Kette der entlang der Dehnungszone oder dicht daneben aufgereihten Vulkane setzt sich untermeerisch fort und lässt immer wieder neue aktive Feuerberge aus dem Meer emporwachsen.

M 7 **Island – ein wahrer Hotspot der Plattentektonik**

Belege für die Theorie der Plattentektonik

Aus wissenschaftlicher Sicht war Alfred Wegeners Idee zur Kontinentschiebung „nur“ eine Hypothese. Er konnte zwar eine Reihe von Indizien vorbringen, doch einige seiner Annahmen konnten nicht bewiesen beziehungsweise sogar widerlegt werden. Die in den 1960er-Jahren aus der Zusammenschau verschiedener Beobachtungen und Messungen erstellte Theorie der Plattentektonik wurde dagegen rasch anerkannt, weil ihre Grundannahmen in sich schlüssig und widerspruchsfrei sind und weil es dafür auch Beweise gibt. Was spricht für die Richtigkeit der Theorie?

1. Beschreiben Sie die Karikatur (M1).
2. „Die Kombination der beiden zunächst rein hypothetischen Ansätze von Seafloor Spreading und Subduktion führte schließlich zur Formulierung der Theorie der Plattentektonik.“ Erläutern Sie diese Aussage (M2 – M4).
3. a) Erläutern Sie die Bedeutung der Glomar-Challenger-Daten für die Hypothese des Seafloor Spreading (M8).
   b) Charakterisieren Sie die technische Herausforderung, auf hoher See aus vier Kilometern Wassertiefe Bohrkerne zu gewinnen.
4. Arbeiten Sie heraus, mit welcher Geschwindigkeit sich der Atlantische Ozean vergrößert (M3, M8).
5. Kontinentale Gesteine sind bis zu 4 Milliarden Jahre alt, Gesteine der heutigen Ozeanböden nur maximal 160 – 190 Millionen Jahre. Begründen Sie den Unterschied in diesen Daten.
6. Ozeane wachsen durch Seafloor Spreading. Erklären Sie, wodurch Kontinente wachsen.

M1 Seafloor Spreading

Alle als Grabenbruch bezeichneten Risse in der Erdkruste sind tektonisch bedingte Dehnungsstrukturen, an denen die Lithosphäre durch aufsteigendes heißes, dichtes Material aufgewölbt und auseinandergezogen wird. Sie besitzen im Normalfall daher überdurchschnittliche Werte des Wärmeflusses und der Erdschwere. Die Analyse der Gesteinsverschiebungen in den Herden der Flachbeben in den Grabenbrüchen zeigt, dass hier Lithosphäre durch Auseinanderweichen bricht. Diese auch an den Rift Valleys der ozeanischen Rücken registrierten Messwerte führten zu Beginn der 1960er-Jahre zur Hypothese des Seafloor Spreading, des Spreizens der Ozeanböden. Die 1960 von H. Hess vorsichtig als „Geopoesie“ formulierte Vorstellung, dass an den Rücken fortwährend neuer Ozeanboden produziert wird, konnte durch weitere Untersuchungen bestätigt werden.
Es ist schon lange bekannt, dass sich eisenhaltige Minerale in abkühlender Lava beim Unterschreiten der Curie-Temperatur (+768 °C) dem örtlichen Verlauf der Feldlinien des irdischen Magnetfeldes entsprechend ausrichten. In alten Lavaschichten ist daher das ehemalige Magnetfeld gewissermaßen fossilisiert (Paläomagnetismus).
Bekannt war auch, dass das Magnetfeld in der Vergangenheit häufig umgepolt worden ist, da verschieden alte Lavaschichten desselben Vulkans entgegengesetzte Magnetisierungsrichtungen anzeigten. Aus den Perioden normaler bzw. umgekehrter Polarisierung ließ sich daher ein sogenannter paläomagnetischer Kalender für kontinentale Lavaschichten erstellen. Auch in den Gesteinen des Meeresbodens konnten mithilfe von hochsensiblen Magnetometern, die hinter Schiffen hergezogen wurden, solche unterschiedlichen Polaritäten registriert werden.

M2 Basisinformation

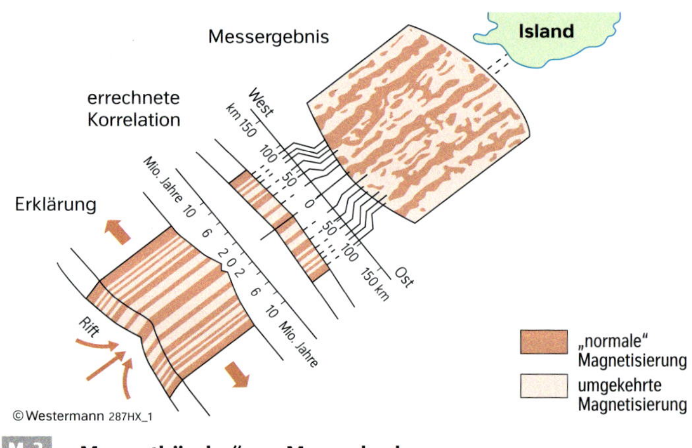

M3 „Magnetbänder“ am Meeresboden

F. J. Vine und D. H. Mathews erklärten 1963 die zur Achse des Reykjanes Rückens südwestlich von Island völlig symmetrisch angeordneten Streifen normaler und umgekehrter Polarität damit, dass die im Rift Valley austretende Lava beim Erstarren in Richtung des gerade herrschenden Magnetfeldes magnetisiert wurde. Durch das Auseinanderreißen des Ozeanbodens in der Längsachse des Rifts entstünden dann zu beiden Seiten Streifen von Ozeanböden mit gleicher magnetischer Richtung. Bei einer Umpolung des Magnetfeldes würde die fortwährend ausfließende Lava in der neuen Feldrichtung polarisiert. Die magnetischen Streifenmuster glichen also einem Magnetband, das kontinuierlich die Geschichte des Spreizens der Ozeanböden dokumentiert (M3).
Durch einen Vergleich dieser Muster mit dem auf den Kontinenten entwickelten paläomagnetischen Kalender ließ sich das Alter jedes beliebigen Teils des Ozeanbodens bestimmen. Das Alter und die Entfernung zum Rift ergaben die Geschwindigkeit, mit der sich der Ozeanboden vom Rift wegbewegte.

M4 Messergebnisse des Magnetismus und Paläomagnetismus

- Die Sedimentschicht aus Kalk- und Kieselsäureskeletten abgestorbener Einzeller, die dauernd auf den Meeresboden herabrieseln, wird mit zunehmender Entfernung vom Rift mächtiger.
- Die Altersbestimmung von Bohrkernen, die das Forschungsschiff „Glomar Challenger“ seit 1968 aus über vier Kilometern Tiefe gewann, ergab, dass sowohl die Sedimente als auch die Basalte des Meeresbodens umso älter waren, je weiter entfernt vom Rift die Bohrstelle lag.
- Eine fortwährende Neuproduktion von Ozeanboden müsste zu einer ständigen Vergrößerung der Ozeane und damit des Erdballs führen, wenn den Aufbauprozessen nicht Abbauprozesse gegenüberstünden. V. H. Benioff und K. Wadati identifizierten aufgrund seismologischer Daten sowie von Erdschwere- und Erdwärmemessungen solche Vorgänge in den später als Subduktionszonen bezeichneten Bereichen. Dort bleibt die relativ kalte ozeanische Platte, die ihre geringe Temperatur während des Abtauchvorgangs lange beibehält, bis in große Tiefen bruchfähig. Die Abtauchgeschwindigkeit der Plattenfront hat sich inzwischen insgesamt als gleich groß wie die Geschwindigkeit des am Mittelozeanischen Rücken entstehenden Plattenteils erwiesen.
- Die bereits von Wegener angeführte, auffallend gute Passform z. B. der südatlantischen Küstenlinien sowie die Übereinstimmung geologischer Strukturen und fossiler Tier- und Pflanzenarten beiderseits des Atlantiks finden durch die Theorie der Plattentektonik eine plausible Erklärung.

M 5 Belege für die Theorie der Plattentektonik

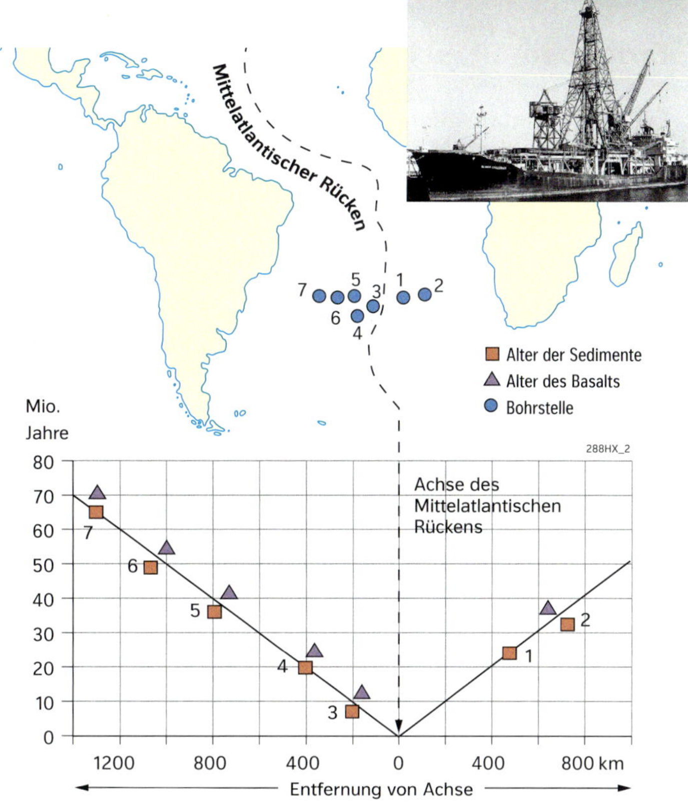

M 8 Tiefseebohrungen der „Glomar Challenger“

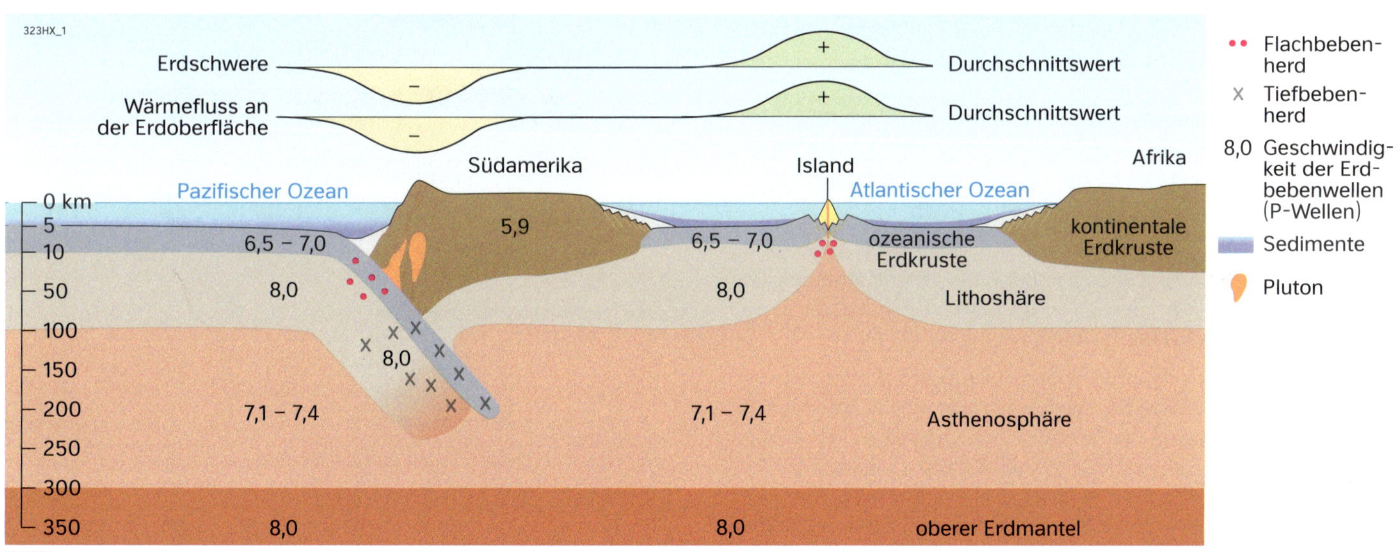

M 6 Zusammenschau topographischer und geophysikalischer Messergebnisse

Erst Jahrzehnte nach seinem Tod erfuhr Wegener im Rahmen der Theorie der Plattentektonik eine gewisse Anerkennung. Seine Vorstellung von isoliert wandernden Kontinenten hat sich aber als falsch erwiesen, denn Kontinente sind nur Teilbereiche der Platten, die nie nur Festland, teilweise sogar nur Meeresbereiche umfassen.

Doch ohne die von Alfred Wegener gesammelten Indizien und ohne die von ihm geforderte Zusammenschau der Messdaten verschiedener Geodisziplinen hätte die Theorie der Plattentektonik kaum erstellt werden können. Und auch diese Bereiche konnten ihre Forschungsergebnisse erst durch den Einsatz neuerer und verbesserter Messmethoden gewinnen.

Die von Wegener geschätzte Geschwindigkeit der Kontinentverschiebung kam den zwischenzeitlich gewonnenen Daten aber bereits sehr nahe. Heute lässt sich die Geschwindigkeit der Lithosphäreplatten, und damit auch der sich mit ihnen bewegenden Kontinente, recht genau errechnen: Dies erfolgt mithilfe der Magnetstreifen am Meeresboden, der vom Meeresboden gewonnenen Bohrkerne sowie über die mit der Entfernung von einem Hotspot anwachsenden Alter von Vulkanen.

Im Jahr 1984 wurde die Plattenbewegung mithilfe von Satelliten erstmals direkt und exakt gemessen. Es wurde ermittelt, dass sich die Lithosphäreplatten mit etwa einem bis zehn Zentimeter pro Jahr im Durchschnitt etwa so schnell bewegen, wie Fingernägel wachsen. Dies erscheint sehr wenig, ergibt aber in der geologisch gesehen kurzen Zeitspanne von nur zehn Millionen Jahren bereits eine Strecke von 100 bis 1000 Kilometern.

M 7 Späte Rehabilitation Wegeners in Teilen seiner Theorie

Erdbeben – Erschütterungen in der Lithosphäre

Erdbeben sind plötzliche Naturereignisse mit oft katastrophalen Folgen. Zusammen mit Untersuchungen im Gelände ermöglichen die Aufzeichnung und Auswertung der Erschütterungen aber auch ein vertieftes Verständnis tektonischer Prozesse und Veränderungen geologischer Strukturen. Welche Zusammenhänge gibt es zwischen Tektonik und Seismologie?

1 **a)** Charakterisieren Sie die Besonderheiten des Profils (M1).
b) Nennen Sie mögliche Erklärungen für die Entstehung der Besonderheiten (M1, M3).

2 **a)** Erläutern Sie die Entstehung von Erdbeben (M2).
b) Vergleichen Sie die Erdbebenwellen (M4).

3 Erläutern Sie die Ermittlung von Epizentrum und Magnitude (M5, M7, M8).

4 Vergleichen Sie die beiden Erdbebenskalen (M6, M9).

M1 Wand einer Baugrube (Tübingen 1990)

Global gesehen ist das Beben der Erde eine alltägliche Erscheinung: Vulkanausbrüche, der Einsturz unterirdischer Hohlräume, Sackungen von Sedimenten, aber auch künstlich ausgelöste Explosionen lassen die Erde erschüttern. 90 Prozent der Beben sind jedoch tektonischen Ursprungs. Sie entstehen, wenn sich in festem Gestein aufgestaute Spannungen plötzlich lösen, weil die den Druck aufbauenden Kräfte größer werden als die Reibungskräfte der benachbarten Erdschollen. Diese Schollen versetzen sich dann in einem Scherbruch ruckartig an einer Verwerfungsfläche gegeneinander. Die dabei freigesetzte Energie führt zu Gesteinserschütterungen, welche sich als Erdbebenwellen vom **Hypozentrum**, dem Bebenherd, aus in alle Richtungen ausbreiten.

Innerhalb des Erdkörpers verteilt sich die Energie der seismischen Wellen in alle drei Raumrichtungen. An die Erdoberfläche kommend breiten sie sich jedoch nur noch in zwei Dimensionen aus. Dies verstärkt die Erschütterungen. Bei Erdbebenkatastrophen sind daher die Oberflächenwellen (Love- und Raleigh-Wellen) die eigentlich zerstörerischen Kräfte.

Die Ausbreitungsgeschwindigkeit der **seismischen Wellen** is t von der Dichte des Gesteins abhängig. Sie werden wie Lichtstrahlen an der Wasseroberfläche an den Grenzflächen unterschiedlich dichter Gesteine gebrochen oder reflektiert und können – mit sich abschwächenden Amplituden – noch in großer Entfernung vom Herd von Erdbebenmessstationen aufgezeichnet und ausgewertet werden. Damit ist die Seismologie, die Erdbebenkunde, auch zum entscheidenden Schlüssel zur Aufklärung des inneren Baus der Erde und ihrer Dynamik geworden. Doch beide sind bis heute noch nicht völlig geklärt, denn sie sind direkten Untersuchungen kaum zugänglich. Selbst die tiefste, bis auf 12 260 Meter unter die Erdoberfläche abgeteufte Bohrung, lieferte bei einem Erdradius von über 6300 Kilometern nicht mehr als eine Nadelstichprobe.

Erdbeben und Vulkanausbrüche wurden aber schon früh als Ausdruck gewaltiger Kräfte eines heißen Erdinnern gedeutet. Auch warme Quellen und die in Bergwerken mit der Tiefe um etwa drei Kelvin je hundert Meter (geothermischer Gradient) zunehmende Temperatur belegen einen ständigen Strom von Energie aus der Tiefe in Richtung Erdoberfläche. Dieser ist letztlich die Ursache dafür, dass sich ein Spannungsaufbau in der Lithosphäre nur bis zu einem gewissen Grad durch Verbiegungen und Faltungen auffangen lässt. Irgendwann bricht dann das Gestein.

M2 Basisinformation

Einengung
(Kompression)
Faltung
Aufschiebungen
Staffelbrüche
Horst
Aufschiebungen
Pultscholle
Abschiebungen
Ausweitung
(Extension)
Abschiebungen
Graben

246HX_1

M3 Tektonische Deformationen

P-Welle: Primärwelle (Kompressionswelle)

S-Welle: Sekundärwelle (Scherwelle)

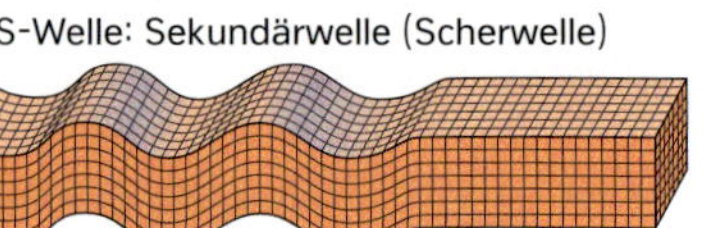

R-Welle: Rayleigh-Welle (Oberflächenwelle)

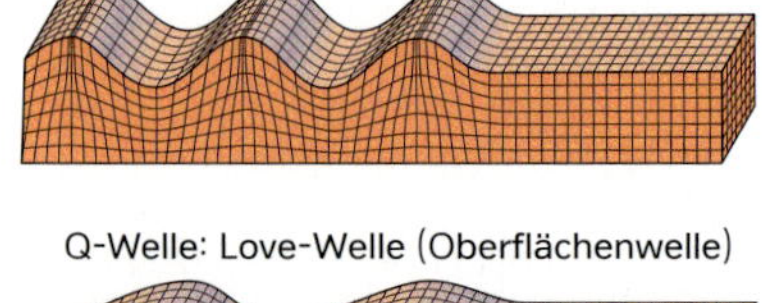

Q-Welle: Love-Welle (Oberflächenwelle)

42269EX

Fortpflanzungsrichtung der Wellen

Sekundärwellen sind langsamer als Primärwellen und queren Flüssigkeiten nicht.

Fortpflanzungsgeschwindigkeiten von Primärwellen (Vp) in km/s:

Gestein	Vp
Schotter (trocken)	0,6 – 0,9
Schotter (nass)	1,5 – 2,5
Sandstein	1,4 – 4,5
Kalk	3,0 – 6,0
Basalt	4,9 – 6,4
Granit	4,0 – 5,7
Gneis	3,1 – 5,4
Gabbro	6,7 – 7,3

Quelle: Pfiffner et al.: Erdwissenschaften, UTB, S. 19

M4 Seismische Wellen

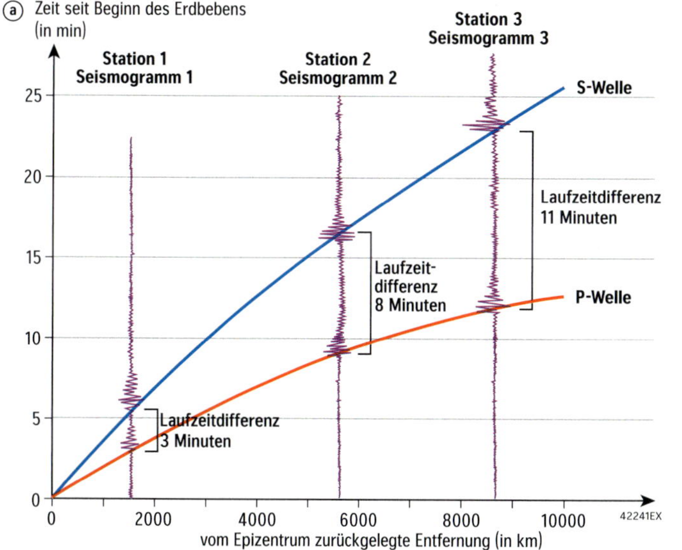

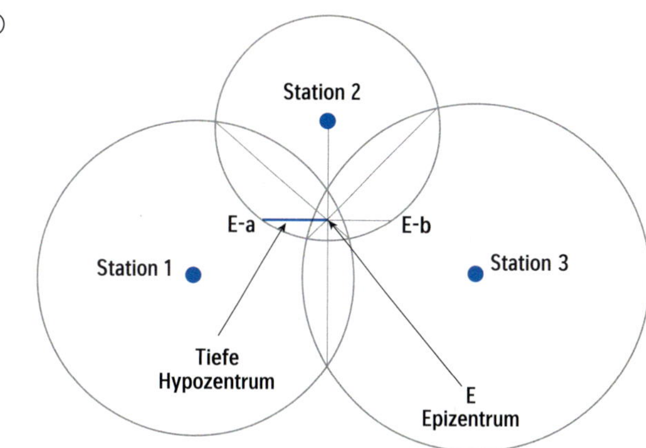

Zur Herdtiefenbestimmung wird von der dem Herd nächstgelegenen Station 2 bis zum Epizentrum E eine Linie gezogen (2-E) und rechtwinklig zu dieser eine zweite Linie durch das Epizentrum. Diese Linie schneidet in a und b den Kreisbogen mit dem Radius der Hypozentralentfernung der Station 2. Die Herdtiefe ist gleich der Länge E-a bzw. E-b.

42243EX

M 5 Lagebestimmung von Epizentrum (a) und Hypozentrum (b)

Etwa 10 000 Messstationen registrieren heute mithilfe von Seismometern die Erderschütterungen und zeichnen sie kontinuierlich als Seismogramme auf. Deren Auswertung liefert exakte Angaben über die Lage des Herdes, die Richtung der Erdverschiebungen sowie die dabei freigesetzte Energie. Die Lagebestimmung von **Epizentrum** und Hypozentrum ist eine recht einfache Aufgabe der Geometrie. Sie erfordert die Seismogramme von wenigstens drei Stationen. Aus dem Zeitunterschied zwischen der Registrierung der ersten P-Welle und der ersten S-Welle ergibt sich die jeweilige Entfernung zum Hypozentrum. Die Schnittpunkte der Kreise um die drei Stationen werden durch Geraden verbunden. Am Schnittpunkt der drei Sehnen liegt das Epizentrum, die direkt oberhalb des Hypozentrums an der Erdoberfläche liegende Stelle mit den größten Zerstörungen (M5). Diese sind von verschiedenen Faktoren abhängig, z. B. von der Magnitude, der Tiefe und Entfernung des Herds, der Topographie, dem Untergrund und der Dauer des Bebens. Die Stärke der Beben wird in zwei Skalen mit unterschiedlichen Maßeinheiten angegeben:

- Die Intensitäts-(Mercalli-)-skala beschreibt die an der Erdoberfläche sichtbaren Zerstörungen und subjektiven Wahrnehmungen (M9). Sie hat als Europäische Makroseismische Skala 1998 (EMS-98-Skala) Bedeutung z. B. für Gebäudeversicherungen.
- Die Magnituden-(Richter)-skala gibt die aus den Seismogrammen ermittelte, im Bebenherd freigesetzte Energie an. Sie ist logarithmisch gegliedert und „nach oben offen" (unbegrenzt). Eine Erhöhung der Magnitude um eine Einheit entspricht einer Vergrößerung der Bodenbewegung um den Faktor 10 und einer Erhöhung der Energie auf etwa das 30-Fache.

M 6 Auswertung von Erdbeben II

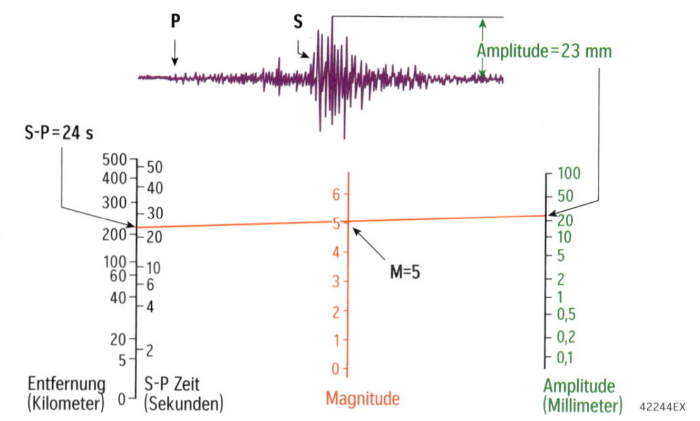

M 8 Emittlung der Magnitude

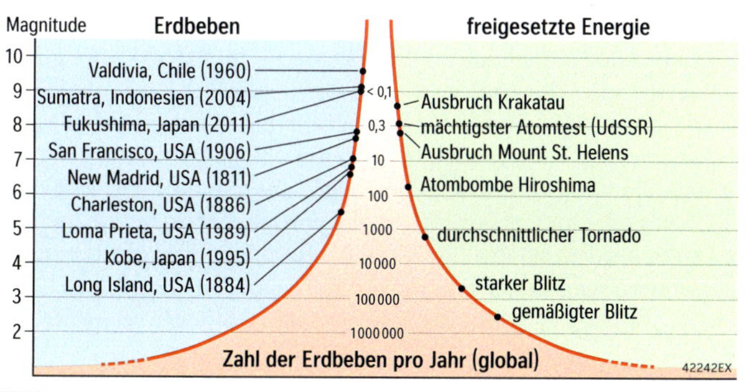

M 7 Die Energiefreisetzung von Erdbeben im Vergleich

Mercallistufe	Beschreibung der Erdbebenfolgen	Richterskala
I	unmerklich, nur durch Instrumente nachweisbar	1
II	kaum merklich	2
III	von einigen Menschen bemerkt	3
IV	von den meisten Menschen im Umkreis von 30 km bemerkt, spürbar in Häusern, kleine Schäden möglich	4
V	Menschen werden im Schlaf aufgeweckt, Bäume und Masten beginnen zu schwanken	5
VI	Möbel können sich verschieben, leichte Schäden	5,3 – 5,9
VII	leicht gebaute Häuser können schwer beschädigt werden, Menschen geraten in Panik und laufen aus den Häusern, leichte Schäden auch an massiven Bauwerken, Todesopfer in dicht besiedelten Regionen wahrscheinlich	6,0 – 6,9
VIII	verbreitete Zerstörung von Gebäuden, leichte Schäden auch an „erdbebensicheren" Gebäuden und Anlagen, Felsen stürzen ein, Erdrutsche treten auf	7,0 – 7,3
IX	allgemeine Gebäudezerstörungen, Fundamente verschieben sich, im Erdboden erscheinen erkennbare Risse	7,4 – 7,7
X	Verwüstungen, katastrophenartige Zerstörungen, breite Risse im Erdboden, die meisten Gebäude sind zerstört	7,8 – 8,4
XI	alle Gebäude zerstört, landschaftsverändernde Zerstörungen, breite Spalten im Erdboden und in Straßen	8,5 – 8,9
XII	großflächige, verheerende Katastrophe	ab 9

M 9 Erdbebenskalen im Vergleich

Erdbeben – ein (un)beherrschbares Georisiko?

Gut zehn Prozent der Weltbevölkerung leben in von Erdbeben gefährdeten Gebieten. Diese Räume sind oft dicht besiedelt und haben zum Teil hoch entwickelte, oft aber völlig unzureichende Infrastrukturen. Vielfach ereignen sich Erdbeben jedoch auch in entlegenen und nur wenig entwickelten Gebieten. Die Erdbebenrisiken und die Möglichkeiten zur Vorsorge und Bewältigung der Bebenfolgen sind daher höchst unterschiedlich. Inwiefern kann Erdbebenvorsorge das Risiko beherrschbar machen?

1 **a)** Beschreiben Sie das Stressfeld Mitteleuropas (M1).
b) Erklären Sie die in M4 dargestellten Sachverhalte.

2 „Steif oder beweglich, das sind zwei Möglichkeiten, ein Haus vor Erdbeben zu sichern." Erklären Sie (M3).

3 Vergleichen Sie die Möglichkeiten erdbebensicherer Bauten (M5 – M8).

4 „Bei gleicher Intensität kann ein Erdbeben entweder zur humanitären Katastrophe werden – oder beinahe unbemerkt vorübergehen." Erklären Sie.

5 Erstellen Sie eine Mindmap, welche die Gefährdung sowie die Vorsorge-, Schutz- und Hilfsmaßnahmen in Erdbebenrisikogebieten darstellt.

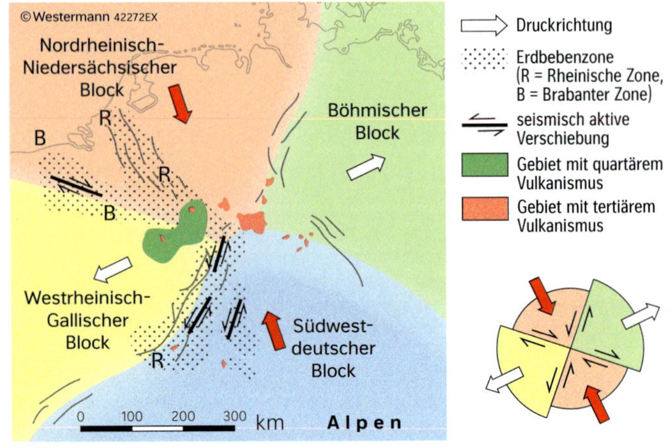

M1 Stressfeld in Mitteleuropa

Erdbeben unterscheiden sich erheblich von anderen Naturgefahren: Nicht alle sind für Menschen spürbar und sie sind schockartige Ereignisse, die mit ihren Folgeerscheinungen ganze Landstriche verwüsten und Hunderttausende von Menschenleben fordern können. Ein Erdbeben schüttelt Menschen aber nicht zu Tode. Sie werden erschlagen und verschüttet, sie ertrinken, erfrieren oder sterben an fehlender Versorgung mit Gütern. Die eigentlichen Gefahren gehen daher nicht vom Beben selbst aus, sondern von den dadurch verursachten Beschädigungen und Zerstörungen an Gebäuden und technischen Infrastrukturen (Straßen, Versorgungsleitungen, Kraftwerke, Fabriken), den ausgelösten Erdrutschen, Tsunamis, Feuersbrünsten, den Notlagen der medizinischen Versorgung, dem Mangel an Nahrungsmitteln, sauberem Wasser, Notunterkünften und dem Ausbruch von Seuchen.

Fakt ist, Erdbeben lassen sich nicht vermeiden und Ort, Zeitpunkt und Stärke eines Bebens können nach derzeitigem Stand der Wissenschaft und Technik auch nicht vorhergesagt werden. Warnsysteme springen erst nach dem Beben an und ermöglichen selbst in vom Epizentrum weit entfernten Gebieten Warnzeiten von meist nur wenigen Sekunden. Nur bei Tsunamis gibt es Warnmöglichkeiten bis zu mehreren Stunden vor dem Eintreffen der zerstörerischen Meereswellen.

Schutz vor Erdbeben besteht daher vor allem darin, Bauwerke entsprechend der lokalen Erdbebengefährdung bebensicher zu konstruieren, zu bauen oder nachzurüsten, um die Schäden und vor allem die Zahl der Verletzten und Toten zu verringern. Einen vollständigen Schutz, besonders gegen die Auswirkungen schwerer Erdbeben, wird es aber vermutlich nie geben. Hinzu kommt, dass viele Länder Nothilfe und Wiederaufbau aus eigener Kraft nicht oder nicht im nötigen Umfang leisten können. Rasch anlaufende internationale Hilfe ist daher unverzichtbar (z. B. Notunterkünfte, medizinische Versorgung, Bereitstellung von Lebensmitteln und sauberem Wasser). Immer stärker erkennbar ist inzwischen auch die Bedeutung von Risikoversicherungen geworden, z. B. für die Infrastruktur eines Landes.

M2 Basisinformation

Neben der Art und dem Verhalten des Untergrunds wird das Ausmaß von Erdbebenschäden in hohem Maße vom Schwingungsverhalten der Bauwerke beeinflusst. Die vertikalen, vor allem aber die horizontalen Schwingungen des Untergrundes führen zu hohen Beschleunigungen von Gebäuden, Brücken, Türmen oder auch Bahnlinien. Diese besitzen wie alle Bauwerke spezifische konstruktionsbedingte Eigenfrequenzen (Resonanzfrequenzen). Liegt diese im Bereich der Erdbebenfrequenz, kommt es zur Resonanzverstärkung. Die Schwingungen werden dadurch immer intensiver, die Konstruktionen werden immer stärker belastet und können zuletzt einstürzen.

Es gibt verschiedene Möglichkeiten, Gebäude erdbebensicher zu machen. Die Gesamtkonstruktion sollte eine Eigenfrequenz besitzen, die bei Erdbebenwellen nicht auftritt. Die Gebäude können auch „seismisch isoliert" werden, d. h. ruhen vom Untergrund entkoppelt auf einem speziellen Lager, Stahlfedern oder einer Gummischicht und schwingen jeweils wie ein Pendel. An der Basis müssen daher alle Leitungen (Wasser, Abwasser, Strom, Kommunikation) flexibel konstruiert werden. Eine weitere Möglichkeit besteht darin, dass sich das ganze Gebäude mit den Erschütterungen bewegen kann. Dazu braucht es neben der Festigkeit (Verhalten der Baustoffe bei Druck, Zug, Feuer) „steife" Bauteile, die als horizontal oder vertikale Elemente stabilisieren und den Erschütterungen passiv widerstehen (Wände, Decken, Fachwerke, Rahmen) sowie Bauelemente, wie z. B. Stahlskelette, die sich verformen und so die Energie aufnehmen. Und nicht zuletzt sollte bereits beim Bau auf eine günstige Gestaltung von Grundriss und Aufriss geachtet werden (M5). Als absoluter Hightechschutz werden in Pylonen von Brücken und Wolkenkratzern wie dem 500 Meter hohen Taipei Financial Center mit dem Bauwerk verbundene spezielle Schwingungstilger eingebaut. Da sie die gleiche Eigenfrequenz wie das Gebäude besitzen, kommt es bei Sturm oder Erdbeben zur Resonanz. Die Bewegungsenergie wird vom Tilger aufgenommen, dessen Schwingungen werden mechanisch gedämpft und letztlich als Wärme abgeführt. Das Bauwerk selbst bleibt dabei in Ruhe.

M3 Möglichkeiten erdbebensicheren Bauens

www.diercke.de
100800-088-02

Das seit 1900 stärkste Beben in Deutschland ereignete sich im Jahr 1992 mit der Magnitude 5,9 am Niederrhein, das Epizentrum lag bei Roermond in den Niederlanden, 60 Kilometer westlich von Düsseldorf. Starke Erdbeben sind in Deutschland aber relativ selten und die von ihnen verursachten Schäden meist gering.

Da mächtige Sedimente im Norddeutschen Tiefland und im Alpenvorland Erdbebenwellen dämpfen, liegen die gefährdeten Gebiete besonders an den Störungszonen entlang des Rheins. Sie sind Teil einer vom Rhônetal bis in die Nordsee reichenden tektonisch unruhigen Zone und sind Ausdruck des Stressfeldes in Mitteleuropa, das aus den entgegengesetzten Bewegungen der Afrikanischen Platte und der Öffnung des Atlantiks am Mittelatlantischen Rücken resultiert. Die dabei ausgelösten Scherbewegungen führen zu Beben auch abseits dieser markanten Störzone, im Vogtland und auf der Schwäbischen Alb am nur schmalen Hohenzollerngraben bei Albstadt, der tektonisch unruhigsten Zone Deutschlands.

Auf Basis der bisherigen seismischen Daten lässt sich die Erdbebengefährdung für definierte Orte und Gebiete statistisch abschätzen. Die in vier Zonen unterteilten Gefährdungsgrade berücksichtigen die letzten 475 Jahre und bilden die Grundlage der europäischen Vorschriften zum erdbebensicheren Bauen zum Schutz der Bevölkerung und zur Minderung ökonomischer Verluste.

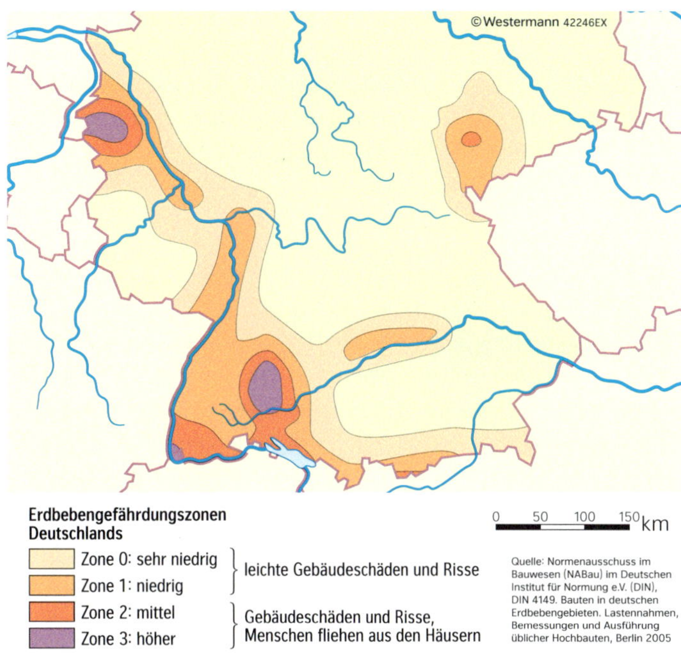

M 4 Erdbebengefährdung in Deutschland

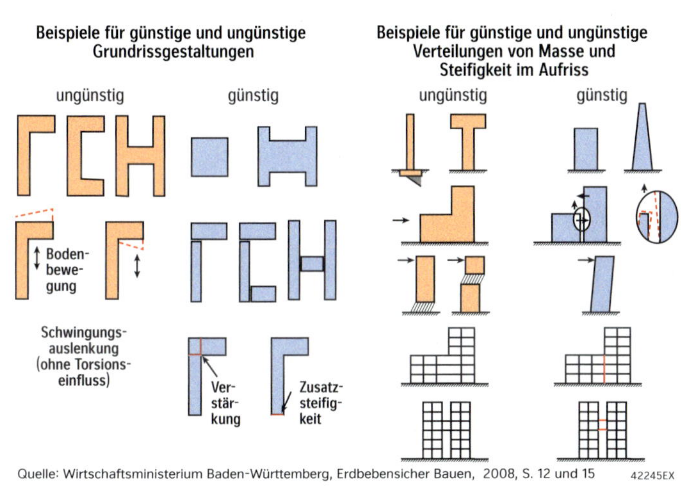

M 5 Erdbebensicheres Bauen im Grund- und Aufriss

Beim Erdbeben von 1964 in Niigata (Japan) kippten mehrere Häuser im lockeren Boden um. Durch die Rüttelbewegung verflüssigte sich der Boden und Häuser verloren ihren Halt.

M 7 Nach einem Erdbeben im Jahr 1964 in Niigata (Japan)

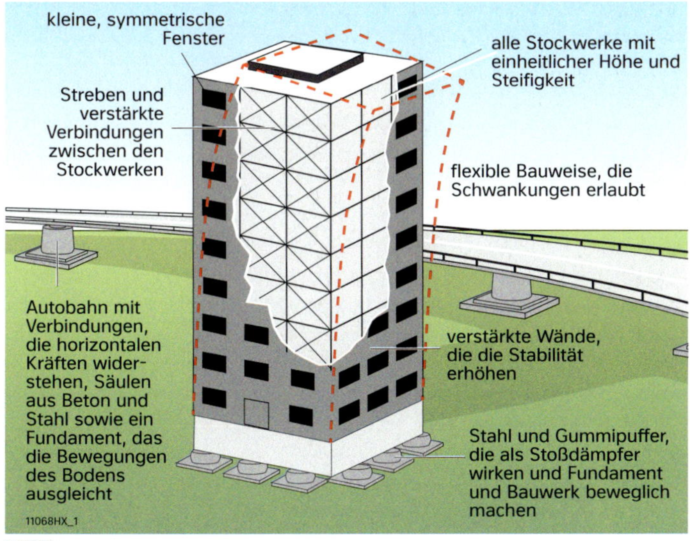

M 6 Konstruktionen eines erdbebensicheren Hochhauses

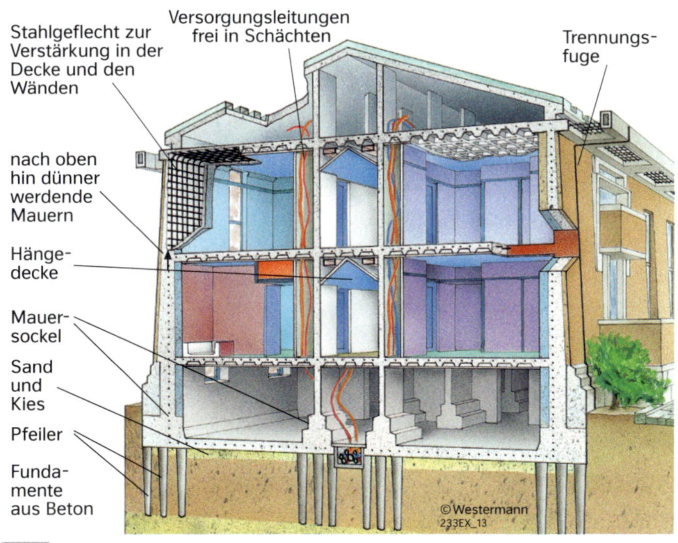

M 8 Konstruktionen eines erdbebensicheren Hauses

Verwitterung – wenn Steine sterben

Nichts ist beständig auf dem ruhelosen Planeten Erde. Selbst die vom „ewigen" Eis bedeckten Gipfel der Gebirge haben nur eine begrenzte Lebenserwartung, denn auch an ihnen „nagt der Zahn der Zeit". Welche Formen der Verwitterung gibt es?

1 **a)** Beschreiben Sie die Verwitterungsformen (M1 a–c).
b) Charakterisieren Sie, die ihnen zugrunde liegenden Verwitterungsprozesse (M1–M5).

2 **a)** Erklären Sie die Bedeutung des Eisspropfens (M4).
b) Keine Frostsprengung in der Antarktis! Begründen Sie.

4 Charakterisieren Sie die Intensität der Kohlensäureverwitterung in Abhängigkeit von Druck und Temperatur (M9).

5 Vergleichen Sie Karbonat- und Silikatverwitterung (M5, M9, M10).

6 Begründen Sie Farbe und Mächtigkeit des Bodenprofils (M7, M10).

M1 Erscheinungsformen der Verwitterung

Jedes Gestein, das durch endogene Kräfte nahe oder ganz an die Erdoberfläche gebracht wird, ist dort anderen physikalischen und chemischen Bedingungen ausgesetzt als am Ort seiner Entstehung. Unter dem Einfluss exogener Faktoren wird das Gestein zunehmend gelockert und verändert, es verwittert. Zerfall und Auflösung, aber auch Um- und Neubildung von Mineralen sind dafür wichtige Prozesse. Art und Intensität der Verwitterung werden dabei wesentlich gesteuert von der Gesteinsart sowie von den Angriffsmöglichkeiten, der Wirkungsweise und der Einwirkdauer der exogenen Faktoren, v.a. des Klimas und der Vegetation.

Verwitterung ist der Ausgangspunkt jeder Bodenbildung, sie schafft die Voraussetzung für die Abtragung durch verschiedene Transportmechanismen (Schwerkraft, Wasser, Eis, Wind) und damit zur Bildung neuer Sedimente.

M2 Basisinformation

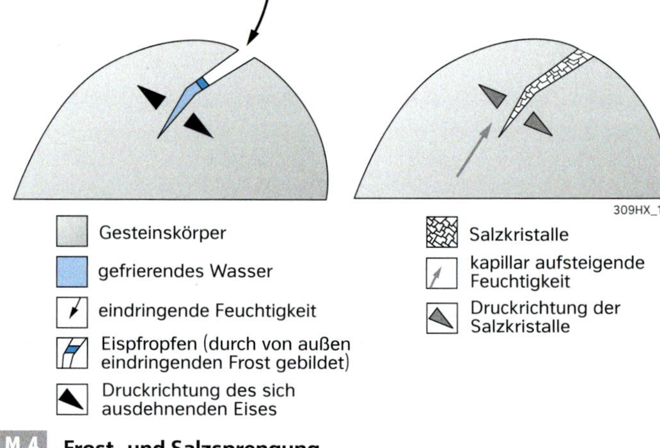

M4 Frost- und Salzsprengung

Bei Prozessen der **physikalischen Verwitterung** werden Gesteine ohne chemische Veränderungen nur durch mechanische Kräfte gelockert und zerkleinert. Sie beginnt bereits nahe der Oberfläche, wenn das Gestein durch Abtragung des darüberliegenden Materials allmählich aufgedeckt wird und dabei eine Druckentlastung erfährt. Spalten und Klüfte reißen auf und an der Oberfläche kommt es – besonders bei homogenen, massigen Gesteinen wie Granit – zur Abspaltung ganzer „Schalen" (Desquamation), zum Ablösen kleinerer Plättchen (Abschuppung) und Abbröckeln kleinster Bruchstücke (Vergrusung).

Eine Zerrüttung innerhalb des Gesteins entsteht dagegen dadurch, dass sich seine verschiedenen Minerale bei Erwärmung unterschiedlich stark ausdehnen. Wegen unterschiedlicher Volumenänderungen der verschiedenen Minerale und wegen der insgesamt schlechten Wärmeleitung von Stein entstehen so z.B. hohe Zug- und Druckspannungen zwischen der Sonnen- und Schattenseite sowie zwischen der Oberfläche und dem Inneren. Starke, rasche und häufige Temperaturschwankungen begünstigen daher die **Insolationsverwitterung** (Temperaturverwitterung). Unter den extremen Bedingungen in Wüsten oder tropischen Hochgebirgen können dabei selbst große Blöcke durch „Kernsprünge" unter oft lautem Knall mittendurch geteilt werden.

In humiden Gebieten mit häufigem Frostwechsel (Hochgebirge, subpolare Zone) ist die **Frostsprengung** besonders wirksam. Da Wasser bei + 4 °C seine größte Dichte hat, dehnt es sich beim weiteren Abkühlen aus. Durch die beim Gefrieren erfolgende Volumenvergrößerung um neun Prozent entsteht in wassergefüllten Spalten und Poren ein Druck von bis zu 22000 Newton pro Quadratzentimeter (N/cm²). Dies übersteigt de Belastungsfähigkeit der meisten Gesteine (ca. 2500 N/cm²) und zersprengt sie.

Ähnliches geschieht in trockenen und wechselfeuchten Gebieten bei der **Salzsprengung**, wenn die im Fugen-, Kapillar- und Porenwasser enthaltenen Salze durch Verdunstung des Wassers auskristallisieren. Die dabei erfolgende Volumenzunahme erzeugt einen Sprengdruck von bis zu 3000 Newton pro Quadratzentimeter.

Wassermoleküle können in das Gitter von Kristallen eingebaut werden und deren kräftiges Aufquellen bewirken. Die Umwandlung von wasserfreiem Anhydrit (Calciumsulfat, $CaSO_4$) zu wasserführendem Gips ($CaSO_4$ x 2 H_2O) führt so z.B. zu einer Volumenvergrößerung um 60 Prozent. Diese **Hydratation** (Hydratisierung) verändert das Gestein chemisch nicht. Es begünstigt aber wie alle anderen Prozesse der physikalischen Verwitterung durch Zertrümmerung und Oberflächenvergrößerung des Gesteins dessen weitergehende Zersetzung bei der chemischen Verwitterung.

M3 Formen der physikalischen Verwitterung

Die **chemische Verwitterung** umfasst neben Oxidationsprozessen durch Sauerstoff alle Reaktionen zwischen Gesteinen und wässrigen Lösungen, bei denen die Mineralien endgültig zerstört und in ihre Bausteine zerlegt werden. Wegen ihres Dipolcharakters lagern sich Wassermoleküle an die Grenzflächenionen von Kristallen an, zwängen sich auch zwischen sie und lockern so deren Zusammenhalt. Letztlich reißt das Gitter auf und der Vorgang wiederholt sich. Die dabei frei werdenden Ionen driften – umgeben von einer Hydrathülle – in das umgebende Wasser ab.
Streng genommen ist diese **Lösungsverwitterung** daher nur eine komplette physikalische Verwitterung. Sie wird jedoch als chemische Verwitterung betrachtet, weil sie letztlich zur völligen Auflösung der Ionengitter der Kristalle und Minerale führt. Sie tritt aber selbst in feuchten Gebieten nur bei leicht löslichen Gesteinen wie Steinsalz, Anhydrit oder Gips auf. Die Löslichkeit von Gips liegt bei nur 2,5 Gramm je Liter.

Die weit verbreiteten Kalkgesteine (Kalk: $CaCO_3$) sind in reinem Wasser dagegen kaum löslich. Wird das Wasser jedoch mit CO_2 aus der Luft oder aus der Atmung von Bodenlebewesen angereichert, bildet sich Kohlensäure, eine schwache Säure. Durch diese Erhöhung der Konzentration von H^+-Ionen im Wasser kann Kalkgestein in leichter lösliches Kalziumhydrogencarbonat umgewandelt und so in Lösung abtransportiert werden. Diese **Kohlensäureverwitterung** (Karbonatverwitterung) ist eine Sonderform der Lösungsverwitterung und wie diese ein umkehrbarer Prozess (M9): Wenn sich z. B. die Temperatur oder der Druck der Lösung ändern, können die darin gelösten Bestandteile wieder ausgefällt werden. Die irgendwo erfolgende chemische Zersetzung kalkhaltiger Gesteine ist daher stets mit einem anderswo erfolgenden Aufbau gleichartiger Minerale und Gesteine gekoppelt.

M 5 Formen der chemischen Verwitterung

M 6 Das Tonmineral Kaolinit – Ergebnis einer Neubildung

M 7 Tiefgründiger roter Boden – Ergebnis chemischer Verwitterung in den Tropen

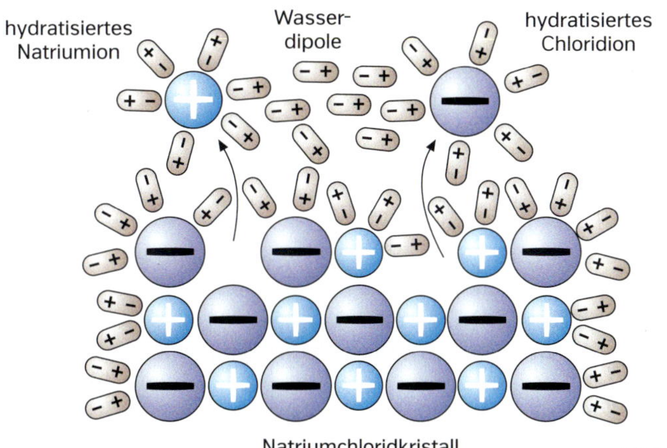

M 8 Lösungsverwitterung

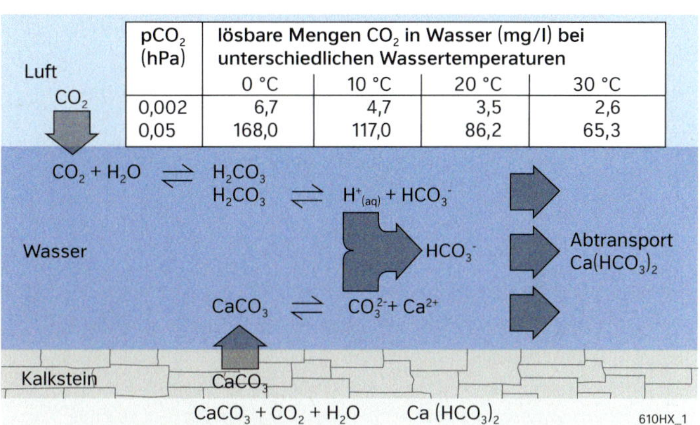

M 9 Kohlensäureverwitterung

Auch die chemische Verwitterung der am weitesten verbreiteten Gesteine, der Silikatgesteine wie Granit, Gneis, Sandstein, erfolgt durch einen Säureangriff (**Hydrolyse**). Bei dieser Silikatverwitterung werden die Alkali- und Erdalkaliionen (K^+, Na^+, Ca^{2+}, Mg^{2+}) und selbst das schwer lockerbare Quarz (SiO_2) im Kristallgitter nach und nach vollständig durch H^+-Ionen aus der Bodenlösung ersetzt. Letztendlich wird durch den Kationenaustausch das Kristallgitter von z. B. Feldspat, dem häufigsten Mineral der Erdkruste, zerstört.

Im Gegensatz zur Lösungsverwitterung ist die Hydrolyse jedoch nicht reversibel. Aber auch ihre Intensität steigt mit zunehmender Temperatur und Feuchtigkeit sowie einem höheren Säuregehalt (pH-Wert) des Wassers. In den feuchten Tropen ist die Hydrolyse wegen der hohen Niederschläge und Temperaturen sowie der hohen biologischen Aktivität im Boden etwa um den Faktor 1000 intensiver als z. B. in den mittleren Breiten. Die Verwitterungsschicht ist deshalb tiefgründiger und enthält kaum noch größere Steine. Nicht im Sickerwasser abtransportierte Verwitterungsrückstände der Hydrolyse können sich wieder zu neuen, andersartig zusammengesetzten Mineralen, den sogenannten sekundären Tonmineralen, verbinden. Die tonigen („schmierigen") Bestandteile eines Bodens entstehen also erst im Zuge der Hydrolyse von Gesteinen.

Bei der **Oxidationsverwitterung** lagert sich Sauerstoff z. B. an Eisen-, Mangan- und Schwefelionen an und lockert so das Kristallgitter. Auch dies findet in der Natur stets nur in Gegenwart von Wasser statt. Das „Rosten" des Gesteins ist an seiner Farbänderung leicht erkennbar: Die Braunfärbung entsteht durch die Bildung von Goethit (FeO-OH), die in sehr warmen Klimaten auftretende Rotfärbung durch Hämatit (Fe_2O_3). Alle „verrosteten" Teile lösen sich leicht aus ihrem ursprünglichen Verband.

M 10 Weitere Formen der chemischen Verwitterung

Verwitterung – prägender Faktor der Reliefbildung

Verwitterungsprozesse unterscheiden sich erheblich. Sie tragen daher verschieden zur Formung der Reliefsphäre und zur Klimaentwicklung bei. Verwitterung zerstört menschliche Werke, liefern aber auch wichtige Rohstoffe. Was sind die Hintergründe der Verwitterungsprozesse?

1 Begründen Sie, weshalb die Dombauer z. B. in Köln vermutlich nie arbeitslos werden (M1).

2 Erläutern Sie die unterschiedliche Intensität der Verwitterungsprozesse in verschiedenen Klimaten (M4).

3 Erläutern Sie folgende Aussagen:
A „Lebewesen beschleunigen Verwitterungsprozesse."
B „Berge ‚ertrinken' in ariden Gebieten in ihrem Verwitterungsschutt."
C „‚Wollsäcke' belegen einen dramatischen Klimawechsel."
D „Ohne ‚Erosionswaffen' gibt es keine tief eingeschnittenen Täler."
E „Kaolin ist ein ‚Verwitterungsgeschenk'."

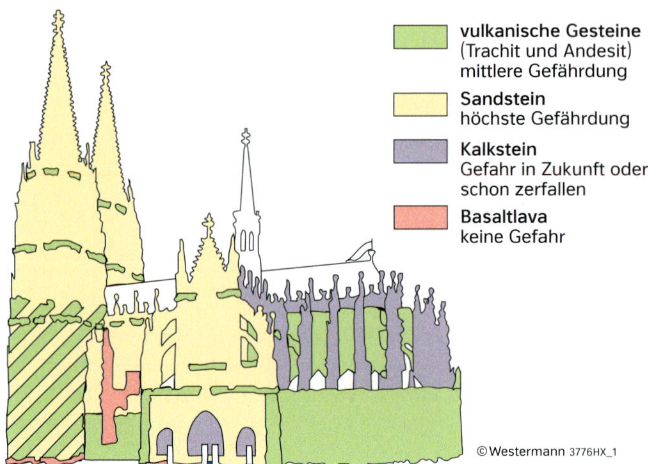

„Wenn der Dom fertig ist, geht die Welt unter", sagt ein altes Kölner Sprichwort. Doch das 700 Jahre alte Weltkulturerbe wird wohl nie fertig werden, denn ständig ist ein Teil wegen Restaurierungs- und Erhaltungsmaßnahmen eingerüstet. Unaufhaltsam bröckeln und böseln auf der größten Langzeitbaustelle Deutschlands die Steine, trotz Schutzanstrich und Maßnahmen zur Reduzierung der Luftverschmutzung. Viele Steine und Figuren wurden bereits ersetzt. Doch der Steinbruch, in dem das Material z. B. für die Domspitzen gewonnen wurde, steht mittlerweile unter Denkmalschutz.

M1 Dauerbaustelle Kölner Dom

Verwitterungsprozesse sind wichtige Stellgrößen im System Erde. Ihre Art, Intensität und Ergebnisse variieren räumlich und zeitlich stark. So greifen sie in den wichtigen Kohlenstoffkreislauf ein und beeinflussen dadurch über geologisch sehr lange Zeiträume die Klimaentwicklung und die globalen Klimaverhältnisse. Auswirkungen auf die Gestaltung der Oberflächenformen finden dagegen in kürzeren Zeiträumen und nur bei bestimmten Rahmenbedingungen statt. Dabei können Verwitterungsformen wie „Wollsäcke" auch zum Zeugen veränderter Rahmenbedingungen werden.

Seit es Lebewesen auf dem Planeten gibt, haben sich die Verwitterungsprozesse auf der Erde insgesamt beschleunigt. Bei Basaltgesteinen z. B. erfolgt die Verwitterung zusammen mit Lebewesen etwa 1000-mal schneller als im sterilen Zustand. Die **biogene oder biologische Verwitterung** umfasst alle physikalischen und chemischen Prozesse, bei denen Tiere, Pflanzen, Pilze und v. a. Mikroorganismen beteiligt sind: Beim Dickenwachstum von Pflanzenwurzeln wird das Gestein mechanisch durch **Wurzelsprengung** gelockert. Hinzu kommt die durch die Bodenlebewesen verstärkte Hydrolyse: Durch die Atmung der Lebewesen im Boden erhöht sich in dessen Hohlräumen und im Bodenwasser die Konzentration von CO_2 um das 10- bis 40-Fache gegenüber der Atmosphäre. Diese indirekte Säureproduktion wird durch Pflanzenwurzeln noch direkt verstärkt. Sie nehmen durch die Zellmembranen ihrer Wurzelzellen z. B. K^+ oder Na^+ auf und geben dafür – um das elektrische Ladungsgleichgewicht zu erhalten – aus ihrem Zellplasma H^+- Ionen nach außen in die Bodenlösung ab. Und selbst nach ihrem Tod verstärken Pflanzen durch die bei der Zersetzung organischer Substanz entstehenden Huminsäuren noch die Verwitterung. Auch Flechten, Algen und Bakterien sondern Säuren ab und ätzen damit den Untergrund an.
Säuren sind zudem bei der geologisch gesehen jungen, anthropogenen Verwitterung beteiligt.

Bei allem verständlichen Ärger über rostende Autos und Geländer, bröckelnde Brücken, Mauern und Treppen wird aber meist vergessen, dass Verwitterung auch Neues und Nützliches hervorbringt und weltweit wichtige Rohstofflagerstätten geschaffen hat.

M2 Basisinformation

Als anthropogene Verwitterung wird die Rauchgasverwitterung bezeichnet, eine spezielle Form der **Hydrolyse**. Die durch das Verbrennen fossiler Energieträger (z. B. Kohle, Erdöl, Erdgas), durch Abgase der chemischen Industrie und des Straßenverkehrs emittierten Rauchgase wie Schwefeldioxid (SO_2) und Stickoxide (NO_x) bilden in Verbindung mit dem Regenwasser aggressive Schwefel- und Salpetersäuren („saurer Regen"). Diese zersetzen die Minerale in Bausteinen und Gemäuern. Kalke und kalkhaltige Bindemittel wie Mörtel reagieren mit Schwefelsäure und bilden Kalziumsulfatverbindungen, wie z. B. Gips.
Die dabei erfolgende Volumenvergrößerung (Salzsprengung) führt zum Abplatzen und Zerfall der Steine. In entstehende Fugen eindringendes Wasser kann dabei durch Frostverwitterung die weitere Zerstörung von Kulturdenkmälern und reliefreichen Fassaden historischer Gebäude vorantreiben.

M3 Anthropogene Verwitterung

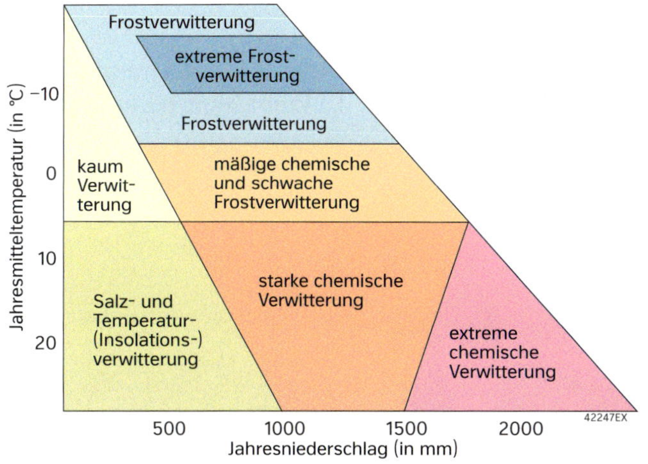

M 4 **Klimaparameter der Verwitterung**

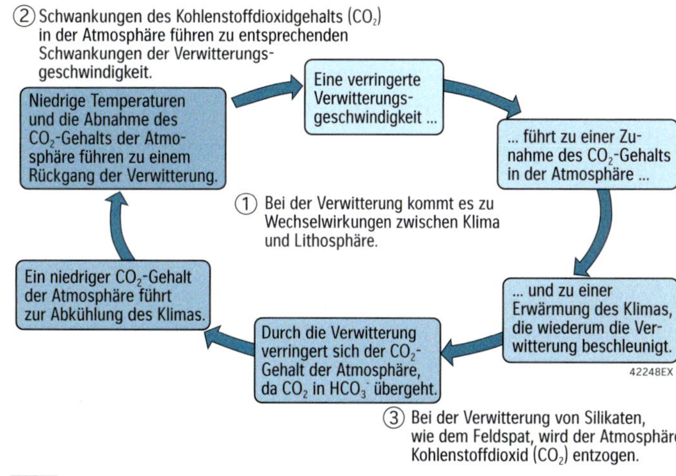

M 6 **Wechselwirkung zwischen Klima und Lithosphäre**

Die Reliefgestaltung der wechselfeuchten Tropen weicht von der anderer Geozonen völlig ab. Durch hohe Feuchtigkeit und Temperaturen dominiert in der Regenzeit die chemische Verwitterung. Die Zersatzzone des Gesteins liegt dabei oft viele Meter tief und hinterlässt nur tonreichen Feinboden. Dessen Oberfläche wird gegen Ende der Trockenzeit durch die verdorrten Gräser immer weniger vor den intensiven Sonnenstrahlung geschützt und verhärtet zunehmend. Die ersten Platzregen der Regenzeit können daher nur oberflächlich abfließen und spülen als sogenannte Schichtfluten auf breiter Front oberflächlich alles Lockermaterial ab. Trotz zeitweise hoher Wasserführung ist die Tiefenerosion dieser „Flüsse" relativ gering, da ihre Fließgeschwindigkeit durch die hohe Schlammfracht gebremst wird und sie keine größeren Steine als „Erosionswaffen" besitzen.

Anders als in Geozonen, in denen die linienhafte Erosion der Flüsse dominiert und dabei markante Talformen erzeugt, führt die in den wechselfeuchten Tropen dominierende Flächenspülung daher zu einer Tieferlegung der gesamten Landfläche. Die dabei entstehenden Flachmuldentäler besitzen bei bis zu 100 Kilometern Breite oft nur eine Tiefe von wenigen Metern. Dieses fast ebene Relief (Peneplain) wird nur von einzelnen, aus härterem Gestein und nacktem Fels bestehenden „Inselbergen" überragt. Deren abgerundete, aber steil aufsteigende Form entsteht dadurch, dass in der Trockenzeit durch die Temperaturverwitterung oberflächennahe Gesteinsschichten schalenförmig abplatzen, die Gesteinstrümmer mit den Starkregen der Regenzeit abgetragen und an der Hangkante durch die chemische Verwitterung rasch zersetzt werden.

M 5 **Verwitterung und Reliefformung**

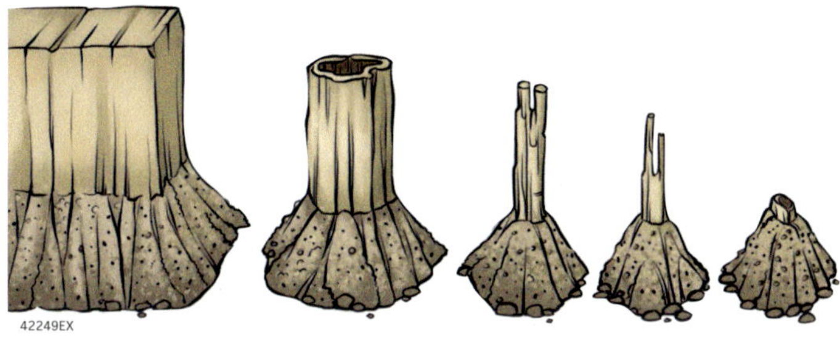

In ariden Gebieten werden die bei der vorherrschenden physikalischen Verwitterung horizontaler Sedimentgesteine anfallenden Gesteinsbrocken nur selten abtransportiert.

M 7 **Felsnadeln als Verwitterungsform in ariden Gebieten**

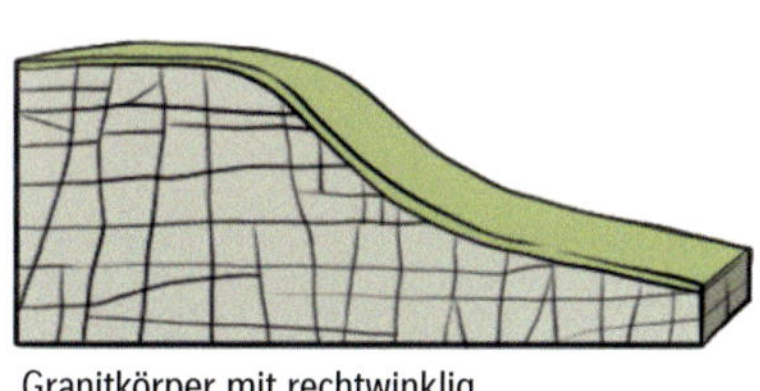

Granitkörper mit rechtwinklig ausgebildetem Kluftsystem

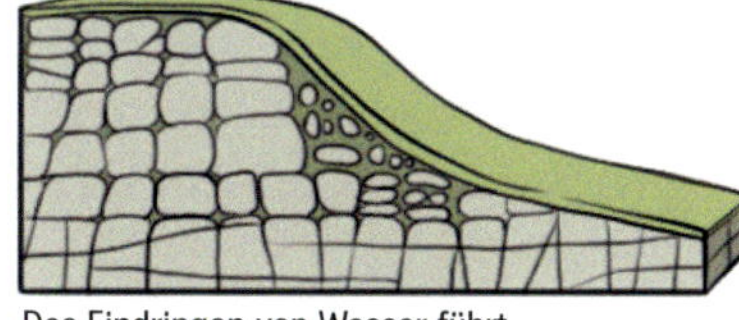

Das Eindringen von Wasser führt zu Verwitterung von Kanten und Ecken. Die Blöcke werden abgerundet.

Der Verwitterungsgrus wurde fortgespült. Übrig bleiben übereinandergestapelte Felsblöcke, die „Wollsäcke".

Wenn ein Pluton abkühlt, bildet sich in dem entstehenden, relativ homogenen Granitkörper ein rechtwinkliges, dreidimensionales Netz aus Schrumpfungsrissen und -klüften. Dort schreitet die Verwitterung voran. Ecken und Kanten werden durch chemische Verwitterung zuerst abgelöst, es entstehen rundliche Blöcke, die im Verwitterungsschutt „schwimmen". Durch Auswaschung des Feinmaterials kommt es zur Freilegung der „Wollsäcke". Verwitterungstiefe und -art zeigen, dass die Formung der heutigen Wollsäcke im Schwarzwald, Odenwald und im Harz unter feuchttropischen Bedingungen im Tertiär stattfand.

M 8 **Wollsackverwitterung**

Bildung von Erzlagerstätten

Erze sind Minerale oder Mineralgemenge, aus denen mit wirtschaftlichem Erfolg Metalle gewonnen werden können. Erzlagerstätten sind räumlich begrenzte Bereiche (Erzkörper), in denen metallhaltige Minerale auf natürliche Weise angereichert worden sind. Welche endogenen und exogenen Prozesse sind dabei beteiligt?

1 Beschreiben Sie die in M1 dargestellte Goldgewinnung.

2 **a)** Erklären Sie die Entstehung primärer und sekundärer Lagerstätten (M2 – M5, M7).

b) Begründen Sie, weshalb Erzlagerstätten um einen Pluton schalenförmig angeordnet sind.

c) Begründen Sie, weshalb entlang einer Erzader meist verschiedene Metalle gewonnen werden können.

3 **a)** Beschreiben Sie den Seigerriss (Senkrechtschnitt) des Bergwerks Kiruna (M6).

Z **b)** Erstellen Sie auf der Basis von Recherchen eine Präsentation zu den Besonderheiten des Bergwerks Kiruna.

Metalle sind seit dem Ende der Steinzeit für die menschliche Kultur immer wichtiger geworden. Aber nur wenige Metalle kommen wie Gold oder Silber in der Natur gediegen, d. h. in elementarer Form vor. Die meisten Metalle sind, wie z. B. Natrium in Steinsalz oder Eisen in Eisenoxid, Bestandteile chemischer Verbindungen. Sie bilden mit ihren (Ionen-)Gittern kristalline Körper, die Minerale. Die mit den Erzmineralen gebildeten und gemeinsam abgebauten „tauben“ (nicht nutzbaren) Minerale werden Gangarten genannt. Die Abbauwürdigkeit einer (Erz-)**Lagerstätte** wird von ihrem Anreicherungsgrad, ihrer Größe, der Marktlage und der verfügbaren Technologie für Abbau und Aufbereitung bestimmt.

Element	mittlerer Gehalt in der Erdkruste	bauwürdiger Gehalt in der Lagerstätte	Anreicherungs-faktor
Fe	5 %	50 %	10
Cu	0,01 %	1 %	100
Au	0,005 g/t	10 %	2000

M 2 **Basisinformation**

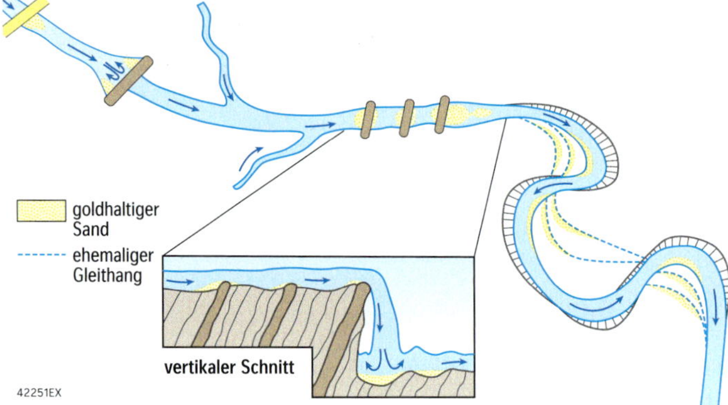

Der sogenannte Mother-Lode-Goldgürtel in der kalifornischen Sierra Nevada umfasst ein System von 120 Kilometer langen Goldadern. Der „Goldrausch“ begann 1848 an Bächen am Westrand des Gebirges.

M 1 **Traditionelle Goldgewinnung in Kalifornien (USA)**

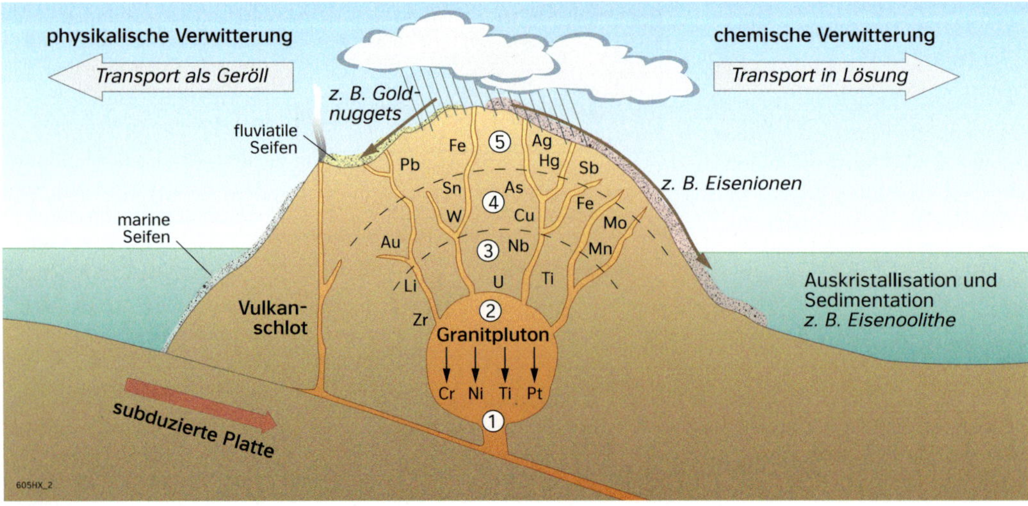

⑤ < 400 °C
④ 550 – 400 °C
③ 770 – 550 °C
Restkristallisation

② Hauptkristallisation erstarrendes Tiefengestein wenige Lagerstätten 1000 – 700 °C

① Frühkristallisation 1100 – 1000 °C

M 3 **Schema: Entstehung primärer und sekundärer Erzlagerstätten**

www.diercke.de
100800-265-03

Primäre oder magmatische Erzlagerstätten entstehen bei der Erstarrung von glutflüssigen Gesteinsschmelzen, z. B. bei der Bildung eines Plutons. Bei der Abkühlung des aus leicht- und schwerflüchtigen Bestandteilen bestehenden Gemischs kristallisieren seine Bestandteile nach und nach entsprechend ihrer Erstarrungspunkte aus. Die dadurch erfolgende Entmischung des Magmas beginnt als Frühkristallisation im noch flüssigen Zustand, wenn auskristallisierte Schwermetalle aufgrund ihrer hohen Dichte in der Schmelze absinken und sich am Grunde des Plutons ansammeln.

Während der Hauptkristallisation kristallisieren dann viele gesteinsbildende Minerale auf einmal aus. Ohne nennenswerte Anreicherung bildet sich dabei Granit als Tiefengestein. Am Ende dieser Abkühlungsphase sind in der verbleibenden Restschmelze alle die Elemente angereichert, deren Atome bzw. Ionen in den Kristallgittern des Tiefengesteins keinen Platz gefunden haben. Hierbei handelt es sich v. a. um Metalle.

Die gasreiche, noch unter hohem Druck stehende Restschmelze dringt in Spalten und Hohlräume des Nebengesteins ein und kühlt dort beim weiteren Vordringen langsam ab. Bei dieser Restkristallisation (pneumatolytische Phase) werden reichhaltige Erzgänge, Erzstöcke oder Erzlinsen gebildet. Hydrothermale Lösungen und heiße Dämpfe können schließlich bis zur Erdoberfläche vordringen und dort unter weiterer Abkühlung die letzten Minerale auskristallisieren lassen. Im Idealfall kommt es also wegen der Abnahme von Druck und Temperatur entlang der Gänge zu einer zonalen Anordnung der einzelnen Erze um den Granitpluton.

M 4 Entstehung primärer Erzlagerstätten

Sekundäre oder sedimentäre Lagerstätten
entstehen dann, wenn die Verwitterungsprodukte primärer Lagerstätten abtransportiert und unter bestimmten Bedingungen andernorts abgelagert werden.

Mechanisch-sedimentäre Erzlagerstätten
sind Minerale, die auch durch die chemische Verwitterung kaum zersetzt werden und die eine große Dichte besitzen. Sie werden in einem Flusslauf überall dort sedimentiert, wo die Transportkraft des Flusses nachlässt. Die dabei entstehenden, als Seifen bezeichneten Lagerstätten liegen deshalb häufig am Gefällsknick im Übergang vom Gebirge ins Vorland (z. B. die Platinseifen des Urals, die Goldseifen in Kalifornien oder die Zinnseifen in Malaysia), im Bereich von Schwemmkegeln und Deltas bzw. in der Brandungszone ehemaliger Meere (z. B. die Trümmereisenerzlager bei Salzgitter in Niedersachsen).

Chemisch-sedimentäre Erzlagerstätten
sind zum Beispiel der Mansfelder Kupferschiefer oder die Eisenerze Süddeutschlands. Kupfer ist als Sulfat leicht löslich und wurde vor etwa 258 Jahrmillionen Jahren in sauerstoffreichen Flüssen aus dem Harz in das ihn damals umgebende sauerstoffarme Zechsteinmeer transportiert. Dort fiel es in Anwesenheit von Schwefelwasserstoff als unlösliches Sulfid aus (Mansfelder Kupferschiefer).

Auch die Eisenerzlager Süddeutschlands und Lothringens sind marinen Ursprungs. Wegen intensiver chemischer Verwitterung war in den Flüssen viel Eisen gelöst, das beim Kontakt mit Meerwasser ausgefällt wurde und sich schalenförmig um Kristallisationskerne anlagerte. Die daher aus winzigen Eisenkügelchen (Eisenoolithe) aufgebauten Brauneisenlager werden wegen ihres geringen Fe-Gehalts von 20 bis 40 Prozent Minette (kleine Erze) genannt.

M 5 Entstehung sekundärer oder sedimentärer Erzlagerstätten

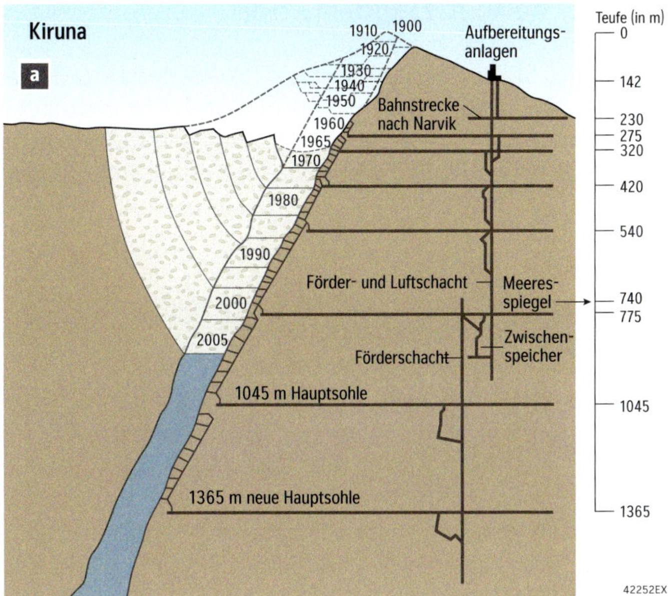

Primäre und sekundäre Lagerstätten können nach ihrer Entstehung durch Mineralneubildungen und Kornvergrößerungen infolge tektonischer Prozesse in metamorphe (umgestaltete) Lagerstätten umgeformt werden. Die Eisenerze vom „Schneehuhnberg" Kirunavaara in Nordschweden (a) sind z. B. metamorph überprägte Produkte einer Früh- und Hauptkristallisation. Das Erzlager innerhalb des durch die Erosion freigelegten Tiefengesteinkörpers ist 5000 Meter lang, bis zu 300 Meter breit und reicht schräg bis in zwei Kilometer Tiefe.

Die nach der brasilianischen Stadt Itabira „Itabirite" genannten, reichhaltigen Eisenerze (b) sind dagegen sedimentären Ursprungs. Sie werden wegen der roten Eisenoxidschichten und helleren kalk- und kieselsäurehaltigen Lagen auch als „Bändererze" bezeichnet, wurden bereits im Präkambrium metamorph überprägt und liegen heute oberflächennah auf allen alten Kontinentalschilden, z. B. in Nordamerika, Venezuela, Brasilien, Westafrika, Westaustralien sowie nahe der ukrainischen Stadt Krywyi Rih.

M 6 Entstehung metamorpher Erzlagerstätten

Bei hohen Temperaturen, hohen Niederschlägen, saurem pH-Wert und über eine ausreichend lange Zeit werden die Alkali- und Erdalkalimetalle durch Hydrolyse vollständig aus den Mineralen gelöst und im Grund- und Oberflächenwasser abgeführt. Zurück bleibt ein Gemisch von schwer zersetzbaren und schlecht löslichen Stoffen – der Bauxit. Der rot gefärbte Bauxit enthält neben Titanoxid, 5 Prozent Siliziumdioxid, 25 Prozent Eisenoxid und bis zu 60 Prozent Aluminiumoxid. Der Ausgangsstoff zur Aluminiumgewinnung ist nach dem südfranzösischen Ort Les Baux-de-Provence benannt, wo er im Tertiär gebildet wurde. Bauxit steht heute in vielen tropischen Gebieten oberflächennah an.

M 7 Bildung von Verwitterungslagerstätten

Bildung von Salzlagerstätten

Europas größter Schatz ist etwa 250 Millionen Jahre alt, bis zu 1000 Meter mächtig und erstreckt sich über fast 500000 Quadratkilometer im Untergrund zwischen England, Polen, Dänemark und Mitteldeutschland: Es handelt sich um Salz, eine unentbehrliche Rohstoffquelle für die Landwirtschaft, die Nahrungs- und Arzneimittelindustrie, die kosmetische und chemische Industrie. Wie ist das Salz entstanden?

1 Beschreiben Sie die Entstehung von Salzlagerstätten nach der „Barrentheorie" (M1 – M3).

2 Begründen Sie, weshalb sich Salzlagerstätten an passiven Kontinenträndern besonders häufig bilden.

3 **a)** Erklären Sie die Entstehung von Salzstöcken und beschreiben Sie deren Verteilung in Norddeutschland (M4, M6, M7).
b) Erklären Sie, unter welchen Bedingungen ein Diapir bis zur Erdoberfläche aufsteigen und einen „Salzgletscher" bilden kann?
c) Begründen Sie, weshalb sich Hohlräume in Salzbergwerken wieder schließen.

Z 4 Erörtern sie die Eignung von Salzstöcken (M5, Internet):
- zur Zwischenlagerung von Erdöl und Erdgas
- zur Endlagerung hochradioaktiver Stoffe im Vergleich zu anderen Gesteinen.

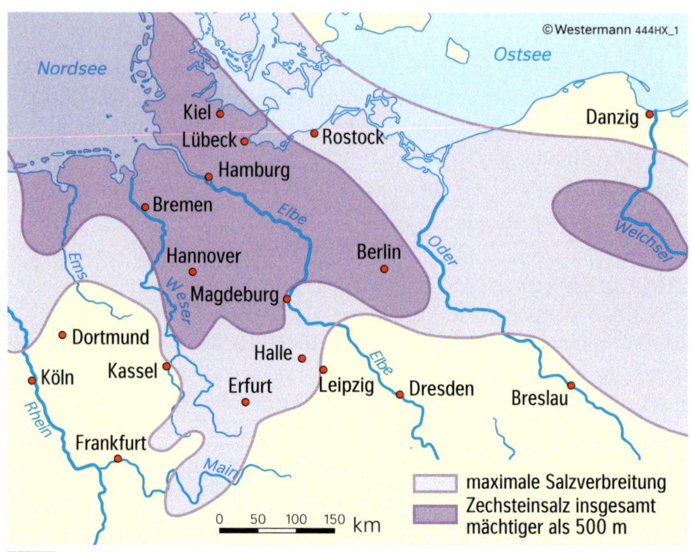

M 1 **Verbreitung der Zechsteinsalze**

Die nahezu unerschöpflichen **Salzlagerstätten** Mitteleuropas entstanden bei trocken-heißen Klimabedingungen durch die Ausfällung der im Meerwasser gelösten Salze. Da eine 1000 Meter mächtige Meerwassersäule bei vollständiger Verdunstung aber nur eine etwa 15 Meter dicke Salzschicht hinterlässt, müsste das Zechsteinmeer, dem die gewaltigen Salzlager entstammen, die unvorstellbare Tiefe von 60 Kilometern gehabt haben. In Wirklichkeit war das Zechsteinmeer aber ein Randmeer mit seichten Becken und Untiefen, das sich über weite Schelfbereiche Mitteleuropas erstreckte und nur im Nordwesten über eine Schwelle (Barre) hinweg mit dem dortigen Meer verbunden war. Durch Verdunstung des Wassers erhöhte sich in diesem Flachmeer zunehmend die Konzentration der darin gelösten Stoffe. Als ihre jeweilige Sättigungsgrenze erreicht war, schieden sich am Grund des Zechsteinbeckens zunächst die schwerstlöslichen Salze, die Karbonate und Sulfate, danach auch Steinsalz und zuletzt die am leichtesten löslichen, die Kalium- und Magnesiumsalze (Kali- oder Edelsalze) ab.

Da über die Barre hinweg laufend Meerwasser nachfloss und der Untergrund des Meeresbeckens langsam absank, konnten sich jeweils die Salze, deren Sättigungsgrenze erreicht war, im Laufe von einigen Hunderttausend Jahren in enormen Mächtigkeiten ablagern. Meistens sind in den so gebildeten Eindampfungslagerstätten jedoch die leicht löslichen Komponenten untervertreten oder fehlen ganz, weil unter dem Einstrom aus dem offenen Meer ein salzreicher und daher schwererer Unterstrom das übersalzene Becken verließ und ihm die noch nicht ausgefällten Bestandteile entzog.

Trocknete das Zechsteinbecken durch eine tektonisch bedingte Hebung der Barre zeitweilig vollständig aus, wurden die riesigen Salzflächen bei den herrschenden wüstenhaften Bedingungen unter angewehtem Staub und Ton begraben und so vor nachfolgenden Wassereinbrüchen bei erneutem Absinken der Barre geschützt. Dieser Zyklus wiederholte sich in Mitteleuropa in der Zechsteinzeit (etwa 257 – 251 Mio. Jahre vor heute) insgesamt sechs Mal.

M 2 **Basisinformation**

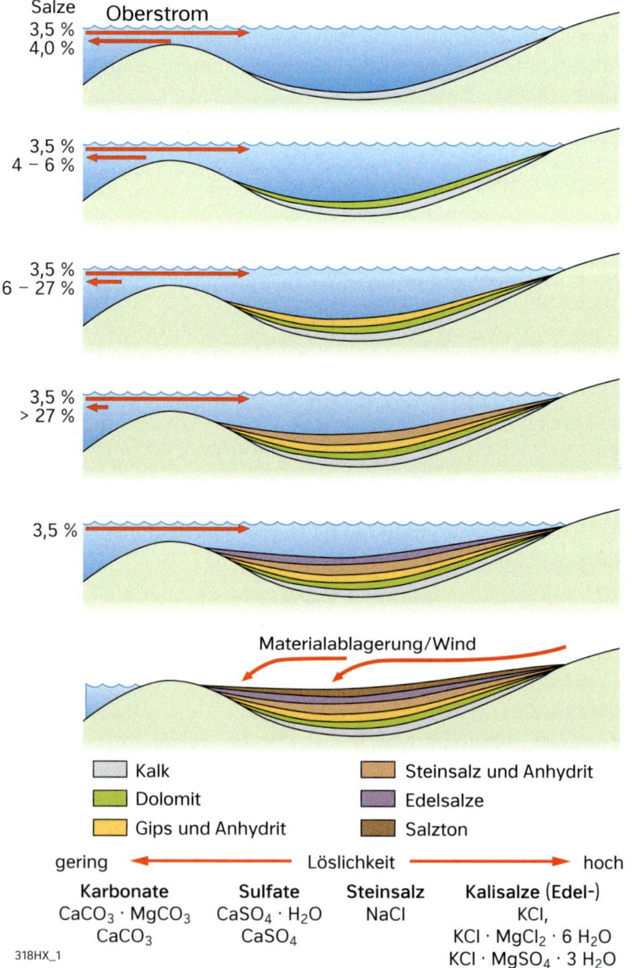

M 3 **Entstehung der Zechsteinsalze (Barrentheorie)**

In den Erdzeitaltern nach dem Zechstein sank die Erdoberfläche weiter ab und wurde von Sedimenten u. a. aus Meeren, Flüssen und Gletschern überdeckt. Diese Ablagerungen erreichten eine Mächtigkeit von bis zu vier Kilometern über den flächenhaft abgelagerten Zechsteinsalzen. Da Salz wie Gletschereis bei anhaltendem starkem Druck plastisch wird und sich verformt, begann es zu fließen, sammelte sich in „Salzkissen" und drang – begünstigt durch seine gegenüber dem Deckgebirge geringere Dichte – entlang von Schwächezonen langsam nach oben (Halokinese).

Dabei wurden die überlagernden Schichten durchstoßen und am Rand des sich bildenden Salzstocks (Diapirs) mit aufgeschleppt. Die Salz- und Tonschichten innerhalb des Diapirs wurden dagegen intensiv durchgeknetet und gefaltet. Dort, wo das Salz im Untergrund seitlich abgeflossen war, sackte das Deckgebirge nach und verstärkte als positive Rückkopplung den Druck auf das Restsalz, sodass immer mehr Salz in den aufsteigenden Diapir einbezogen wurde. Dessen oberer Teil erweiterte sich oft pilzartig.
Beim Eindringen in oberflächennahe Grundwasserstockwerke wird das Dach eines Diapirs aber rasch aufgelöst. Zurück bleibt ein schwer löslicher Hut aus Gips.

M 4 Entstehung von Salzstöcken

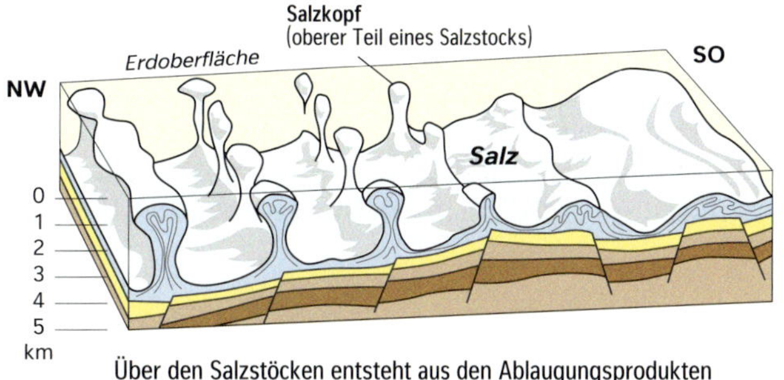

Über den Salzstöcken entsteht aus den Ablaugungsprodukten ein sogenannter **Salzhut**, der wesentlich aus Anhydritgestein besteht.

Die Eindampfung der gehobenen Sole sicherte z. B. Lübeck jahrhundertelang den Wohlstand. Zum Teil konnte das Salz aus nur wenigen Metern Tiefe abgebaut werden. Doch die Gewinnung des „weißen Golds" aus dem Salzstock unter der Stadt erforderte gewaltige Holzmengen für die Befeuerung der Siedepfannen. Bis heute beeinflusst der ehemalige Bergbau durch anhaltende Bodensenkungen das Stadtgebiet Lübecks. Zudem laugt das Grundwasser nach wie vor im schon durchlöcherten Diapir weitere Hohlräume aus, deren Decken einsacken oder einstürzen.
Die beim bergmännischen Untertagebau über Tage notwendigen Abraumhalden, z. B. der Kalibergwerke in Nordhessen, wachsen dagegen weiterhin. Weniger wichtig geworden sind in Niedersachsen die Förderung von Erdgas und Erdöl aus Lagerstätten, die sich als sogenannte Erd- bzw. Erdgasfallen in den aufgeschleppten Deckschichten am Rande aufsteigender Diapire gebildet hatten.

Dagegen wichtig geworden ist die Bedeutung von künstlich geschaffenen Hohlräumen innerhalb der Diapire für die Bevorratung großer Mengen von Erdöl und Erdgas. Einige Dutzend solcher Kavernenspeicher, jeder einzelne mit einem Speichervolumen z. B. eines Erdölsupertankers, sind derzeit in Betrieb. Künstlich geschaffene Hohlräume im Salz werden aber auch zur Beseitigung gefährlicher Abfallstoffe genutzt: In den Bergwerken Asse II nahe Wolfenbüttel und im Salzstock Morsleben sind bereits radioaktive Materialien eingelagert, der Salzstock Gorleben sollte hochradioaktives Material für Tausende von Jahren einschließen. Wegen politischer Widerstände und Kritik aus der Wissenschaft wurde seine weitere geologische Erkundung jedoch eingestellt. Bundesweit wird daher nach einem geeigneten Standort gesucht – mit offenem Ausgang. Dabei gilt als sicher, dass die Salzlagerstätten in Süddeutschland als Endlagerstätte nicht geeignet sind. Sie bilden keine Diapire und sind aufgrund ihrer Entwicklung nur geringmächtig. Dazu gehören:

- die während des Tertiärs im Oberrheingraben gebildeten Kalisalzlagerstätten, deren Abbau bereits stillgelegt ist (Buggingen, Elsass),
- die im mittleren Muschelkalk weit verbreiteten Salzlager, die noch in den Bergwerken Stetten im Ostalbkreis, Heilbronn und Bad Friedrichshall unter Tage abgebaut werden.

Orte mit ehemaliger Salzgewinnung sind oft an der Bezeichnung „Hall" erkennbar, z. B. Bad Reichenhall, Bad Friedrichshall. Sie nutzen ihre Sole heute noch als Heilwasser.

M 5 Bedeutung von Salzlagerstätten

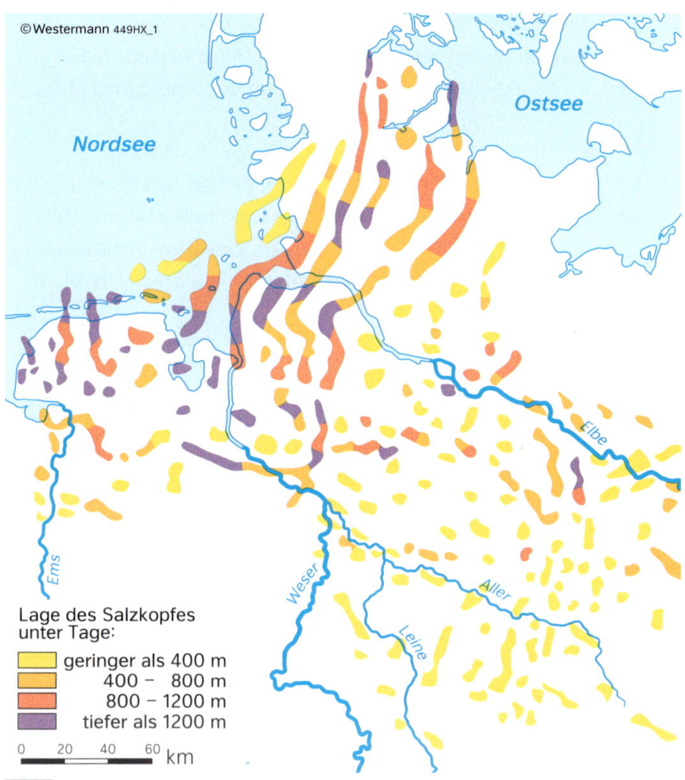

M 6 Salzstöcke in Nordwestdeutschland

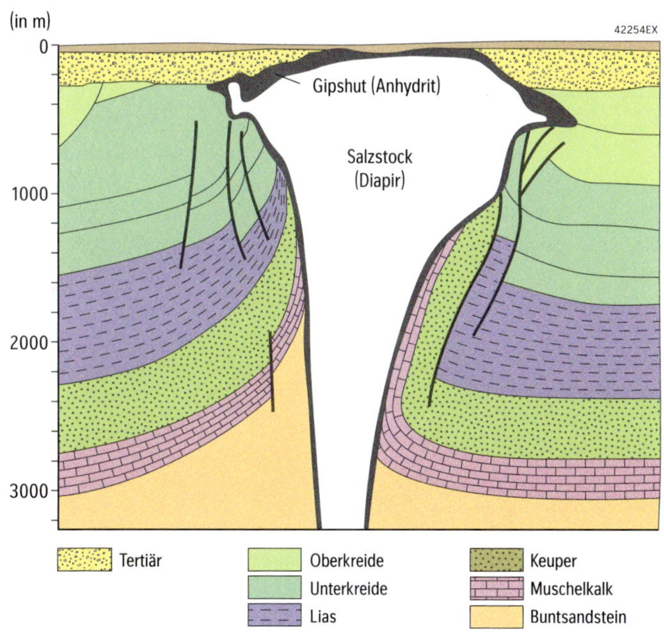

M 7 Salzstock Wienhausen-Eicklingen bei Celle (Niedersachsen)

Bildung von Kohlenwasserstofflagerstätten

Kohlenstoff ist der wichtigste Baustein organischer Verbindungen, aus denen Kohle, Erdöl, Erdgas und Methanhydrate bestehen. Als Gas oder als Teil dieser Verbindungen bewegt er sich im geologisch kurz oder lange dauernden Kreislauf durch praktisch alle Sphären der Erde. Wo und wie entstehen dabei die Lagerstätten der wirtschaftlich wichtigen fossilen Brennstoffe?

1 a) Vergleichen Sie den Wald der Karbonzeit mit heutigen mitteleuropäischen Wäldern (M1).
b) Erklären Sie die Entstehung von Kohle (M4, M6, M7).

2 Begründen Sie den unterschiedlichen Heizwert (M7).

3 a) Vergleichen Sie die Entstehung von Kohle und Erdöl bzw. Erdgas (M4, M5, M6, M8).
b) Charakterisieren Sie die Lagen der in M3 dargestellten Lagerstätten von Kohlenwasserstoffen.

4 Arbeiten Sie Besonderheiten der Erdölfallen heraus (M5).

Z 5 Erstellen Sie auf Recherchebasis eine Präsentation zu Teersanden, Ölschiefern und Methanhydraten (M9, M10).

M 1 **Wald im Zeitalter des Karbon**

Fossile Brennstoffe sind gespeicherte Sonnenenergie. Ausgangspunkt ihrer Bildung ist stets die Fotosynthese. Pflanzen bauen dabei das in der Luft oder im Wasser enthaltene Kohlenstoffdioxid (CO_2) in organische Moleküle ein. Die dadurch aufgebaute Biomasse kann in Nahrungsketten über viele Glieder weitergereicht werden.

Der enthaltene Kohlenstoff wird beim mikrobiellen Abbau der Organismen nach ihrem Tod zu mehr als 99 Prozent wieder zu Kohlenstoffdioxid oxidiert und so in den relativ rasch verlaufenden biochemischen Teil des wichtigen Kohlenstoffkreislaufs zurückgeführt. Nur den kleinsten Teil der organischen Überreste bewahrt die rasche Überdeckung vor ihrer Zersetzung. Er gelangt in den oft viele Jahrmillionen umfassenden geochemischen Teil des Kohlenstoffkreislaufs.

M 2 **Basisinformation**

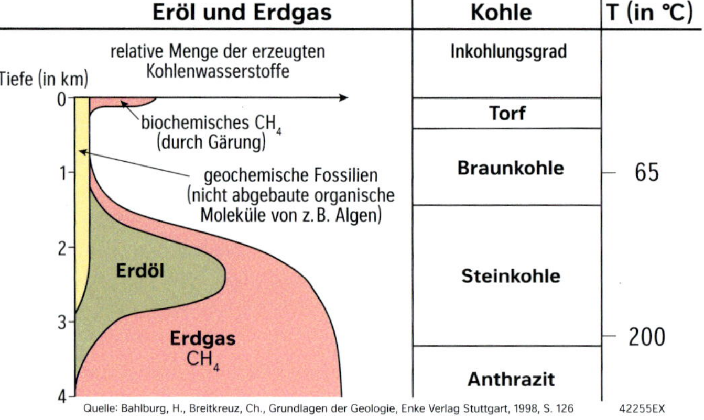

M 4 **Bildungsbedingungen von Kohlenwasserstofflagerstätten**

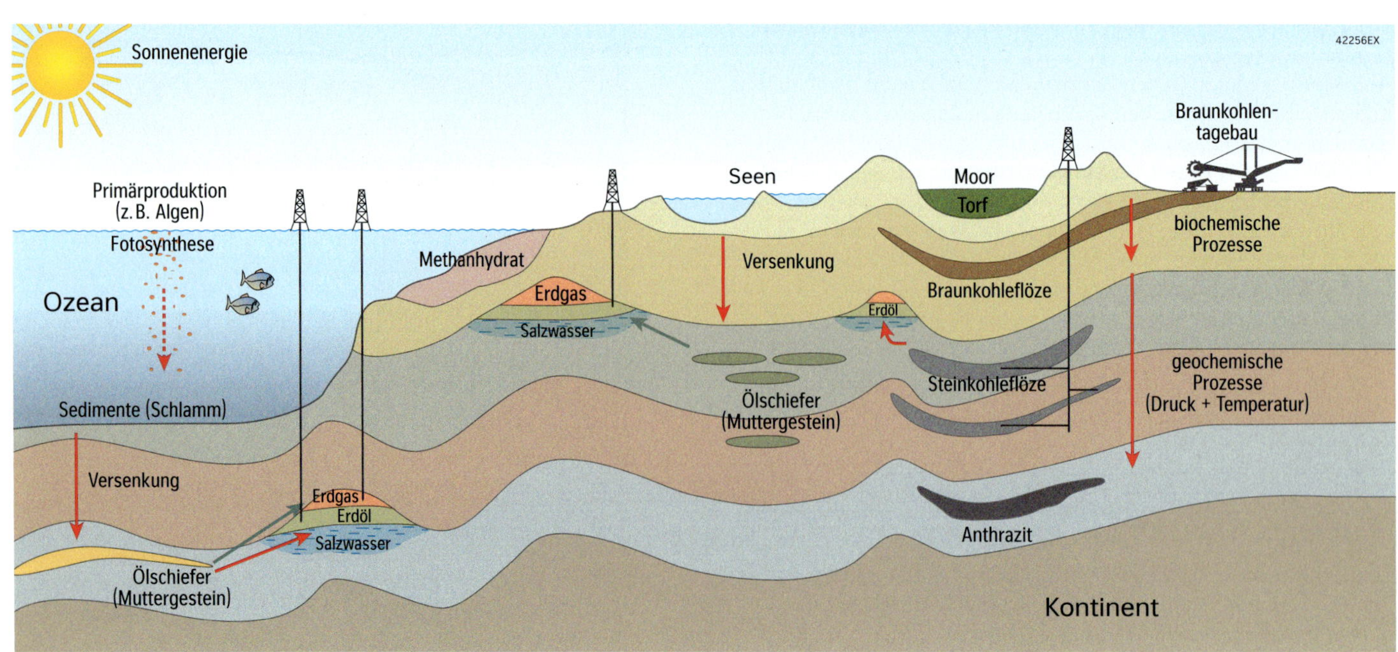

M 3 **Verteilung typischer Kohlenwasserstofflagerstätten**

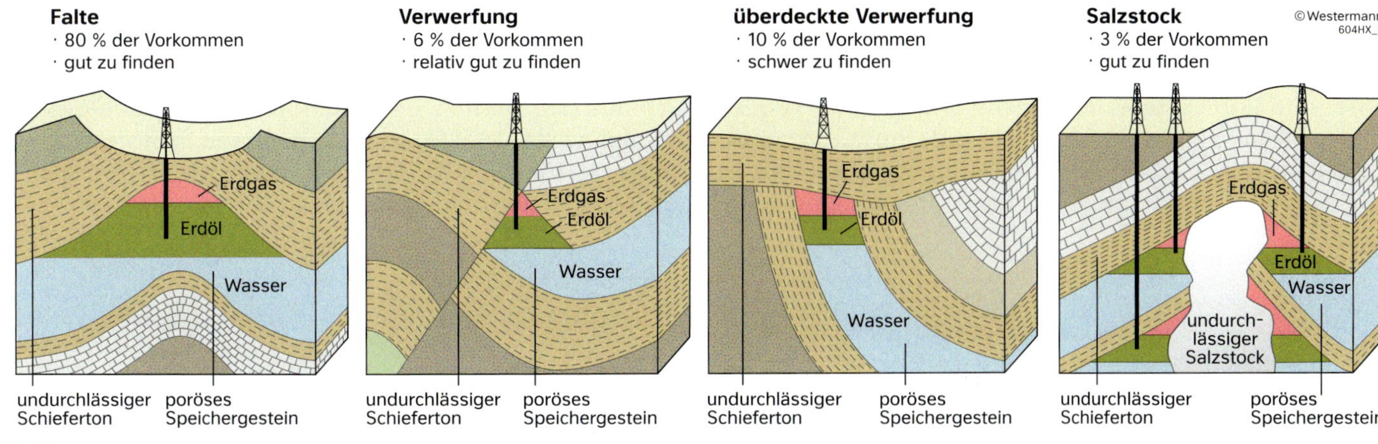

M 5 **Beispiele für Erdölfallen**

Mit der Entwicklung, dem Wachstum und dem Absterben der ersten biomassereichen Wälder begann auch die Entstehung von **Kohlelagerstätten**. In Senken am Rand und im Inneren des Variszischen Gebirges (S. 8 M3) wuchsen im Karbon unter feuchtwarmem Klima Waldsumpfmoore. Abgestorbene Pflanzen versanken im wasserdurchtränkten Boden und wurden so durch Luftabschluss vor der völligen Verwesung bewahrt. Durch die Tätigkeit anaerober Bakterien entstand in dieser biochemischen Phase Torf, auf dem erneut Pflanzen wuchsen. Über lange Zeit wuchs die Torfschicht, bis sie mit Sedimenten von Gebirgsflüssen oder von Meeresvorstößen bedeckt wurde. Da aber der Untergrund weiter absank, konnte sich dieser Vorgang vielfach wiederholten.
Mit zunehmendem Überlagerungsdruck wurde das organische Material immer mehr zusammengepresst und teilweise auch entwässert. Der bei steigendem Druck und steigender Temperatur schließlich einsetzende geochemische Prozess der eigentlichen Inkohlung führte über Braunkohle zu den verschiedenen Arten von Steinkohle. Im Ruhrgebiet enthält das von Süden nach Norden einfallende, etwa 4000 Meter mächtige Kohlengebirge in Wechsellagerung mit taubem Gestein (flözfreie Schichten) rund 120 Steinkohleflöze, die meist nur einige Meter mächtig und zudem vielfach gefaltet und verworfen sind. Die Braunkohlelagerstätten Mitteleuropas entstanden unter ähnlichen Entstehungsbedingungen, allerdings aus Nadelwäldern und erst im Tertiär. Ihre Flöze liegen im Rheinischen und im Mitteldeutschen Revier relativ oberflächennah und sind tektonisch wenig gestört.

M 6 **Entstehung von Kohlen**

	Wasseranteil (in %)	flüchtige Bestandteile (in %)	Kohlenstoffanteil (in %)	Heizwert (in MJ / kg)
Holz		80	50	ca. 15
Torf	60 - 90	65	55 - 65	6 - 8
Weichbraunkohle	30 - 60	50 - 60	65 - 70	7 - 12
Hartbraunkohle	10 - 30	45 - 50	70 - 80	17 - 29
Flamm-Fettkohle	3 - 10	17 - 45	80 - 90	29 - 33
Ess-Magerkohle	3 - 10	7 - 17	90 - 93	33 - 36
Anthrazit	1 - 2	4 - 7	93 - 98	36 - 37

10 - 13 MJ: täglicher Energiebedarf des Menschen (je nach Alter, Geschlecht u. a.)

M 7 **Inkohlungsreihe**

Erdöl-, **Erdgas**- und Methangas-**Lagerstätten** basieren auf marinen Ausgangsmaterialien. Fotosynthetisch aktives Phytoplankton bildete hier die erste Stufe der Biomasseproduktion. Ein Teil der abgestorbenen Biomasse sank auf den Meeresboden und wurde dort – vor allem in seichten, schlecht durchlüfteten Buchten und vor Flussmündungen – von tonigen Sinkstoffen überdeckt. Den aus diesem organischen und anorganischen Material bestehenden Faulschlamm zersetzten Bakterien unter anaeroben Bedingungen. Mit zunehmender Tiefe war das Sediment einem Druck- und Temperaturanstieg ausgesetzt. Dabei entstanden zunächst hochmolekulare Verbindungen – in organischen Lösungsmitteln lösliches Bitumen (Erdpech) bzw. unlösliches Kerogen. Aus Letzterem bildete sich zwischen 100 und 150 °C durch Abspalten von Kohlenstoffdioxid, funktionellen Gruppen und kleineren Kohlenwasserstoffketten Erdöl – bei noch höheren Temperaturen Erdgas. Diese wurden zusammen mit Wasser aus dem tonigen Entstehungsgestein, dem Muttergestein, ausgepresst und wanderten, begünstigt durch ihre geringe Dichte, durch Klüfte, poröse Sand- und Kalksteine nach oben. Die Migration stoppte dort, wo eine undurchlässige Schicht (z. B. Salz, Ton, Mergel) den weiteren Aufstieg versperrte. In den Poren des Speichergesteins erfolgte die Separation nach der Dichte: Unten das salzige Wasser, darüber das leichtere Erdöl und zuoberst Erdgas. Aus Erdöllagerstätten hervorgegangen sind die feinkörnigen Ölschiefer und gröberen Teersande. Bei hohem Druck, aber niedriger Temperatur entstehen an Kontinentabhängen Methanhydrate, aus Wassermolekülen gebildete käfigartige Kristallstrukturen, die Methanmoleküle umschließen.

M 8 **Entstehung von Erdöl, Erdgas und Methanhydrat**

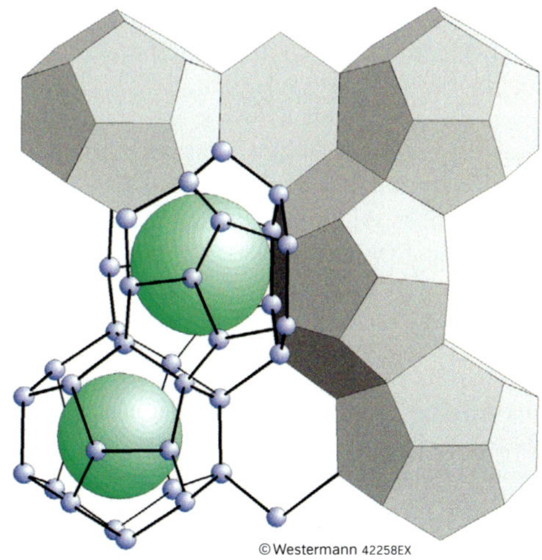

M 9 **In Methanhydrat ist mehr als doppelt so viel Kohlenstoff gebunden wie in allen Erdöl-, Erdgas- und Kohlelagerstätten der Welt.**

Verbreitung von Lagerstätten

Die Lagerstätten der mineralischen und organischen Rohstoffe sind auf der Erde ungleichmäßig, aber nicht unregelmäßig verteilt. Die „Verteilungsregeln" ergeben sich aus den für ihre Bildung notwendigen geologischen Prozessen und klimatischen Voraussetzungen. Hinzu kommen der Faktor Zeit sowie die Evolution der Lebewesen, z. B. die Entwicklung von Pflanzen mit viel Biomasse für die Bildung der Kohlelagerstätten. Die sogenannten anthropogenen Lagerstätten sind sehr jung. Welche „Verteilungsregeln" gibt es?

1 a) Analysieren Sie das Muster von Erzlagerstätten (M1).
b) Nennen Sie mögliche Gründe für dieses Muster.

2 Beschreiben und erklären Sie die generelle Verteilung natürlicher Lagerstätten (M3, M4).

3 Erklären Sie: Black Smoker, anthropogene Lagerstätte (M5 – M9).

4 Erörtern Sie folgende Thesen:
a) „Die Tiefsee ist das Bergbaugebiet der Zukunft."
b) „Die anthropogenen Lagerstätten sind die Bergbaugebiete der Zukunft."

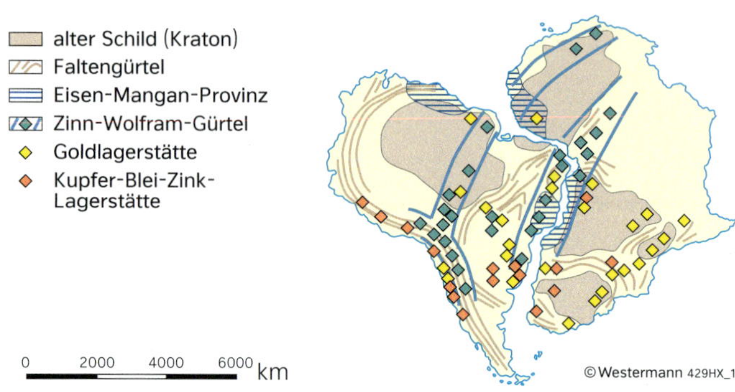

M 1 **Verteilung von Erzlagerstätten**

Die ältesten primären Erzlagerstätten stammen aus der Erdurzeit, als die sich allmählich verfestigende Erdkruste noch häufig von granitischen Intrusionen (eindringendes Magma in Gesteine) durchsetzt wurde. Dabei bildeten sich zahlreiche primäre Lagerstätten. Durch die seitdem lang andauernde Abtragung sind auch tief liegende Stockwerke dieser Plutone freigelegt worden. Die heute meist im Kontinentinnern gelegenen, sogenannten Kratone besitzen daher ein sehr reichhaltiges Lagerstättensortiment mit z. T. auch seltenen Erzen (z. B. Sudbury in Kanada, Bushveld in Südafrika).

An die Ränder dieser tektonisch stabilen, alten Schilde (z. B. auch im Baltikum, in Sibirien, Westaustralien und Westafrika) wurden im Laufe der Erdgeschichte immer wieder Gebirge angeschweißt. Aus den dabei an Subduktionszonen in die Tiefe geführten Gesteinen und mit Material der nicht abgetauchten Platten bildeten sich – je nach Druck- und Temperaturverhältnissen – Magmen unterschiedlicher Zusammensetzung. Ihre Intrusionen führten zu einer zonalen Anordnung von Gürteln (sogenannte Metallprovinzen) mit charakteristischen Mineralkombinationen parallel zum jeweiligen aktiven Kontinentrand.

Sekundäre Lagerstätten erforderten stets geeignete Sedimentationsbedingungen und -räume. Im Innern der Kontinente waren dies meist durch Bruchtektonik entstandene Becken und Gräben oder sich beim isostatischen Aufstieg von Gebirgen bildende Randsenken. Dort entstanden z. B. auch die aus unterschiedlichen Zeitaltern stammenden Stein-und Braunkohlelagerstätten Deutschlands. Die höchsten Konzentrationen schwerer, chemisch resistenter Metalle wie Gold, Silber, Wolfram und Zinn liegen in sekundären Lagerstätten nahe des Erosionsgebietes. Leichter lösliche Mineralien wie Kupfer, Blei- und Zinksalze werden dagegen weitertransportiert und erst in reduzierenden, an anorganischer Substanz reichen Gewässern ausgefällt.

Anders als die sich nur in geologisch langen Zeiträumen entwickelnden Lagerstätten von Erzen, Kohlenwasserstoffen und Salzen wachsen die sogenannten anthropogenen Lagerstätten sehr rasch. Das Gewicht aller Bauwerke, Straßen, Maschinen, Leitungen, Fahrzeuge usw. übertrifft inzwischen bereits das Gewicht alles Lebenden auf der Erde.

Häufig führt eine intrakontinentale Grabenbildung zuletzt auch zur Entstehung eines Ozeans. Die so entstehenden passiven Kontinentränder bieten mit ihren absinkenden, zeitweise überfluteten und immer wieder aufsedimentierten Meeresbuchten dann ideale Voraussetzungen für die Entstehung von Öl- und Gaslagerstätten sowie – bei geeignetem Klima – von Salzlagern.

Schließlich führt dies zu einer durchgehenden mittelozeanischen Spreizungszone. Der jeweils dritte, in großem Winkel dazu stehende Grabenbruch ist daran nicht beteiligt. Er bildet aber einen sich teilweise weit in den Kontinent hinein erstreckenden, lang gezogenen Sedimentationsraum. Bei der Öffnung des Atlantiks entstanden so zahlreiche solcher Strukturen. Sie enthalten meist umfangreiche Öl- und Gaslager, zahlreiche Seifen sowie Vererzungen entlang der Grabenränder.

M 2 **Basisinformation**

M 3 **Lagerstätten an Kontinenträndern**

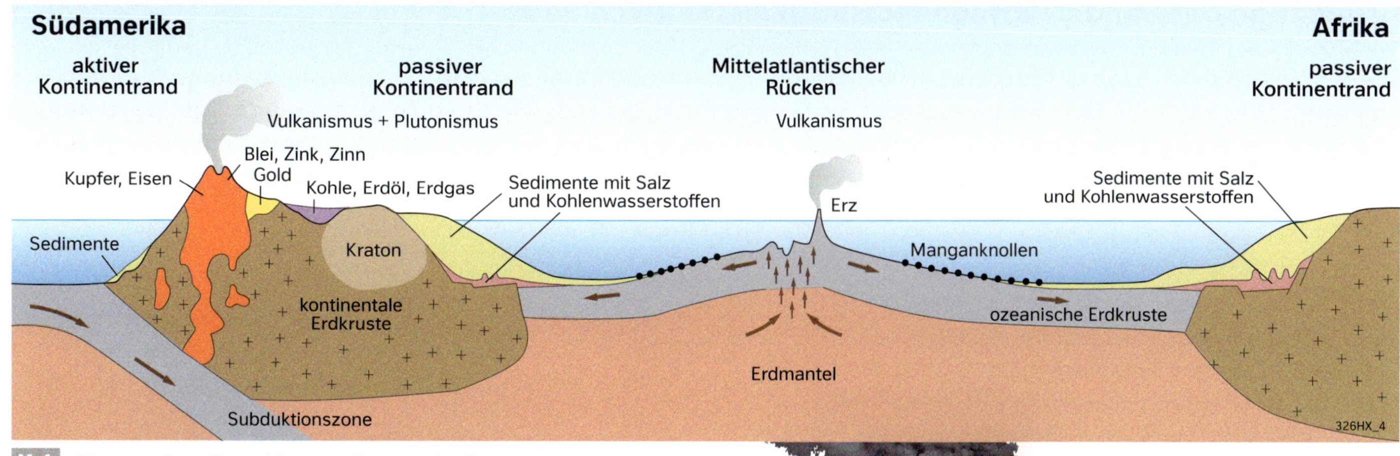

M 4 Plattentektonik und Lagerstättenverbreitung

Die Bildung von Lagerstätten geht fortwährend weiter. An Mittelozeanischen Rücken dringt z. B. ständig Meerwasser mehrere Kilometer tief in die zerklüftete poröse Basaltkruste ein und wird in der Umgebung von Magmakammern aufgeheizt. Es entstehen heiße, saure Lösungen, die das Gestein stark korrodieren und mit großer Geschwindigkeit (2 – 3 m / s) wieder am Meeresboden austreten. Beim Kontakt mit dem kalten Meerwasser werden die gelösten Stoffe ausgefällt. An der Austrittsöffnung bilden sich dadurch dichte Wolken von dunklen Sulfidkristallen – v. a. Eisen-, Zink- und Kupfersulfide –, die sich ablagern. Dadurch wachsen bis zu zehn Meter hohe Erzschlote in die Höhe (Black Smoker). In Senken an den mittelozeanischen Rifts entstehen auch umfangreiche Erzschlämme. Das in den Lösungen enthaltene Mangan kann auch weitertransportiert werden und sich zusammen mit Fe, Ni, Co und Cu um Konzentrationskerne schalenförmig anlagern. Die so entstehenden kartoffelgroßen Manganknollen liegen frei auf dem Tiefseeboden.

M 5 Neubildung von Erzlagerstätten

M 7 Black Smoker

Der effiziente und schonende Umgang mit natürlichen Ressourcen ist eine der größten wirtschaftlichen, sozialen und ökologischen Herausforderungen, denn der Verbrauch von Primärrohstoffen für Bauwerke und Infrastrukturen jeder Art sowie für kurz- und langlebige Güter ist bisher ständig gestiegen. Diese sollten am Ende ihrer Verwendung jedoch nicht als Abfall, sondern als wertvolles, ständig wachsendes Materiallager gesehen werden. Dieses Sekundärrohstoffreservoir kann im Rahmen eines „städtischen Bergbaus" (Urban Mining) nutzbar gemacht werden. Auch aus den weit verbreiteten Altdeponien können Wertstoffe wiedergewonnen werden (Landfill Mining).

Gegenüber natürlichen Lagerstätten haben diese **anthropogenen Lagerstätten** etliche Vorteile. Die meist noch ungenutzten Rohstofflager sind in Deutschland inzwischen kartografisch und nach Menge und Art ihrer Materialien erfasst. Allerdings ist nur rund die Hälfte des Materialpotenzials einer herkömmlichen Deponie mit gegenwärtiger Technologie wirtschaftlich nutzbar. Ein wichtiger Grund sind die oft großen Mengen von kontaminierten Materialien.

Bei der Entwicklung einer Kreislaufwirtschaft schließt die Nutzung dieser Lagerstätten jedoch eine wichtige Lücke in den Materialströmen einer Volkswirtschaft. Noch weitergehende Überlegungen zielen aber darauf, bereits bei der Konzeption eines Produkts zu planen, was nach dessen Verwendung damit geschehen soll. Im Idealfall entsteht dann gar kein „Abfall" mehr.

M 6 Anthropogene Lagerstätten

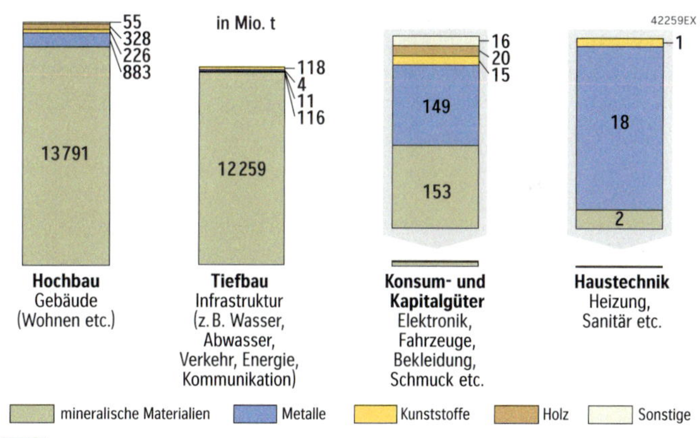

M 8 Verbaute Stoffe in Deutschland (anthropogenes Materiallager)

	Primärbergbau	Urban Mining
Größe der Lagerstätten	ausgeglichen	ausgeglichen
Prospektionsaufwand		vorteilhaft
Explorationsgrad	vorteilhaft	
Wertstoffgehalt		vorteilhaft
Transportentfernung		vorteilhaft
Nachfrageorientierung	vorteilhaft	
Aufbereitungsaufwand	vorteilhaft	
Umweltauswirkungen		vorteilhaft
gesellschaftliche Akzeptanz		vorteilhaft
Renaturierung		vorteilhaft

M 9 Vergleich von Primärbergbau und Urban Mining

Grundzüge der Landschaftsgenese Südwestdeutschlands

Die naturräumliche Ausstattung Baden-Württembergs wechselt kleinräumig rasch und ist außerordentlich vielfältig. Diese Vielfalt der Naturlandschaften ist das Ergebnis erdgeschichtlich wechselnder geologischer und geomorphologischer Prozesse, klimatischer Bedingungen und der sich daraus ergebenden Boden- und Vegetationsentwicklung. Wie spiegeln sich diese Entwicklungen im Landschaftsbild wider?

1 **a)** Arbeiten Sie die Landschaften Südwestdeutschlands heraus (M1, M2, Atlas).
b) Charakterisieren Sie die Landschaften (M1 – M3).

2 **a)** Beschreiben sie die Abbildungen M5 und M6.
b) Ordnen Sie M5 und M6 den Zeitaltern zu.
c) Stellen Sie die Genese (M5) in einem Zeitstrahl dar.
d) Ergänzen Sie den Zeitstrahl mit weiteren Informationen (Karten, Flora, Fauna).

Fruchtbare Agrargebiete und Weinbauregionen in den Gäulandschaften und im Oberrheingebiet stehen im Südwesten Deutschlands höher gelegene Mittelgebirgslandschaften gegenüber. Dabei unterscheiden sich Odenwald und Schwarzwald mit ihren Misch- und Nadelwäldern, Wiesen und markanten Tälern deutlich von der Schwäbischen Alb mit ihrer mächtigen Schichtstufe des Albtraufs, ihren wasserarmen verkarsteten Hochflächen der Kuppen- und der tiefer liegenden Flächenalb, ihren Buchenwäldern und Wacholderheiden. Dazwischen liegen die von den Canyons von Neckar, Kocher oder Jagst tief zerschnittenen Ebenen der Gäuflächen (z. B. Baar, Oberes Gäu, Bauland, Hohenloher Ebene), die sich mit markanten Schichtstufen darüber erhebenden und bewaldeten Keuperbergländer (z. B. Schönbuch, Schurwald, Stromberg, Löwensteiner und Limburger Berge) sowie das Albvorland. Das zwischen Donau und Bodensee gelegene hügelige Alpenvorland zeigt mit seinen Mooren und Seen dagegen ein abweichendes Landschaftsbild. Geologisch ganz andere Gebilde setzen zusätzliche Akzente, z. B. die Vulkanruinen des Hegaus und des Kaiserstuhls sowie zwei Meteoritenkrater, das Steinheimer Becken und das Ries.

Die in Baden-Württemberg vorkommenden Gesteine und geologischen Strukturen belegen mehr als 500 Mio. Jahre Erdgeschichte mit wechselnden Klima- und Umweltbedingungen. Diese beeinflussten auch die Entwicklung der Lebewesen. Die heutigen Landschaftsformen und Gewässernetze haben sich jedoch erst während der letzten 65 Mio. Jahren herausgebildet. Die Böden und die natürliche Vegetation entwickelten sich meist sogar erst nach dem Ende der Eiszeit vor ca. 12 000 Jahren. Seitdem hat der Mensch die Naturräume des Landes umfassend zu Kulturlandschaften umgestaltet.

M2 Basisinformation

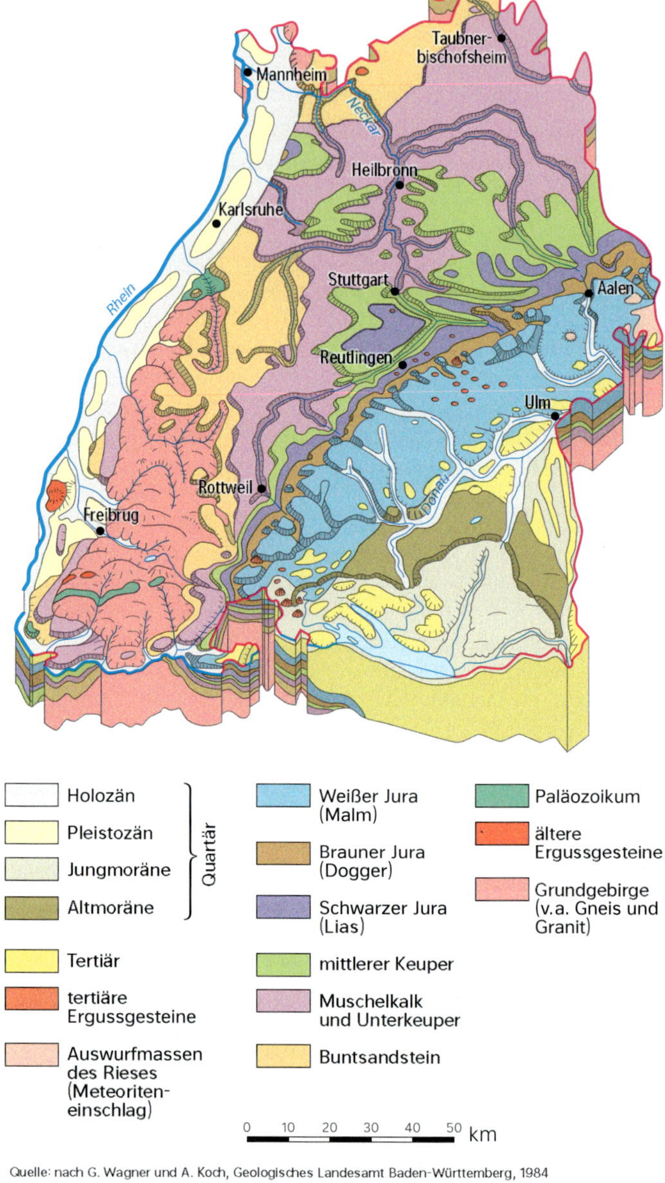

Quelle: nach G. Wagner und A. Koch, Geologisches Landesamt Baden-Württemberg, 1984

M1 Geologisches Blockbild Südwestdeutschlands

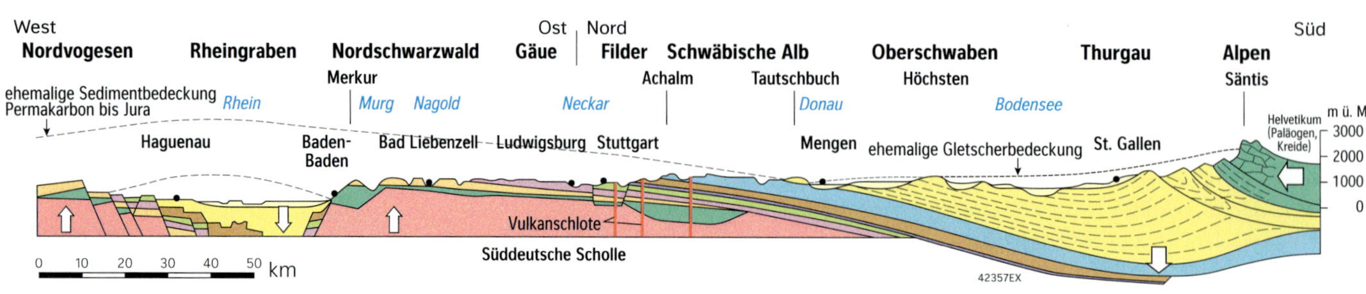

M3 Geologisches Profil Südwestdeutschlands

www.diercke.de
100800-053-02

Ära	Periode	
Paläozoikum	Karbon/Perm (359–252 Mio. J.)	Gegen Ende des Erdaltertums, während der Karbonzeit (359–299 Mio. J.), führen in Äquatornähe Kontinent-Kontinent-Kollisionen zur Bildung des Variszischen Gebirges, einer Schweißnaht von Pangäa, des letzten Superkontinents. Bis zu Beginn des Perms vor rund 299 Mio. Jahren wird das 500 Kilometer breite, von Spanien bis nach Polen verlaufende Variszische Gebirge bei zunehmend trockenerem Klima bereits wieder bis fast auf Meeresniveau zur flachwelligen permischen Rumpffläche abgetragen. Die in der Tiefe des verbliebenen Gebirgsrumpfes einst entstandenen Gesteine (v. a. Granite, Gneise und andere metamorphe Gesteine) bilden das **Grundgebirge** Mitteleuropas.
Mit dem Zerbrechen Pangäas entstehen im heutigen Großraum Europa verschiedene Abtragungs- und Ablagerungsräume. Daher werden im Erdmittelalter auf das Grundgebirge mehrere Kilometer mächtige Sedimentschichten abgelagert, das **Deckgebirge**. Die Tethys (Urmittelmeer), ein nach Osten offener Meereskeil, dringt dabei immer weiter nach Westen vor und trennt Pangäa letztlich in Laurasia und Gondwana.		
Mesozoikum (Erdmittelalter)	Trias (252–201 Mio.)	In Mitteleuropa sinkt langsam das Germanische Becken ein. *Buntsandstein*: Flüsse v. a. aus Südwesten schütten bei trocken-heißem Klima Kiese und meist rötliche Sande in den Sedimentationsraum. Die Böhmische Schwelle trennt ihn von der Tethys. Maximale Mächtigkeit: 500 m. *Muschelkalk*: In dem nun über Meeresstraßen im Osten und Westen mit der Tethys verbundenen Flachmeer werden Kalke, Mergel (Ton-Kalk-Gemisch), Gips und Salz abgelagert. Maximale Mächtigkeit: 240 m. *Keuper*: Im v. a. wieder kontinentalen Becken entstehen bunte Tone, Mergel, Sandsteine, Anhydrit, Gips. Maximale Mächtigkeit: 400 m.
	Jura (201–145 Mio.)	Pangäa zerbricht weiter, und ganz Mitteleuropa wird von ausgedehnten subtropisch-warmen und flachen Schelfmeeren mit reichhaltiger Lebewelt überflutet. *Unterer Jura (Schwarzer Jura, Lias)*: schwarze Tonschiefer, Kalksandsteine, bituminöse Tonmergel (Ölschiefer). Maximale Mächtigkeit: 200 m. *Mittlerer Jura (Brauner Jura, Dogger)*: gelbbraune und braunrote Tone (z. B. Opalinuston), Kalke und Eisensandsteine. Maximale Mächtigkeit: 450 m. *Oberer Jura (Weißer Jura, Malm)*: weiße bis hellgraue, gebankte Kalksteine, Massenkalke (Riffbildungen), dunkle Mergelsteine. Maximale Mächtigkeit: 550 m.
Zwischen 145–56 Mio. Jahren vor heute fehlen Ablagerungen der Kreide und des frühen Tertiärs (Schichtlücke). Südwestdeutschland und Ostfrankreich müssen daher durch eine großräumige Aufwölbung mit Zentrum im heutigen Rhein-Main-Gebiet bereits zu Festland geworden sein. Mit der unter tropischem Klima ab Beginn der Kreide einsetzenden Abtragung beginnt die bis heute anhaltende Prägung des Reliefs und die der Landschaftsentwicklung.		
Känozoikum (Erdneuzeit)	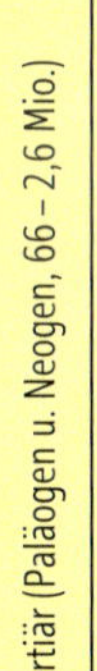 Tertiär (Paläogen u. Neogen, 66–2,6 Mio.)	Die mit der Aufwölbung verbundene Schrägstellung des mesozoischen Schichtpakets (um 3–7°) und der anhaltende Druck der sich hebenden Alpen lassen an deren Nordseite eine lang gestreckte Senke entstehen. Sie nimmt den Abtragungsschutt des Gebirges und der Aufwölbung auf. Absenkung und Aufschüttung verlaufen nicht gleichmäßig, zweimal dringt das Meer ein. Das **Molassebecken** enthält daher gut 5000 m mächtige festländische und marine Sedimente. Eine aus den Westalpen kommende Urdonau entwässert ab 13 Mio. Jahren vor heute diesen Raum nach Osten. Die durch Bildung der Pyrenäen und der Alpen aus Südwesten und Südosten ausgelösten Pressungen und Dehnungen zerscheren das Grund- und Deckgebirge Süddeutschlands. Im Schollenmosaik entstehen Intraplattenvulkane (Kaiserstuhl, Uracher Vulkane: 19–10 Mio. Jahre vor heute), tektonische Mulden und Gräben (z. B. Bonndorf, Hohenzollern, Filder). Im Scheitel der Aufwölbung sinkt ab 55. Mio. Jahren auf 300 km Länge ein **Grabenbruch**, der Oberrheingraben, über 4000 m tief ein. Kurzfristig besteht eine Meeresstraße vom Mittelmeer zur Nordsee. In sie gelangt der Abtragungsschutt der angrenzenden, sich hebenden Mittelgebirge (Schwarzwald, Vogesen, Odenwald, Pfälzer Wald) und der Alpen. Vor 15 Mio. Jahren entspringt der Urrhein noch nördlich von Worms. Seine im Gegensatz zur Urdonau relativ tiefe Lage begünstigt die Erosion seiner Zuflüsse. Sie verschieben die Grenze der beiden Flusssysteme stetig nach Süden: Im Kampf um die Wasserscheide vergrößert der Rhein sein Einzugsgebiet (z. B. Aare).
	Quartär (Pleistozän und Holozän, seit 2,6 Mio.)	Die bereits im Tertiär unter warmfeuchten Klimabedingungen einsetzende Erosion der schräg gestellten und unterschiedlich widerständigen mesozoischen Schichten wird durch die sich bei kälter werdenden Bedingungen andersartige Verwitterung und der Angriffskraft der Rheinzuflüsse verstärkt. Sie präparieren mit den Taleinschnitten zunehmend den markanten Fächer der Schwäbisch-Fränkischen Schichtstufenlandschaft heraus: die unterschiedlich hohen Steilhänge der Hauptstufenbildner (v. a. Sandsteine und Kalke) und die dazwischenliegenden nach Südosten geneigten Flächen. Beide liegen im Südwesten wegen dem dort steilen Schichtfallen eng beieinander. Im Pleistozän rücken Vorlandgletscher der Alpen mehrfach in das Molassebecken vor. Sie hinterlassen am Ende der letzten Kaltzeit vor etwa 12 000 Jahren in den **Glaziallandschaften** ihrer Alt- und Jungmoränen die typischen Formen der glazialen Serie. Die Mittelgebirge sind nur in den höchsten Bereichen vergletschert. Der größte Teil Süddeutschlands wird bei tundrenartigen Bedingungen überformt. Löss wird abgelagert. Im Holozän beginnt unter zunehmender Vegetationsbedeckung die Bildung der heutigen Böden. Seen verlanden, Moore entstehen, in den Flusstälern bilden sich Niederterrassen und Flussauen. Dort wird der Auelehm abgelagert, durch Erosion bei Ackerbau und Waldrodungen abgetragener Boden.

M 4 **Zeittafel der Landschaftsgenese Südwestdeutschlands**

M 5 **Szenen aus der Vorzeit**

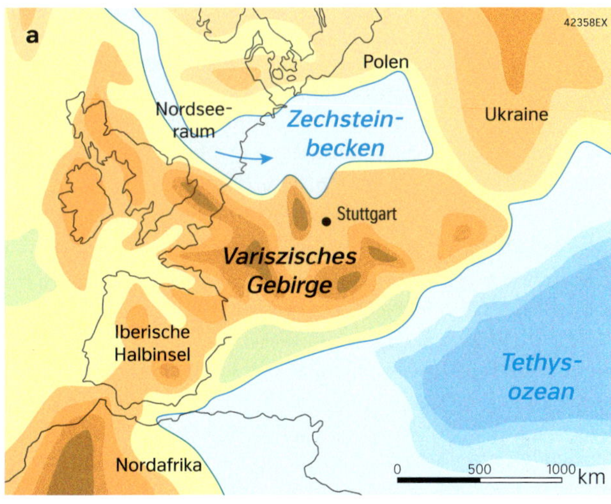

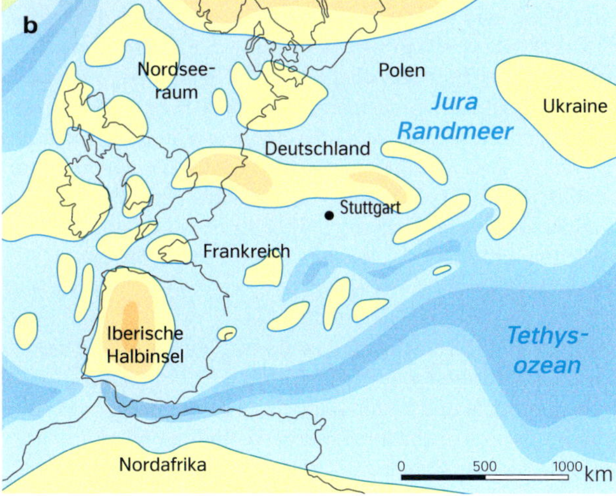

M 6 **Paläogeographie**

Flusslandschaften – Gestaltung des Reliefs durch fließendes Wasser

Die Schwerkraft ist schuld daran, dass „alles den Bach runtergeht“: In welchem Umfang und wie schnell dies passiert, hängt allerdings von der Widerständigkeit des Gesteins, der Wassermenge, den zu überwindenden Höhenunterschieden und der Bodenbedeckung ab. Auf welche Weise tragen Flüsse zur Reliefbildung bei?

1 **a)** Charakterisieren Sie die Talform (M1).
b) Ordnen Sie die Talform begründet in M7 ein.
2 Arbeiten Sie die Wirkung verschiedener Fließgeschwindigkeiten auf verschiedene Korngrößen heraus (M3).
3 Erläutern Sie die für die verschiedenen Flussabschnitte dargestellten fluviatilen Prozesse (M4).
4 Erklären Sie die Entstehung verschiedener Talformen in den entsprechenden Flussabschnitten (M4, M5, M7).
5 Vergleichen Sie Tal- und Flussmäander nach Merkmalen und Entstehung (M8, M9).
6 Stellen Sie zeichnerisch dar, welche Auswirkungen Meeresspiegelsenkungen, -hebungen, Hebung des Quellgebiets bzw. Einbruch eines Grabens auf die Gefällskurve eines Flusses haben (M4, M6).

M 1 **Donautal bei Kloster Beuron**

Fließendes Wasser nimmt das bei der Verwitterung aufbereitete Material auf und transportiert es als Geröll, Schweb- und Lösungsfracht ab. Es bearbeitet mit dem Geröll den Untergrund und die Seiten, zerkleinert und rundet dabei das Material und lagert es bei nachlassender Transportkraft ab. Fließgewässer wie Bäche, Flüsse und Ströme sind daher nicht nur die Entwässerungsadern des Festlandes. Sie tragen durch **Erosion** (Abtragung), Transport und **Akkumulation** (Ablagerung, **Sedimentation**) entscheidend zur exogenen Formung einer Landschaft bei. Im Zusammenspiel von linienhaft wirkender Tiefenerosion, der Seitenerosion und der eher flächenhaften Abtragung (**Denudation**) der Hänge entstehen dabei unterschiedliche **Talformen**.

Ein wichtiger Faktor dabei ist die **Petrovarianz** (Einfluss unterschiedlicher Gesteinseigenschaften). In Gesteine, wie z. B. Granit, Gneis, Ton und Schiefer, dringt Wasser nur wenig ein. Sie werden durch oberflächlich abfließendes Wasser relativ leicht abgetragen und daher als morphologisch weich bezeichnet. In Kalk- und Sandsteinen sickert Wasser durch Spalten und Poren viel stärker ein und wird daher oberflächlich weniger abtragen. Diese Gesteine werden als morphologisch hart oder widerständig bezeichnet.

Schließlich sind auch die klimatischen Bedingungen innerhalb des Einzugsgebietes von großer Bedeutung. Sie bestimmen z. B. die Art der Wasserführung, ob dauernd fließend (perennierend), mit regelmäßigem jahreszeitlichem Wechsel z. B. durch Schneeschmelze oder Regenzeit (periodisch) oder nur gelegentlich (episodisch). Hinzu kommt, dass z. B. in den wechselfeuchten Tropen am Ende der Trockenzeit die Niederschläge nicht in den verhärteten Boden eindringen können und daher großflächig als sogenannte Schichtfluten abfließen und dabei die gesamte Landfläche tieferlegen. Talformen mit ausgeprägten Querprofilen, wie z. B. in Mitteleuropa, gibt es daher in dieser Klimazone nicht.
Die meisten Flüsse haben ein konkaves Längsprofil. In den verschiedenen Profilabschnitten besitzen die Flüsse sehr unterschiedliche Merkmale und bilden daher bis zur Mündung in einen See oder ins Meer, dem tiefstgelegenen Vorfluter, typischerweise ganz verschiedene Flusslandschaften aus.

M 2 **Basisinformation**

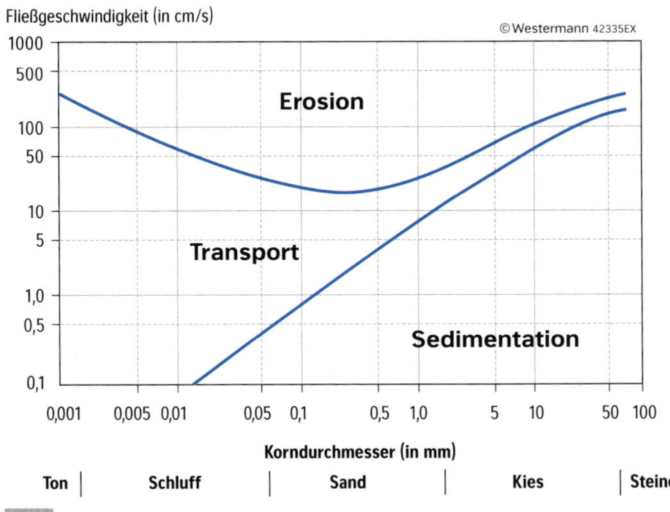

M 3 **Das Hjulström-Diagramm**

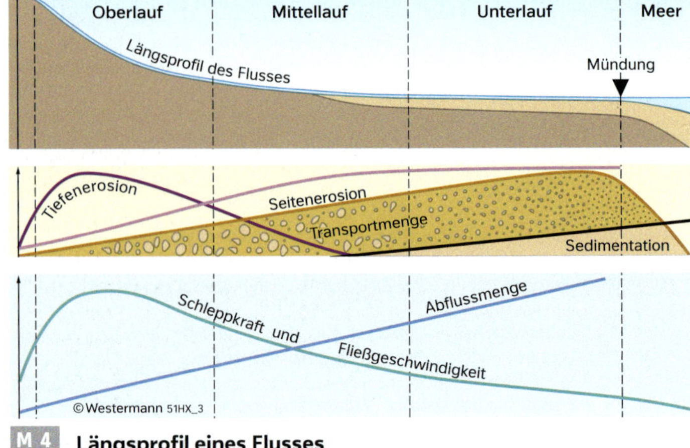

M 4 **Längsprofil eines Flusses**

Im Oberlauf der Flüsse sind die Reliefunterschiede meist groß. Trotz der noch geringen Wasserführung weisen die Fließgewässer wegen ihrer hohen Fließgeschwindigkeit und den zahlreich mitgeführten „Erosionswaffen" (Geröll) dort eine starke Tiefenerosion auf. Es entstehen tief eingeschnittene, enge Täler, mit steilen oder gar überhängenden Wänden – **Schlucht** bzw. **Klamm**. Die nicht selten vorkommenen Stromschnellen und **Wasserfälle** beseitigt der Fluss allmählich durch **rückschreitende Erosion** (flussaufwärts erfolgende Tieferlegung der Flusssohle). Wenn die Tiefenerosion stark ausgeprägt ist und die Hangabtragung ebenfalls, bilden sich **Kerbtäler** mit V-förmigem Querschnitt. Beim „Durchsägen" verschieden widerständiger Schichten entstehen dagegen **Canyons** mit gestuften Hangprofilen.

Im Mittellauf ist die Abtragung der Hänge meist stärker als die Eintiefung der Talsohle. Es entstehen flache **Muldentäler**. Bei sehr geringem Gefälle lagert der Fluss an der Sohle fast nur noch ab und pendelt auf seinen Ablagerungen hin und her. Dabei können die Ufer unterschnitten und das Tal verbreitert werden. Solche Kastentäler mit breiten, ebenen Sohlen und scharfem Hangknick bilden sich wie die **Sohlentäler** auch durch Aufschotterung von Kerb- oder Muldentälern.

Starke seitliche Auslenkungen des Stromstrichs (Linie der stärksten Strömung) führen zur Bildung von **Mäandern**. Der Fluss erodiert dabei am **Prallhang**, dem Außenbogen, und lagert am **Gleithang**, dem Innenbogen, wegen der dort geringeren Fließgeschwindigkeit ab. Durch die asymmetrisch wirkende Seitenerosion werden auch die Hälse der Schlingen verschmälert, bis sie schließlich durchbrochen werden. Wegen der Verkürzung der Laufstrecke tieft sich der Fluss an der Durchbruchsstelle rasch ein. Die frühere Schlinge bleibt als Altwasser zurück und verlandet schließlich.

Im Unterlauf wird bei den häufigen Überschwemmungen die mitgeführte Fracht bevorzugt auf der Sohle und in Ufernähe abgelagert. Es entstehen natürliche Dämme, die den Fluss „einmauern" und ihn so allmählich über die Umgebung hinausheben (Dammuferfluss). Beim Einmünden des Flusses in einen See oder ins Meer kommt es wegen der plötzlichen Verringerung der Fließgeschwindigkeit zu einer abrupten Abnahme der Transportkraft. Durch Sedimentation bildet sich ein Schwemmkegel, auf dem sich der Fluss zunehmend verästelt und den er als **Delta** immer mehr ins Meer vorschiebt, sofern die Ablagerungen nicht sofort durch starke Gezeiten oder küstenparallele Strömungen weiterverfrachtet werden.

M 5 Fluss- und Talformen

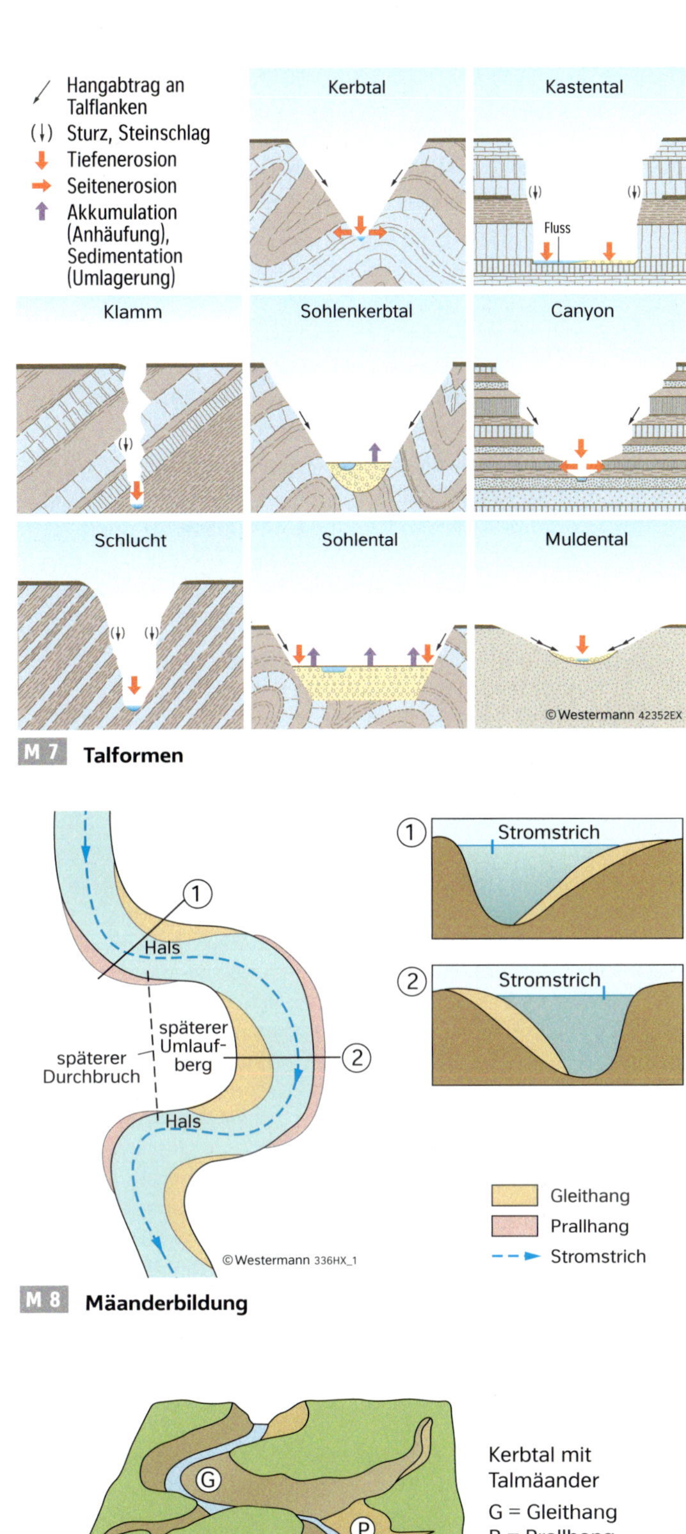

M 7 Talformen

M 8 Mäanderbildung

Bei einer Tieferlegung des Vorfluters (tiefstgelegenes Gewässer des Einzugsgebiets), bei einer tektonischen Hebung der durchflossenen Region, meist aber bei stark wechselnder Wasserführung bilden sich oft Flussterrassen. Hierbei gräbt sich der Fluss in seine zuvor abgelagerten Kiese und Sande, oft sogar in den Untergrund ein. Manchmal sind an Talhängen mehrere übereinanderliegende „Terrassengenerationen" ausgebildet (**Terrassental**). Rundung, Schichtung und Größensortierung des Materials sowie die Neigung dieser Flächen in Fließrichtung zeigen ihre Genese als fluviatile Akkumulationen. Eingetieft in seine jüngste Terrasse, die Niederterrasse, fließt der Fluss in einem mehr der weniger breiten Überschwemmungsbett, der Flussaue.

Auf den jeweils aktuellen Flusswasserspiegel ist auch der Grundwasserspiegel der Umgebung ausgerichtet. Beide beeinflussen einander erheblich. Bei Trockenheit kann das Absinken des Flusspegels z. B. durch seitlich einsickerndes Grundwasser verzögert werden. Hochwasser im Zuge der Schneeschmelze oder wegen ausgiebiger Niederschläge im Oberlauf füllt dagegen auch die flussnahen Grundwasservorräte im Mittel- oder Unterlauf wieder auf.

M 6 Terrassen und Grundwasser

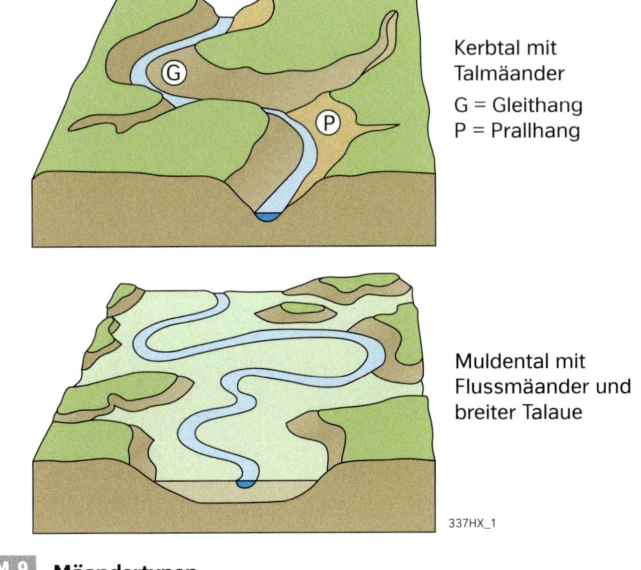

M 9 Mäandertypen

Flusslandschaft Rhein – von den Quellen bis Basel

Kein anderer Fluss in Europa hat so viele „Gesichter" wie der Rhein. Dies liegt daran, dass er auf seinem Lauf von den Alpen zur Nordsee ganz unterschiedliche geologische Regionen Mitteleuropas durchfließt und dabei die unterschiedlichsten Talformen ausgebildet hat. Wodurch ist sein Oberlauf geprägt?

1. Beschreiben Sie die in M1 dargestellte Szenerie.
2. a) Vergleichen Sie die Gefällskurve des Rheins (M3) mit dem Idealprofil eines Flusses (M4, S. 32 M4).
   b) Erklären Sie die Unterschiede.
3. Beschreiben Sie Veränderungen im Flussnetz Süddeutschlands (M5).
4. a) Erläutern Sie den Vorgang einer Flussanzapfung (M6, M7).
   b) Nennen Sie Hinweise im Gelände, mit denen sich eine Flussanzapfung rekonstruieren lässt.
5. „Der Rheinfall ist ein besonderer Wasserfall." Begründen Sie dieses Aussage (M8, M9),
6. Erläutern Sie die Bildung epigenetischer Durchbruchstäler (M10).

M 1 Mündung des Alpenrheins in den Bodensee

Vor etwa drei Millionen Jahren entsprang der Rhein nahe des heutigen Kaiserstuhls bei Freiburg im Breisgau. Seitdem hat der Fluss sein Einzugsgebiet auf Kosten anderer Flüsse enorm vergrößert, Wasserscheiden verschoben und Entwässerungsrichtungen verändert. Zusammen mit seinen Nebenflüssen hat der Rhein dabei nicht nur die Flusslandschaften, sondern das gesamte Relief Südwestdeutschlands grundlegend verändert und prägt es bis heute.
Aktuell hat der Rhein zwei Quellflüsse. Der Vorderrhein entspringt in 2340 Metern Höhe, im Tomasee und stürzt als Wildbach in einem Kerbtal auf nur 40 Kilometer Laufstrecke bereits 1600 Meter in die Tiefe. Bei Flims erreicht er die Schuttmassen eines Bergsturzes (S. 63 M7), die ihn am Ende der letzten Kaltzeit zu einem 600 Meter tiefen See aufstauten. Als dieser überlief, schnitt der Fluss durch rückschreitende Erosion eine tiefe Schlucht in die Trümmermassen. Der Hinterrhein entspringt als Gletscherbach in 2400 Metern am Rheinwaldhorn, durchfließt die Rofflaschlucht und die oft nur drei bis fünf Meter breite, aber 500 Meter tiefe Via-Mala-Schlucht und vereinigt sich bei Reichenau mit dem Vorder- zum Alpenrhein.

M 2 Basisinformation

Der Alpenrhein erreicht am Bodensee seine Erosionsbasis (bis zu dem Niveau kann seine Erosion wirken). Der Bodensee entstand als eine durch die Gletscherzunge des eiszeitlichen Rheingletschers geschaffene Vertiefung, die nach der Eiszeit mit Wasser aufgefüllt wurde. Wegen des Wasserspiegelanstiegs musste der Alpenrhein sein Mündungsdelta und seinen Unterlauf ständig erhöhen und die Talsohle des einst vom Rheingletscher geschaffenen **Trogtals** kräftig aufschottern. Dadurch verringerte sich sein Gefälle flussaufwärts und der Alpenrhein pendelte auf seinen Ablagerungen hin und her. Wegen der häufigen Überschwemmungen ist dieser Flussabschnitt heute durch Dämme reguliert. Sie reichen weit über das ursprüngliche Delta hinaus und lenken den Fluss weg von Lindau, denn der Alpenrhein schüttet pro Jahr zwei bis drei Millionen Kubikmeter Geröll, Sand und Kies in den See. Dessen Oberflächenwasser ist sechs bis acht Grad Celsius wärmer als das Flusswasser, sodass dieses am „Rheinbrech" in einem „Unterwasser-Wasserfall" bis in gleich kalte Tiefen des Sees hinabstürzt. In 5 bis 30 Meter Tiefe durchquert das Wasser den See und verlässt ihn als Hochrhein bei Stein.

M 4 Der Alpenrhein

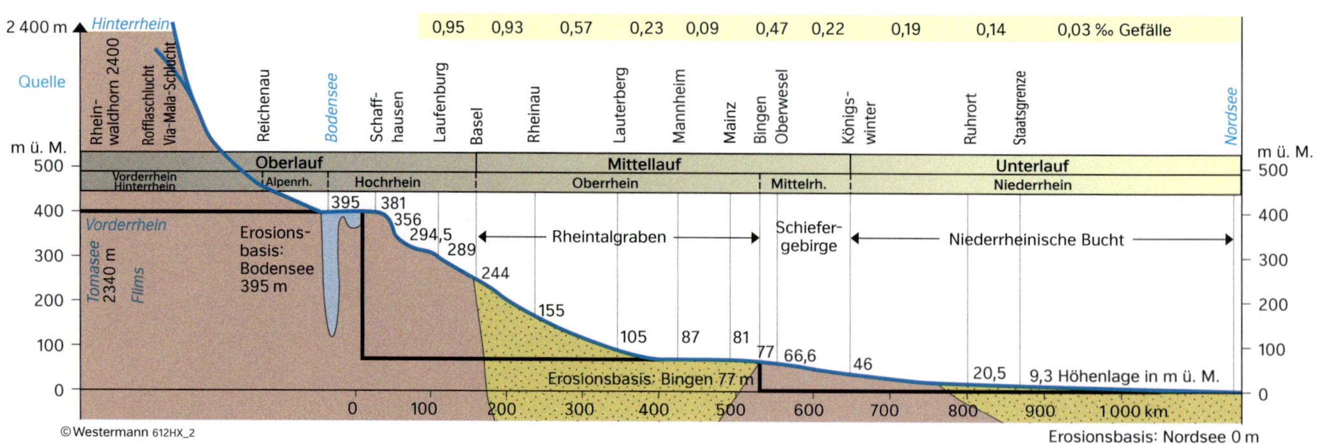

M 3 Längsprofil des Rheins

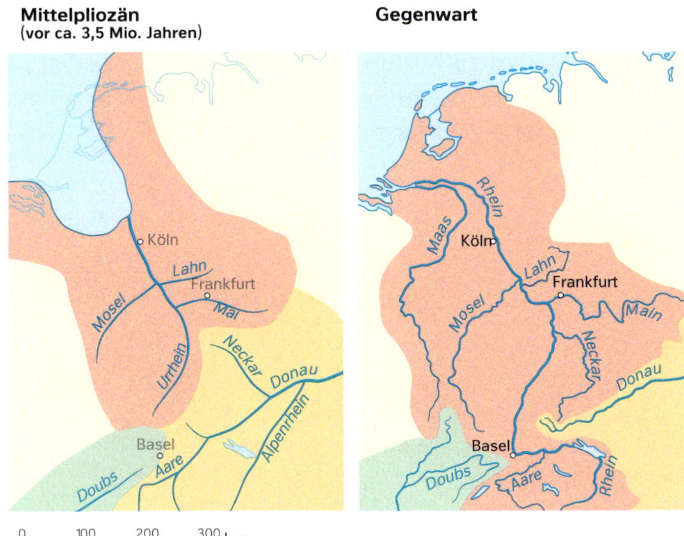

M 5 **Entwicklung des Einzugsgebiets des Rheins**

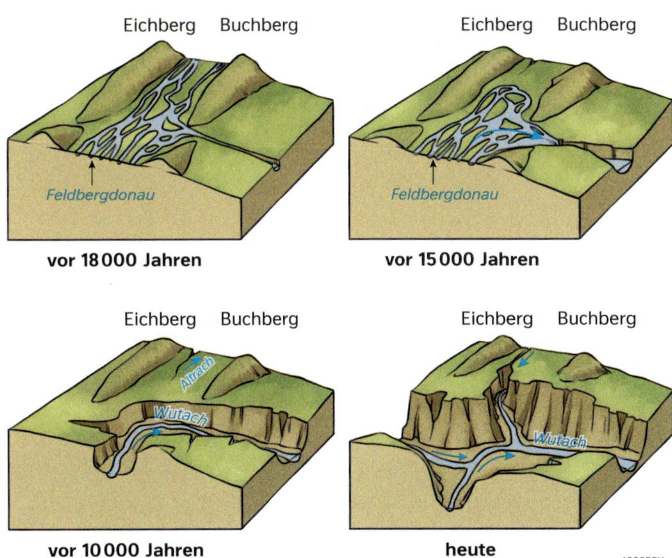

M 7 **Flussanzapfung bzw. Flussumlenkung der Feldbergdonau**

Der Hochrhein vom Bodensee bis zum Rheinknie bei Basel ist der gefällereichste Stromabschnitt Deutschlands. Zahlreiche Stromschnellen (sogenannte Laufen) und **Wasserfälle** kennzeichnen ihn. Die im Bodensee „verlorenen Erosionswaffen" ersetzt der Fluss rasch, denn er räumt die mächtigen Schmelzwasserablagerungen und Moränen aus, die während der Eiszeit sein altes, in die Jurakalke eingetieftes Tal begraben hatten. Bei Schaffhausen traf er dabei von der Seite kommend auf sein altes Bett. Im Gegensatz zu den widerständigen Kalken war dessen lockere Füllung jedoch leicht erodierbar. Auf 150 m Breite stürzen die Wassermassen des Flusses heute über das alte Steilufer als Rheinfall 25 Meter in die Tiefe. Obwohl im Durchschnitt pro Sekunde rund 375 Kubikmeter Rheinwasser die Fallkante überfließen, wird diese nur langsam abgetragen.

Unterhalb des Wasserfalls hat es der Hochrhein auf der Strecke bis Waldshut wegen seiner hohen Erosionsleistung geschafft, sich nach dem Abräumen der Eiszeitablagerungen auch in den darunterliegenden, quer zum Fluss verlaufenden Kalkriegel des Schweizer Tafeljuras tief einzuschneiden. Das durch diese **Epigenese** entstandene, von steilwandigen Felsflanken begleitete Kerbtal wird als epigenetisches Durchbruchstal (M10) bezeichnet.

Mit der starken Tiefenerosion wurde auch die Erosionsbasis der Rheinzuflüsse aus dem Schweizer Jura und dem Schwarzwald in die Tiefe verlagert. Der so entstandene große Höhenunterschied hat die Bildung der in Deutschland einzigartigen Wutachschlucht erheblich begünstigt. Der Rheinnebenfluss Wutach hatte sich vor rund 18 000 Jahren durch rückschreitende Erosion bis nahe der Wasserscheide zur Urdonau vorgearbeitet. Diese führte die Schmelzwässer des Feldberggletschers im sogenannten Urdonautal zwischen Eichberg und Buchberg nach Osten ab und schotterte ihr Flussbett dabei immer mehr auf. Es ist noch nicht abschließend geklärt, ob die Wutach allein durch **rückschreitende Erosion** diese „Feldbergdonau" anzapfte (**Flussanzapfung**) oder ob ein die niedrige Wasserscheide überfließendes Hochwasser der Feldbergdonau das gefällereiche Tal der Wutach zum weit tiefer gelegenen Rhein erreichte (Flussumlenkung). Letztlich hat der Rhein auch hier der Donau „das Wasser abgegraben". Die Wutach schnitt sich dadurch rasch durch die mesozoischen Deckschichten bis zum paläozoischen Grundgebirge ein. Etwa 11 Kubikkilometer abtransportiertes Gestein belegen eine in Mitteleuropa einzigartige Erosionsleistung des Flusses mit dem markanten „Wutachknie".

M 6 **Am Hochrhein**

M 8 **Rheinfall bei Schaffhausen**

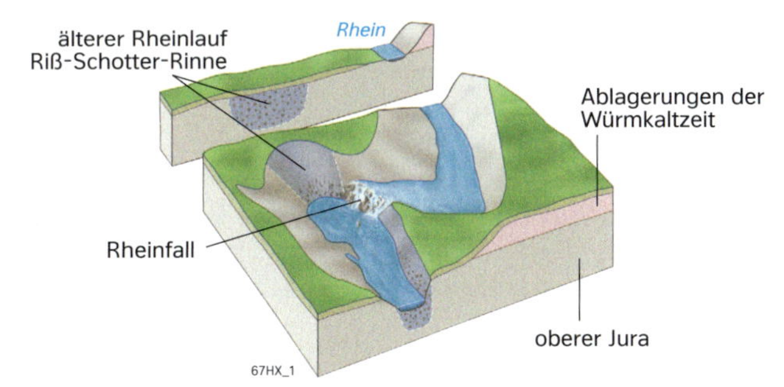

M 9 **Entstehung des Rheinfalls**

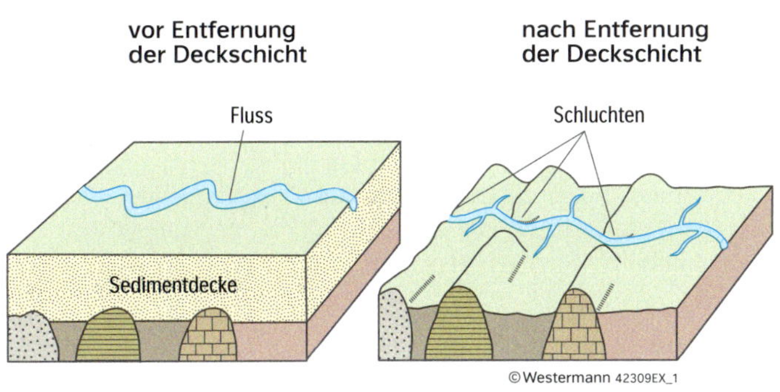

M 10 **Entwicklung eines epigenetischen Durchbruchstals**

Der Rhein – von Basel bis zur Nordsee

Ab Basel ist der Rhein eine der am stärksten befahrenen Wasserstraßen der Welt. Er liefert Brauchwasser für Kraftwerke und Produktionsanlagen, Trinkwasser und ist Abwasserleiter sowie besonders am Mittelrhein ein wichtiger Tourismusmagnet. Wodurch ist die Laufstrecke zwischen Basel und der Nordsee geprägt?

1 a) Beschreiben Sie den in M1 dargestellten Vorgang.
b) Vergleichen Sie epigenetische (S. 35 M6, M10) und antezedente Durchbruchstäler (M1, M2, M7).

2 Erläutern Sie die Besonderheiten der Flussabschnittschnitte Ober- und Mittelrhein (M2, M3).

3 a) Analysieren Sie die Wasserführung des Rheins im Jahresverlauf (M3).
b) Begründen Sie die Veränderungen der Wasserführung .

4 Erstellen Sie mit weiteren Recherchen eine Präsentation zu den Veränderungen am Ober- / Mittelrhein (M4, M5).

5 Stellen Sie die Charakteristika der verschiedenen Rheinabschnitte (M6 – M8) in einer Mindmap dar.

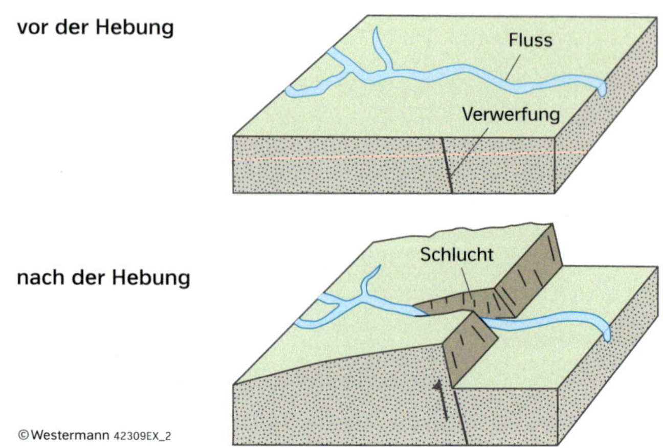

M 1 Entstehung eines antezedenten Durchbruchstals

Zwischen Basel und dem Binger Loch durchfließt der Oberrhein die markanteste tektonische Störungszone Mitteleuropas, den 300 Kilometer langen und bis zu 40 Kilometer breiten Oberrheingraben.
In der seit dem Tertiär absinkenden Grabenzone hat der Rhein und seine Nebenflüsse bis zum Ende der letzten Eiszeit eine flach geneigte Aufschüttungsebene geschaffen. Wo die Transportkraft des Hauptflusses zu gering war, um die Schottermassen der Zuflüsse aufzunehmen, wurde sein Lauf durch deren Schwemmfächer zur Seite gedrängt. Hauptstrom und Nebenflüsse fließen daher oft weite Strecken nebeneinanderher (verschleppte Mündungen).

Gegen Ende der Eiszeit wurde die Erosionskraft des Rheins durch das Schmelzwasser und den Zugewinn der Aare erhöht. Auf drei bis vier Kilometer Breite räumte der Fluss seine früheren Ablagerungen mehrere Meter tief aus. Es entstand die Niederterrasse und die darin eingetiefte, bei frühsommerlichen Hochwässern regelmäßig überflutete Talaue. In Zeiten geringer Wasserführung gabelte sich der Fluss in zahlreiche Arme mit dazwischenliegenden, häufig umgelagerten Sand- und Kiesbänken auf (Verwilderungszone). Der Hauptstrom verlagerte dabei oft seinen Lauf. Ab Karlsruhe wird das Gefälle geringer und der Rhein beginnt wie viele andere Tieflandsflüsse zu mäandrieren.

Am Binger Loch erreicht der Fluss das Rheinische Schiefergebirge und fließt in das Gebirge hinein. Normalerweise würde ein Fluss dieses Hindernis umfließen, doch bereits der Urrhein querte auf seinem Weg zur Nordsee dieses Gebiet. Als das Gebirge ab Ende des Tertiärs langsam gehoben wurde, hat der Fluss mit der Hebung Schritt gehalten und sich in den aufsteigenden Gebirgsrumpf eingeschnitten. Das durch diese **Antezedenz** entstandene Durchbruchstal ist das eng und steilwandige Mittelrheintal. Den Beweis für diesen Vorgang liefern alte Felsterrassen, die von 120 Meter bei Mainz – entgegen der Fließrichtung – bis zur Loreley auf 205 m ansteigen und bis Bonn wieder auf das heutige Flussniveau absinken. Zahlreiche Stromschnellen und Felsenriffe im Strombett zeigen, dass der Fluss in diesem Abschnitt immer noch Schwerstarbeit leistet.

Kurz nach der deutsch-niederländischen Grenze teilt sich der Niederrhein in die zwei Arme Waal und Lek, die im Rheindelta noch weiter auffächern.

M 2 Basisinformation

Ab Koblenz ändert sich die bis dahin durch das Schmelzwasser der Alpen geprägte Wasserführung des Rheins grundlegend, denn die Mosel führt ihm zu den durchschnittlich 1500 Kubikmeter Wasser pro Sekunde bei Mittelwasser weitere 500 Kubikmeter pro Sekunde zu, die allerdings im Winter bis auf das 20-Fache ansteigen können. Die Hochwasserspitze des Rheins verschiebt sich wegen der Niederschläge und der Schneeschmelze in den Mittelgebirgen vom Sommer in den Winter.

Der ab Bonn in das Tiefland eintretende Niederrhein besitzt daher Wasserspiegelschwankungen von bis zu 10 Metern und mehr. Er überschwemmt deshalb regelmäßig nicht nur die Flussaue, die er in der Nacheiszeit in den gemeinsam mit der Maas aufgebauten Schwemmfächer eingetieft hat, sondern häufig auch noch weite Teile der vier bis sechs Meter höher gelegenen Niederterrasse.

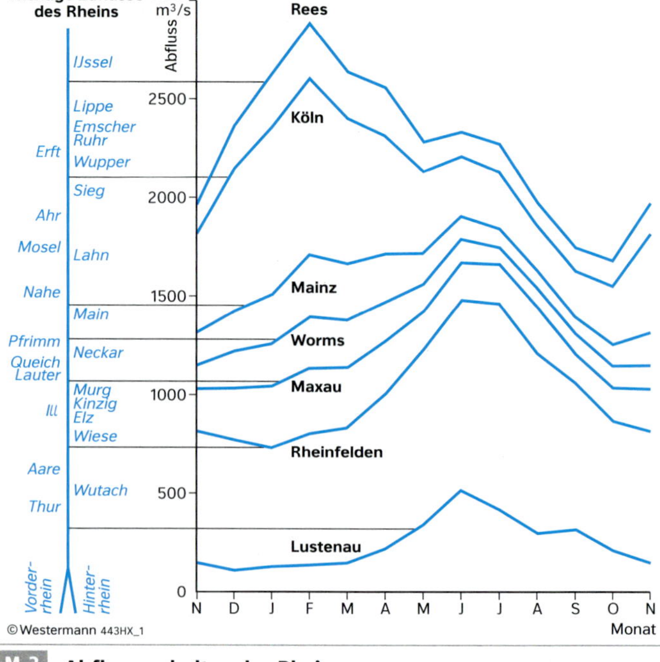

M 3 Abflussverhalten des Rheins

Wie fast alle mitteleuropäischen Flussläufe ist auch der Rhein durch menschliche Eingriffe auf nahezu ganzer Länge umfassend verändert worden. Bereits der Alpenrhein ist in seinem Unterlauf vollständig kanalisiert. Die einstige Steilstrecke des Hochrheins zwischen Schaffhausen und Basel entwickelte sich durch den Bau von elf Dämmen mit Laufwasserkraftwerken auf nur 170 Kilometer zu einer für Schiffe und Fische nahezu unüberwindbaren Flusstreppe mit Abschnitten geringer Fließgeschwindigkeit.

Der Oberrhein wurde wegen der häufigen Unterschneidung der Niederterrassenkante, zur Gewinnung von Acker- und Siedlungsflächen, zur Verbesserung der Schifffahrt und zur Energiegewinnung seit der Mitte des 19. Jahrhunderts durch wasserbauliche Baumaßnahmen dramatisch verändert (Rheinbegradigung durch Tulla, Rheinausbau unter Honsell, Bau des Rheinseitenkanals, von Schlingen und Stauwehren). Die dadurch bedingten Laufverkürzungen haben zu starker Erosion der Sohle, zu Grundwasserabsenkungen, zu Veränderungen der Tier- und Pflanzenwelt und zu einem immer rascheren Ablaufen der Hochwasserwelle zur Schneeschmelze und nach Starkregen geführt.

Da die Hochwasserwellen von Rhein und Neckar bei Mannheim nun zeitgleich zusammentreffen können, sind die Gebiete rheinabwärts trotz bereits vorhandener Dämme bei einem 200-jährlichen Hochwasser (tritt statistisch gesehen mindestens einmal in 200 Jahren auf) extrem bedroht. Zwischen Basel und Mannheim werden daher steuerbare Polder als Retentionsräume (Wasserrückhalteräume) geschaffen, in denen sich zugleich auch zumindest Teile der verloren gegangenen Auewälder wieder etablieren sollen (Integriertes Rheinprogramm).

Der Mittelrhein ist wegen der hohen Fließgeschwindigkeit und zahlreicher Untiefen bis heute eine schwierige Strecke für die Flussschifffahrt. Hier wurden Felsen im Flussbett gesprengt und Buhnen sichern eine ausreichende Wasserführung in der Fahrrinne des wichtigsten europäischen Wasserwegs.

Neben wasserbaulichen Eingriffen gibt es weitere Belastungen für Wasserqualität und Lebewelt des Flusses. Dazu gehören die Einleitungen von Abwässern und Kühlwasser der Wärmekraftwerke.

M 4 Eingriffe des Menschen in die Flusslandschaft des Rheins

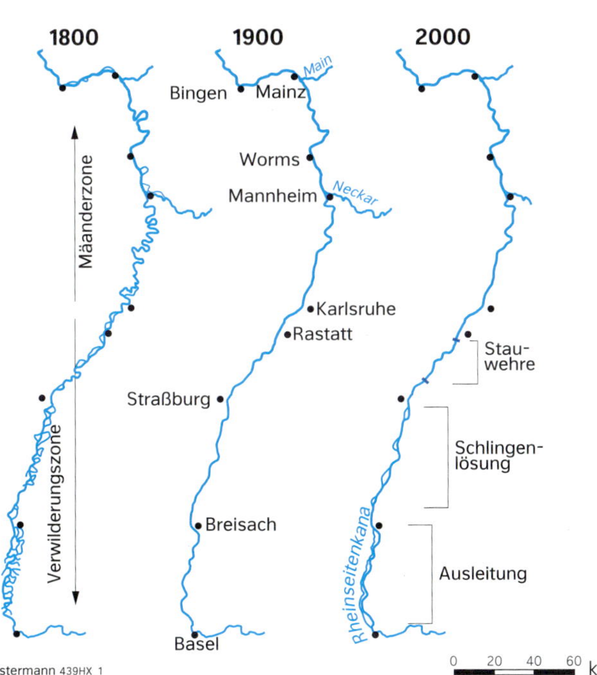

M 5 Laufveränderungen am Oberrhein

M 6 Am Oberrhein (Breisach)

M 7 Am Mittelrhein (Loreley)

M 8 Am Niederrhein (Voerde)

Glaziallandschaften – Tal- und Vorlandvergletscherung

Gletscher sind Zeugen der klimatischen Vergangenheit und wichtige Indikatoren des aktuellen Klimawandels. Ihr Eis ist in Bewegung und schafft dabei zusammen mit den Schmelzwässern prägnante und höchst unterschiedliche Erosions- und Akkumulationsformen. Welche Formen sind typisch für Glaziallandschaften?

1 Charakterisieren Sie die Hochgebirgsszene in Foto M1.
2 Erklären Sie die Unterschiede zwischen warmen und kalten Gletschern (M2).
3 Erstellen Sie ein Längsprofil eines Talgletschers (M4, M5).
4 **a)** Vergleichen Sie die im Nähr- und Zehrgebiet ablaufenden Prozesse (M3 – M7).
b) Erläutern Sie die dabei entstehenden morphologischen Formen (M3 – M7).
5 **a)** „Im Gelände lassen sich die Abtragungs- und Ablagerungsformen von Gletschern oder Flüssen deutlich unterscheiden." Entwickeln Sie eine Tabelle mit geeigneten Indikatoren (S. 32 / 33, S. 38 / 39).
b) Überprüfen Sie in Ihrer Lerngruppe die Qualität Ihrer Tabelle mithilfe geeigneter Gelände- und Profilbilder.

M1 Tschiervagletscher (Graubünden, Schweiz)

Gletscher entstehen nur auf dem Festland und nur oberhalb der Schneegrenze. Dort fällt mehr Schnee, als im Jahresdurchschnitt wieder abtaut, sodass sich in Firnmulden immer neue Schichten ansammeln. Die Schneekristalle bilden ein lockeres Gefüge mit noch 90 Prozent Volumenanteil Luft. Jede weitere Überlagerung komprimiert den Schnee und reduziert den Luftanteil, durch Zerbrechen, aber auch durch Antauen und Wiedergefrieren der Schneekristalle (Regelation). Der Altschnee (Firn) enthält nur noch 20 bis 50 Prozent Luft und wandelt sich bei steigendem Überlagerungsdruck in körniges Firneis und zuletzt in Gletschereis um, das zwischen den Hohlräumen nur noch etwa 2 Prozent Luft enthält. Durch die Verdichtung entsteht aus etwa 80 Zentimetern Neuschnee eine Eisschicht von einem Zentimeter.

Bei ausreichender Mächtigkeit beginnt Eis zu „fließen", aufgrund seiner Eigendynamik und der Gravitation. Gletschermächtigkeit, Gefälle und Gletschertemperatur bestimmen die Geschwindigkeit. Die Gletscherbewegung erfolgt verschiedenartig:

- Plastisches Fließen: Das Eigengewicht des Eises erzeugt einen hohen Druck. Dies führt zu gletscherinternen Deformationen und Verschiebungen der Eiskörner untereinander hangabwärts. Diese für kalte Gletscher (Temperaturen dauernd unter dem Gefrierpunkt wie in Arktis, Antarktis und Himalaya) typische Bewegung verursacht Erosion v. a. durch Detraktion (M3).
- Basales Gleiten: Hoher Druck erzeugt Wärme. Durch Druckverflüssigung bildet sich an der Gletscherbasis wie beim Schlittschuhlaufen ein dünner Schmelzwasserfilm. Diese für warme Gletscher (Tropen, Mittelbreiten) typische Bewegung ist schnell und hat eine viel größere Erosionskraft als plastisches Fließen.

Die Bewegung der Ströme ist letztlich die Ursache für den alle Glaziallandschaften prägenden Formenschatz. Als Transportbänder für Material jeder Größe formen Gletscher das Relief aber auch noch in Stillstandsphasen und während ihres Abschmelzens.
Bei der Bewegung eines Gletschers reißen Gletscherspalten auf – Querspalten im oberen, starren Teil des Eisstroms beim Überfließen von Gefällsknicken des Untergrunds und Längsspalten bei der Vergrößerung des Gletscherquerschnitts.

M2 Basisinformation

Das an der Randkluft zwischen Gletschereis und Fels durch die Frostverwitterung gelockerte Gestein wird mit dem abfließenden Eis abtransportiert. Durch die fortgesetzte Versteilung einer ehemaligen Firnmulde entsteht so eine sesselartige Hohlform, ein **Kar**. Diese Quellmulde eines Gletschers ist auf drei Seiten von schroffen Karwänden umgeben, an der Talseite durch eine Karschwelle abgeriegelt und hat einen flachen Karboden, der **postglazial** (nacheiszeitlich) meist von einem See eingenommen wird (z. B. Feldsee, Mummelsee). Durch das Ineinandergreifen benachbarter Kare bilden sich scharfe Felsgrate, im Extremfall ein pyramidenartiges Horn, ein Karling (z. B. Matterhorn).

Das aus einem Kar abströmende Eis wird durch Steinschlag, Lawinen oder herausgebrochenes Gestein zusätzlich mit „Erosionswaffen" aufgeladen. Die Glazialerosion umfasst daher drei Prozesse:

- Durch Detersion (Zerreibung) wird der Felsuntergrund durch das Eis und die mitgeführten Gesteinstrümmer geritzt und abgeschliffen. Gletscherschrammen zeigen später die Fließrichtung des Eises.
- Durch Detraktion (Herausziehen) werden am Eis angefrorene Gesteinsstücke mit der Eisbewegung aus dem Untergrund gerissen.
- Durch Exaration (Auspflügung) wird bei vorrückender Gletscherstirn Lockermaterial aufgepflügt, weg- und zusammengeschoben.

Auch Schmelzwasser ist stark an der Vertiefung und Abtragung des Untergrunds beteiligt, v. a. durch die mitgeführten Steine. Diese werden wie die im Eis eingeschlossenen Steine dabei angeritzt (gekritzte Geschiebe) und kantengerundet, aber nicht wie Flusskiesel völlig abgerundet. Subglaziale Schmelzwasser bewegen zudem oft in Vertiefungen Steine kreisförmig und fräsen mit ihnen dadurch größere Löcher in den Fels (Gletschertöpfe, Gletschermühlen).

M3 Gletscherarbeit

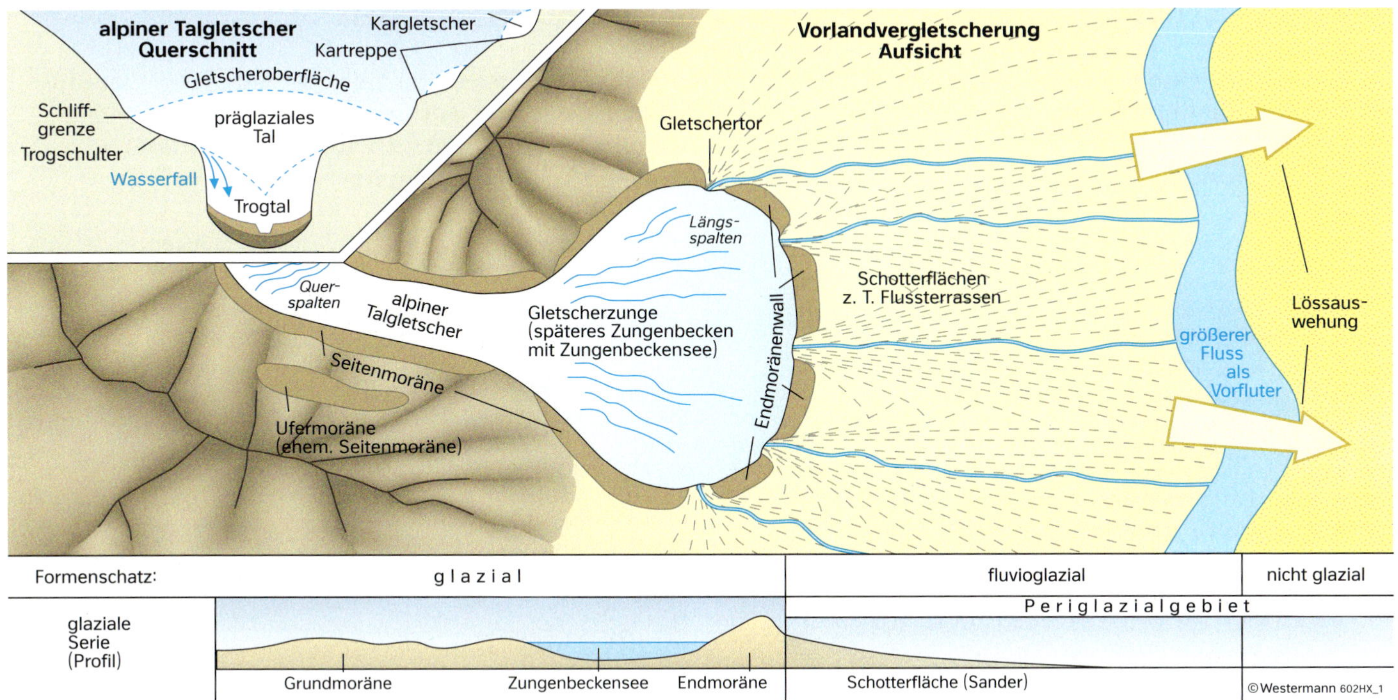

M 4 **Tal- und Vorlandvergletscherung (Beispiel Alpen)**

M 5 **Trogtal in den Alpen**

Markante Formen glazigener Abtragung sind Kare, Rundhöcker, Trogtäler und Zungenbecken. **Rundhöcker** sind vom Eis überformte Felsbuckel mit charakteristischer Form. **Trogtäler** mit ihrem u-förmigen Talquerschnitt sind durch die glaziale Überformung und Vertiefung präglazialer (Kerb-)Täler entstanden. Sie haben flache, oft von Moränen oder Flussablagerungen bedeckte Talböden und steile, teilweise senkrechte Trogwände. Diese gehen an der Trogkante in die flache Trogschulter über, die an der Schliffgrenze zum darüberliegenden, nicht glazial überformten Hang endet. Das obere Ende von Trogtälern ist als halbrunder Trogschluss ausgebildet, über dem ein oder mehrere Kare liegen können (Kartreppe, M4). Wenn kleinere Seitengletscher in ein Haupttal münden, liegen deren Talsohlen nach Abschmelzen der Eismassen wegen unterschiedlich starker Erosion in verschiedenen Niveaus. So werden aus Seitentälern Hängetäler. Deren Bäche überwinden die oft großen Höhenunterschiede durch Wasserfälle oder bilden später durch **rückschreitende Erosion** tief eingeschnittene Täler.

Da die Schneegrenze in den mittleren Breiten während der Kaltzeiten um etwa 1200 Meter tiefer als heute lag, überragten nur die höchsten Berge als sogenannte Nunataker das **Eisstromnetz**.

M 6 **Glazialformen im Gebirge**

Gletscher bewegen sich stets vom **Nährgebiet** (Akkumulation von Schnee und Eis) über die Gleichgewichtslinie hinweg ins **Zehrgebiet** (Abschmelzen des Eises = Ablation). Dabei entstehen neben Erosionsformen auch verschiedene Formen von Ablagerungen. Treten **Talgletscher** aus dem Gebirge heraus, verbreitern sie sich im Vorland. Ihre Gletscherzungen schürfen zusammen mit subglazialen Schmelzwässern wannenartige Vertiefungen aus, sogenannte **Zungenbecken**, in denen mit der Eisschmelze Zungenbeckenseen entstehen (z. B. Bodensee, Chiemsee, Ammersee).

Anders als bei Flüssen wird das von Gletschern transportierte Material jedoch nicht gerollt, sondern eher geschoben. Das vom Gletscher mitgeführte oder völlig unsortiert abgelagerte und nur kantengerundete Geschiebe in allen Korngrößen (Gesteinsblöcke, Schotter, Sand, Erde) wird als Moräne bezeichnet.

Das von den Hängen auf das Eis fallendende Verwitterungsmaterial bildet die Obermoräne, der Schutt am Rand des Gletschers bildet die **Seitenmoränen**. Ufermoränen sind alte Seitenmoränen und zeugen oft hoch oberhalb des heutigen Gletschers von einem früheren Eisrand. Mittelmoränen und Innenmoränen entstehen bei Zusammenfluss zweier Gletscher, die Untermoräne befindet sich an der Gletschersohle. Nach dem Abtauen des Eises lagern sich Ober-, Innen- und Untermoräne zusammen als **Grundmoräne** ab. Die sich am Vorderende der Gletscherzunge ansammelnde Stirnmoräne wird bei Stillstands- oder Rückzugsphasen zur **Endmoräne**.

Durch erosive Einkerbungen in den Moränenwällen transportieren Schmelzwässer Moränenmaterial ab, bilden jenseits des Moränenwalls als glaziofluviale Ablagerungen großflächige Aufschüttungskegel aus Geröll oder Sand und sammeln sich in großen Abflussrinnen, den **Urstromtälern**. Das Warschau-Berliner-Urstromtal ist eines von vieren in Norddeutschland, in Süddeutschland hatte die Donau dieselbe Funktion. Die Abfolge der Formen zwischen Grundmoräne und Urstromtal wird **glaziale Serie** genannt.

Das sich daran anschließende **Periglazialgebiet** zwischen z. B. der alpinen Vereisung und der Vereisung Norddeutschlands war während der Eiszeiten nicht vergletschert.

M 7 **Die Formen der glazialen Serie**

Glaziallandschaften – großflächige Vergletscherung durch Inlandeis

Anders als Tal- und Vorlandgletscher oder die nur auf der Höhe flach geneigter Gebirge liegenden Plateaugletscher verhüllt Inlandeis das vorherige Relief wie in der Antarktis oder auf Grönland heute vollständig. Die dabei entstehenden Erosions- und Akkumulationsformen unterscheiden sich von denen anderer Vergletscherungen aber nicht grundsätzlich. Welche Gemeinsamkeiten und Unterschiede gibt es?

1 Der als „Alter Schwede" bezeichnete, 217 Tonnen schwere Steinblock (M1) wurde 1999 bei Baggerarbeiten von der Flusssohle der Elbe bei Hamburg geborgen. Erklären Sie diesen Fundort.

2 **a)** Beschreiben Sie die in M4 dargestellte Bilderfolge.
b) Erklären Sie die Genese von Ihnen ausgewählter Reliefformen (M4, M5).

3 Vergleichen Sie Rundhöcker und Drumlins (M6, M7).

4 Erläutern Sie die Unterschiede von Jung- und Altmoränenlandschaften (M2 – M5).

6 Erstellen Sie eine zusammenfassende und bebilderte Mindmap zum Thema Vergletscherung (Internet).

M 1 Der „Alte Schwede"

Während des Pleistozäns (2,6 Mio. bis 11 700 Jahre vor heute) waren weite Teile Norddeutschlands, ganz Skandinavien sowie das nördliche Nordamerika mehrfach großflächig vergletschert. Über der Hudsonbai Kanadas wuchs das **Inlandeis** zeitweise auf 4500 Meter Dicke an, in Nordeuropa drückte ein Eispanzer von gut 3300 Meter auf den Untergrund.

Die vom Zentrum des skandinavischen Inlandeises ausgehenden Eisströme stießen unterschiedlich weit nach Süden vor. Der weiteste Vorstoß erfolgte während der Saalekaltzeit (in Süddeutschland Rißkaltzeit genannt), die Vereisung während der jüngeren Kaltzeit (Weichsel- bzw. Würmkaltzeit) war weniger großräumig. Der von den Gletschern und Schmelzwässern geschaffene Formenschatz der Jungmoränenlandschaft liegt deshalb noch innerhalb der sogenannten Altmoränenlandschaft und hat diese mit den jeweils jüngeren Erosions- und Ablagerungsformen mehr oder weniger stark überformt. Beide unterscheiden sich dadurch und wegen ihres Alters markant.

Die Räume der Jung- und Altmoränenlandschaft weisen folgende Merkmale auf:

Jungmoränenlandschaft: Die End- und **Grundmoränen** besitzen noch ein stark kuppiges Relief. Das Gewässernetz ist noch kaum ausgebildet. Aus dem kalkhaltigen Geschiebemergel entstanden nährstoffreiche Böden ohne Lössdecken.

Altmoränenlandschaft: Die End- und Grundmoränen sind durch periglaziale Vorgänge (z. B. Bodenfließen) sowie spätere Erosions- und Ablagerungsprozesse deutlich abgerundet und verflacht. Ehemalige Seen sind heute oft schon versumpft oder vermoort, ein hierarchisches Gewässernetz hat sich entwickelt, die Geschiebemergel sind weitgehend entkalkt und daher auch nährstoffärmer. Die **Altmoränen**, Schwemmfächer und die Terrassen der Schmelzwasserflüsse tragen aber oft eine aus der nachfolgenden Kaltzeit stammende Lössdecke.

Das außerhalb der Urstromtäler im Alt- und Jungmoränengebiet liegende Gebiet wird in Norddeutschland als **Geest** bezeichnet. Die Hohe Geest umfasst die älteren End- und Grundmoränen, die Niedere Geest die jungkaltzeitlichen Sanderflächen.

M 2 Basisinformation

In der Erdgeschichte wechselten sich bisher kurze Eiszeitalter mit relativ warmen Epochen ohne Vergletscherung der Polarregionen mehrfach ab. Innerhalb der Eiszeitalter (umgangssprachlich vereinfachend als Eiszeit bezeichnet) gab es stets einen Wechsel zwischen relativ kalten Epochen, den **Kaltzeiten** (Glaziale), und wärmeren Epochen, den **Warmzeiten** (Interglaziale). Sie unterschieden sich wesentlich auch durch die unterschiedliche Eisbedeckung des Festlandes. Während des letzten Glazials waren etwa 45 Millionen Quadratkilometer von Gletschern bedeckt, aktuell im **Postglazial** sind es immer noch etwa 15 Millionen Quadratkilometer. So gesehen dauert das känozoische Eiszeitalter bis heute an.

Das Pleistozän, die Periode der Kaltzeiten im Quartär, begann vor 2,6 Millionen Jahren und endete vor 11 700 Jahren. Mit dem Holozän durchläuft die Erde daher seitdem ein Interglazial, eine Warmzeit.

Die Vergletscherungen erfolgten während des Pleistozäns in den davon betroffenen Gebieten jeweils etwa zeitgleich. Sie lassen sich daher im Alpenraum und in Norddeutschland gut korrelieren.

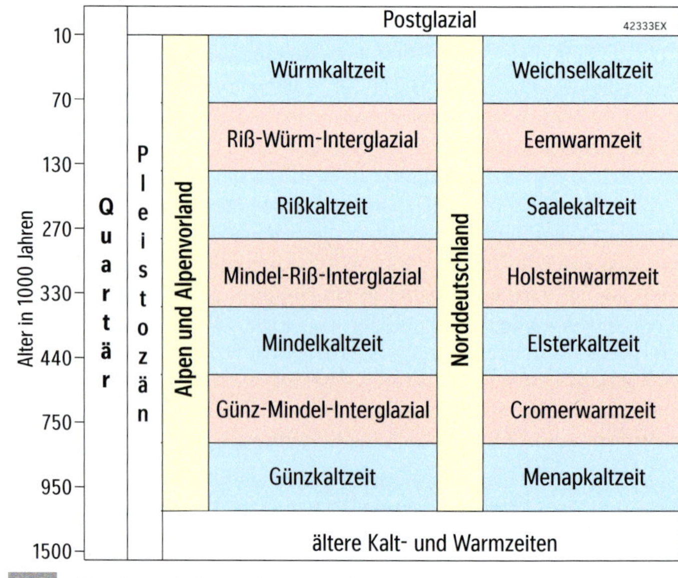

M 3 Eiszeiten, Kalt- und Warmzeiten

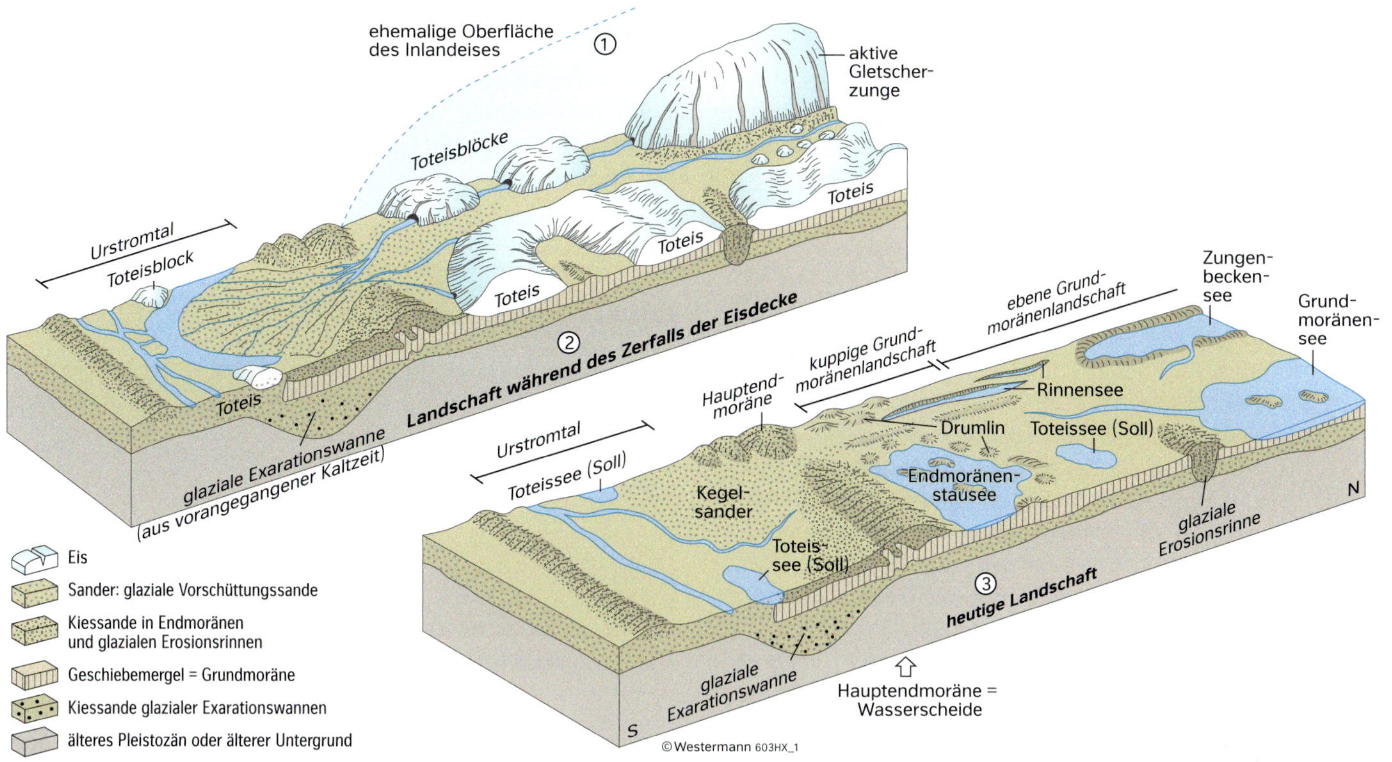

M 4 **Eiszeitformen im Norddeutschen Tiefland**

Material, das durch Gletscher oder eingefroren in Eisblöcken in Schmelzwässern (Eisdrift) transportiert wurde, aber im Ablagerungsgebiet nicht vorkommt, wird erratisch genannt. Größere Blöcke werden als **Findlinge** bezeichnet.

Toteis ist bei der Bewegung eines Gletschers isoliert worden. Nach Abschmelzen von Toteisblöcken und Nachsacken des aufliegenden Sedimentmaterials verbleiben **Toteislöcher**, mit Wasser oder Torf gefüllte, kesselartige Hohlformen (Sölle, Toteisseen).

Drumlins sind stromlinienförmige Hügel mit elliptischem Grundriss und asymmetrischem Profil („umgedrehte Löffel") aus Lockermaterial in Jungmoränengebieten. Sie treten oft in Schwärmen auf. Ihre Entstehung ist nicht endgültig geklärt. Diskutiert werden sie z. B. als Schmelzwasserablagerungen in Radialspalten an Gletscherrändern, die bei einem kurzfristigen Eisvorstoß an einem Ende gestaucht wurden.

Sander sind die von Schmelzwässern aufgeschütteten Schwemmkegel mit deutlicher Materialsortierung vor den Endmoränen. Sie sind in Norddeutschland wegen des langen Transports des Gletschermaterials kiesig-sandig und entwickelten daher nur nährstoffarme Böden. Im Alpenvorland überwiegen, wie z. B. in der sogenannten Münchner Schotterebene, gröbere Gerölle.

Urstromtäler (in Norddeutschland insgesamt vier) verliefen parallel zum Gletscherrand und führten in breiten Talungen die Schmelzwässer nach Nordwesten ab.

Rinnenseen sind lang gestreckte **subglaziale Rinnen**, die bei der Erosion durch subglaziale Schmelzwässer geschaffen wurden.

Beim postglazialen Meeresspiegelanstieg entstanden durch Überflutung von Trogtälern **Fjorde**, von Rundhöckern **Schären**, von Zungenbecken und subglazialen Erosionsrinnen **Förden** und von Grundmoränenlandschaften **Bodden**.

M 5 **Beispiele für glaziale Formen**

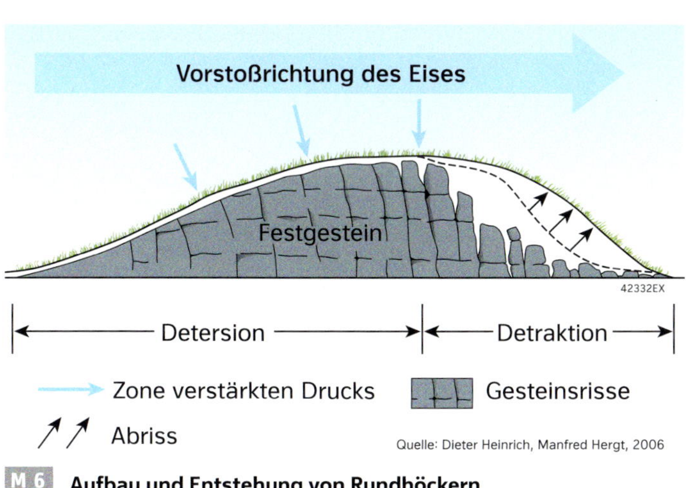

M 6 **Aufbau und Entstehung von Rundhöckern**

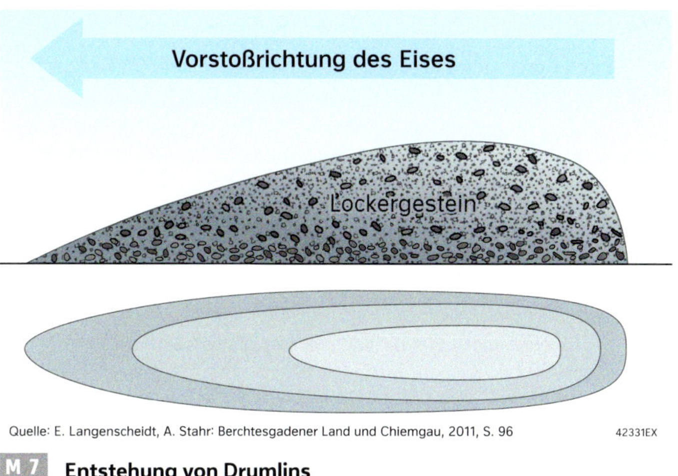

M 7 **Entstehung von Drumlins**

Periglazialgebiete – Reliefformung unter besonderen Bedingungen

Periglazial bedeutet „im Umkreis der Eisgebiete“ und umfasst als Sammelbegriff alle landschaftsprägenden Prozesse und Bildungen, die im Pleistozän außerhalb der vergletscherten Gebiete und unter vergleichbaren klimatischen Bedingungen heute in polaren und subpolaren Gebieten sowie Hochgebirgen vorkommen. Inwiefern sind periglaziale Bildungen auch heute noch von Bedeutung?

1 **a)** Beschreiben Sie das Foto (M1).
b) Charakterisieren Sie Löss bezüglich Verbreitung, Merkmalen und Eignung für die Landwirtschaft (M3, M4).

2 **a)** Erläutern Sie das Phänomen Frosthub (M5).
b) Gestalten Sie ein Erklärvideo zur Entstehung von Polygonböden, Eiskeilen und Pingos (M5, M6).

3 Vergleichen Sie Lössdecken und Dünen (M4, M8, M9).

4 Erstellen Sie eine Bilderfolge, welche die Entstehung von vier übereinanderliegenden Talterrassen zeigt (M8).

5 Beurteilen Sie, inwieweit periglaziale Prozesse für das aktuelle Relief Mitteleuropas formgebend sind.

M1 **Periglazialer Löss auf tertiärem Lavastrom (Kaiserstuhl)**

Während der letzten Kaltzeit umfasste das **Periglazialgebiet** in Mitteleuropa den gesamten Raum zwischen den alpinen und den nordischen Eismassen. Dort herrschten wie in den Tundren heute die für **periglaziale** Formenbildung notwendigen Voraussetzungen:
- mittlere Jahrestemperaturen unter 0 °C,
- Permafrostboden,
- fehlender Sickerwasserstrom ins Grundwasser,
- intensive Frostverwitterung durch jahres- und tageszeitlichen Frostwechsel,
- Schneeansammlungen im Winter und
- sommerliche Hochwasser bei deren Abtauen.

Die damit verbundenen Abtragungs-, Umlagerungs- und Ablagerungsprozesse schufen durch die Überformung des vorherigen Reliefs teilweise eine neue Reliefgeneration und gestalteten vielerorts die Ausgangslage für die postglazialen Bodenbildungen.

Im **Permafrost** (Dauerfrost) taut im Sommer nur die oberste Bodenschicht auf. Die bis drei Meter mächtige wassergesättigte Auftauschicht (Active Layer) gleitet bereits bei einer Hangneigung von zwei Grad auf der noch gefrorenen Rutschfläche darunter hangabwärts. Bei Fließstrecken von fünf bis zehn Zentimeter pro Jahr ist diese **Solifluktion** (Bodenfließen) ein wichtiger Faktor der periglazialen Denudation und wirkt durch die Ablagerung von Deckschichten zugleich nivellierend. Vielfaches Gefrieren und Auftauen erzeugt zudem durch vertikale Materialumsortierung (Kryoturbation) verschiedenste Bodenfroststrukturen.

Neben den durch den Permafrost induzierten morphologischen Prozessen gab es im periglazialen Bereich stets auch Formenbildungen durch Wasser und durch Wind. Dazu gehörten die Bildung von Flussterrassen und großräumigen Lössdecken sowie die Entstehung der in den Mittelgebirgen weit verbreiteten Blockhalden. Diese entwickelten sich zum Beispiel bei starker Frostverwitterung an Hängen aus hangabwärts bewegtem Schutt, aus dem das Feinmaterial ausgespült wurde.

Im Zuge des Klimawandels tauen Permafrostbereiche zunehmend auf. In Gebirgen erhöht sich durch den Wegfall des „Felsenkitts“ die Gefahr von Steinschlägen und Bergstürzen. Beim Tauen arktischer Permafrostböden wird Methan freigesetzt, das als starkes Treibhausgas die Tempesturzunahme der Atmosphäre noch forciert.

M2 **Basisinformation**

Der **Löss** Mitteleuropas ist ein ockergelbes, während der Kaltzeiten im Periglazialgebiet vom Wind geschaffenes (äolisches) Sediment. Die Korngröße liegt bei 0,01 bis 0,05 mm (Schluff, wenig Ton und Sand). Die durch physikalische Verwitterung entstandenen, überwiegend kantigen Partikel wurden vom Wind im Sommer und Herbst aus vegetationsarmen Sandern und Schotterflächen ausgeweht (Deflation) und in Gebieten mit einer Grasvegetation (Lössfänger) als Flugstaub zu meterdicken Lössdecken abgelagert. Hauptbestandteile sind Quarz (60 – 80 %), Kalk (10 – 30 %) sowie Silikate wie Feldspat und Glimmer (10 – 20 %). Die Partikel sind über Kalkbrücken verbunden – auch die nach Zersetzung der Graswurzeln entstanden Haarröhrchen sind durch Kalkausfällungen ausgekleidet und stabilisiert. Zusammen mit der Verkantung der Partikel bewirkt dies die hohe Standfestigkeit des Gesteins. Die günstige mineralische Zusammensetzung, die gute Durchlüftung und Wasseraufnahme- und Wasserhaltefähigkeit machen die tiefgründigen und leicht bearbeitbaren Böden auf Löss sehr fruchtbar.

M3 **Die Lössdecken Mitteleuropas**

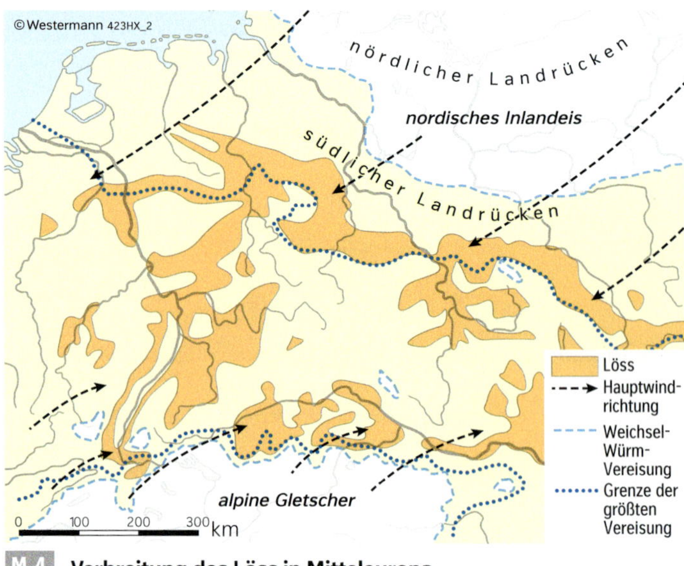

M4 **Verbreitung des Löss in Mitteleuropa**

www.diercke.de
100800-052-01

Frosthub: schematisch, für einen Stein

Sommer

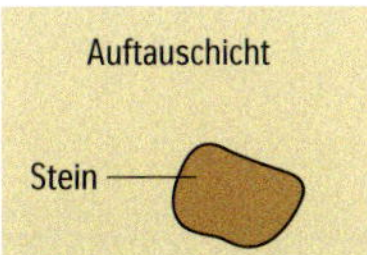

Winter

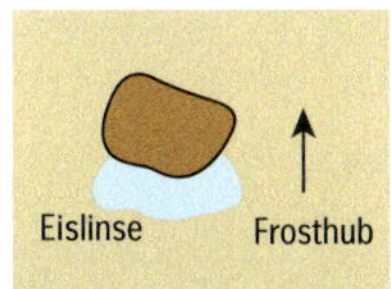

Sommer

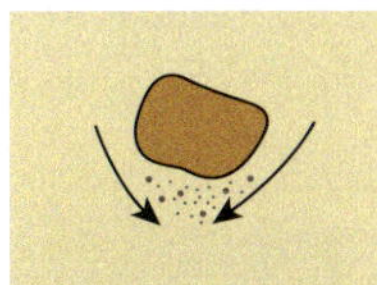

nach vielen Frostwechseln

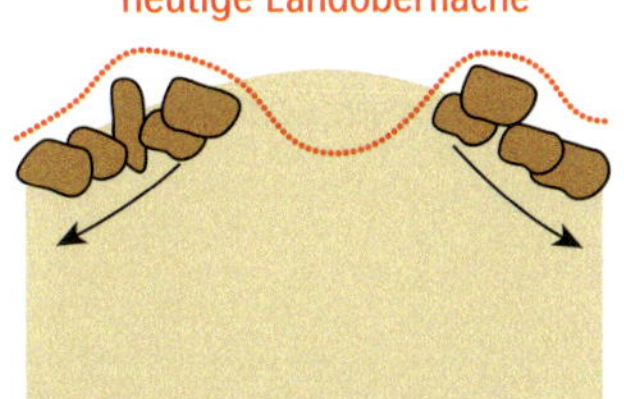

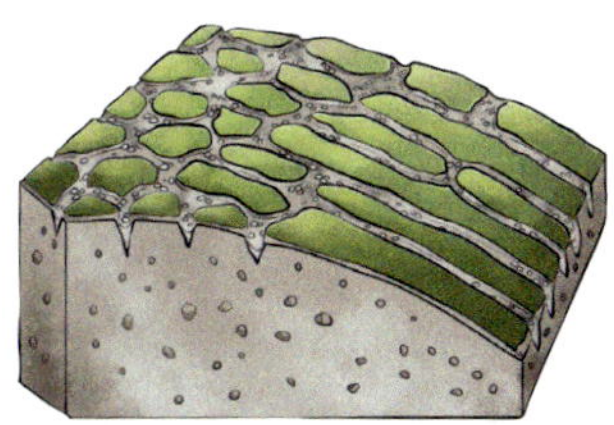

Sommer	Winter	Sommer	fortgesetzte Frostwechsel
Die Auftauschicht ist wassergesättigt, enthält Material unterschiedlicher Korngrößen.	Steine leiten wegen ihrer besseren Wärmeleitfähigkeit die Gefrierfront schneller nach unten als die wasserhaltige Feinerde. Unterhalb der Steine bildet sich eine Eislinse, die den Stein etwas nach oben drückt.	Beim Abtauen der Eislinse rutscht Feinmaterial an ihre Stelle. Die höher gewordene Lage des Steins wird stabilisiert.	Materialsortierung und Umlagerung gehen weiter: Steine gelangen durch den Frosthub immer mehr an die Oberfläche, das stärker wassergesättigte Feinmaterial sammelt sich zentral und wölbt beim Gefrieren die Oberfläche auf. Nach oben beförderte Steine rutschen oder rollen zur Seite ab. In der Aufsicht entstehen Steinring- oder Steinnetzböden mit polygonalem Muster, an Hängen Steinstreifen. Ohne Frosthub zeugen die Feinerdetaschen heute noch als „Dellen einer Buckelpiste" z. B. in Waldböden von den ehemals durch Permafrost geschaffenen Formen.

Quelle: A. H. Strahler, A. N. Strahler, Physische Geographie, 1996

42344EX

M 5 Bodenfroststrukturen – Steinringe (Polygonböden), Steinstreifen

Eiskeile: Bei Austrocknung des Auftaubodens entstehen Trockenrisse. Frostspalten bilden sich als Kontraktionsrisse im Boden, wenn bereits gefrorener Boden sich bei weiterer rascher Abkühlung auf tiefe Temperaturen zusammenzieht. Trockenrisse und Frostspalten können mit Wasser und Bodenmaterial gefüllt werden. Im Winter gefriert das Wasser in den Spalten. Durch seine Volumenausdehnung bilden sich ständig wachsende Eiskeile. Diese können mehrere Meter breit und bis zu vierzig Meter tief sein. Fossile Eiskeile belegen z. B. in Sandgruben Mitteleuropas den pleistozänen Permafrost.

Würgeböden (Brodel-): Am Ende des Sommers gefriert die Auftauschicht von oben her wieder neu. Zwischen ihr und dem dauernd gefrorenen Untergrund befindet sich eine noch nicht gefrorene Bodenschicht, die unter wachsenden Druck gerät und in der das Material durch Druckpressung durchgemischt wird.

Pingos: Inuktitut für Hügel, schwangere Frau. Die bis zu 70 Meter hohen Erdhügel haben einen Eiskern und einen Durchmesser von bis zu 300 Meter. Sie entstehen aus flachgründigen Seen, wenn der noch nicht gefrorene Seeboden durch vom Ufer vordringenden Permafrost nach und nach eingeengt wird. An der Frostfront bildet sich so ein wachsender Bodeneiskörper, der durch Frosthub den gefrorenen Seeboden aufwölbt. Abtauende Pingos hinterlassen Hohlformen, die Karstformen ähneln (Kryo-, Thermokarst).

M 6 Bodenfroststrukturen – Eiskeil, Würgeboden, Pingo

Trockentäler: Permafrost plombiert in Regionen mit wasserdurchlässigem Gestein, z. B. in Kalkgebieten, den Untergrund. Niederschlags- und Schmelzwässer fließen daher oberflächlich ab und schaffen durch Erosion Täler, deren Flussläufe nach Auftauen der Versiegelung trockenfallen.

Talterrassen: Ab Beginn einer Kaltzeit können die Flüsse wegen abnehmender Abflussmengen immer weniger Material transportieren. Sie vertiefen ihr Bett deshalb nicht weiter, sondern müssen aufschottern und bilden weit verzweigte verwilderte Flussläufe. Gegen Ende der Kaltzeit führen die Flüsse wieder mehr Wasser und können sich dadurch in die vom Permafrost befreiten Ablagerungen einschneiden. Durch den mehrfachen Wechsel von Kaltzeiten und Warmzeiten sind in den meisten Tälern im damaligen Periglazialbereich gestufte Talquerprofile entstanden, die die Abfolge von Eintiefung und Akkumulation widerspiegeln.

Asymmetrische Täler: Der mit den überwiegend westlichen Winden verfrachtete Sand und Staub wurde in Tälern meist im Lee, also am Westhang der Täler, abgelagert und führte so zu den verbreiteten asymmetrischen Talquerschnitten.

Binnendünen: Vielfach wurde, wie zum Beispiel im heutigen Baden-Baden, Sand durch Wind auch auf Terrassen zu Dünen aufgeschichtet.

M 8 Formen fluviatiler und äolischer Prozesse

M 7 Pingo in Nordkanada

M 9 Sanddüne bei Baden-Baden (Sandweier)

Vielfalt von Küstenlandschaften

Mit der Entstehung der Ozeane begann der Kampf des Meeres mit dem Festland. Im Wettstreit zwischen Zerstörung und Aufbau entstanden die vielfältigsten Küstenformen. Sie reichen von hoch aufragenden, steilen Felsklippen bis hin zu flachen, sandigen Traumstränden. Von welchen Bedingungen und Prozessen ist diese Formenvielfalt abhängig?

1 Entwickeln Sie Hypothesen zur Entstehung der Küstenlandschaft auf den Färöerinseln (M1, M2).

2 a) Erklären Sie die Entstehung einer Fjordküste als Ergebnis des Zusammenspiels der Küsten bildenden Prozesse (M3).
b) „Deltaküsten sind Küsten auf Zeit." Überprüfen Sie diese Aussage (M4).
c) Begründen Sie die Einordnung der Fjord- und Schärenküste sowie der Deltaküste in die Küstenklassifikation (M3 – M6).

3 Nennen Sie Raumbeispiele für Küstentypen (M5, Atlas).

4 Erklären Sie die Küstenklassifikation nach Valentin (M6, M7).

5 Begründen Sie, dass die stationären Küsten im Diagramm (M6) als monoton fallender Graph abgebildet sind.

M 1 Küstenlandschaft auf den Färöerinseln (Dänemark)

Küsten sind mehr als nur die Land-Wasser-Grenzlinie, sondern ein regional unterschiedlich breiter Übergangsbereich zwischen Festland und Meer, in dem sich Lithosphäre, Hydrosphäre, Atmosphäre und Biosphäre durchdringen. Das Zusammenspiel vor allem der geologisch-morphologischen Struktur des Festlandes und die Wellen- und Strömungsdynamik des Meeres, aber auch klimatische Bedingungen sowie Pflanzenbewuchs und Meereslebenswelt steuern die reliefbildenden Prozesse, die zu einer Vielzahl unterschiedlichster Küstenformen führen.

Einfache Küstenklassifikationen unterscheiden zum Beispiel nach der Küstenform in **Steilküsten** und **Flachküsten** oder nach dem vorherrschenden Gestein in Fels- und Lockermaterialküsten. Ausgangspunkt für eine genetische Küstenklassifikation sind dagegen zwei aus den Formen bildenden Prozessen resultierende Verläufe: So prägt Akkumulationsküsten ein Landgewinn und Abrasionsküsten ein Landverlust. Diesen beiden Hauptgruppen werden weitere Küstentypen hierarchisch nach ihren bestimmenden Faktoren – fluvial, glazial, biogen, anorganisch geprägt – zugeordnet.

Der gegenwärtige Küstenverlauf ist eine Momentaufnahme, denn tektonische Prozesse und Meeresspiegelschwankungen verändern in geologischen Zeiträumen die Lage des Küstenbereiches. So waren im Laufe der Erdgeschichte immer wieder große Teile des Festlandes vom Meer bedeckt oder es fielen weite Schelfbereiche trocken. Die Formen der meisten Küsten gelten heute im geologischen Maßstab als jung. Ihre Bildung begann vor etwa 5000 bis 6000 Jahren nach dem Ende der sogenannten Flandrischen Transgression, dem Anstieg des Meeresspiegels über mehr als 100 Meter aufgrund des Abschmelzens der Eismassen nach der letzten Kaltzeit sowie den damit verbundenen isostatischen Landhebungsprozessen. Diese Prozesse haben sich in den letzten Jahrhunderten deutlich abgeschwächt, sodass der mittlere Wasserstand des Weltmeeres vergleichsweise stabil ist. Seitdem bildeten sich im Bereich des gegenwärtigen Wasserstandes die heute vorhandenen markanten Küstenformen heraus.

M 2 Basisinformation

Die glazialen Formungsprozesse hinterließen während des Pleistozäns in Skandinavien u. a. tiefe Trogtäler und als Rundhöcker bezeichnete abgeschliffene Felshügel. Die Last des bis über drei Kilometer mächtigen Eispanzers drückte die Lithosphäre in die Asthenosphäre ein. Seit dem Abtauen des Eises kommt es zur glazialisostatischen Landhebung und zum weltweiten Anstieg des Meeresspiegels. Letzterer wies größere Werte auf, das Meerwasser überflutete die Trogtäler und bildet mehrere Hundert Meter tiefe Meeresbuchten, die **Fjorde**. An Küsten ragen **Schären** als ehemalige Rundhöcker aus dem Wasser. Die Felsinseln können wenige Quadratmeter bis einige Quadratkilometer groß sein.

M 3 Zurückweichende Küste – Fjord- und Schärenküste

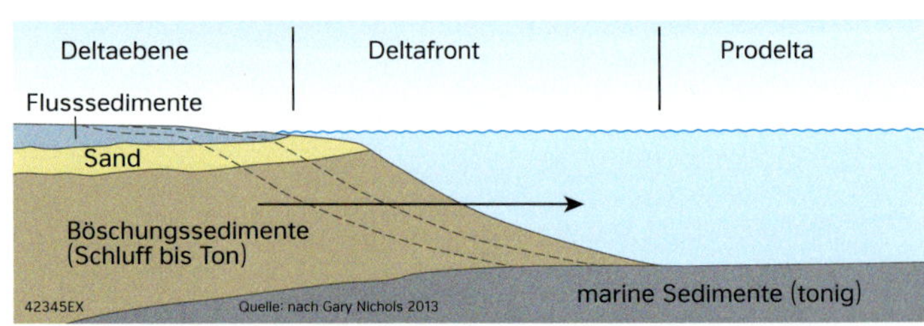

An ihrer Mündung besitzen Flüsse keine Transportkraft mehr und lagern ihre verbliebene Sedimentfracht ab. Schwebstoffe werden dabei noch am weitesten in Richtung Meer getragen und sinken auf den Meeresboden ab. Kiese und Sande lagern sich an der Böschung der Deltafront ab. Diese Schichten wandern im Laufe der Zeit immer weiter in Richtung Meer. Die eigenen Ablagerungen versperren dem Fluss zunehmend den Weg zum Meer, sodass der Hauptstrom sich aufgabelt. Dabei entsteht die typische Form des **Deltas** mit zahlreichen Mündungsarmen. Strömungen, Wellen, Schelfneigung und Sedimentationsrate der Flüsse führen zu weiteren Deltaformen.

M 4 Vorrückende Küste – Deltaküste

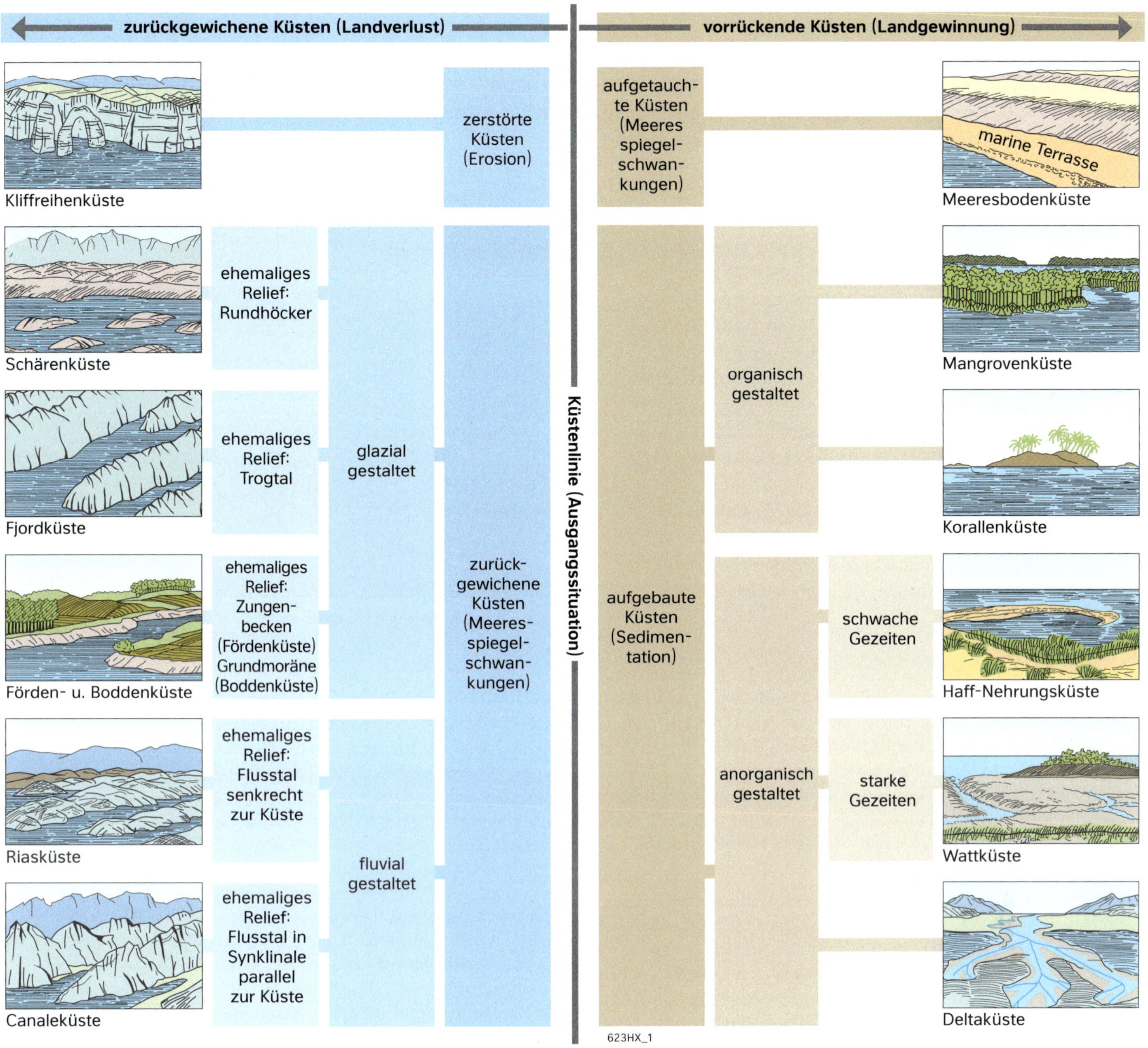

zurückgewichene Küsten (Landverlust)
vorrückende Küsten (Landgewinnung)

Küstenlinie (Ausgangssituation)

Kliffreihenküste
zerstörte Küsten (Erosion)

Schärenküste
ehemaliges Relief: Rundhöcker

Fjordküste
ehemaliges Relief: Trogtal

glazial gestaltet

Förden- u. Boddenküste
ehemaliges Relief: Zungenbecken (Fördenküste) Grundmoräne (Boddenküste)

zurückgewichene Küsten (Meeresspiegelschwankungen)

Riasküste
ehemaliges Relief: Flusstal senkrecht zur Küste

fluvial gestaltet

Canaleküste
ehemaliges Relief: Flusstal in Synklinale parallel zur Küste

aufgetauchte Küsten (Meeresspiegelschwankungen)
marine Terrasse
Meeresbodenküste

aufgebaute Küsten (Sedimentation)

organisch gestaltet
Mangrovenküste
Korallenküste

anorganisch gestaltet
schwache Gezeiten
Haff-Nehrungsküste
starke Gezeiten
Wattküste
Deltaküste

623HX_1

M 5 Küstentypen – Klassifikation nach Valentin (vereinfacht)

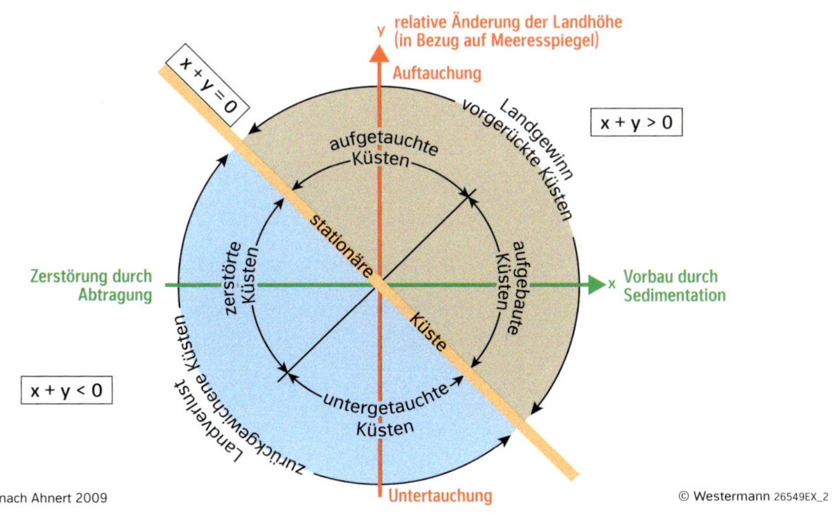

M 6 Schema der Küstenentwicklung nach Valentin

Die genetische Küstenklassifikation nach Valentin unterscheidet zwischen Küsten, die in Richtung des Landesinneren zurückweichen und damit einen Landverlust zur Folge haben, und Küsten, die in Richtung des Meeres vorrücken, also zu einem Landgewinn führen. Die Auf- bzw. Abbauprozesse werden einerseits durch Vertikalbewegungen des Meeresspiegels bzw. des Festlandes und anderseits durch die Arbeit der Wellen bzw. Strömungen gesteuert. Dabei beschreibt x die Größe der Abtragung oder Sedimentation und y die relative Änderung der Landhöhe in Bezug auf den Meeresspiegel.

M 7 Genetische Küstenklassifikation

Küstenlandschaften – Flach-, Steil- und Ausgleichsküste am Beispiel der Ostsee

Die Ostsee ist mit einem Alter von rund 5000 Jahren geologisch gesehen ein sehr junges Binnenmeer. Seitdem wirken im Bereich der deutschen Ostseeküste die exogenen Kräfte der Wellen auf die überflutete jungglaziale Landschaft. Im Ergebnis entstehen typische Küstenformen und Küstenlandschaften. Wodurch wird deren verschiedenartiges Aussehen geprägt?

1 Beschreiben Sie eine mögliche Gliederung der Küste (M1).
2 Stellen Sie Zusammenhänge zwischen Wellenarten und einem typischen Strandprofil dar (M3, M4).
3 a) Erstellen Sie jeweils ein mit Fachbegriffen bezeichnetes Profil von Steil- und Flachküste (M5, M7).
b) Erklären Sie die formenbildenden Prozesse an Steil- und Flachküsten (M5, M7).
c) Stellen Sie den Einfluss klimatischer und biogener Faktoren bei der Formung von Steil- und Flachküsten dar.
4 „Ein Ruhekliff kann wieder ein aktives Kliff werden." Beurteilen Sie diese Aussage.
5 Arbeiten Sie die mögliche zukünftige Entwicklung der Halbinsel Fischland-Darß-Zingst heraus (M2, M6).

M 1 Norden der Insel Hiddensee

An der deutschen Ostseeküste dominieren **Förden-** und **Boddenküsten** als zurückweichende sowie **Haff-** und **Nehrungsküsten** als vorrückende Küstentypen. Die Küsten können aber auch nach ihrem Profil in **Steil- und Flachküsten** unterschieden werden. In Abhängigkeit vom vorhandenen Ausgangsrelief des Festlandes prägt eine der beiden Küstenformen lange Strecken das Landschaftsbild, dann wieder gibt es Abschnitte, an denen Steil- und Flachküsten auf kurze Distanz einander abwechseln.

Die reliefbildende Gestaltung von Flach- und Steilküste wird hauptsächlich von den durch die Meereswellen ausgelösten Erosions- und Akkumulationsprozesse bestimmt. In Küstennähe laufen die Wellen auf den flacher werdenden Meeresgrund auf. Dabei brechen die sinusförmigen Schwingungen der Wasserteilchen und mit der **Brandung** wird die Wellenenergie in Bewegungsenergie umgesetzt. Es sind aber auch, wenngleich im weitaus geringeren Maße, klimatische Verhältnisse sowie Flora und Fauna an den formenbildenden Prozessen von Steil- und Flachküste beteiligt, die Erosions- bzw. Akkumulationsprozesse verstärken bzw. verringern.

Die an der deutschen Küste überwiegend aus westlichen Richtungen wehenden Winde verursachen eine küstennahe Meeresströmung, die sandige Substrate in West-Ost-Richtung transportieren. Im Strömungsschatten von Landvorsprüngen lagern sich diese wieder ab. Im Ergebnis dieses, als Strandversatz bezeichneten Prozesses entstehen küstenparallel verlaufende Sandbänke sowie schmale, über den Meeresspiegel hinausragende, oft mit Dünen besetzte, an das Festland anschließende Sandstreifen. Diese Nehrungen vergrößern sich, bilden landwärts schmale Meeresbuchten, sogenannte Haffs, und bei vollständiger Abtrennung vom Meer Strandseen. Im Laufe der Zeit verwandelt sich so eine ehemals buchtenreiche Boddenküste in eine relativ geradlinige **Ausgleichsküste**.

Küstenschutzmaßnahmen, wie z. B. Bepflanzungen von Dünen oder der Bau von strömungsmindernden Buhnen – etwa 100 Meter weit in das Meer hineinreichende, senkrecht zum Strand eingeschlagene Holzstammreihen –, sollen das Festland schützen.

M 2 Basisinformation

Drei Kräfte sind es, die Energie auf das Wasser übertragen, dadurch Wasserteilchen aus ihrer Ruhelage ablenken und Wellen erzeugen. In der Ostsee spielen die durch die Gravitation entstehenden Gezeitenwellen und die durch tektonische Kräfte ausgelösten Tsunamis aufgrund ihrer Binnenlage und geringen Größe keine Rolle. Hier wirkt der durch die Schubkraft des Windes ausgelöste Seegang als prägendste küstenformende Kraft. Meereswellen erwecken den Eindruck einer vertikalen und horizontalen Wasserbewegung. Aber am Beispiel einer schwimmenden Möwe lässt sich beobachten, dass diese zwar auf- und niedergeschaukelt, aber nicht vorwärtsbewegt wird, denn im freien Wasser bewegen sich die Wasserteilchen auf Kreisbahnen. Erreichen diese geringeren Wassertiefen, gehen die Kreisbahnen der Wasserteilchen aufgrund der Berührung mit dem Meeresboden in eine geneigte elliptische Form über, brechen schließlich und es kommt zu einem horizontalen Wassertransport. Diese Bewegungsenergie wird in der Brandungszone in Erosion und Transport von Sand und Geröll sowie das langsame Auflaufen in den Strandbereich umgesetzt. Die Kraft der Brandung kann enorm sein. So übt z. B. eine drei Meter hohe Welle einen Druck von acht Tonnen pro Quadratmeter Gestein aus.

M 3 Wellen

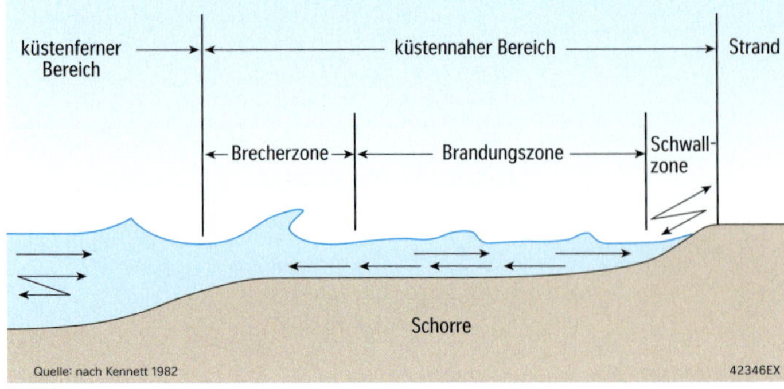

M 4 Vorstrandprofil und Wasserbewegung

Treffen Wellen auf höhere Festlandserhebungen, drücken sie das Wasser mit großen Druck in Gesteinsfugen. Die dort vorhandene Luft wird dabei so stark gepresst, dass dies explosionsartige Sprengungen auslöst und den festen Gesteinsverband lockert. Darüber hinaus sind die meist vegetationslosen Steilhänge ständig physikalischen und chemischen Verwitterungsprozessen ausgesetzt, die das anstehende Gestein zerstören und damit erosionsanfällig machen. Der Gesteinszerfall wird auch durch Vögel und andere Organismen verstärkt, die ihre Wohnhöhlen in das Kliff bohren. Lockere Gesteine und Blöcke stürzen dann auf den Strand und den **Brandungsbereich**, die im Spiel mit den Wellen durch die Hin- und Herbewegungen zu gerundeten Strandgeröllen geformt werden. Die Brandungswellen waschen am Fuß des Kliffs eine Brandungshohlkehle aus. Durch die fortschreitende Unterschneidung brechen im Laufe der Zeit die überhängenden Teile immer wieder ein, sehr steile Hänge entstehen und die Steilküste wandert landeinwärts. In Richtung des Meeres schleift das mit der Wellenströmung transportierte Strandgeröll die Brandungsplattform bzw. **Abrasionsplattform** (lat. abrasio: Abkratzung). Über längere Zeiträume nimmt so die Breite der Brandungsplattform zu, die Energie der auflaufenden Wellen und damit die Erosionskraft erlahmt. Erreichen die Wellen das Kliff nicht mehr, entsteht ein inaktives Kliff (Ruhekliff).

M 5 Steilküste

Flachküsten entstehen an nur gering ansteigenden Festlandsbereichen. Auslaufende Wellen transportieren ständig Material an die Küste, das am Strand akkumuliert wird. In unmittelbarer Wassernähe entsteht ein nur einige Dezimeter hoher, uferparalleler Standwall aus grobkörnigem Substrat, das vom ablaufenden Wasser nicht mehr abgeführt wird. Trockener Sand wird durch Wind landeinwärts transportiert und bildet Dünen aus. Pionierpflanzen, die in dem lebensfeindlichen Milieu des Strandes und der Dünen wachsen können, vermindern die Intensität der formenbildenden Kräfte und stabilisieren insbesondere die Winddünen. Vom Strand senkt sich der ständig vom Meerwasser überflutete Bereich der Schorre mit geringer Neigung in Richtung Meer. Sie endet seewärts dort, wo die Wellenbasis den Meeresboden nicht mehr berührt und Material nicht mehr erodiert und transportiert.
Im Zusammenspiel von auflaufendem und rückflutendem Wasser entstehen im Bereich der Schorre Barren. Diese lang gestreckten, küstenparallel verlaufenden wallartigen Erhebungen sind auch als Sandbank bekannt. Wie die Dünen sind auch die Barren nicht ortsfest und verlagern sich im Zeitraum von Wochen und Monaten. Das Aussehen von Flachküsten ändert sich in jahreszeitlichen Klimaten. So überwiegen z. B. in den mittleren Breiten während der sturmarmen Sommermonate die Akkumulationsprozesse.

M 7 Flachküste

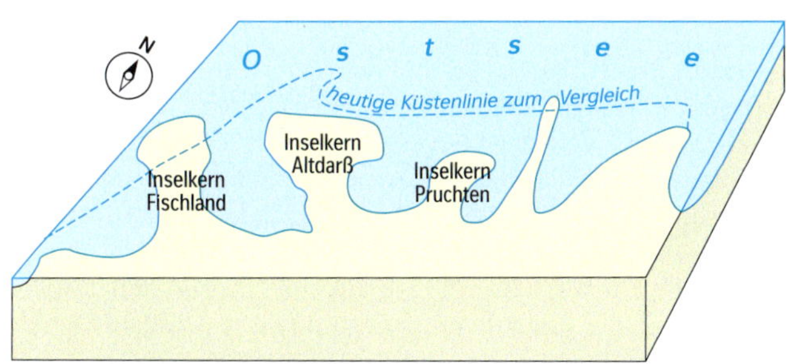

Mit dem vollständigen Abtauen des skandinavischen Inlandeises stieg vor etwas 7000 bis 5000 Jahren der Meeresspiegel deutlich an und die Ostsee überflutete die Grund- und Endmoränen der Jungmoränenlandschaft. Eine typische Boddenküste mit Küstenvorsprüngen und seichten Meeresbuchten entstand.
In der Folgezeit entstand durch Strandversetzung die heutige Halbinsel Fischland-Darß-Zingst.

- Holozän
- pleistozäner Inselkern
- Kliff (Entstehung vor etwa 6000 Jahren)
- markante Dünenzüge
- alte Küstenlinie zwischen 6000 v. Chr. und 1696
- Küste 1696
- Küste 1884
- durch frühere Nehrungen abgeschnittene Buchten, heute Strandseen

M 6 Entstehung der Halbinsel Fischland-Darß-Zingst

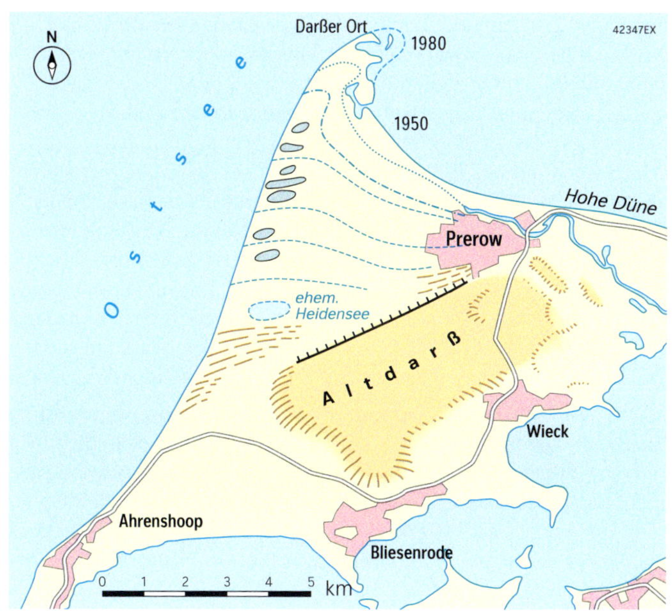

Küstenlandschaften – Wattküste am Beispiel der Nordsee

Von Den Helder im Norden der Niederlande bis zum dänischen Esbjerg besitzt die Nordsee eine einzigartige Küstenlandschaft – das Wattenmeer. Der Meerwasserstrom bei Ebbe und Flut ist der wichtigste, aber nicht der einzige Akteur bei der Gestaltung dieses Küstenabschnitts. Wieso ist die südliche Nordseeküste, obwohl sie wie die meisten Küsten der Erde von Gezeiten beeinflusst ist, eine besondere Landschaft?

1 Bezeichnen Sie die im Schrägluftbild auf Baltrum erkennbaren Küstenbereiche (M1, M2).
2 Charakterisieren Sie das System der Gezeiten (M3).
3 Erklären Sie die Eigenschaften und die Entstehung der einzelnen Küstenabschnitte (M1, M4).
4 „Priele und Schlickwattbereiche sind ein besonderes Risiko für Spaziergänger im Watt." Erklären Sie diese Aussage (M1, M6).
5 Erklären Sie die Verteilung der Wattbereiche südlich von Spiekeroog (M6).
6 Begründen Sie, dass im Bereich der Wattenmeerküste Flüsse keine Deltamündung ausbilden (M5).
7 a) „Die Nordseeküste – eine Küste, die von Menschenhand geformt ist." Beurteilen Sie diese Aussage.
b) „Die Deichanlagen müssen mittelfristig verstärkt und erhöht werden." Überprüfen Sie die Aussage (M7).

M1 Schrägluftbild der Nordseeküste bei Baltrum

Dort, wo das Meerwasser über die Doggerbank – eine 18000 Quadratkilometer große Sandbank in der mittleren Nordsee – wogt, jagten noch vor 8000 Jahren unsere Vorfahren im morastigen Gebiet Rentiere. Seitdem stieg der Meeresspiegel durch das Abtauen der Reste des kaltzeitlichen Inlandeises. Nach dieser sogenannten flandrischen Transgression, die circa 2000 Jahre dauerte, erreichte die Nordsee ihre heutige Ausdehnung.

Das Wasser traf auf die Moränen- und Sanderflächen aus der Saale- und Weichselkaltzeit. An diesen, heute als **Geest** bezeichneten Festlandsflächen entstanden Flachküsten. Ausgehend von den Geestinselkernen entwickelten sich durch Strandversetzung die West- und Ostfriesischen Inseln. Zwischen den vorgelagerten Inseln und dem Festland bildete sich das **Watt**, der flach geneigte Meeresbereich, der zweimal im Laufe eines Tages vom Meer überflutet wird und bei Ebbe trockenfällt. Die Flutwellen lagern bei nachlassender Strömungsenergie mitgeführten Sand und Schwebstoffe ab. Der abziehende Ebbestrom erfolgt meist in tiefen Rinnen. Die Strömungsgeschwindigkeit in diesen **Prielen** ist hoch. Insgesamt wird jedoch nur ein Teil des zuvor sedimentierten Materials wieder abgeführt, sodass das Watt mit der Zeit immer höher aufschlickt. Der Verlandungsprozess des Watts wird durch die vorgelagerten Inseln und Sandbänke, die als natürliche Barriere die Erosionskraft des Ebbestroms verringern sowie die durch Flüsse eingetragenen Sedimente zurückhalten, noch verstärkt. Darüber hinaus reduzieren Pionierpflanzen, wie z. B. der an den hohen Salzgehalt angepasste Queller, die Strömungsgeschwindigkeit des ablaufenden Wassers.

Wenn das vom Meer geschaffene Neuland nicht mehr vom mittleren Tidehochwasser erreicht wird, ist die **Marsch** entstanden, die nur noch bei Sturmtiden überflutet wird. Die in das Watt entwässernden Flüsse haben weit in das Festland hineinreichende Trichtermündungen geschaffen. Die Gezeitenströmungen halten diese auch als **Ästuar** bezeichnete Mündungsform im Gegensatz zum Delta von Sedimenten weitgehend frei.

M2 Die Entstehung der Nordseeküste

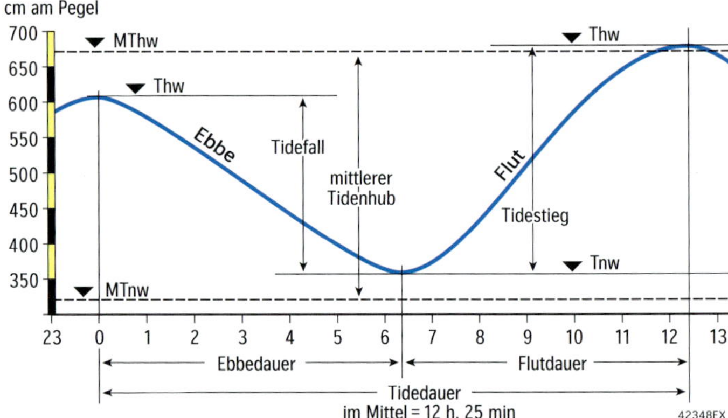

Im Verlaufe eines Tages steigt und fällt der Meeresspiegel durch die **Gezeiten** um wenige Dezimeter in Binnenmeeren und bis über zehn Meter in engen Meeresbuchten oder Ästuaren. Die Änderungen des Wasserstandes sind das Resultat der aufeinander wirkenden Gravitationskräfte im rotierenden System von Erde, Mond und Sonne. Die Dauer einer Tide, der Zeitraum zwischen zwei Tidehochwasserständen (Thw), beträgt etwa 12 Stunden und 25 Minuten. Daher verschiebt sich der Eintritt von Ebbe und Flut von Tag zu Tag um rund 50 Minuten.

Da sich die Position der Himmelskörper zueinander ständig ändert, sind die Gezeitenströme unterschiedlich stark ausgeprägt. Besonders hohe Abweichungen vom mittleren Tidenhoch- bzw. Tidenniedrigwasserstand (MThw / MTnw) entstehen, wenn sich Sonne, Erde und Mond in speziellen Konstellationen befinden: Liegen sie auf einer Linie, addieren sich die Anziehungskräfte und es kommt zu besonders hohen Fluten, den sogenannten Springtiden. Befinden sich Erde - Mond und Sonne dagegen im rechten Winkel zueinander, heben sich die Flut erzeugenden Kräfte zum Teil auf und es entsteht eine Nipptiden.

M3 Die Gezeiten

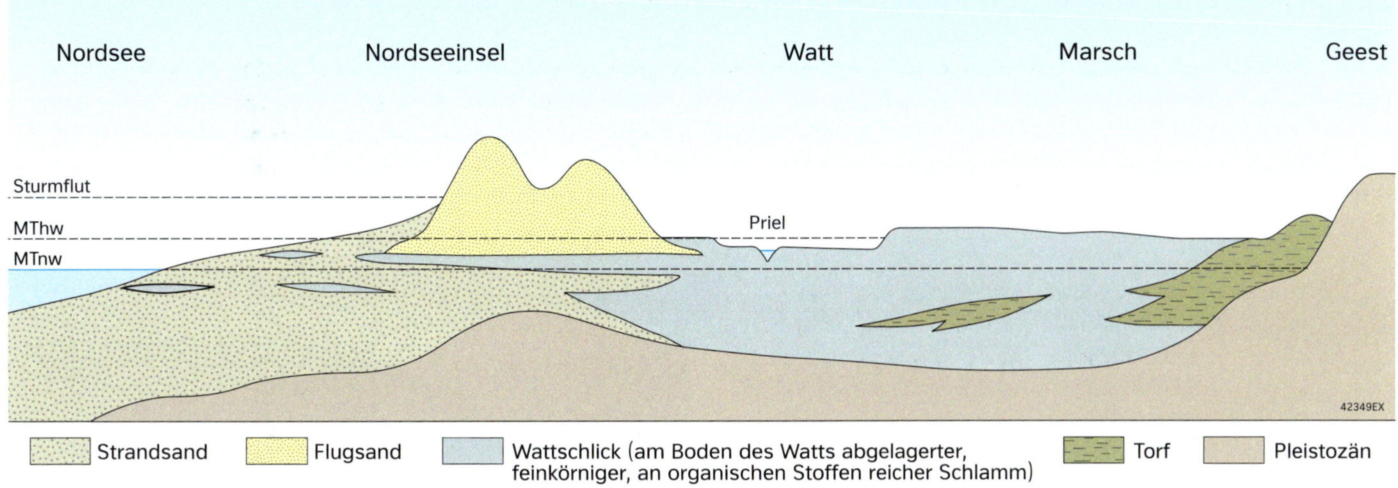

M 4 **Profil zwischen Nordsee und Geest**

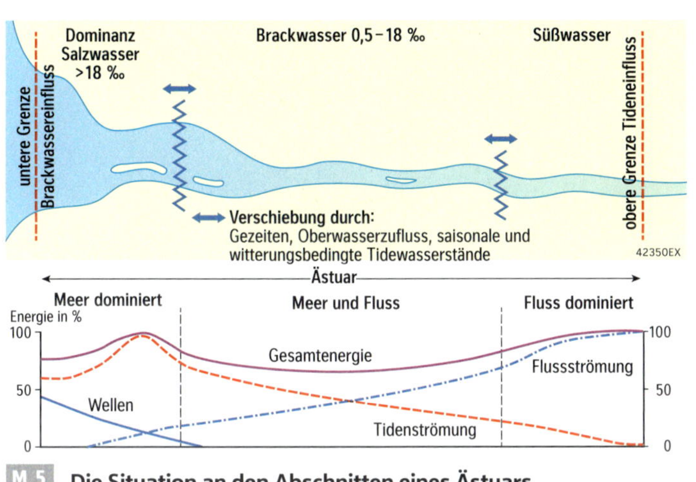

M 5 **Die Situation an den Abschnitten eines Ästuars**

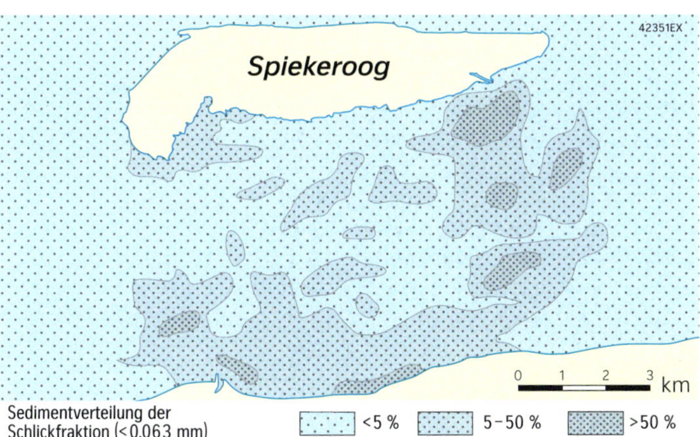

Die im Watt abgelagerten Sedimente bilden keinen homogenen Körper. So ist im Schlickwatt der Anteil von Sedimentkörnern mit einem Durchmesser von weniger als 0,063 Millimetern größer als 50 Prozent. Wegen des hohen Bodenwassergehalts von 50 bis 70 Prozent sinkt man in diesen Bereichen leicht ein. Im Mischwatt dominieren dagegen Korngrößen zwischen 0,063 bis 0,1 Millimeter. Die Bereiche, in denen der Schlickanteil unter 5 Prozent liegt, bilden das Sandwatt. Hier überwiegen die sandigen Sedimentteilchen, mit größer als 0,063 bis 2 Millimeter Korndurchmesser. Sie bieten dem Wattwanderer einen festen Untergrund.

M 6 **Sedimentzusammensetzung im Watt**

Kommt es während der Springfluten noch zu Orkanereignissen aus westlichen Richtungen, ist die Nordseeküste besonders bedroht. Denn der Wasserstand steigt bei diesen Sturmflutereignissen deutlich über den mittleren Tidenhochwasserstand. Eine der folgenschwersten **Sturmfluten** ereignete sich im Jahr 1362. Die „Große Mandränke“ überflutete Nordfriesland weitflächig und zerstörte die Küste und große Festlandsflächen. Die Nordfriesischen Inseln und Halligen sind die Reste des ursprünglich zusammenhängenden Geest- und Marschlandes.

Seit Hunderten Jahren versuchen sich die Küstenbewohner mit dem Bau von Deichen vor der Zerstörungskraft der Nordsee zu schützen. Heute sichern Deiche auf über 1000 Kilometern die Marsch- und Geestgebiete entlang der gesamten Nordseeküste. Der Bau und die Erhaltung dieser Anlagen sind mit hohen Investitionen verbunden.

Lange Zeit war auch die Neulandgewinnung eine Möglichkeit des **Küstenschutzes** an der Nordseeküste. In den Wattboden getriebene doppelte, mit Flechtwerk aus Ästen aufgefüllte Pfahlreihen grenzten etwa ein Hektar große, rechteckige Flächen ab. In diesen sogenannten Lahnungen wurde die natürliche Aufschlickung des Watts durch den geringeren Ebberückstrom gefördert. Wenn das so entstandene Vorland genügend hoch aufgeschlickt und bewachsen war, wurde es seewärts von einem neuen Deich als sogenanntes Polder oder Koog vom Meer abgetrennt. Aus ökologischen Gründen wird die Neulandgewinnung in Deutschland nicht mehr durchgeführt.

M 7 **Küstenschutz – Deiche und Polder**

Schichtstufenlandschaften – Musterbeispiele selektiver Erosion

Schichtstufenlandschaften sind weltweit verbreitet, denn das sie prägende Relief kann unter bestimmten Voraussetzungen durch selektive Erosion aus den Gesteinsschichten aller Sedimentationsräume herauspräpariert werden. In Süddeutschland bildet die mächtige Schichtstufe des Albtraufs eine der markantesten Formen des Schwäbisch-Fränkischen Stufenlandes. Welche Merkmale kennzeichnen den Landschaftstyp?

1. Charakterisieren Sie die Oberflächenform M1 (M2, M4).
2. Erklären Sie die Entstehung einer Schichtstufenlandschaft wie der Schwäbisch-Fränkischen Alb (M2, M3, M5, S. 31 M4).
3. Erklären Sie die Rückverlagerung der Stufen (M6).
4. Stellen Sie das Phänomen der Reliefumkehr dar (M8, M9).
5. Erstellen Sie – ausgehend vom Profil M7 – eine Präsentation mit Landschaftsbildern der einzelnen Teillandschaften.

M 1 Schichtstufe

Schichtstufenlandschaften bilden sich durch die selektive Erosion eines leicht schräg gestellten Schichtstapels aus unterschiedlich widerständigen Gesteinen (**Petrovarianz**). Bei horizontaler **Schichtlagerung** entstehen Schichttafelländer, bei sehr steiler Lagerung Schichtkämme (M3).

In allen Fällen bilden ein steil ansteigender Stufenhang sowie die anschließende Stufenfläche (**Landterrasse**) die Hauptformen. Bei der Erosion werden die morphologisch weichen, Wasser stauenden Schichten (Tone, Mergel) des flachen Unterhangs (**Sockelbildner**) stark abgetragen. Dies wird unterstützt durch Quellaustritte an der Grenze zwischen dem wasserdurchlässigen, morphologisch harten Gestein des **Stufenbilders** (Kalk, Sandstein) und der wasserstauenden und morphologisch weichen Schicht darunter. Der so allmählich untergrabene Oberhang bricht mit Bergstürzen nach, wird durch Erdrutsche und Hangkriechen zurückverlegt und versteilt. Die Grenze zwischen Stufenhang und Stufenfläche kann als scharfe Kante (**Trauf**) oder als konvex gewölbter Walm ausgebildet sein. Die Stufenfläche erstreckt sich vom First, ihrem höchsten Punkt, zum Stufensockel der nächsten Stufe.
Im Gegensatz zur **rückschreitenden Erosion** am Stufenhang dominiert auf der Landterrasse die flächenhafte Abtragung, die Denudation. Dadurch werden die Schichten auch gekappt (Schnittfläche).

M 2 Basisinformation

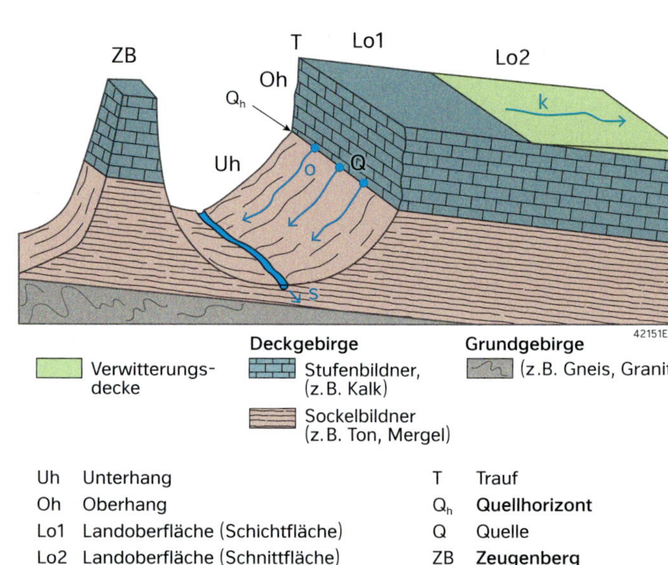

M 4 Idealprofil einer Schichtstufe

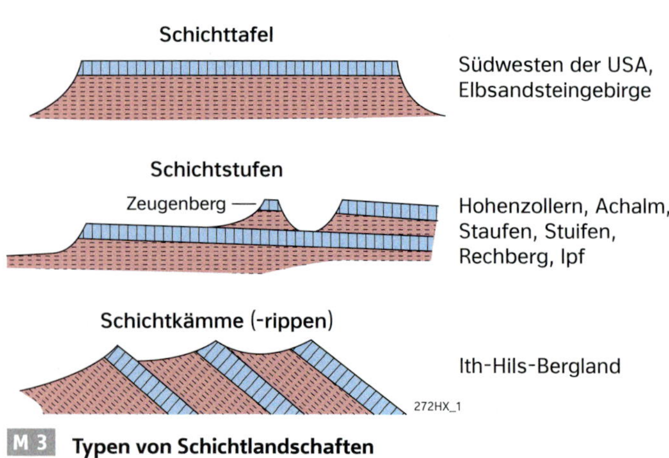

M 3 Typen von Schichtlandschaften

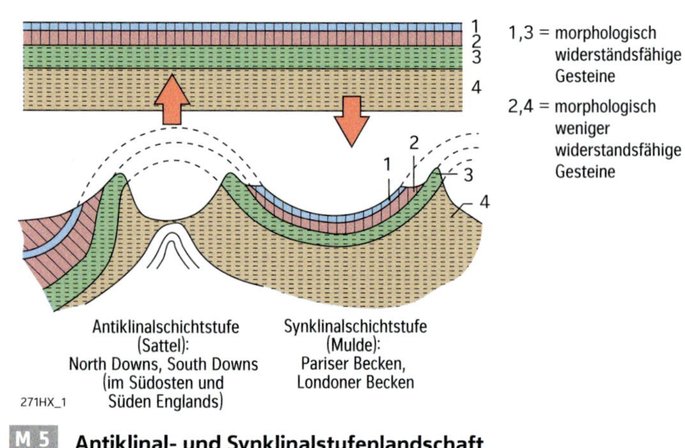

M 5 Antiklinal- und Synklinalstufenlandschaft

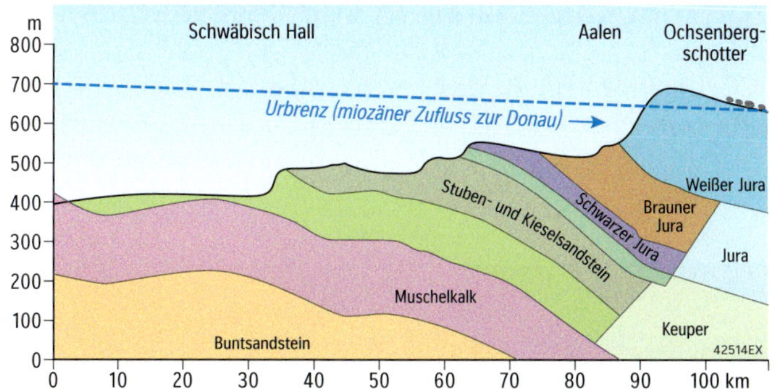

- Bruchschollen in der Tiefe des Oberrheingrabens und in den Vorbergzonen von Schwarzwald und Vogesen zeigen die gleichen Gesteinsschichten wie sich daran anschließende Schichtstufenlandschaften.
- Im Nordschwarzwald reichen die Buntsandsteinflächen bis an den Oberrheingraben, im höher gehobenen Südschwarzwald folgt auf das freigelegte Grundgebirge der Buntsandstein weiter östlich.
- Im Schlot des vor 14 Mio. Jahren nahe dem heutigen Filderstadt ausgebrochenen Vulkans sind Gesteine nachweisbar, die erst wieder rund 20 Kilometer weiter südlich die imposante Schichtstufe des Albtraufs bildet.
- An der aktuellen Stufenstirn endende, „geköpfte Täler" mit breiten Talsohlen und nur kleinen Bächen belegen die Ausweitung des Rheineinzugsgebietes auf Kosten des Oberlaufs der zuvor der Donau zugehörigen Flüsse.
- Gerölle aus dem Lias liegen am Ochsenberg den Malmschichten auf (siehe Profil oben).
- Ausliegerberge (noch mit dem Stufenbildner verbunden)
- Zeugenberge (ganz vom Stufenbildner getrennt)

M 6 Belege für die Rückverlagerung der Stufen

M 8 Zeugenberg mit Burg Hohenzollern

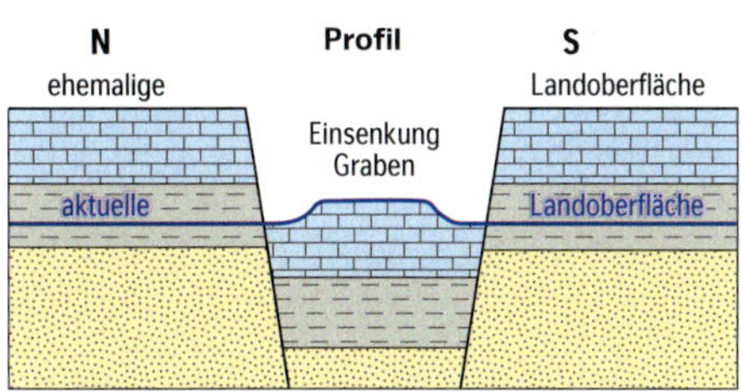

Abgesunkener Bereich ist zeitweilig vor Erosion geschützt.
Folge: Reliefumkehr

Aufsicht

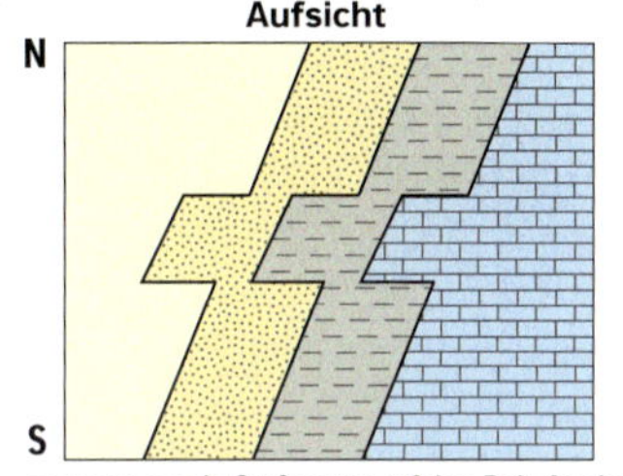

Mulden und Gräben ergeben vorspringende Stufenränder. Sättel und Horste ergeben Stufenrandbuchten.

42515EX vorspringende Stufenstirn infolge Reliefumkehr

M 9 Reliefumkehr – Profil und Kartenbild

	Buntsandstein (1)	Muschelkalk (2)	Keuper (3)	Lias (4)	Dogger (4)	Malm (5)
Fazies	vorw. terrestrisch rote Sandsteine und Konglomerate ob. Bunts.: Tonsteine (Röt)	marin Kalksteine, Mergel, Tone, Salz; weitflächig Lössauflage	vorw. terrestrisch Mergel, grünliche Sandsteine, Gips, Ton	marin bituminöse Schiefertone, Mergel, Kalkbänke	vorw. marin dunkle Tone, Kalksandsteine, Eisensandsteine	marin v. a. helle Kalke
morphologische Besonderheiten	Kastentäler zwischen flachen Bergrücken („Sargdeckel")	canyonartige Täler, Trockentäler, Karsterscheinungen	Ton: Muldentäler Sandstein: Kastentäler	Tone sehr rutschfreudig	Opalinuston rutschfreudig	höchste Stufe: Albtrauf, Karsterscheinungen
Gewässernetz	v. a. im oberen Buntsandstein dichtes Gewässernetz	wenig dicht auf Kalk; dichter auf Mergel/Tonen	relativ dicht wegen Wasser stauenden Ton- und Mergelhorizonten	rel. dicht in tonigen Bereichen	dicht	kaum Oberflächengewässer wegen Kalk, wasserarm
Böden	vorw. saure Podsolböden mit Ortstein; tonige Böden auf Röt	basisch, nährstoffreich; fruchtbare Braunerden auf Löss	Podsole auf Sand, schwere Böden auf Ton	dunkle, tonig-mergelige Böden	Sand- und Tonböden	flachgründige, steinige Böden
Vegetation	Nadelwald, z. T. Moore	Mischwald	Ton: Grünland Sand: Nadelwald	Wälder und Wiesen je nach Untergrund		vorw. Laubwald; Wacholderheiden
landwirtschaftl. Nutzung	Ackerland nur auf tonigen Böden (Röt)	vorw. Ackerland	Ackerland auf Ton- und Mergelböden	Ackerland, Obstwiesen		Ackerland
Rohstoffe	Bausandsteine	Bausteine, Gips, Salz (Endung „hall" in Ortsnamen), Solquellen	Bausteine, Gips	Ölschiefer; Heilquellen	Eisenerze	Bausteine, Kalk für Zement

273HX_1

M 7 Südwestdeutsches Schichtstufenland – Natur und Kulturraum

Schichtstufenlandschaften – Gefährdungs- und Nutzungspotenziale in Südwestdeutschland

Die geologische Entwicklung Südwestdeutschlands hat im Grundgebirge, in den mesozoischen Deckschichten sowie den tertiären und quartären Sedimenten eine Fülle unterschiedlichster Gesteine hervorgebracht. Welche Vor- und Nachteile ergeben sich daraus?

1 **a)** Charakterisieren Sie die in Staufen aufgetretene Problematik (M1, M3).
b) Ordnen Sie die Problematik in die generellen Schwierigkeiten bei Baumaßnahmen ein (M1 – M3).

2 Erläutern Sie die Einzigartigkeit des Zementwerks Dotternhausen (M4, M7).

3 Arbeiten Sie Zusammenhänge zwischen dem geologischen Bau und den Rohstoffvorkommen in Baden-Württemberg heraus (M5, M6).

4 Beurteilen Sie folgende Aussage: „Baden-Württemberg ist steinreich, aber arm an Rohstoffen."

M 1 **Risse in Gebäuden im Jahr 2007**

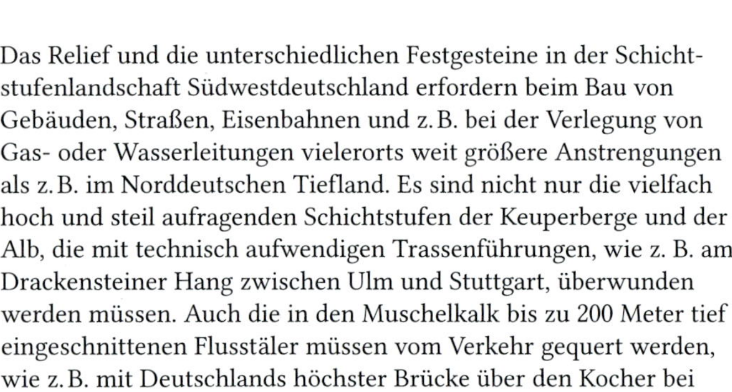

Das Relief und die unterschiedlichen Festgesteine in der Schichtstufenlandschaft Südwestdeutschland erfordern beim Bau von Gebäuden, Straßen, Eisenbahnen und z. B. bei der Verlegung von Gas- oder Wasserleitungen vielerorts weit größere Anstrengungen als z. B. im Norddeutschen Tiefland. Es sind nicht nur die vielfach hoch und steil aufragenden Schichtstufen der Keuperberge und der Alb, die mit technisch aufwendigen Trassenführungen, wie z. B. am Drackensteiner Hang zwischen Ulm und Stuttgart, überwunden werden müssen. Auch die in den Muschelkalk bis zu 200 Meter tief eingeschnittenen Flusstäler müssen vom Verkehr gequert werden, wie z. B. mit Deutschlands höchster Brücke über den Kocher bei Braunsbach oder mit serpentinenreichen Auf- und Abstiegen.

Hinzu kommen vielerorts Probleme wegen besonderer Merkmale des Gesteinsuntergrundes. Das in Staufen aufgetretene Gipskeuperproblem (M3) ist in Baden-Württemberg weit verbreitet – auch bei den Tunnelarbeiten zu Stuttgart 21. Es wird dadurch verschärft, dass Anhydrit nicht als durchgehende Schicht, sondern als singuläre, oft nur fußballfeldgroße Linsen vorkommt und häufig tektonisch zerstückelt ist. Meist ist auch nicht klar, wie weit die Umwandlung von quellfähigem Anhydrit in stabilen Gips in der Vergangenheit bereits fortgeschritten ist. Weit verbreitet sind auch Gefährdungen durch Felsschlag sowie rutschungsgefährdete und daher meist nicht bebaubare Hänge in den Gipskeuperschichten oder im Opalinuston des Braunjuras (Dogger, Mittlerer Jura). Der Mössinger Bergrutsch von 1983 im 30 Meter mächtigen Ornatenton des Malms gilt als Jahrhundertereignis und Musterbeispiel für die Rückverlagerung des Albtraufs. Er ist seit 2016 als bedeutendes Geotop im „UNESCO Global Geopark Schwäbische Alb" ausgezeichnet.

Neben anderen naturgeographischen Besonderheiten (bedeutende Fundstätten von Fossilien, Karstphänomene, Relief, botanische Raritäten wie Trockenrasen oder Wacholderheiden), vielfältigen historisch-kulturellen Attraktionen (Burgen, Museen) und der sich daraus ergebenden touristischen Möglichkeiten besitzt die Schwäbisch-Fränkische Schichtstufenlandschaft aber auch ein großes ökonomisches Potenzial durch die Nutzung seiner vielfältigen Gesteine. Die stark lehmigen, schwer zu bearbeitenden Böden des Lettenkeupers und des unteren Juras sowie die steinreichen und kargen Böden der Albhochfläche bereiteten neben der Wasserknappheit aber immer schon Probleme für die Landwirtschaft.

M 2 **Basisinformation**

Der Untergrund der Stadt Staufen, am Ostrand des Oberrheingrabens, besteht aus einem tektonisch zerstückelten, kleinräumigen Mosaik mesozoischer Gesteinsschichten. Darin liegen vier voneinander getrennte Grundwasserstockwerke. Um das Rathaus mit Erdwärme zu beheizen, wurden 2007 mehrere Bohrungen auf etwa 80 Meter Tiefe abgeteuft. Durch eine undichte Erdwärmesonde gelangte aber unter hohem Druck stehendes Wasser aus dem Oberen Muschelkalk und Unteren Keuper in Anhydrit führende Schichten des darüberliegenden Gipskeupers. Die Umwandlung von Anhydrit zu Gips durch Wasseraufnahme ergibt eine Volumenzunahme um bis zu 60 Prozent. Der beim sogenannten Gipskeuperquellen erzeugte Druck von bis zu 120 Bar hob schon nach wenigen Tagen das darüberliegende Gelände an. Fortgesetztes Abpumpen von Grundwasser und die Abdichtung der Erdwärmebohrung hatten nach gut drei Jahren die Hebungen (maximal 62 cm, maximale Hebungsgeschwindigkeit 11 mm / Monat) immer noch nicht zum Erliegen gebracht. Das Erdgasnetz blieb dicht, doch die Schäden der missglückten Geothermiebohrung sind sichtbar: 270 Gebäude wurden beschädigt, das Rathaus am stärksten, das technische Rathaus musste abgerissen werden. Der Gesamtschaden (50 Millionen Euro) wird zu je 40 Prozent durch das Land sowie durch die Städte und Gemeinden und zu 20 Prozent durch die Stadt Staufen abgedeckt.

die betreffenden Bodenschichten vor der Geothermiebohrung

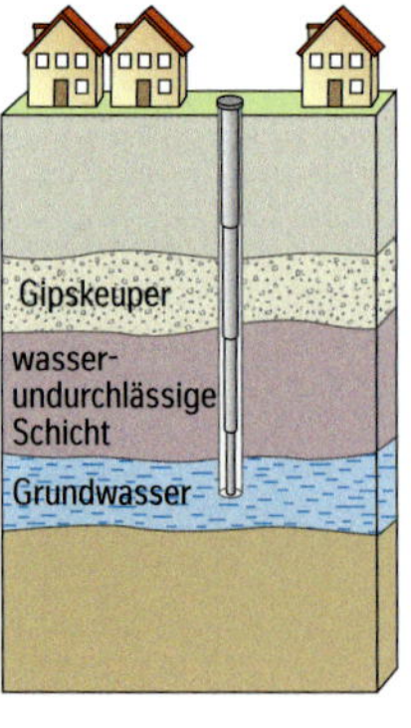

Durch die Bohrung steigt das unter hohem Druck stehende Grundwasser zur Gipskeuperschicht auf und reagiert mit ihr zu Gips. Dabei nimmt das Volumen zu.

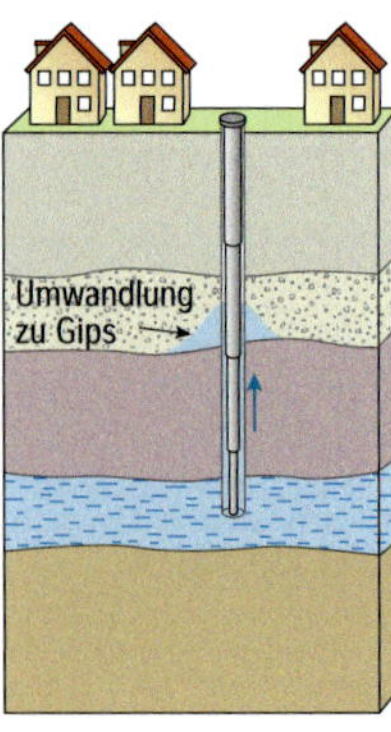

Das Aufquellen bewirkt ein Anheben des Bodens. Risse und Verwerfungen sind die Folge.

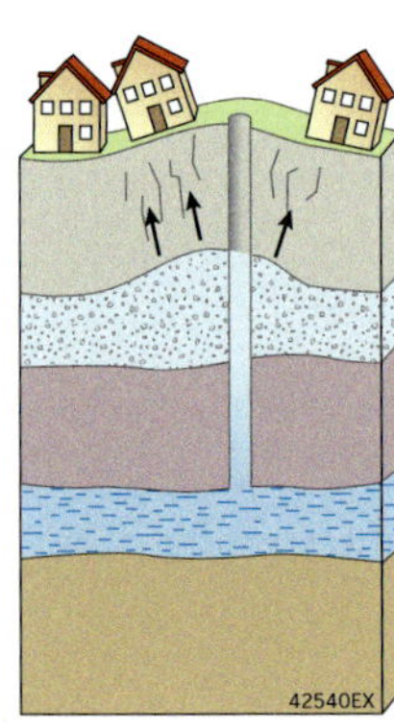

M 3 **Ein „vorprogrammiertes" Unglück in Staufen**

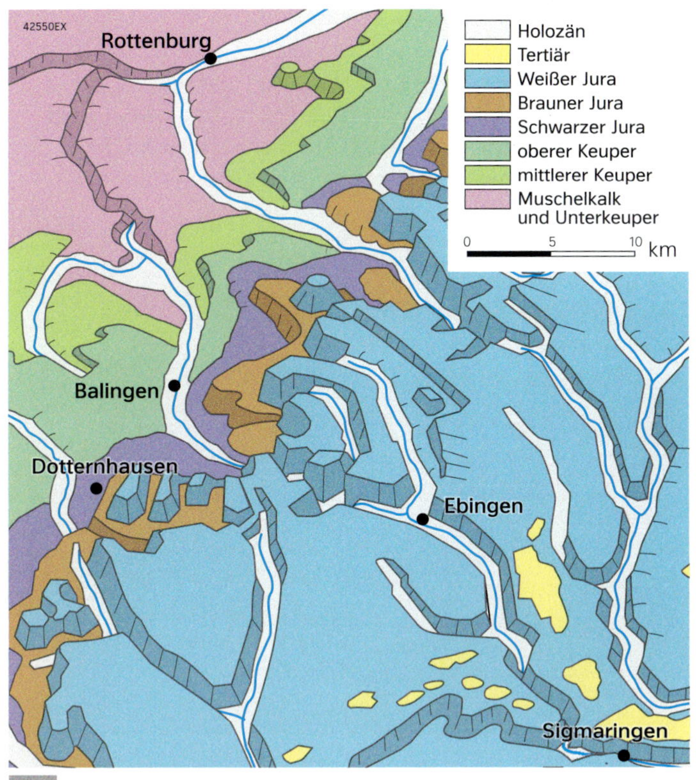

M 4 Albtrauf bei Dotternhausen

Zement ist das weltweit bedeutendste Bindemittel für Baustoffe. Die wichtigsten Rohstoffe für seine Herstellung sind die auch in der südwestdeutschen Schichtstufenlandschaft weit verbreiteten Sedimentgesteine Kalkstein, Ton und Mergel (ein Gemisch beider Stoffe). Diese Rohstoffe können vielerorts relativ einfach in Steinbrüchen im Tagebau gewonnen werden.
Das am Fuß der Schwäbischen Alb seit rund 70 Jahren produzierende Zementwerk in Dotternhausen nutzt Kalksteine, die aus Richtung Osten mit einer Seilbahn vom hoch gelegenen Steinbruch auf dem Plettenberg (Oberer Jura) zum Werk gebracht werden, sowie den fossilienreichen Ölschiefer (Posidonienschiefer, Unterer Jura), der über Transportbänder aus Richtung Westen zum Werk gelangt. Beide Rohstoffe werden zunächst gemahlen und anschließend gemeinsam auf etwa 1450 °C erhitzt. Die dabei zum Teil verschmelzenden Fragmente (Sinterung) werden anschließend zu Zementstaub zermahlen. Die Besonderheit des Zementwerks Dotternhausen besteht unter anderem auch darin, dass der Ölschiefer des Unteren Jura neben seinen tonig-mineralischen Komponenten durch einen hohen Anteil an brennbarer organischer Substanz wesentlich zur Energieversorgung des Werks beiträgt. Der Ölschieferzement hat dadurch auch eine bis zu 20 Prozent bessere Kohlenstoffdioxidbilanz als herkömmlicher Zement. Einzigartig ist auch die Verwendung der Asche als Zumahlstoff zum Zement.
Trotz umfangreicher Rekultivierungen in aufgegebenen Bereichen der Steinbrüche steht die von Werksseite als notwendig erachtete Erweiterungen der Abbauflächen in der öffentlichen Kritik.

M 7 Zementwerk Dotternhausen

Rein statistisch gesehen wird in Baden-Württemberg etwa ein Kilogramm Natursteine, Sand, Kies, Ton oder Steinmehl verbraucht – pro Kopf und pro Stunde! Das sind rund 10 Tonnen pro Kopf im Jahr oder rund 100 Mio. Tonnen jährlich im ganzen Land. Etwa 90 Millionen Tonnen stammen aus dem Abbau der Gesteinsrohstoffe an gut 500 Standorten im Land – Recyclingbaustoffe liefern erst etwa 10 Prozent des Bedarfs.

Nur an wenigen Stellen im Land gibt es noch Untertagebau, wie z. B. in der Grube Clara im Schwarzwald oder im Salzbergwerk in Stetten. Die Mehrzahl der abgebauten Gesteine ist dagegen im Tagebau relativ leicht zugänglich, besonders die Sande und Kiese in Oberschwaben und im Oberrheingraben, die Kalke und Tone in den Vorbergzonen, am Rand der Schichtstufen, aber auch auf den Landterrassen. Das Rohstoffspektrum des Landes ist jedoch wenig differenziert. Es gibt zudem nur wenige Energierohstoffe und alle z. B. im Maschinenbau notwendigen Materialien sind im Land praktisch nicht vorhanden.

Hinzu kommt die durch den Klimawandel noch verschärfte Problematik der nachhaltigen Verfügbarkeit von ausreichend sauberem Wasser aus Grundwasserleitern und Fließgewässern. Große Teile des Schichtstufenlands sind aber schon seit Jahrzehnten auf Zuleitungswasser z. B. aus dem Bodensee, dem Donauried oder aus Franken angewiesen.

M 5 Ein steinreiches Land

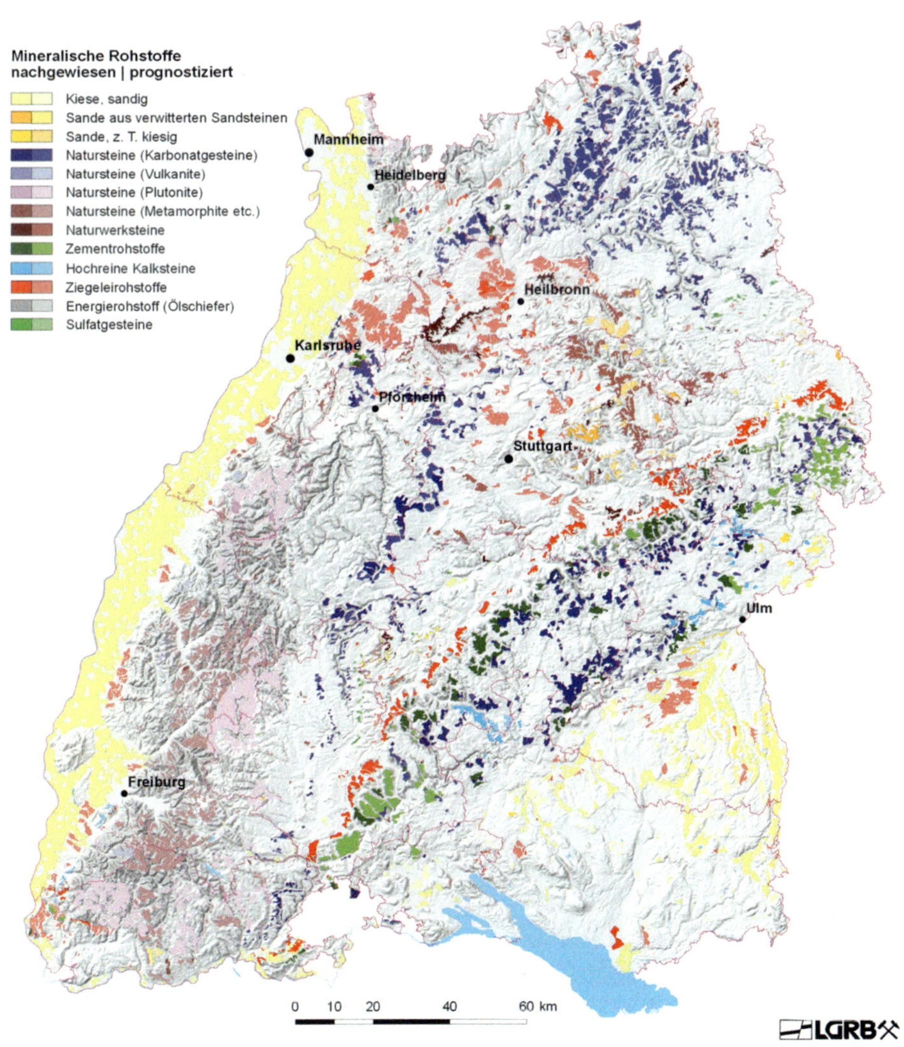

M 6 Vorkommen wirtschaftlich interessanter, oberflächennaher Rohstoffe

Karstlandschaften – Formenschatz und Genese

Als Karst werden Gebiete bezeichnet, in denen durch Korrosion (Kohlensäureverwitterung) von leicht löslichen Gesteinen und nachfolgender Ausfällung des gelösten Materials ein charakteristischer ober- und unterirdischer Formenschatz entsteht. Der Begriff Karst ist der gleichnamigen kalkreichen Landschaft Sloweniens entlehnt, wo diese morphologischen Besonderheiten beispielhaft ausgeprägt sind. Welche Prozesse und morphologischen Formen sind typisch für Karstlandschaften?

1 Beschreiben Sie mögliche Entstehungsweisen der in M1 dargestellten Oberflächenform.

2 Beschreiben Sie den Vorgang der Kohlensäureverwitterung (M2, S. 19 M5 und M9).

3 a) Nennen Sie die Faktoren, welche die Intensität der Kalklösung beeinflussen.
b) „Während der Eiszeit gab es keine Korrosion." Beurteilen Sie diese Aussage.

4 Erklären Sie die Mischungskorrosion und ihre Bedeutung (M2, M7).

5 a) Charakterisieren Sie die in M5 dargestellten Karstformen (M4).
b) Erklären Sie deren Entstehung (M3, M6 – M9).

M 1 **Doline**

Die Karstmorphologie ist an drei Bedingungen gebunden:

- verkarstungsfähige, d.h. lösliche Gesteine wie Kalk oder Gips, z.T. auch Marmor, kalkreiche Mergel und Anhydrit,
- Wasserwegsamkeit des Gesteins, d.h. kein kompaktes, sondern ein Gestein mit Spalten, Klüften und Schichtfugen,
- kohlensäurehaltiges Wasser als Lösungsmittel (Korrosionsmittel).

Die Vielfalt und Einzigartigkeit von Karstlandschaften zeigt sich in ihren ober- und unterirdischen, durch Kalklösung und -ausfällung geschaffenen Formen. Typisch für alle Karstgebiete ist ihre Armut an Oberflächengewässern, denn in Kalkgesteinen **versickert** Wasser rasch. Bereits an der Oberfläche setzt dabei die Auflösung des Gesteins durch kohlensäurehaltiges Wasser ein. In Kalkgebieten mit oberflächlicher Humusdecke (sogenannter bedeckter Karst, Gegensatz: nackter Karst) wird das versickernde Regenwasser zusätzlich mit dem Kohlenstoffdioxid aus der Atmung der Bodenlebewesen angereichert. Es kann daher im Untergrund verstärkt Kalk lösen.

Viel bedeutsamer für die **Korrosion** im Untergrund ist jedoch die Mischungskorrosion: Mischen sich zwei bereits gesättigte Lösungen, so bildet sich eine ungesättigte Lösung. Das Mischwasser kann daher in der Tiefe erneut kräftig Kalk lösen und Fugen und Klüfte zu riesigen **Höhlensystemen** erweitern. Höhlenbäche verstärken durch Erosion die Höhlenbildung zum Teil sogar noch. Je nach Wasserführung gibt es daher auf der Schwäbischen Alb ständig wasserführende Wasserhöhlen (z.B. Wimsener Höhle bei Zwiefalten) bzw. Trockenhöhlen (z.B. Bären-, Nebel-, Charlottenhöhle). Die unterirdischen Wasserläufe treten oft in Quelltöpfen mit großer Wasserschüttung zutage (Aachtopf, Blautopf).

In mitteleuropäischen Karstlandschaften gibt es auch viele **Trockentäler** – das sind Täler ohne Fließgewässer. Sie können zum Beispiel bei tektonischen Hebungen trockengefallen sein. Die meisten dieser Täler entstanden aber während der Kaltzeiten, als ihr klüftiger Untergrund durch Dauerfrost „plombiert" war und oberflächlich fließendes Wasser linienhaft erodieren konnte. Nach dem Abtauen des Eises versickerte dann das Wasser.

M 2 **Basisinformation**

Abfließendes Regenwasser erzeugt durch Korrosion an Gesteinsoberflächen scharfkantige parallele Furchen (**Karren** oder Schratten genannt) und erweitert die Spalten zu metertiefen, senkrechten Schächten (Karstschlote), in die häufig unlösliches Material wie Lehm oder Sand eingeschwemmt wird. Größer und trichter- bzw. schüsselförmig in die Erdoberfläche eingetieft sind dagegen die **Dolinen**, die durch Lösung (Lösungsdolinen) oder einstürzende Höhlendecken (Einsturzdolinen) entstehen. Sehr große Hohlformen, mit Durchmessern bis zu einigen Kilometern, werden Uvalas (Karstmulden) genannt. Ihre Böden besitzen ein unebenes Relief. Sie entstehen oft durch zusammenwachsende Dolinen.

Die größten oberflächlichen Karsterscheinungen sind **Poljen**. Es handelt sich um lang gestreckte Hohlformen, deren Untergrund durch eingeschwemmtes unlösliches Material abgedichtet ist. Bei Durchfeuchtung dieser lehmig-tonigen Schicht bewirkt die Korrosion eine langsame, flächenhafte Tieferlegung des Poljenbodens, aber auch seine seitliche Erweiterung. Häufig werden Poljen von Bächen durchquert, die aus Speilöchern heraussprudeln und nach kurzer Laufstrecke in einem **Ponor**, einem „Schluckloch", wieder verschwinden. Wegen ihres fruchtbaren Untergrunds und des vorhandenen Wassers werden Poljen agrarisch intensiv genutzt.

M 3 **Oberirdische Karstformen**

Kalklösung
- 1 m Kalkstein in ca. 50000 Jahren (in Mitteleuropa)
- ca. 1 m Lehm als Lösungsrückstand von 20 m Jurakalk

Kalkausfällung
- Wachstum von Tropfsteinen: 0,004 – 10 cm/Jahr
- größter **Stalaktit**: 11,5 m (Irland)/**Stalagmit**: 20,5 m (Frankreich)
- höchste Kalksinterterrassen: bis 100 m hoch (Türkei)

Karsthöhlen
- längste Höhle: 315 km (Mammuthöhle, Kentucky)
- tiefste Höhle: 1330 m (Pierre-Saint-Martin, Frankreich)

M 4 **Karst in Zahlen**

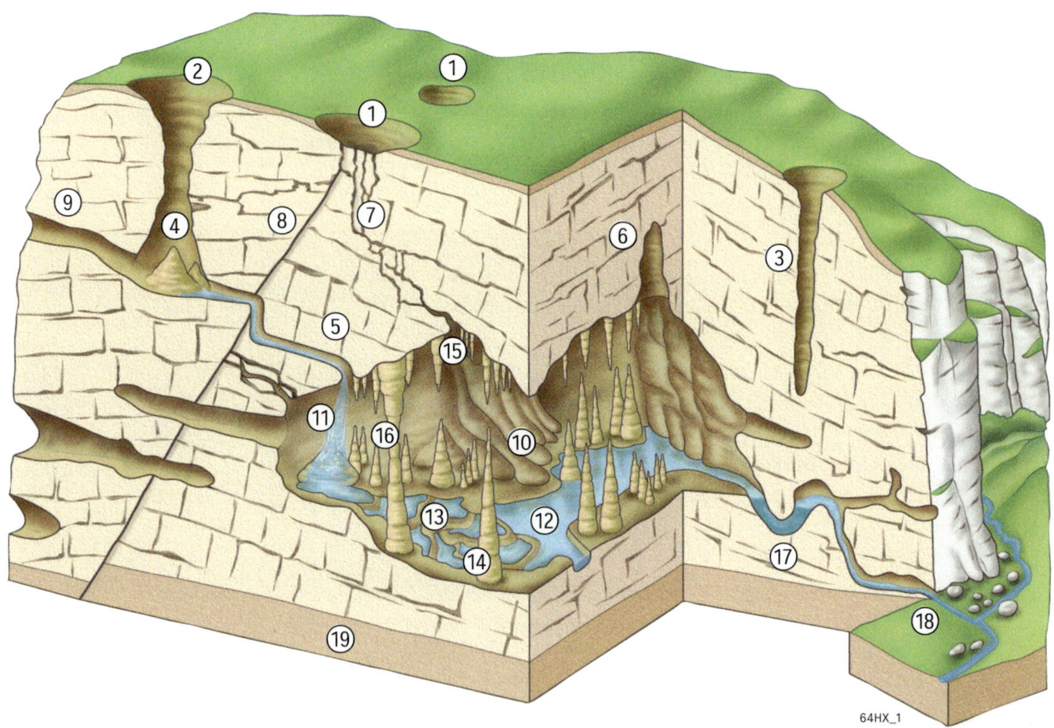

1 Dolinen und Schluckstellen
2 Einsturzdoline mit Verstürzung
3 Naturschacht
4 Versturzkegel
5 unterirdischer Wasserlauf
6 Kamin
7 Kluftfuge
8 Bruch- oder Verwerfungsfuge
9 alter Wasserlauf
10 Höhle
11 Wasserfall
12 Höhlensee
13 Sinterbecken
14 Stalagmit
15 Stalaktit
16 Stalagnat
17 Siphon
18 Karstquelle
19 undurchlässiges Gestein

M 5 Ober- und unterirdische Karstformen

Neben den Formen durch Kalkauflösung gibt es in Karstgebieten auch die durch Kalkablagerungen gebildeten Formen. Sie sind das Ergebnis einer Umkehrung der Korrosionsvorgänge, entstehen also durch Ausfällen von Kalk. Dies geschieht dann, wenn der Kohlenstoffdioxidgehalt einer gesättigten Lösung verringert wird, weil z. B. ihre Temperatur beim Kontakt mit wärmerer Luft erhöht wird, weil Wasserpflanzen durch ihre Fotosynthese dem Wasser CO_2 entziehen, durch Druckabnahme oder durch Verdunstung des Wassers. In Höhlen bilden sich dabei einzelne **Tropfsteine** oder tapetenartige Wandüberzüge – an Quellaustritten **Sinterterrassen**, die ständig wachsen. Werden Pflanzen (z. B. Quellmoose) von Kalkausfällungen überzogen und sterben ab, entsteht der lockere Kalktuff (z. B. am Neidlinger und Uracher Wasserfall in der Schwäbischen Alb). Er lässt sich „bergfeucht" leicht sägen, wirkt isolierend und war als Baustein beliebt. Ohne Beteiligung von Pflanzen entsteht kompakter Kalksinter (Travertin). An heißen Quellen wie in Pamukkale (Türkei) bilden sich dabei oft treppenförmige Kalksinterterrassen.

M 6 Karstformen infolge Kalkausfällung

M 8 Sinterterrassen in Pamukkale (Türkei)

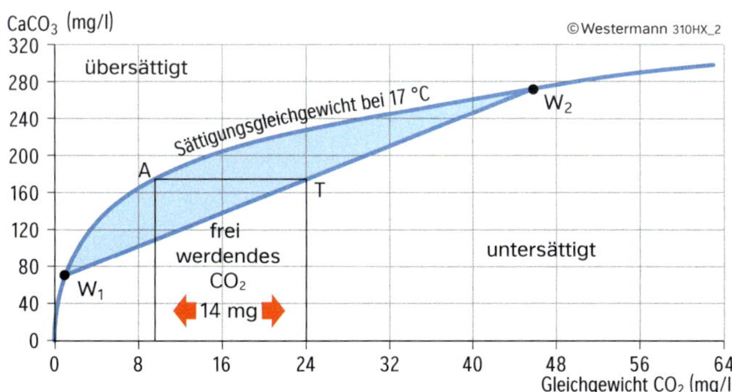

W_1 und W_2 kennzeichnen die Konzentrationen der beiden mit Kalk gesättigten Lösungen vor der Mischung. Nach der Mischung im Verhältnis 1:1 kommt es zum Ungleichgewichtszustand T. Nun wird erneut Kalk gelöst, und zwar so lange, bis wieder Gleichgewicht besteht.

M 7 Mischungskorrosion

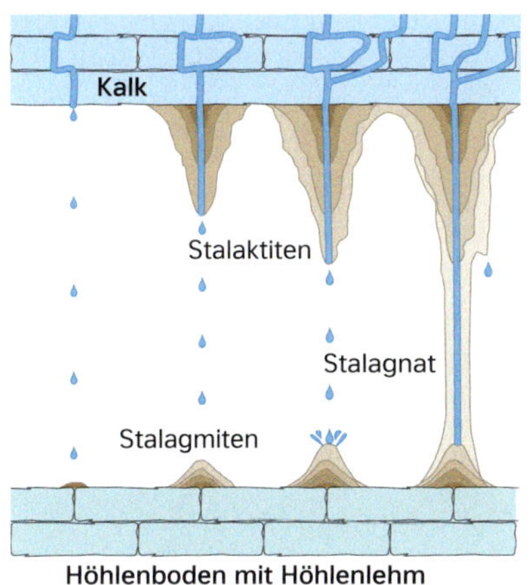

1. Gesättigte Kalklösungen treten an Quellen oder Höhlendecken aus.
2. Wegen der Temperaturerhöhung wird Kalk ausgefällt.
3. Am Rande des Wassertropfens bilden sich an der Höhlendecke wachsende Kalkröhrchen (Stalaktiten).
4. Beim Zerplatzen der Wassertropfen am Höhlenboden wird weiter Kalk ausgefällt (Stalagmiten).
5. Die Tropfsteine wachsen zu Säulen zusammen (Stalagnat).

45HX_2

M 9 Tropfsteinbildung

Karstlandschaften – Hydrographie und Ökologie

Karstlandschaften sind selbst bei hohen Niederschlägen durch eine oberirdische Wasserarmut geprägt. Sie entwässern überwiegend unterirdisch. Karstlandschaften besitzen demnach einen besonderen Wasserhaushalt und zahlreiche damit verbundene Probleme. Welche Besonderheiten kennzeichnen die Karsthydrographie und Karstökologie?

1 Beschreiben Sie die Karstquelle des Blautopf (M1, M2).

2 a) Vergleichen Sie die vadose und die phreatische Zone (M2).

b) Begründen Sie, weshalb im Karst das Prinzip der kommunizierenden Röhren nicht gilt (M2, M4).

3 Erläutern Sie, weshalb Höhlenforscher oft durch bergauf fließendes Wasser gefährdet sind (M2, M5).

4 Charakterisieren Sie die Besonderheiten der Karsthydographie und ihre Gefährdungen (M5 – M8).

5 Entwickeln Sie begründet Lösungsmöglichkeiten für die Probleme der Karsthydrographie und -ökologie (M3).

M 1 Der Blautopf – Deutschlands ergiebigste Quelle

Das sich im klüftigen Kalkgestein bewegende Wasser kann maximal bis zur nächsten undurchlässigen Schicht absinken. Wo diese an Hängen angeschnitten ist, liegen deshalb oft viele Quellen nebeneinander (**Quellhorizont**). Da **Karstquellen** – auch die großen und trichterförmigen sogenannten Quelltöpfe, die nach den dort entspringenden Flüssen, wie z. B. Aach, Blau, Brenz, benannt werden – aus weit verzweigten und großen Sammeladern im Untergrund gespeist werden, haben sie z. T. eine kräftigere, oft aber unregelmäßige Schüttung als andere Quellen.

Mitverantwortlich dafür ist eine Besonderheit des **Karstwasserspiegels**. Im Gegensatz zu den stets auf den Vorfluter ausgerichteten Grundwasserspiegeln in nicht verkarsteten Gebieten besitzt der Karstwasserspiegel oft große Unterschiede im Wasserstand aller untereinander verbundenen Spalten und Hohlräume. Der Grund dafür ist, dass das bei ruhendem Wasser geltende Prinzip der kommunizierenden Röhren (gleicher Wasserstand auch bei unterschiedlichem Durchmesser) bei Röhrensystemen mit ebenfalls wechselndem Durchmesser, aber fließendem Wasser wie im Karst nicht gilt. In der phreatischen, der dauernd wassergefüllten Zone kommt es daher wegen des Druckfließens zu Wasserbewegungen auch entgegen der Schwerkraft. Der Grenzbereich zwischen der vadosen, nicht immer wassergefüllten, und der phreatischen Tiefenzone verändert sich daher ständig. Bei starken Niederschlägen oder Schneeschmelze erfolgt der Anstieg der phreatischen Zone oft sehr rasch und bis zu einhundert Meter, eine große Gefahr z. B. für Höhlenforscher.
Wasser kann in den unterirdischen Hohlräumen des Karsts weit fließen. Das zwischen Immendingen und Möhringen im Kalkgestein versickernde Wasser der Donau z. B. tritt erst nach eine Fließstrecke von zwölf Kilometern im Aachtopf wieder zutage.

Der wasseraufnahmefähige Hohlraum beträgt in Karstgebieten nur etwa ein Prozent des Gesteins. Die Größe der Karstgebiete und die Zufuhr von ca. 50 Prozent des jeweiligen Niederschlags in das Karstwasser führen in humiden Regionen jedoch zu hohen Neubildungsraten von Grundwasser. Die wegen der Besonderheiten der Karsthydrographie stets problematische Trinkwasserversorgung der Karstgebiete wurde z. B. in Baden-Württemberg durch Fernwasserleitungen vom Bodensee, aus dem Donauried und aus Franken gelöst.

M 2 Basisinformation

Vor dem Ausbau der Albwasserversorgung waren viele Bewohner z. B. der Schwäbischen Alb auf in Zisternen und Hülen (Weihern) gesammeltes Regenwasser angewiesen und in trockenen Zeiten musste Wasser oft monatelang in Fässern von weit her auf die Hochfläche transportiert werden. Dabei bieten Karstgebiete potenziell die ergiebigsten Grund- und Trinkwasserressourcen, denn ihr Speichervermögen ist je nach Hohlraumvolumen und Mächtigkeit des Karstgesteins groß: Neben den ständig fließenden stärksten Quellen Deutschlands, dem Aachtopf und dem Blautopf (M1), die bei Hochwasser bis zu 24 800 bzw. 32 000 Liter pro Sekunde schütten, gibt es aber auch viele Quellen, die nur periodisch oder als „Hungerbrunnen" gar nur episodisch Wasser führen.

Die fehlende oder nur dünne Bodendecke und das zerklüftete Gestein sind zudem schlechte Filter für das Karstwasser. Wegen der meist kurzen Verweilzeit des Wassers im Untergrund zeigen Karstquellen, die oberflächennahe Grundwasserbereiche entwässern, schnell Verschmutzungen durch Schadstoffeinträge, die auch weit entfernt erfolgt sein können. Deshalb muss in Karstgebieten stets auf strengen Grundwasserschutz geachtet werden. Hinzu kommen oft noch erhebliche Probleme bei der Abwasserbeseitigung, weil oberirdische Fließgewässer meist völlig fehlen.

M 3 Probleme der Karsthydrographie (Karstwasserhaushalt)

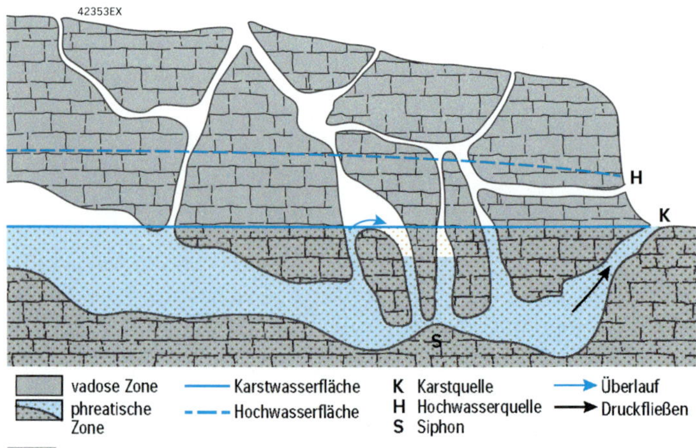

M 4 Schematischer Schnitt durch ein Karstwassersystem

Karstgesteine sind wertvolle Rohstoffe für die Bauwirtschaft (Gips, Edelputz, Zement), den Straßen- und Gleiskörperbau (Brechkies) und für die Industrie (Entschwefelung in Kohlekraftwerken, Zuschläge bei Produktionsprozessen, Grundstoffe für pharmazeutische Produkte).

Karstböden [...] sind trotz meist geringer Mächtigkeit und starker Erosionsgefährdung entscheidend für die Möglichkeiten, Karstlandschaften überhaupt agrarisch zu nutzen. Darüber hinaus haben sie durch die Sorption von Schadstoffen einen hohen Steuerungsanteil zum Input in das Karstsystem und damit zum Schutz des Karstwassers.

Karstlandschaften sind die Neuwasserbildungsgebiete für die **Karstquellen**. Bereits ein Quadratkilometer einer mitteleuropäischen Karstlandschaft (Schwäbische Alb: 1000 mm Niederschlag pro Jahr) kann jährlich eine Wassermenge für den Jahreswasserbedarf von ca. 10 000 Menschen den unterirdischen Karstwassersystemen zuführen. Da das Karstwasser unterirdisch in Röhren und in der vadosen Zone rasch zur Quelle fließt, erfolgt kein Schadstoffabbau in den Karstsystemen, der Karstwasserschutz muss in der Karstlandschaft an der Landoberfläche erfolgen. Karstlandschaften sind infolge menschlicher Nutzung durch Bodenerosion degradiert und stellen auf den mit Bodenresten dünn bedeckten Karstgesteinen Trockenstandorte dar. Die Schafbeweidung solcher Standorte hat zur Ausprägung von Halbtrockenrasen (Wacholderheiden) mit vielen geschützten Tier- und Pflanzenarten geführt. Schafweideflächen sind Kulturlandschaftsrelikte früherer Bewirtschaftung und es bedarf quantifizierter naturwissenschaftlich abgesicherter Bestandsanalysen für Pflegepläne.

Höhlen sind Lebensräume, Schutz- und Nistplätze geschützter Arten sowie wertvolle geo- und biowissenschaftliche Archive, werden auch als Schauhöhlen und für die Asthmatherapie genutzt. Die Karstlandschaften haben ein vielfältig nutzenswertes, erhaltungs- und schutzwürdiges Natur- und Kulturpotenzial. Es sind aber auch vielfach industrialisierte Agrarräume und beliebte Erholungs- und Freizeiträume. Es entstehen Nutzungskonflikte, zu deren Strukturierung und Überwindung karstökologische Studien Planungsgrundlagen liefern.

(Lexikon der Geographie, www.spektrum.de, Stand: 05.05.2021, verändert)

M 5 Karstökologie sowie Nutzung und Gefährdung der Landschaft

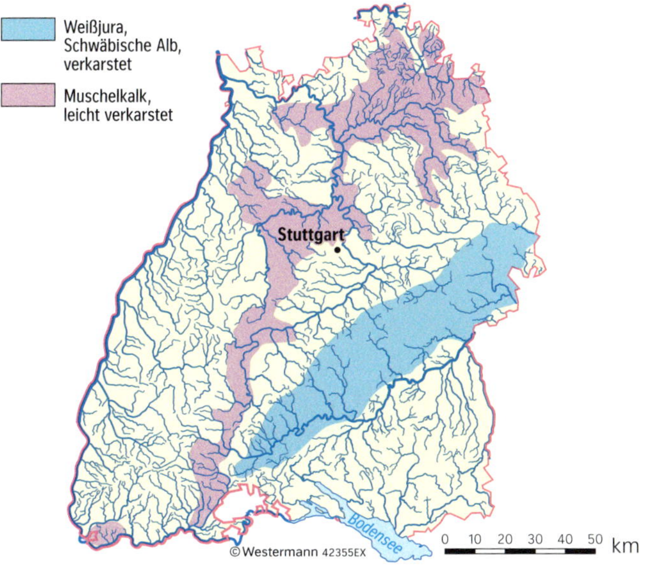

M 7 Gewässernetz und Verkarstung Südwestdeutschlands

M 8 In der Schwäbischen Alb

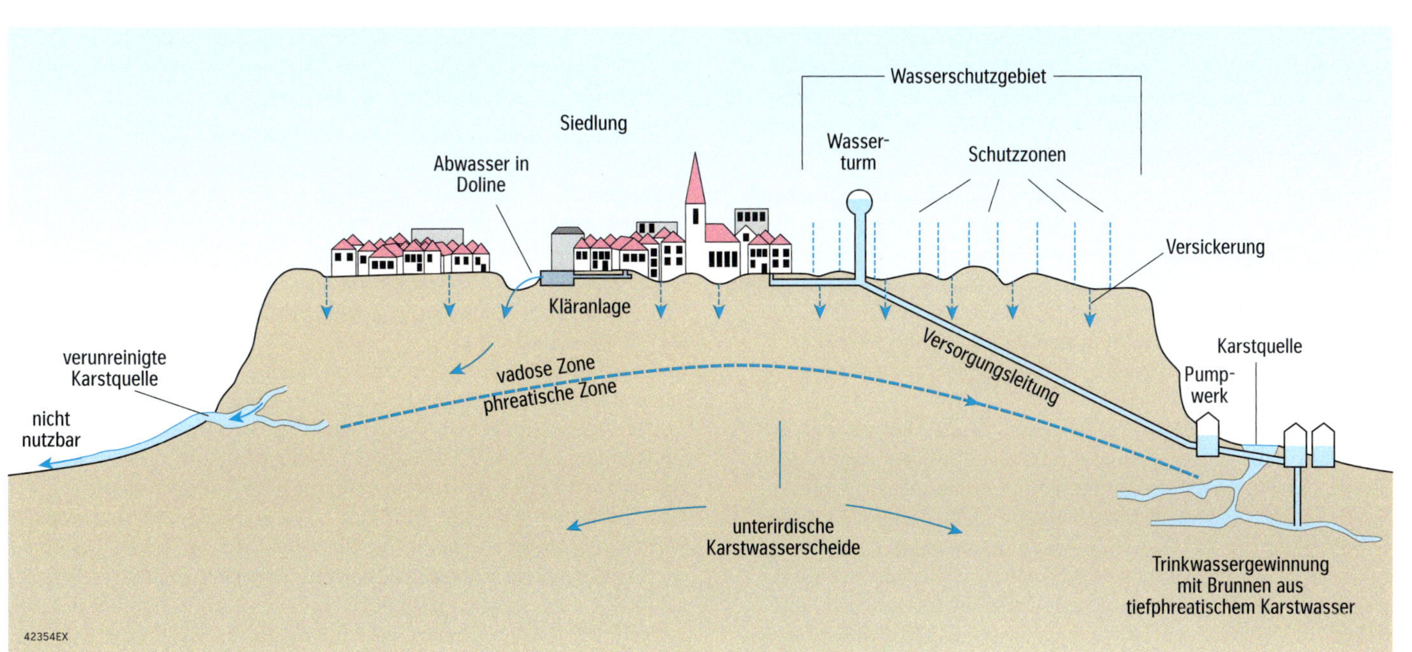

M 6 Nutzungsmöglichkeiten von Karstwasser und Schutzmaßnahmen in der Karstlandschaft

Vulkanlandschaften – ein faszinierender Aspekt des Systems Erde

Neben Erdbeben sind Vulkanausbrüche die auffälligsten und bedrohlichsten Folgeerscheinungen der Dynamik des Erdkörpers. Ihre räumliche Verteilung und die von ihnen geschaffenen Reliefformen lassen sich vereinfachend auf wenige Ausgangsbedingungen und daraus folgende Prozessen zurückführen. Wie sind die Vielfalt der Vulkane und ihre Verbreitung zu erklären?

1 Beschreiben Sie die Szenerie in M1.

2 a) Erklären Sie die Entstehungsmöglichkeiten von Gesteinsschmelzen (M2, M5).
b) Erklären Sie den Begriff Viskosität und seine Bedeutung bei Vulkanausbrüchen (M2, M3).
c) Vergleichen Sie die verschiedenen Magmen (M3).

3 Vergleichen Sie Merkmale und Entstehung der verschiedenen Vulkanformen (M4, M7).

4 Arbeiten Sie Zusammenhänge zwischen Vulkanismus und dem plattentektonischen Geschehen heraus (M6).

5 Erklären Sie den Begriff „zirkumpazifischer Feuerring" und die Häufung sogenannter „Killervulkane" dort (M4).

6 Gestalten Sie in arbeitsteiligen Gruppen auf Basis von Recherchen Präsentationen zum Vulkanismus in Deutschland.

M1 Vulkanausbruch (Vulkan Sakurayima bei Kagoshima, Japan)

Alle vulkanischen Erscheinungen haben ihren Ursprung in der unteren Erdkruste oder im Erdmantel. In diesen Tiefen ist das Gestein trotz der hohen Temperaturen (900 – 1500 °C) wegen des starken Drucks jedoch fest. Zur Bildung einer beweglichen Gesteinsschmelze reicht es aber bereits, wenn zwei Prozent verflüssigt werden. Das Phasendiagramm (M5) zeigt, wie festes (solides) Gestein den Schmelzpunkt unterschreiten kann. Dies erfolgt z. B. durch:

- die Wärmezufuhr infolge eines aufsteigenden Manteldiapirs (a),
- die Druckabnahme beim Aufstieg, z. B. in einem Manteldiapir oder unter einem Mittelozeanischen Rücken (b),
- die Zufuhr von Stoffen wie Wasser und Kohlenstoffdioxid, wenn z. B. an Subduktionszonen aus der abtauchenden ozeanischen Platte durch Mineralumwandlungen in der Tiefe Wasser freigesetzt wird, aufsteigt und im Mantelkeil unter der Oberplatte die Magmenentstehung auslöst (c).

Das durch die partielle Aufschmelzung des Gesteins entstehende Magma steigt wegen seiner geringeren Dichte entlang von Schwächezonen der Lithosphäre auf. Seine Beweglichkeit wird entscheidend durch dessen chemische Zusammensetzung bestimmt. Die Hauptbestandteile des Erdmantels und der Erdkruste – Sauerstoff (O_2) und Silizium (Si) – bilden auch das Grundgerüst des Magmas. Sie sind durch starke Atombindungen miteinander verbunden.
Werden jedoch Metalle wie Magnesium, Eisen, Mangan, Kalium oder Natrium zusätzlich in das Grundgerüst aufgenommen, wird dessen Zusammenhalt insgesamt geringer, denn diese Elemente werden nur über weitaus schwächere Ionenbindungen eingebaut. Je höher also der Metallanteil in einer Schmelze ist, desto dünnflüssiger ist sie. Ihre Zähigkeit (Viskosität) wiederum bestimmt wesentlich die Art des Vulkanausbruchs und damit neben dem Relief des Vulkanbaus letztlich auch dessen Gefährlichkeit.

M2 Basisinformation

Die wegen ihres Metallanteils dunklen, an Silizumoxid (SiO_2) armen, sogenannten basischen Schmelzen können die in ihnen gelösten Gase und das Wasser beim Aufstieg und der dabei erfolgenden Druckerniedrigung schlecht in Lösung halten: Sie entgasen leicht und fließen als relativ dünnflüssige Laven mit geringer Viskosität, doch ohne heftige und hoch reichende Ausbrüche rasch und gleichmäßig aus den Schloten oder Spalten (**effusiver Vulkanismus**).
Die Schmelze kann jedoch auch zwischen Magmabildungsort und Oberfläche stecken bleiben, abkühlen und langsam erstarren. In dem Pluton entsteht dann das grobkristalline Tiefengestein Gabbro. Dieses entspricht chemisch dem an der Oberfläche gebildeten Ergussgestein Basalt, der jedoch die ursprünglich enthaltenen Gase verloren hat und bei dessen rascher Erstarrung sich keine deutlich erkennbaren Kristallstrukturen bilden konnten.

Im Gegensatz zu Basaltmagmen können Magmen, die aus abgetauchter Ozeankruste oder unterer Kontinentkruste entstehen, normalerweise nicht direkt und rasch an die Erdoberfläche steigen. Sie sammeln sich zunächst in unterschiedlicher Tiefe, schmelzen das umgebende Gestein mit ein, steigen auf, kühlen ab und kristallisieren teilweise zu Tiefengesteinen wie z. B. Granit aus. In die Gitterstruktur der dabei entstehenden Minerale werden bevorzugt Metallionen eingebaut.
In der verbleibenden, weiter aufsteigenden Restschmelze steigt daher der relative Anteil des SiO_2 immer mehr. Sie wird zunehmend zähflüssiger, hält deshalb Wasser und Gase wie Kohlenstoffdioxid, Schwefeloxid, Fluor, Chlor lange in Lösung, entgast dann aber plötzlich und mit heftigen Eruptionen (**explosiver Vulkanismus**).
Wenn sich der Gasgehalt erheblich verringert hat, kann dem Auswurf von Lockermaterial ein Ausfluss dickflüssiger Laven folgen (explosiv-effusiver Vulkanismus). Diese erstarren zu den sauren, also SiO_2-reichen Ergussgesteinen wie Andesit und Rhyolith, die wegen ihres geringeren Metallgehalts heller sind als Basalt.

M3 Magmamerkmale und Ausbruchstypen

Vulkanausbrüche ereignen sich, wenn in aufsteigendem Magma der Druck der sich darin ausdehnenden Gase größer wird als der Gegendruck des noch darüberliegenden Gesteins und dieses wegsprengt. Wie beim ungeschickten Öffnen einer Sektflasche reißen die dann austretenden Gase das glutflüssige Material mit aus dem Schlot. Der Chemismus des Magmas bestimmt dabei die Art der Eruption, der Förderprodukte und der entstehenden **Vulkanformen**.

Die aus großer Tiefe stammenden basischen, dünnflüssigen Magmen bilden großflächige Lavadecken, wenn sie entlang von Spalten austreten, z. B. beim Vulkanismus aktueller und früherer Riftzonen. Die riesigen **vulkanischen Decken** (Flutbasalte = Trappdecken) z. B. des Dekkan-Plateaus in Indien, in Äthiopien, am Parana, am Fluss Columbia in Nordamerika und in Sibirien erstrecken sich z. T. auf Flächen von bis zu 2,5 Millionen Quadratkilometern. Wenn nur ein Schlot tätig ist, bilden sich große, „uhrglasförmig" gewölbte **Schildvulkane**, oft als Hotspotvulkane, wie z. B. Hawaii und La Réunion.

Die bei Subduktionen gebildeten sauren und dickflüssigen Magmen führen dagegen – meist nach längeren Ruhephasen – zu spektakulären Explosionen, bei denen ganze Berggipfel abgesprengt und pulverisiert werden. In der sich bildenden Eruptionssäule werden Fetzen geschmolzenen Gesteins kilometerhoch geschleudert und fallen als große Bomben, kleinere Lapilli oder Asche zurück auf die Erdoberfläche. Zu sogenanntem Tuff verfestigt bilden diese vulkanischen Lockermaterialien (Tephra oder Pyroklastika) zusammen mit nachträglich ausfließenden Lavaströmen in abwechselnder Lagerung die hoch und steil aufragenden, kegelförmigen **Schichtvulkane** – weithin erkennbar als „Killervulkane" (z. B. der Vesuv und der Ätna in Italien, die Vulkane des Pazifischen Feuerrings wie der Pinatubo auf den Philippinen, der Mount Fuji in Japan sowie der Mount Sankt Helens in den USA).

Neben diesen Vulkanbergen gibt es auch vulkanische Hohlformen. Wenn aufsteigendes Magma nahe der Erdoberfläche in Kontakt mit dem Grundwasser kommt, bilden sich heftige Wasserdampfexplosionen, die Magma und Nebengestein in Stücke zerreißen und an der Erdoberfläche sogenannte **Maare** – meist kreisrunde Sprengtrichter mit einem Aschenrand – erzeugen. Dazu gehören z. B. das Ulmener Maar in der Eifel und das Randecker Maar im Urach-Kirchheimer Vulkangebiet). Eine **Caldera**, ein riesiger Kraterkessel, entsteht dagegen, wenn ein Berggipfel weggesprengt wird oder das Dach einer großen entleerten Magmakammer in sich zusammenstürzt (z. B. der Krakatau in Indonesien, Santorin in Griechenland).

M 4 Vulkantypen

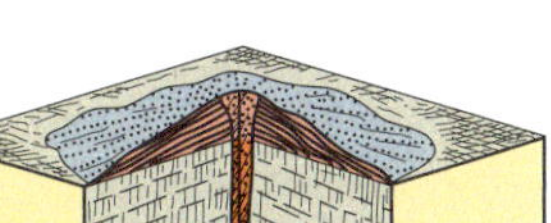

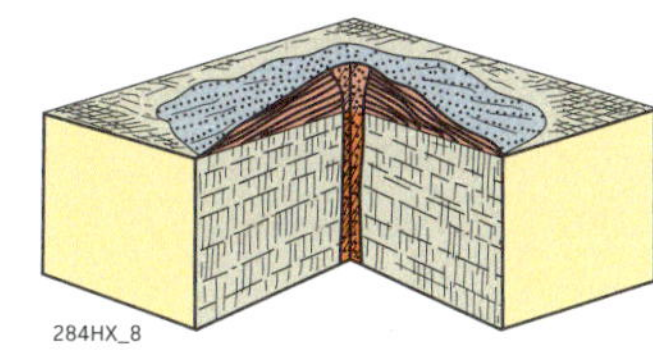

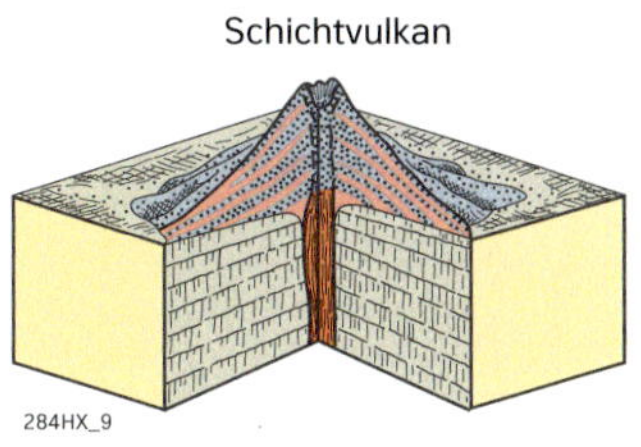

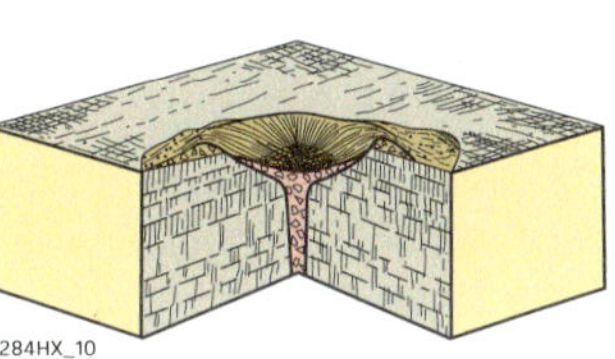

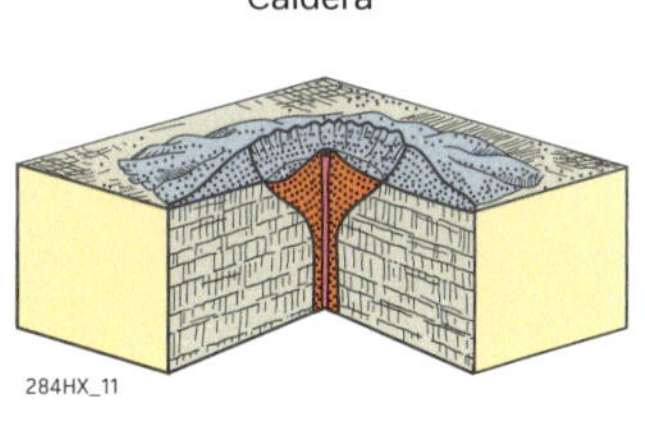

M 7 Vulkanformen (vereinfacht)

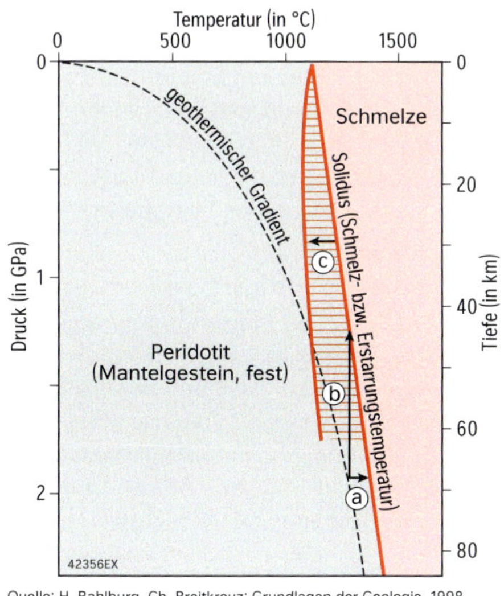

Quelle: H. Bahlburg, Ch. Breitkreuz: Grundlagen der Geologie, 1998

M 5 Magmenbildung im Phasendiagramm

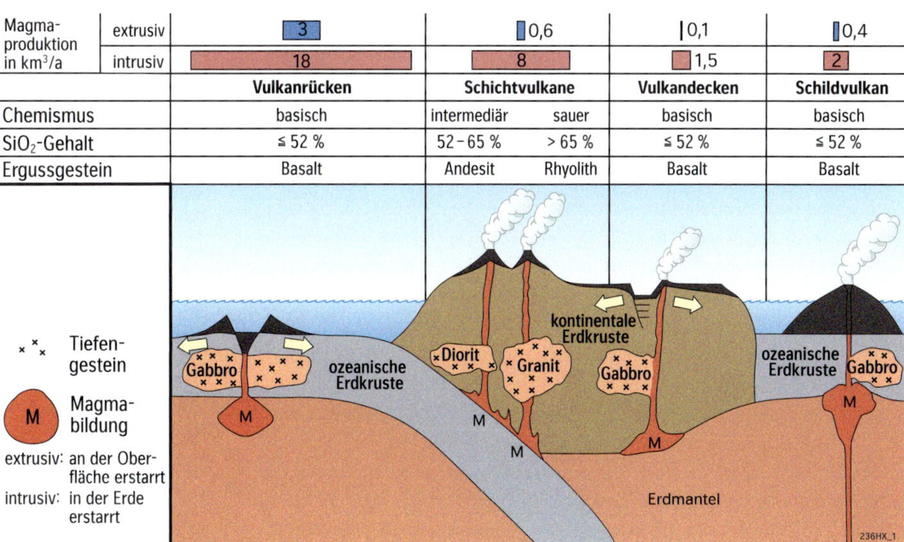

Magmaproduktion in km³/a	extrusiv	3	0,6		0,1	0,4
	intrusiv	18	8		1,5	2
		Vulkanrücken	Schichtvulkane		Vulkandecken	Schildvulkan
Chemismus		basisch	intermediär	sauer	basisch	basisch
SiO_2-Gehalt		≤ 52 %	52 – 65 %	> 65 %	≤ 52 %	≤ 52 %
Ergussgestein		Basalt	Andesit	Rhyolith	Basalt	Basalt

M 6 Vulkanismus und Plattentektonik (vereinfacht)

Vulkanlandschaften – Schadens- und Nutzungspotenziale

Ohne Vulkanismus sähe die Erde heute anders aus, gäbe es vermutlich auch kein Leben. Vulkane faszinieren, sie werden verehrt und wegen der Vielfalt ihrer von Menschen kostenlos nutzbaren Gaben geschätzt. Sie sind aber wegen ihrer Urgewalten und ihren Zerstörungen gleichzeitig auch gefürchtet. Welche Bedrohungen und welche Nutzungspotenziale haben Vulkane konkret?

1 Beschreiben Sie das Foto des Ätnas auf Sizilien (M1).
2 Vergleichen Sie die mit Vulkaneruptionen verbundenen Gefährdungen hinsichtlich Dauer, räumlichen Ausmaßes und Gefährdungspotenzials (M4, M5).
3 Entwickeln Sie Möglichkeiten zur Gefahrenabwehr in Vulkangebieten.
4 Charakterisieren Sie die Nutzungspotenziale in Vulkangebieten (M3, M6).
5 Erstellen Sie eine Strukturskizze (z. B. Mindmap) zum Thema Vulkanismus mit den Hauptaspekten Schädigungen, Nutzen und Formen.

M1 Durch einen Lavastrom zerstörtes Haus am Ätna

Weltweit gibt es heute etwa 1000 aktive Vulkane, d. h. in den letzten 10 000 Jahren ausgebrochene Vulkane. Die submarinen Vulkane sind dabei nicht berücksichtigt, denn ihre Anzahl ist bis heute unbekannt. Aktuell brechen pro Jahr etwa 50 bis 60 Vulkane aus. Mit etwa 200 Ausbrüchen zwischen 1883 und 2021 gilt der Ätna auf Sizilien als der weltweit aktivste Vulkan. Zahlreiche andere, vor allem am Pazifischen Feuerring liegende Vulkane sind aber weitaus gefährlicher.

Vulkanausbrüche und ihre Folgen umfassen ein breites Spektrum von kleinen, relativ ruhig verlaufenden Ereignissen bis zu großräumigen Katastrophen. Da Vulkangebiete zahlreiche, unterschiedliche Nutzungspotenziale bieten und daher traditionell meist dicht bevölkert sind, können insbesondere explosive Ausbrüche enorme direkte und indirekte Schäden in der Bevölkerung, der Wirtschaft und an der Infrastruktur verursachen.

Potenziell gefährliche Vulkane werden deshalb ständig überwacht. Die gesteigerte Aktivität des im Berg brodelnden und nach oben drückenden Magmas äußert sich in einer Zunahme der seismischen Aktivität, in verstärkten Emissionen von Gasen (v. a. von CO_2), in Temperaturerhöhungen der austretenden Gase, in der Aussendung niederfrequenter Schallwellen und in Aufwölbungen der Flanken. Mithilfe moderner Radartechnik lassen sich heute bereits von Drohnen und Satelliten aus solche Veränderungen des Reliefs im Millimeterbereich erkennen.

In den letzten vier Jahrzehnten konnten dadurch einige Eruptionen vorhergesagt werden. So ermöglichte die Auswertung niederfrequenter Schallwellen am Ätna zwischen den Jahren 2008 und 2016 zum Beispiel, dass 57 von 59 Ausbrüchen richtig vorausgesagt und eine Stunde vor Ausbruch jeweils ein Warnhinweis verschickt wurde. Meist sind aber genaue Ausbruchszeitpunkte bis heute nicht festlegbar. Sie können oft nur auf wenige Wochen oder bestenfalls Tage eingegrenzt werden. Selbst Vulkane mit regelmäßigen und ungefährlichen Ausbrüchen, wie zum Beispiel der Stromboli im Thyrrhenischen Meer (Italien), zeigen unregelmäßig immer wieder mal heftigere und gefährliche Eruptionen.
Jeder Vulkan „tickt" anders. Gründe dafür sind unter anderem die einzigartige Materialzusammensetzung des Magmas und die Struktur des Vulkans sowie die seines Untergrundes.

M2 Basisinformation

In Vulkangebieten ist der Erdwärmestrom deutlich erhöht. Die oberflächennahe Geothermie nutzt daher heißes Wasser aus dem Untergrund, v. a. zur Gebäudebeheizung. Bei der tiefen Geothermie nutzen Kraftwerke dagegen erwärmtes Wasser aus größerer Tiefe zur Energiegewinnung (M6).

Auch **vulkanische Förderprodukte** werden vielfältig genutzt, wie zum Beispiel dichte Laven für Pflaster- und Mühlsteine, als Splitt für Straßenbau und Bahndämme. Die Schlacken finden dagegen im Landschafts- und Gartenbau, lockere Tuffsteine in der Gebäudeverkleidung und Zementproduktion und Bimssteine in der Produktion von Hohlblöcken, Katzenstreu, Zahnpasta sowie in Dämmmaterialien Verwendung. Der an Subduktionszonen gebundene Vulkanismus liefert zudem umfangreiche Vererzungen, wie zum Beispiel Kupfererze. Aber auch Lagerstätten von Diamanten, Peridotiten, Achaten, Opalen, Amethysten, Rauchquarzen, Schwefel und Zeolithen sind vulkanischen Ursprungs. Hinzu kommen die an Schwarzen Rauchern an Mittelozeanischen Rücken gebildeten Metallablagerungen.

Besonders bedeutsam ist, dass sich vulkanische Lockermaterialien, vor allem Aschen (Lavaströme verwittern langsamer) zu sehr fruchtbaren Böden entwickeln. Denn die weltweit dominierenden basaltischen bzw. andesitischen Ablagerungen bieten Pflanzen ein vielfältiges Mineralstoffspektrum mit einem hohen Anteil an Spurenelementen. Die porösen Aschepartikel speichern zudem die Feuchtigkeit lange und geben sie auch langsam wieder ab. Sie verwittern bei günstigen Klimabedingungen (genügend Wasser und Wärme) rasch zu sekundären Tonmineralen, den Hauptnährstoffträgern im Boden.

Postvulkanische Erscheinungen wie Geysire und Gasaustritte sind attraktive Anziehungspunkte für Touristen. Mineralwasserquellen und Thermalwässer für Heilbehandlungen bringen Steuereinnahmen. Und nicht zuletzt bieten Vulkanlandschaften insgesamt vielfältige Möglichkeiten für Abenteurer sowie Wissenschaftler und ermöglichen Arbeitsplätze im Wander- und Skitourismus, in der Gastronomie und im Bergbau. In der Eifel zum Beispiel gibt es jedoch auch Widerstand gegen den Abbau von Laven, Tuff- und Bimsgestein.

M3 Positive Auswirkungen und Nutzungsmöglichen des Vulkanismus

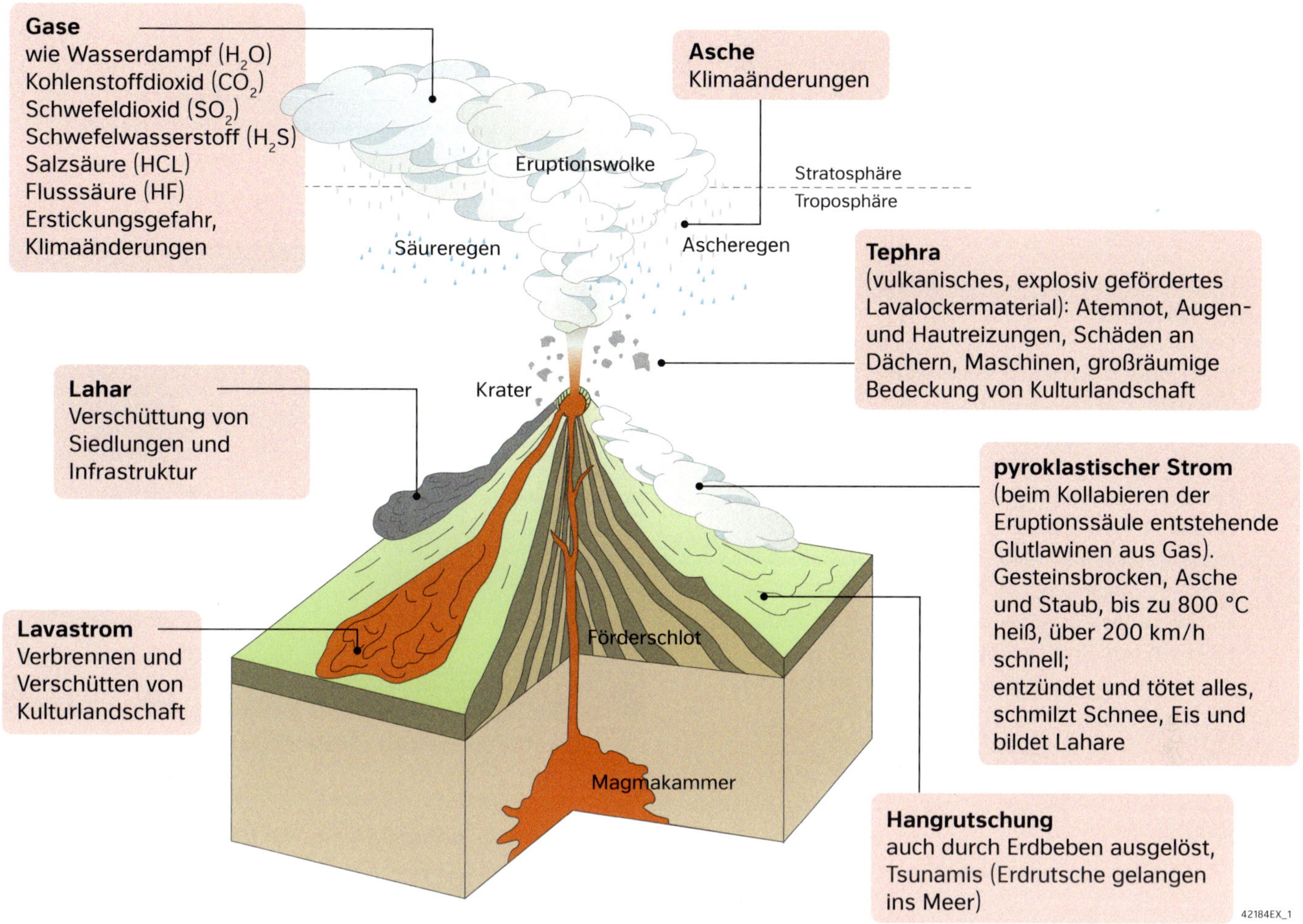

Gase
wie Wasserdampf (H_2O)
Kohlenstoffdioxid (CO_2)
Schwefeldioxid (SO_2)
Schwefelwasserstoff (H_2S)
Salzsäure (HCL)
Flusssäure (HF)
Erstickungsgefahr, Klimaänderungen
Asche
Klimaänderungen
Eruptionswolke
Stratosphäre
Troposphäre
Säureregen
Ascheregen
Tephra
(vulkanisches, explosiv gefördertes Lavalockermaterial): Atemnot, Augen- und Hautreizungen, Schäden an Dächern, Maschinen, großräumige Bedeckung von Kulturlandschaft
Lahar
Verschüttung von Siedlungen und Infrastruktur
Krater
pyroklastischer Strom
(beim Kollabieren der Eruptionssäule entstehende Glutlawinen aus Gas). Gesteinsbrocken, Asche und Staub, bis zu 800 °C heiß, über 200 km/h schnell;
entzündet und tötet alles, schmilzt Schnee, Eis und bildet Lahare
Lavastrom
Verbrennen und Verschütten von Kulturlandschaft
Förderschlot
Magmakammer
Hangrutschung
auch durch Erdbeben ausgelöst, Tsunamis (Erdrutsche gelangen ins Meer)
42184EX_1

M 4 Vulkanische Förderprodukte und ihre Auswirkungen

Yellowstone (USA)
Materialausstoß: > 1000 km³
Ausbruch vor 600 000 Jahren
Explosionsindex: 8
Häufigkeit: > 10 000 Jahre
Tobasee (Indonesien)
Materialausstoß: > 1000 km³
Ausbruch vor 75 000 Jahren
Explosionsindex: 8
Häufigkeit: > 10 000 Jahre
Tambora (Indonesien)
Materialausstoß: > 100 km³
Ausbruch: 1815
Explosionsindex: 7
Häufigkeit: > 1000 Jahre
Materialausstoß
Pinatubo (Philippinen)
Materialausstoß: > 10 km³
Ausbruch: 1991
Explosionsindex: 6
Häufigkeit: > 100 Jahre
Ätna (Italen)
Materialausstoß: > 10 Mio. m³
Ausbruch: 2020/2021
Explosionsindex: 3
Häufigkeit: jährlich
Eyjafjallajöckull (Island)
Materialausstoß: > 1 Mio. m³
Ausbruch: 2010
Explosionsindex: 2
Häufigkeit: wöchentlich
Stromboli (Italien)
Materialausstoß: > 10 000 m³
Ausbruch: täglich
Explosionsindex: 1
Häufigkeit: täglich
Die Größenordnung von Vulkaneruptionen sortiert der Volcanic Explosivity Index (VEI) anhand mehrerer Kriterien. Eines ist der Materialausstoß, ein weiteres die Höhe des Auswurfs. Weil Letzterer beim Eyjafjallajöckull relativ niedrig war, rangiert er im VEI weit hinten.
Mount St. Helens (USA)
Materialausstoß: > 1 km³
Ausbruch: 1980
Explosionsindex: 5
Häufigkeit: > 100 Jahre
Kilauea (Hawaii)
Materialausstoß: > 1000 m³
Ausbruch: täglich
Explosionsindex: 0
Häufigkeit: täglich
42359EX

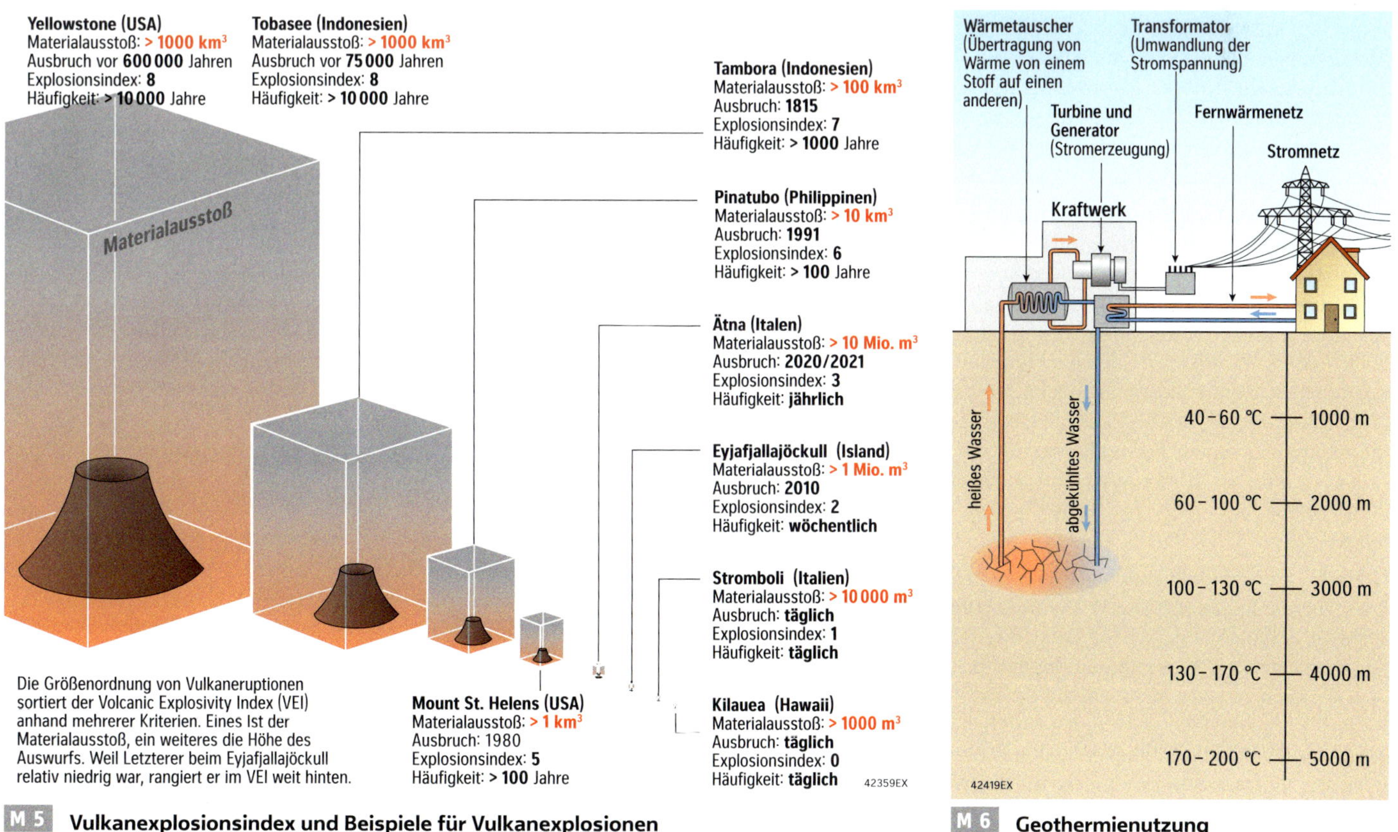

M 5 Vulkanexplosionsindex und Beispiele für Vulkanexplosionen

Wärmetauscher (Übertragung von Wärme von einem Stoff auf einen anderen)
Transformator (Umwandlung der Stromspannung)
Turbine und Generator (Stromerzeugung)
Fernwärmenetz
Stromnetz
Kraftwerk
heißes Wasser
abgekühltes Wasser
40 - 60 °C
1000 m
60 - 100 °C
2000 m
100 - 130 °C
3000 m
130 - 170 °C
4000 m
170 - 200 °C
5000 m
42419EX

M 6 Geothermienutzung

Verwundbarkeit von Räumen durch Naturgefahren

Erdbeben, Vulkanausbrüche, Überschwemmungen, Stürme oder Dürren sind Naturereignisse, die mit unterschiedlicher Häufigkeit und Intensität sowie unterschiedlichen räumlich-zeitlichen Auswirkungen wichtige Prozesse im System Erde darstellen. Sie werden zu Naturgefahren, wenn sie bzw. ihre Auswirkungen Menschen und Güter betreffen. Wie kann mit diesen Gefahren umgegangen werden?

1 Beschreiben sie den Ablauf und die Dramaturgie des Val-Pola-Bergsturzes (M1, M3).

2 Ordnen Sie den Val-Pola-Bergsturz in die Begriffe Naturereignis, Naturgefahr, Gefährdung, Risiko, Hazard, Resistenz und Resilienz ein (M2 – M4).

3 Stellen Sie die unterschiedlichen Formen der Massenselbstbewegung in einer Präsentation dar. Unterscheiden Sie dabei zwischen natürlichen und anthropogen bedingten Prozessen (M5, M7, M8).

4 M6 zeigt das Modell eines erfolgversprechenden Risikomanagements.
   a) Überprüfen Sie damit das Val-Pola-Geschehen.
   b) Entwickeln Sie Konzepte zur Vermeidung und Bewältigung solcher oder anderer Katastrophen.

M1 **Der Val-Pola-Bergsturz im Veltlin (italienische Alpen)**

Für den englischen Begriff **Hazard** gibt es keine zutreffende deutsche Entsprechung. Er wird oft als Naturgefahr oder Naturrisiko übersetzt. Dies verwischt aber die Mehrdeutigkeit des Begriffs, denn potenzielles Naturereignis, Gefahr und **Risiko** sind nicht identisch. Ursprünglich waren mit Hazard nur Naturgefahren gemeint, unabhängig davon, ob ein vielleicht katastrophales Ereignis droht oder bereits stattgefunden hat. Später wurde der Begriff Hazard auch auf Gefahren ausgedehnt, die auf vielfältige Weise vom Menschen mitverursacht oder durch ihn allein ausgelöst werden (Waldsterben, Landsenkungen, Epidemien, Wirtschaftskrisen, Industrieunfälle, Kriege). Natural Hazards wie auch Man Made Hazards können plötzliche Ereignisse oder auch langsam ablaufende Prozesse sein. In jedem Fall aber wird die Verwendung des Begriffs vom Menschen her gedacht.

Natural Hazards können einerseits Schäden verursachen, andererseits aber auch Nutzen bringen: Hochwasser kann Brücken und Gebäude schädigen, düngt die Aue aber zugleich mit fruchtbarem Schlamm. Mögliche Gefährdungen werden in Gefahrenkarten dargestellt. Sie dienen raumplanerischen Festlegungen, nach denen z. B. hochwassergefährdete Areale oder Hänge mit vielen Rutschungen nicht bebaut werden dürfen. Risikokarten berücksichtigen dagegen Eintrittswahrscheinlichkeiten sowie potenzielle materielle oder immaterielle Schäden. Gebäudeversicherungen staffeln damit in Erdbebengebieten ihre Prämien entsprechend, Bauwillige können damit abwägen, ob sich eine Baumaßnahme für sie dort überhaupt lohnt.

Oftmals ist es möglich, durch geeignete, meist technologiebasierte Vorsorgemaßnahmen, wie z. B. Dämme, Stützpfeiler oder Frühwarnsysteme, Schäden abzuwenden oder zu reduzieren. Die Erhöhung der Resistenz, der **Widerstandsfähigkeit** gegen Störungen, ist aber deutlich zu unterscheiden von der Resilienz, der Fähigkeit, nach Störungen wieder in den ursprünglichen oder zumindest in einen vergleichbar erträglichen Zustand zurückkehren zu können. Resilienz umfasst daher weit mehr als Resistenz.

M2 **Basisinformation**

Zwischen dem 15. und dem 22. Juli 1987 fiel im italienischen Veltlin (Alpen) Starkregen – mit etwa 600 Millimeter Niederschlag mehr als die Hälfte des mittleren Jahresniederschlags. Ein Wärmeeinbruch erhöhte im gleichen Zeitraum die Schneeschmelze. Am 18. und 19. Juli staute dann ein Schuttstrom aus dem kleinen Nebental Val Pola den Fluss Adda zu einem seichten, etwa 2,5 Kilometer langen See auf. Durch Hochwasser gefährdete Siedlungen im Tal wurden vorsorglich evakuiert. Eine Woche später wurden an der Ostflanke des 3022 Meter hohen Pizzo Copetto Steinschläge und Geländerisse beobachtet. Der Bach Pola verschwand in einer neu aufgerissenen Spalte in 2200 Metern Höhe. Am 28. Juli um 7 Uhr 23 morgens stürzte schließlich eine Gesteinsmasse von rund 40 Millionen Kubikmetern mit rund 400 Kilometern pro Stunde über eine Fallhöhe von rund 1300 Meter zu Tal und begrub zwei Dörfer sowie zwei Weiler komplett unter sich.

Die Sturzmasse erzeugte im See eine Welle, die sich 2,7 Kilometer talaufwärts bewegte und dabei weitere Häuser beschädigte. Nach Überqueren des Talbodens brandete der Trümmerstrom am Gegenhang noch bis zu 250 Meter empor und bildete zuletzt einen 100 Meter hohen und zwei Kilometern breiten Staudamm, der die Adda innerhalb eines Monats zu einem See mit 22 Mio. Kubikmetern aufstaute. Da aber der Damm zu brechen drohte, wurden talabwärts 20 000 Menschen aus der Gefahrenzone vorsorglich evakuiert. Die Gefahr wurde schließlich durch Abpumpen von Wasser in höher gelegene Stauseen und kontrolliertes Abfließen des Sees über ausgebaggerte Rinnen in das Addaflussbett gebannt. Die Staatsstraße 38 wurde in den Berg verlegt, Trümmerlandschaft und Hänge werden seither mit Messgeräten überwacht. Gefährlich werdendes Hochwasser kann heute durch extra gebaute Umleitstollen aus dem Talabschnitt abgeführt werden.

Der Bergsturz war ein Naturereignis. Er war wohl vorhersehbar, aber zeitlich nicht kalkulierbar. Die meisten der insgesamt 27 Todesopfer verloren ihr Leben, weil sie entgegen den Verfügungen kurz vor dem Bergsturz wieder in ihre Häuser zurückgekehrt waren.

M3 **Der Val-Pola-Bergsturz im Juli 1987**

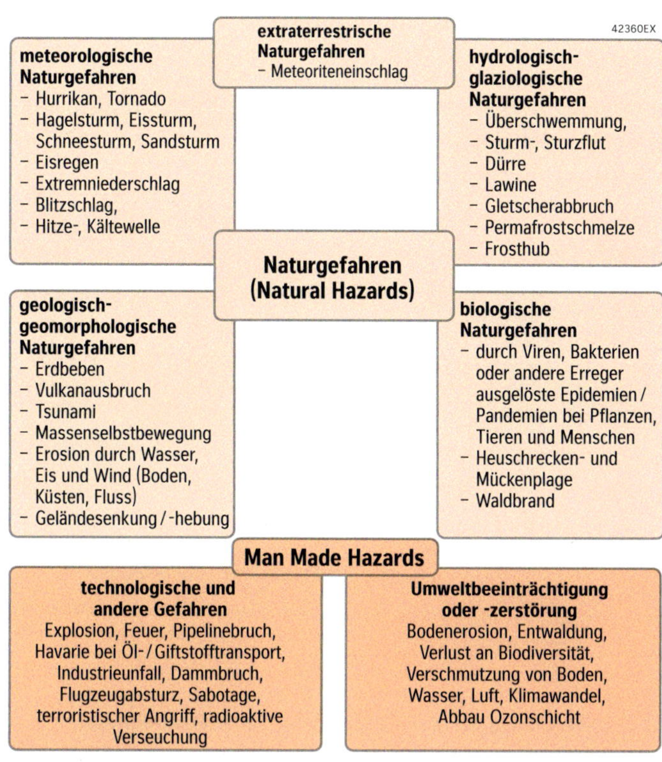

M 4 **Hazards**

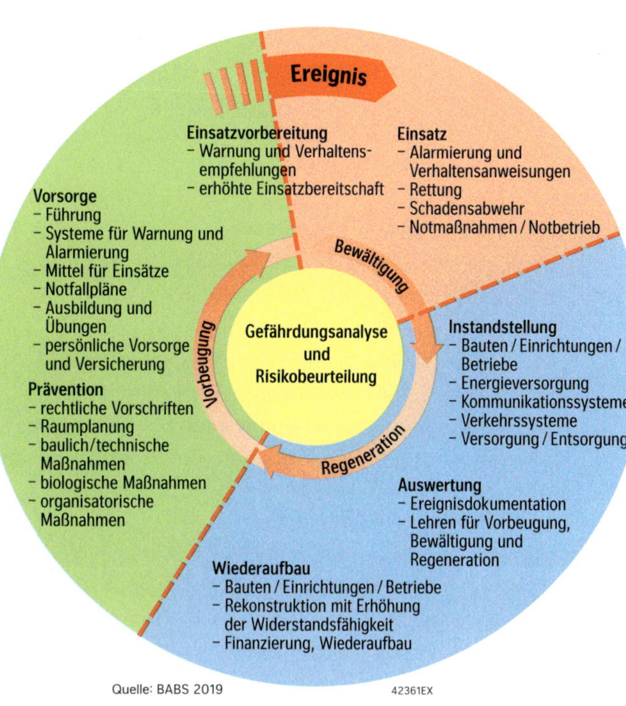

M 6 **Kreislauf des integralen Risikomanagements**

Bergstürze, Lawinen oder Muren (M8) haben oft katastrophale Auswirkungen, sind aber völlig natürliche Prozesse und wichtige Faktoren bei der exogenen Formung des Reliefs. Nur der Schwerkraft folgend, verlaufen diese Massenselbstbewegungen ohne Transportmedien wie Wasser, Eis oder Wind stets bergab. Auch die oft nur einige Millimeter pro Jahr betragenden Bewegungen des Bodenfließens (Solifluktion) zählen zu dieser denudativen, d. h. flächenhaften Abtragung und Umformung der Landoberfläche. Die Geschwindigkeit und die Art der Bewegung der durch Verwitterung gelockerten und abbrechenden Felsbrocken bzw. von labil gelagerten Bodenschichten und Sedimenten hängt dabei ab von:

- der Masse, die sich in Bewegung setzt,
- der Hangneigung und den Reibungswiderständen des Hangs,
- der Kohäsion (Zusammenhalt der Einzelkomponenten) und
- dem Wassergehalt des Materials.

Wasser beeinflusst die Stabilität eines Hangs unterschiedlich. Ein geringer Wassergehalt erhöht wegen der Oberflächenspannung des Wassers die Kohäsion. Mit feuchtem Sand lassen sich Sandburgen daher besser bauen als mit trockenem Sand, der seine Stabilität nur durch die Verkantung der einzelnen Körner erhält.
Ist der Wassergehalt jedoch zu hoch, wirkt er als Gleitmittel: Aus wassergesättigtem Sand lassen sich keine Sandburgen bauen. Weil das Bodenwasser Lockermaterialen instabil macht, wird es oft zum Auslöser von Massenselbstbewegungen. Es kann aber auch zur Gleitfläche werden, z. B. an der Grenzfläche zwischen wasserdurchlässigem Kalkgestein und darunterliegenden wasserstauenden Tonschichten.

Massenselbstbewegungen werden oft durch menschliche Aktivitäten begünstigt oder ausgelöst, z. B. bei Sprengungen, wenn Hänge beim Straßenbau unterschnitten oder durch Entwaldung destabilisiert werden. Das Schadensausmaß durch Naturkatastrophen nimmt dabei ständig zu. Die Gründe dafür sind vielfältig: Wertsteigerungen von Gebäuden, komplexere Infrastrukturen, größere Unsicherheiten infolge des Klimawandels und andere.

M 5 **Massenselbstbewegungen**

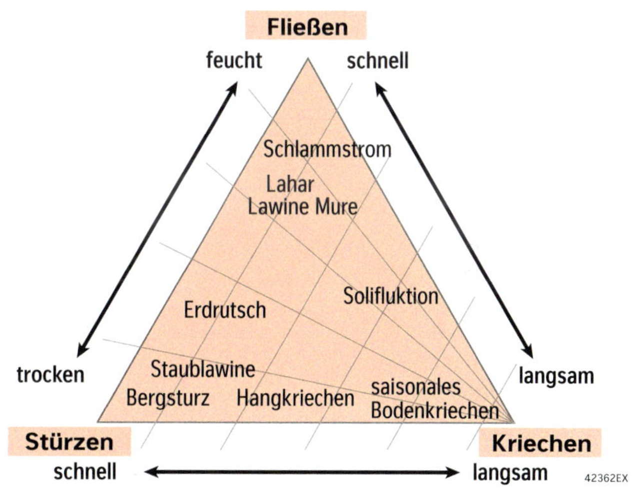

M 7 **Klassifizierung von Massenselbstbewegungen**

Name	Definition	Hauptvorkommen (Geschwindigkeit)
Mure	Schuttlawine, -strom; starke Durchnässung des Lockermaterials durch Starkregen oder Schmelzwasser	Hochgebirge (bis 70 km / h)
Lahar	vulkanischer Schlammstrom; wassergesättigte Aschemassen	vulkanisches Hochgebirge (bis 200 km / h)
Bergsturz, Bergrutsch	Abriss und Absturz bzw. Abrutschen großer Teile übersteilter Hänge	Hochgebirge (bis Fallgeschwindigkeit)
Lawine	abgehende Schnee- oder Eismassen	Hochgebirge (bis 300 km / h)
Bodenfließen (Soliflution)	Fließ- oder Kriechbewegung des Oberbodens in feuchten Klimaten	Periglazial- / Frostwechselgebiete (1 – 10 mm / a)

M 8 **Formen der Massenselbstbewegung**

Verwundbarkeit von Räumen – Vulnerabilität und Resilienz

Die Gefährdung und Stabilität natürlicher oder naturnaher Ökosysteme und Landschaften kann auf unterschiedliche Weise erfasst werden. Dasselbe gilt auch für Gesellschaften und Staaten. Welche Möglichkeiten der Darstellung und welche Strategien zur Bewältigung von Gefährdungen gibt es?

1 Beschreiben Sie M1.

2 **a)** Charakterisieren Sie den Weltrisikoindex (M2, M6).
b) Beurteilen Sie die Art der Bestimmung sowie die Aussagekraft des Weltrisikoindex.

3 Vergleichen Sie Vulnerabilität und Resilienz (M5, M7).

4 Bedrohungen jeglicher Art können auf verschiedene Weise betrachtet werden: Vergleichen Sie die Ansätze von Weltrisikoindex, ökologischem Bedrohungsregister sowie die Sichtweise einer Versicherung wie der Münchner Rück (M3, M4, M6).

5 Bewerten Sie die Aussage (M3): „Die Nachhaltigkeit einer Region oder eines Staates ist nur mit positivem Frieden möglich."

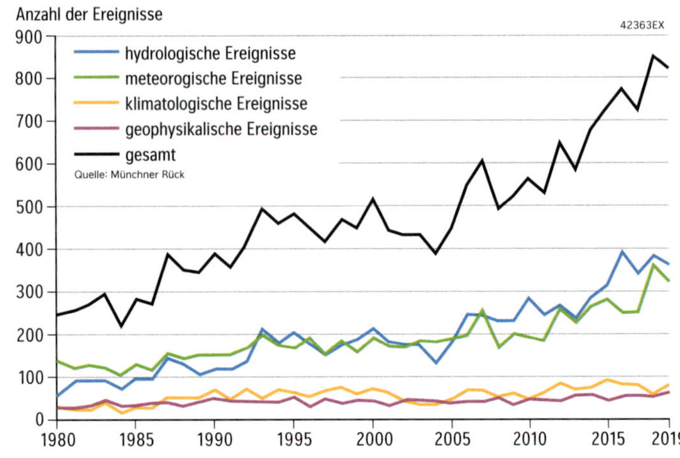

M1 Entwicklung der Anzahl relevanter Schadensereignisse

Zusammen mit den Vereinten Nationen (UN) veröffentlichen einige Hilfsorganisationen jedes Jahr den WRI, den Weltrisikoindex. Dieser Index wird mit einer Formel errechnet, welche die Exposition (Gefährdung) gegenüber Naturgefahren kombiniert mit dem sogenannten Vulnerabilitätsindex einer Gesellschaft, der sich aus deren Anfälligkeit sowie ihren kurzfristigen Bewältigungs- und langfristigen Anpassungskapazitäten ergibt. Der Vulnerabilitätsindex resultiert aus der Verrechnung bestimmter Einzelmerkmale (M6).

Der Begriff Vulnerabilität (**Verwundbarkeit**, lat. Vulnus: Wunde) basiert auf der ab dem Jahr 1989 entwickelten Vorstellung, dass einzelne Gruppen oder Gesellschaften neben geringen materiellen Ressourcen auch kaum Chancengleichheit und politische Teilhabe besitzen, um auf Stresssituationen adäquat reagieren zu können und unter deren Nichtbewältigung und Folgen leiden. Das Konzept der Vulnerabilität besitzt daher neben der materiellen auch eine soziale und politische Dimension und ist als „Frühwarnsystem" auf unterschiedliche Bedrohungen anwendbar.

Einer gewissen Grundgefährdung ist jedoch jede Gesellschaft ausgesetzt. Entscheidend ist, mit welchen Strategien, Vorsorgemaßnahmen, Kompetenzen und Kapazitäten sie Stresssituationen begegnen kann, ob sie ausreichend gegensteuern und eine Grundversorgung sichern kann, ob erneute Krisen die Anfälligkeit weiter erhöhen und in welchem Umfang eventuell externe Unterstützung notwendig wird.

Die erfolgreiche Implementierung und Anwendung eines Integrierten Risiko-, Krisen- und Katastrophenmanagements wird die Resilienz einer Gesellschaft daher stets verstärken. Viele Akteure können dabei mitwirken, z. B. staatliche Einrichtungen, Katastrophenschutz- und Rettungsdienste, freiwillige Feuerwehren oder Bergwacht.

Länder mit funktionierenden Elementargefahrenversicherungen kehren zudem nach einer Katastrophe weit schneller zur Normalität zurück als Länder ohne derartigen Schutz. Viele Schäden entstehen aber an öffentlicher Infrastruktur wie Straßen, Bahnlinien, Deichen, Gewässerbetten und Brücken, die meist nicht versichert sind.

M2 Basisinformation

Das Londoner Institute for Economics & Peace kombiniert im Verzeichnis ökologischer Bedrohungen Messungen der Widerstandskraft mit allen verfügbaren ökologischen Daten, um die Bewältigung von Extremereignissen in einzelnen Ländern darzustellen. Berücksichtigt werden dabei Risiken durch Bevölkerungswachstum, Wasserknappheit, Ernährungsunsicherheit, Dürren, Überschwemmungen, Wirbelstürme, steigende Temperaturen und Meeresspiegel. Eine Grundannahme ist, dass Naturkatastrophen mindestens so regelmäßig auftreten wie in den vergangenen Jahrzehnten.

Der Bericht 2020 sieht im Jahr 2050 den Lebensraum von mehr als einer Milliarde Menschen bedroht. Klimawandel, Konflikte und Unruhen könnten viele Menschen veranlassen, ihre Heimat zu verlassen. 31 Staaten werden als nicht widerstandsfähig genug eingestuft, um die ökologischen und politischen Veränderungen der kommenden Jahrzehnte nachhaltig zu bewältigen. Der Bericht sieht auch einen Zusammenhang von politischen Konflikten und ökologischen Bedrohungen: Je weniger Frieden in einer Region herrsche, desto eher drohe der Kollaps. Frieden sei durch acht Faktoren stabilisierbar:

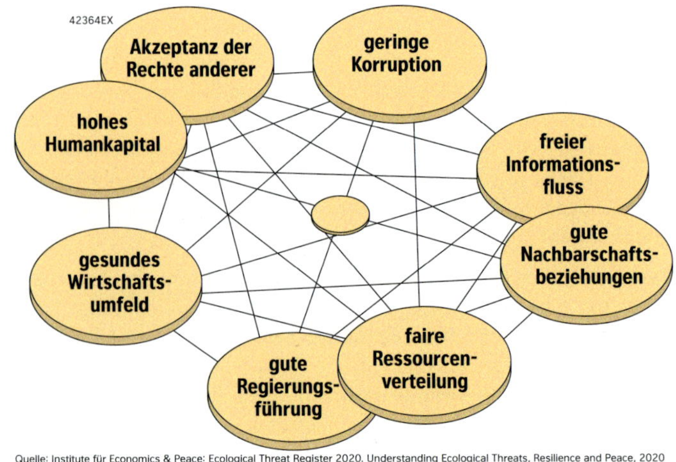

M3 Ökologische Bedrohungen und Widerstandskraft

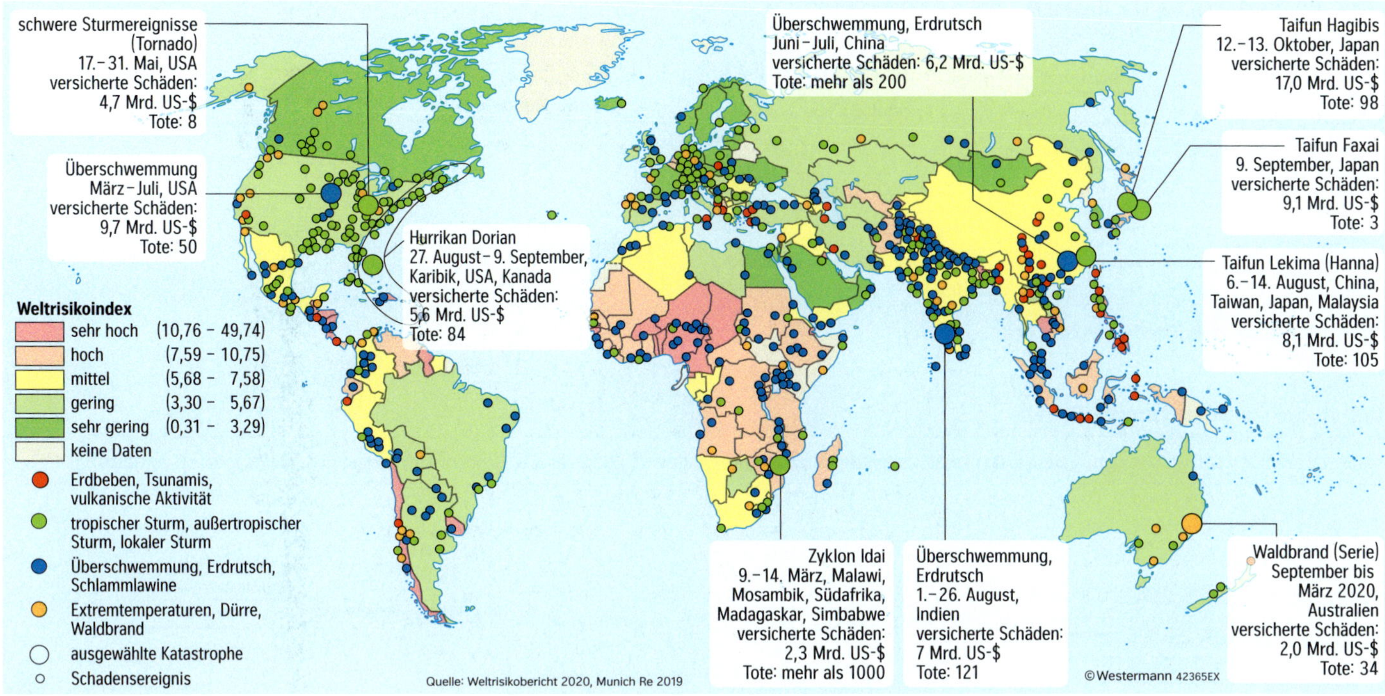

M 4 Weltrisikoindex im Jahr 2020 (Bündnis Entwicklung hilft) und große Schadensfälle 2019 (Müchner Rück)

M 5 Hochwassersituation in Indien

M 7 Hochwassersituation in Bayern

1. Gefährdung Exposition gegenüber Naturgefahren	2. Anfälligkeit Wahrscheinlichkeit, im Ereignisfall Schaden zu erleiden	3. Bewältigungskapazitäten Kapazitäten zur Verringerung negativer Auswirkungen im Ereignisfall	4. Anpassungskapazitäten Kapazitäten für langfristige Strategien zum Wandel in einer Gesellschaft
Bevölkerung exponiert in Bezug auf • **Erdbeben** • **Stürme** • **Überschwemmungen** • **Dürren** • **Meeresspiegelanstieg**	**öffentliche Infrastruktur** • Bevölkerungsanteil ohne Zugang zu sanitärer Grundversorgung • Bevölkerungsanteil ohne Zugang zu sauberem Wasser	**Regierung und Behörden** • Korruption • Verwundbarkeit und Risiko für Staatszerfall	**Bildung und Forschung** • Alphabetisierungsrate • Bildungsbeteiligung
	Wohnsituation • Anteil der Bevölkerung in Slumgebieten • Anteil der semisoliden und fragilen Häuser	**Katastrophenvorsorge und Frühwarnung** • nationale Katastrophenvorsorge	**gleichberechtigte Beteiligung** • Geschlechtergleichberechtigung
	Ernährung • Anteil der unterernährten Bevölkerung	**medizinische Versorgung** • Anzahl der Ärzte pro 1000 Einwohner • Anzahl der Krankenhausbetten pro 1000 Einwohner	**Umweltstatus / Ökosystemschutz** • Wasserressourcen • Schutz von Biodiversität und Habitaten • Waldmanagement • Landwirtschaftsmanagement
	Armut und Versorgungsabhängigkeit • Anteil der unter 15- und über 65-Jährigen an der erwerbstätigen Bevölkerung • Anteil der Bevölkerung, die von weniger als 1,90 US-$ pro Tag lebt	**soziale Netze** • Nachbarschaft, Familie und Selbsthilfe	**Anpassungsstrategien** • Projekte und Strategien zur Anpassung an Naturgefahren und Klimawandel
	Wirtschaftskraft und Einkommensverteilung • Bruttoregionalprodukt p. K. • Einkommensverteilung	**materielle Absicherung** • Versicherungsschutz	**Investitionen** • öffentliche Gesundheitsausgaben • Lebenserwartung • private Gesundheitsausgaben

(hell hinterlegt:) wichtige Bestandteile des Index, werden aber bei der Berechnung aufgrund mangelnder Datenverfügbarkeit (noch) nicht berücksichtigt

Quelle: Weltrisikobericht 2020 ©Westermann 1376HX_2

M 6 Aus dem Weltrisikobericht 2020: Komponenten des Weltrisikoindex (WRI)

Das Wichtigste in Kürze

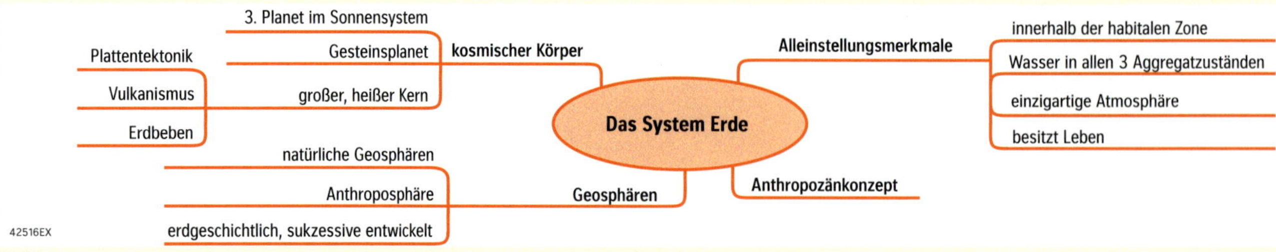

M 1 Mindmap zum Thema System Erde

Basisbegriffe des Systems Erde

Anthropozänkonzept, **Sphären im System Erde** (Anthroposphäre, Atmosphäre, Biosphäre, Hydrosphäre, Lithosphäre, Pedosphäre, Reliefsphäre), **Vernetzung**

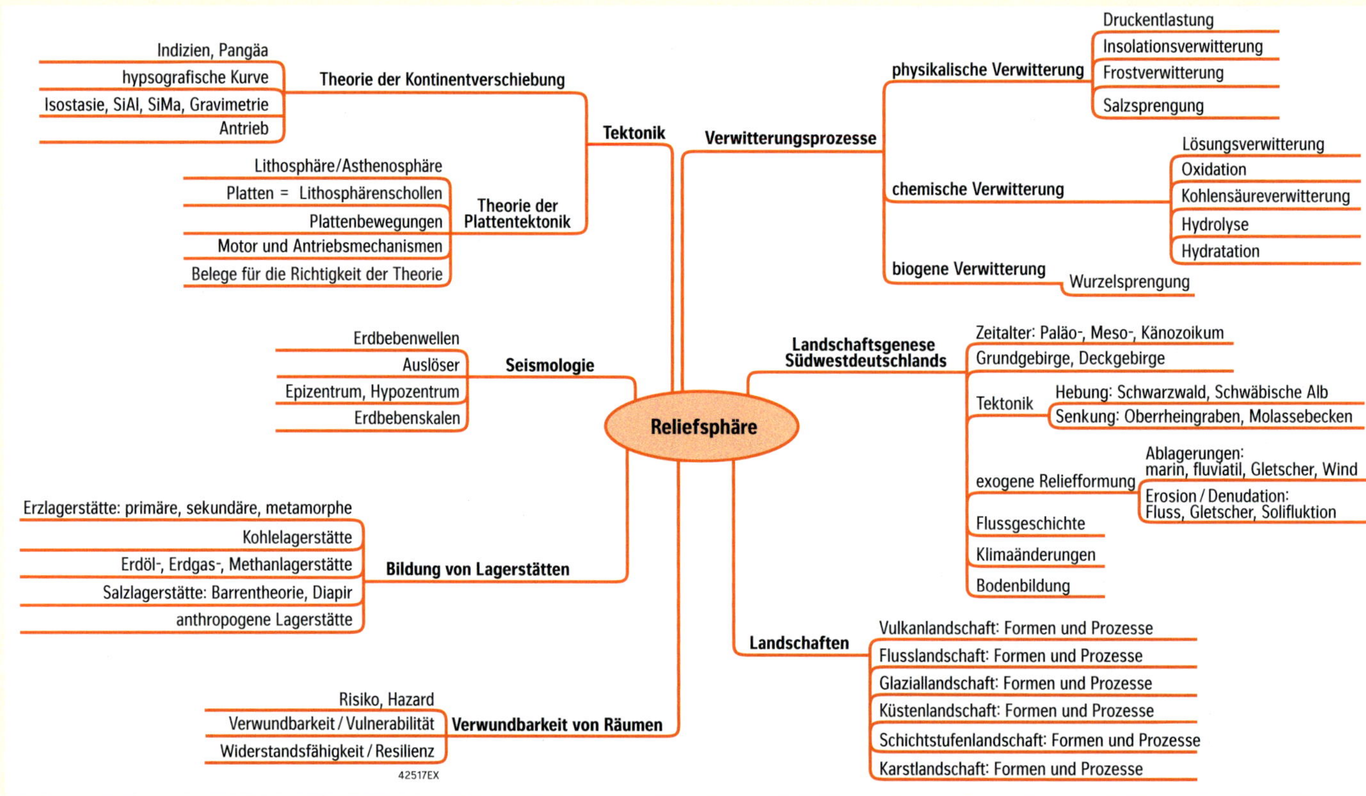

M 2 Mindmap zum Thema Reliefsphäre

Basisbegriffe der Reliefsphäre

Altmoräne, **Antezedenz**, **Bildung von Lagerstätten** (anthropogene Lagerstätte, Erdöl- / Erdgaslagerstätte, Kohlelagerstätte, primäre Erzlagerstätte, Salzlagerstätte, sekundäre Erzlagerstätte), **biogene Verwitterung** (Wurzelsprengung), **chemische Verwitterung** (Kohlensäureverwitterung, Hydratation, Hydrolyse, Oxidation), **Epizentrum**, **Flusslandschaft** (Akkumulation, Antezedenz, Ästuar, Canyon, Delta, Denudation, Drumlin, Epigenese, Erosion, Flussanzapfung, Gleithang, Kerbtal, Klamm, Mäander, Muldental, Prallhang, Schlucht, Sedimentation, Sohlental, Talform, Terrassental, Trogtal, Wasserfall), **Glaziallandschaft** (Eisstromnetz, Endmoräne, Findling, glaziale Serie, Grundmoräne, Inlandeis, Jungmoräne, Kaltzeit, Kar, Löss, Nährgebiet, Periglazial, Permafrost, Postglazial, Rundhöcker, Sander, Seitenmoräne, Solifluktion, subglaziale Rinne, Talgletscher, Toteisloch, Trogtal, Urstromtal, Warmzeit, Zehrgebiet, Zungenbecken), **Grundzüge der Landschaftsgenese Südwestdeutschlands** (Deckgebirge, Glaziallandschaft, Grundgebirge, Känozoikum, Mesozoikum, Molassebecken, Paläozoikum, Schichtstufenlandschaft), **Hotspot-Theorie**, **Hypozentrum**, **Karstlandschaft** (Doline, Höhle, Karren, Karstwasserspiegel, Karstquelle, Korrosion, Polje, Ponor, Sinterbildung, Sinterterrassen, Stalagmit, Stalaktit, Trockental, Tropfstein), **Küstenlandschaft** (Abrasion, Ausgleichsküste, Boddenküste, Brandung, Delta, Fjord, Flachküste, Geest, Gezeiten, Haff, Küstenschutz, Marsch, Nehrung, Priel, Steilküste, Sturmflut, Watt), **physikalische Verwitterung** (Frostsprengung, Insolationsverwitterung, Lösungsverwitterung, Salzsprengung), **Schichtstufenlandschaft** (Deckgebirge, Landterrasse, Petrovarianz, Reliefumkehr, rückschreitende Erosion, Schichtlagerung, Sockelbildner, Stufenbildner, Trauf, Quellhorizont, Zeugenberg), **seismische Prozesse** (seismische Wellen), **Theorie der Kontinentverschiebung** (Wegener), **Theorie der Plattentektonik**, **Verwundbarkeit von Räumen** (Hazard, Risiko, Verwundbarkeit / Vulnerabilität, Widerstandsfähigkeit / Resilienz), **Vulkanlandschaft** (Caldera, effusiver / explosiver Vulkanismus, Hotspot, Maar, Schichtvulkan, Schildvulkan, Vulkanform, vulkanische Decke, vulkanische Förderprodukte), **Wilson-Zyklus**

Klausurtraining

Das Relief der Erde ist das Ergebnis endogener und exogener Prozesse. Beide wirken in unterschiedlicher Intensität zusammen. Einige Oberflächenformen sollen charakterisiert und in ihrer Genese untersucht werden.

1 **a)** Charakterisieren Sie die tektonischen Verhältnisse in Europa (M1).
b) Erklären Sie die Ursache und Bedeutung der Linie der Landabsenkung oder -hebung (M2).

2 **a)** Vergleichen Sie die Küsten der Nord- und Ostsee (M2).
b) Erläutern Sie die Merkmale und die Genese an zwei von Ihnen gewählten Küstenformen (M2).

3 Begründen Sie die unterschiedlichen Entwicklungen in Hebungs- und Senkungsgebieten (M3).

4 Erklären und vergleichen Sie die geomorphologischen Prozesse (M4 A, B).

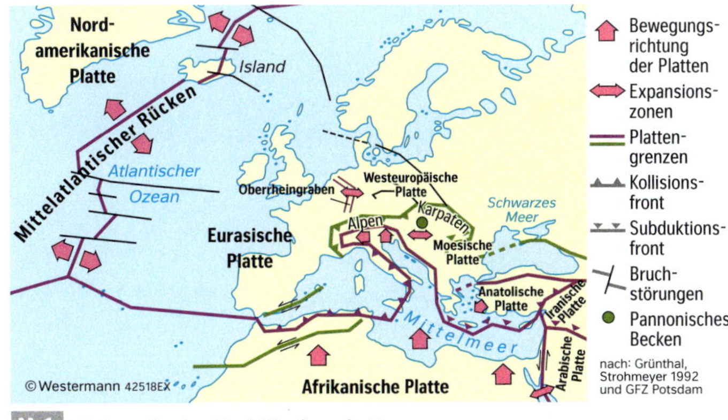

M 1 Tektonische Verhältnisse in Europa

M 2 Küstentypen der Ostsee

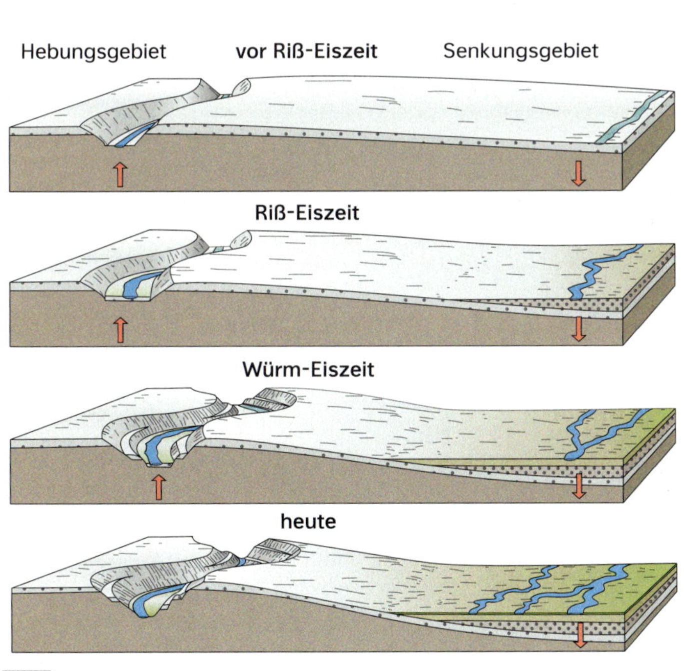

M 3 Hebungs- und Senkungsgebiete im Vergleich

Entstehung eines Wasserfalls (Bad Urach)

Ⓐ Wassertemperatur: 7 °C; 20 °C Sommer, 10 °C Frühling/Herbst, 0 °C Winter. Kalkausfällung: 0 mg $CaCO_3$/l, 20, 40, 60. Wasserfall, Kalktuff. 500–700; 0–700 m. 54HX_1

Ⓑ Geschwindigkeit (m/s); (km/h); exogene Tätigkeit des Windes; Deflation; kritische Schleppgeschwindigkeit; Transport (kriechend); Akkumulation; Korndurchmesser (mm); Schluff, Feinsand, Mittelsand, Grobsand, Feinkies. 53HX_1

M 4 Beispiele geomorphologischer Prozesse

WES-115548-001

Prozesse in der Atmosphäre

Die Erdatmosphäre aus dem Weltall fotografiert

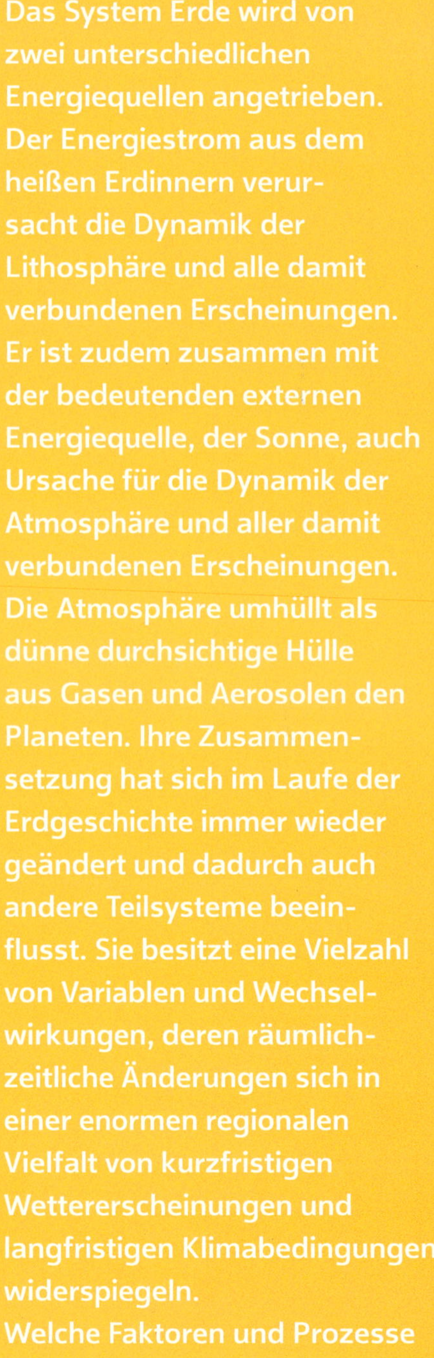

Das System Erde wird von zwei unterschiedlichen Energiequellen angetrieben. Der Energiestrom aus dem heißen Erdinnern verursacht die Dynamik der Lithosphäre und alle damit verbundenen Erscheinungen. Er ist zudem zusammen mit der bedeutenden externen Energiequelle, der Sonne, auch Ursache für die Dynamik der Atmosphäre und aller damit verbundenen Erscheinungen.
Die Atmosphäre umhüllt als dünne durchsichtige Hülle aus Gasen und Aerosolen den Planeten. Ihre Zusammensetzung hat sich im Laufe der Erdgeschichte immer wieder geändert und dadurch auch andere Teilsysteme beeinflusst. Sie besitzt eine Vielzahl von Variablen und Wechselwirkungen, deren räumlich-zeitliche Änderungen sich in einer enormen regionalen Vielfalt von kurzfristigen Wettererscheinungen und langfristigen Klimabedingungen widerspiegeln.
Welche Faktoren und Prozesse sind für das Teilsystem der Atmosphäre prägend?

Der Strahlungs- und Wärmehaushalt der Erde

Zwischen Äquator und den Polen erstrecken sich unterschiedliche Geozonen. Ihre wichtigsten differenzierenden Faktoren sind die verschiedenen klimatischen Bedingungen, die von externen wie von internen Faktoren des Systems Erde gesteuert werden. Welche Faktoren sind daran beteiligt?

1 **a)** Beschreiben Sie die sogenannte Erdrevolution (M1).
b) Erklären Sie die Entstehung der strahlungsklimatischen Zonen (M1 – M3).
c) Arbeiten Sie die Besonderheiten der strahlungsklimatischen Zonen heraus (M2, M3).

2 **a)** Charakterisieren Sie die Zusammensetzung der Erdatmosphäre (M9).
b) Analysieren Sie den Strahlungs- und Wärmehaushalt (M4 – M6).

3 Erklären Sie die Entstehung und Bedeutung des natürlichen Treibhauseffektes (M6, M7).

4 Arbeiten Sie die Auswirkungen verschiedener Albedowerte auf die Strahlungs- und Wärmebilanz heraus (M5 – M8). Nennen Sie Möglichkeiten, das globale Energieungleichgewicht auszugleichen.

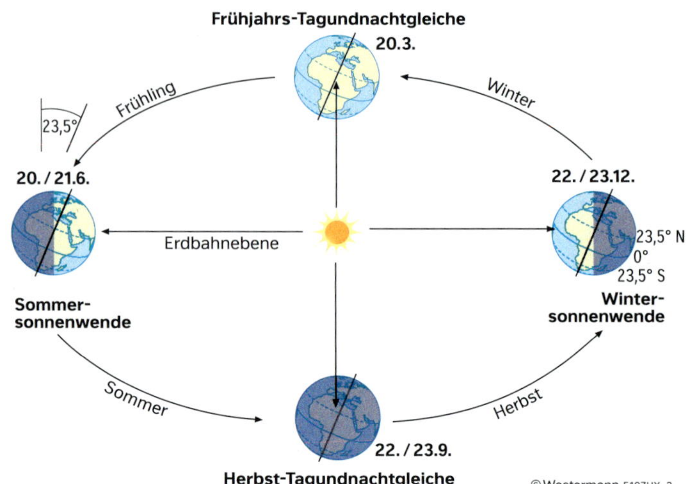

M 1 **Erdbahnparameter**

Geozonen sind Landschaftsgürtel der Erde, die sich mit unterschiedlicher Breite zwischen dem Äquator und den Polen erstrecken und sich durch bestimmte Merkmale von den jeweils angrenzenden Räumen unterscheiden. Das wichtigste dabei differenzierende Merkmal sind die klimatischen Bedingungen. Diese werden in erster Linie gesteuert durch die solare Energiezufuhr, die je nach Breitenkreis und Jahreszeit unterschiedlic h groß ist. Daher gibt es auf jeder Halbkugel zwischen Äquator und Pol jeweils drei, mathematisch exakt abgrenzbare strahlungsklimatische Zonen: die tropische Zone, die Mittelbreiten und die polare Zone.
Doch erst das Zusammenspiel der unterschiedlichen Energieflüsse von solarer Zustrahlung, terrestrischer Abstrahlung sowie stoffgebundener Wärmeströme ergibt den sogenannten Strahlungs- und Wärmehaushalt der Erde. Er hat fundamentale Bedeutung für die Dynamik der Atmosphäre, das kurz- und mittelfristige Wettergeschehen sowie die langfristige Klimaentwicklung des Planeten.

M 2 **Basisinformation**

- Jeder Körper, egal ob fest, flüssig, gasförmig, mit einer Temperatur oberhalb des absoluten Nullpunkts (– 273 °C) gibt elektromagnetische Strahlung ab. Diese kann andere Körper durchdringen oder von ihnen reflektiert oder absorbiert werden.
- Absorptionen erhöhen die Temperaturen der Körper, sie strahlen (emittieren) daher in einem leicht erhöhten Bereich des Spektrums.
- Je höher die Temperatur der Strahlungsquelle ist, desto kurzwelliger und energiereicher ist ihre Abstrahlung. Wegen ihrer hohen Oberflächentemperatur von 5700 °C liegt die maximale Intensität der Ausstrahlung der Sonne daher im kurzwelligen, sichtbaren Bereich. Auch die Erde und ihre Atmosphäre sind „Körper mit Temperatur". Sie strahlen wegen ihrer weit geringeren Temperaturen im langwelligen, unsichtbaren (Infrarot-)Bereich.
- Ein Körper, der so viel Energie aufnimmt, wie er abstrahlt, ist im Strahlungsgleichgewicht. Er wird also weder wärmer noch kälter.

M 4 **Grundsätzliche Strahlungsgesetzmäßigkeiten**

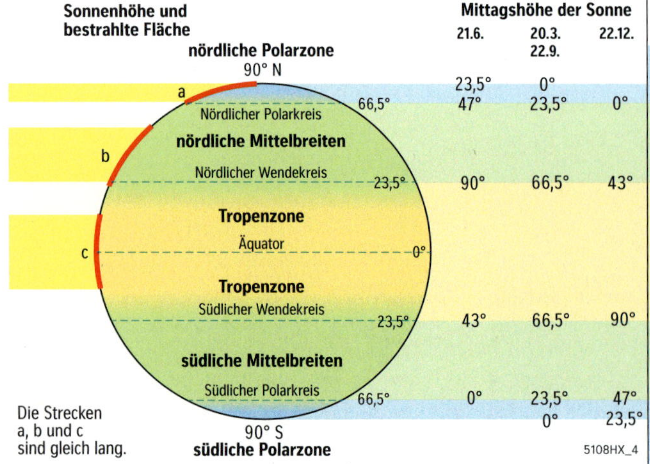

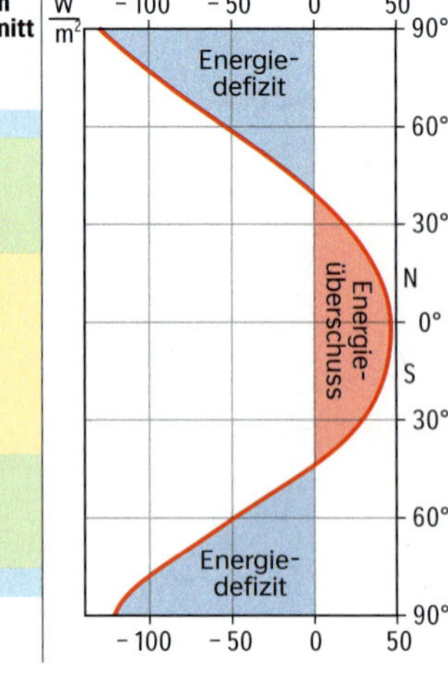

M 3 **Strahlungsklimatische Zonen**

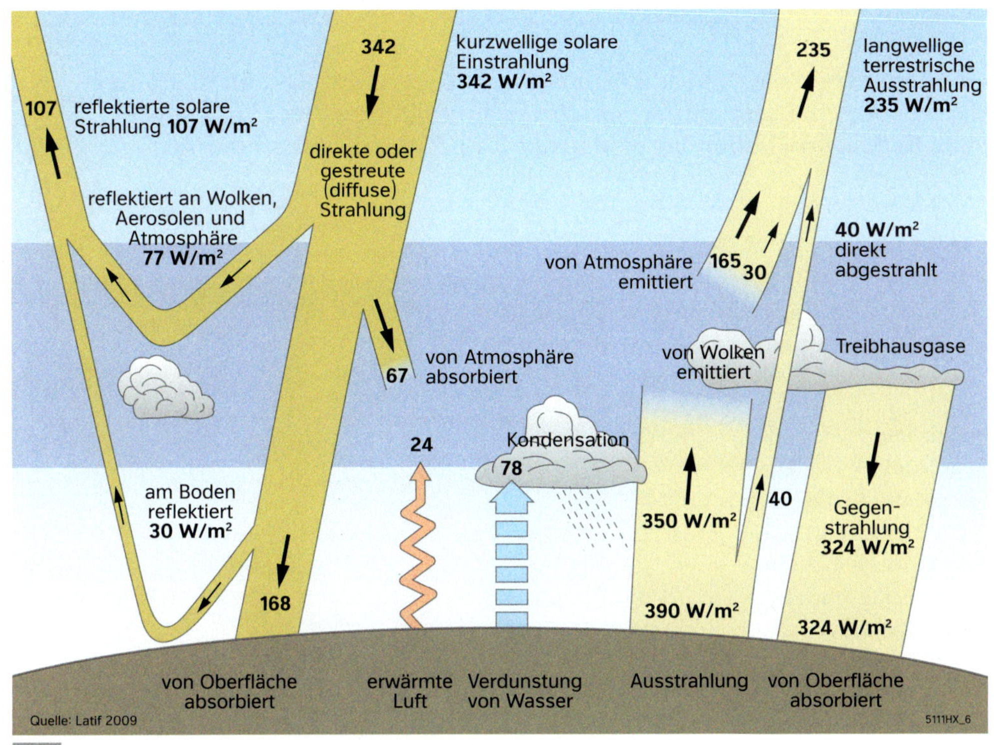

M 5 Strahlungs- und Wärmehaushalt des Systems Erde – Atmosphäre – Weltraum

Gas	Atmosphärenanteil
Stickstoff (N_2)	78,08 %
Sauerstoff (O_2)	20,95 %
Argon (Ar)	0,93 %
Spurengase	0,04 % (380 ppm) davon: • Neon (Ne):18 ppm • Helium (He): 5 ppm • Methan (CH_4): 2,6 ppm • Wasserstoff (H_2): 500 ppb • Lachgas (N_2O): 300 ppb • Kohlenstoff-monoxid (CO): 200 ppb • Ozon (O_3): 70 ppb

ppm = parts per million
ppb = parts per billion

M 9 Zusammensetzung der Erdatmosphäre

Die Erde empfängt im Durchschnitt eine kurzwellige Solarstrahlung 342 Watt pro Quadratmeter (W / m²). Etwa 30 Prozent davon (107 W / m²) werden von den Bestandteilen der Atmosphäre und von der Erdoberfläche wieder zurück in den Weltraum reflektiert. Den verbleibenden Anteil (235 W / m²) absorbiert das System Erde – Atmosphäre. Er erwärmt den Planeten und die Atmosphäre.

Durch die Absorption der kurzwelligen Solarstrahlung erwärmt sich die Atmosphäre insgesamt jedoch nur geringfügig. Durch die von der Erdoberfläche abgegebene langwellige terrestrische Strahlung (390 W / m²) wird sie aber wie von einer Herdplatte ständig von unten her angeheizt – ebenso wie durch die Zufuhr erwärmter Luft (fühlbare Wärme, 24 W / m²) und durch Energie, die bei der Verdunstung in Wasserdampf gespeichert und bei dessen Kondensation wieder freigesetzt wird (latente Wärme, 78 W /m²).

Die langwellige Wärmestrahlung (Infrarotstrahlung) wird in der Atmosphäre zu etwa zwei Dritteln von Wasserdampf und anderen Treibhausgasen (v. a. Kohlenstoffdioxid und Spurengasen wie Methan, Stickoxide, Fluorchlorkohlenwasserstoffe, Ozon) sowie von Aerosolen absorbiert und als Gegenstrahlung wieder zur Erdoberfläche zurückgestrahlt (324 W / m²). Der Rest gelangt ins All und gleicht damit die Zufuhr kurzwelliger solarer Strahlung aus. Wären die Treibhausgase, die wie die Glashülle eines Treibhauses die kurzwellige Strahlung passieren lassen, die langwellige aber teilweise absorbieren, nicht in der Atmosphäre, läge die errechnete globale Mitteltemperatur heute nicht bei + 15 °C, sondern bei – 18 °C. Ohne diesen natürlichen Treibhauseffekt wäre die Erde demnach eine lebensfeindliche Eiswüste.

Der Transport latenter und fühlbarer Wärme erfolgt jedoch nicht nur in vertikaler Richtung. Luftmassen können sich auch horizontal bewegen und damit regionale bzw. globale Strahlungsbilanzüberschüsse oder -defizite ausgleichen. Der Wärmehaushalt und die Lufttemperatur eines Ortes ergeben sich also aus dem Zusammenspiel der lokalen Strahlungsbilanz (solares Strahlungsklima) sowie der Zufuhr von fühlbarer und latenter Wärme durch Luftmassen.

M 6 Strahlungs- und Wärmehaushalt

Die Erdatmosphäre gleicht einer Wärmekraftmaschine, die die zugeführte Energie in Wärme- und Bewegungsenergie umsetzt. Der Energietransport zwischen Regionen mit Energieüberschüssen und Energiedefiziten kann dabei kleinräumig erfolgen, erreicht aber stets auch eine globale Dimension (M3).
Die jeweilige Strahlungsbilanz (lokal, regional, global) wird entscheidend durch die aus astronomischen Gründen (Umlauf der Erde um die Sonne und Schrägstellung der Erdachse) zeitlich und räumlich unterschiedliche **solare Einstrahlung** sowie durch die unterschiedlichen Absorptions- bzw. Reflexionseigenschaften der Atmosphäre und der Erdoberfläche geprägt. Die sogenannte **Albedo** beschreibt das prozentuale Verhältnis zwischen reflektierter und einfallender Sonnenstrahlung. Ihre Größe wird von physikalischen und von chemischen Material- und Oberflächenmerkmalen beeinflusst.
In der Entwicklung des Systems Erde haben sich die Albedo, die Zusammensetzung der Atmosphäre sowie die solare Zustrahlung immer wieder verändert, mal rasch, oft sehr langsam, aber stets mit weitreichenden Folgen für das Strahlungsgleichgewicht der Erde und die Entwicklung seiner Ökosysteme und Lebewesen. Ein wichtiger neuer Faktor ist der Mensch. Er hat durch Veränderungen der Erdoberfläche (z. B. Rodungen), durch Landwirtschaft sowie durch steigende Emissionen von Treibhausgasen seit der Industrialisierung den anthropogenen Treibhauseffekt angestoßen. Dadurch ist die Energiebilanz der Erde bereits um 3,1 Watt pro Quadratmeter aus dem Gleichgewicht geraten und die Durchschnittstemperatur der Atmosphäre seit 150 Jahren um gut einen Kelvin angestiegen.

M 7 Albedo und anthropogener Treibhauseffekt

Neuschnee	80 – 85 %	Grasland	20 – 25 %
dicke Wolke	70 – 80 %	Wald	5 – 10 %
dünne Wolke	25 – 50 %	Sand	20 – 30 %
unbedeckte Erde (trocken)	15 – 25 %	Wasser (hoch stehende Sonne)	50 – 80 %
unbedeckte Erde (feucht)	10 %	Wasser (niedrig stehende Sonne)	3 – 5 %

M 8 Albedowerte

Die Atmosphäre der Erde

Die Erde besitzt eine in unserem Sonnensystem einzigartige Atmosphäre. Dieses nur wenige Kilometer mächtige Gemisch aus Gasen und Aerosolen (Flüssigkeiten, Feststoffe) umhüllt den Planeten wie ein durchsichtiger Schutzmantel. Welche Bedeutung haben Vertikalstruktur und Wassergehalt der Atmosphäre?

1 a) Beschreiben Sie die Vertikalstruktur der Atmosphäre (M1).
b) Erklären Sie deren Besonderheiten (M2).

2 Begründen Sie die besondere Bedeutung von Wasser in der Atmosphäre (M2 – M4).

3 a) Erklären Sie Entstehung, Merkmale und Auswirkungen des Föhns (M4 – M6, M9).
b) Arbeiten Sie rechnerisch Lufttemperatur und relative Feuchte auf der Leeseite eines 2000 m hohen Gebirges heraus, wenn die Luft auf der Luvseite in 200 m Höhe mit 20 °C und 54 % relativer Feuchte startet.

4 a) Erklären Sie die Begriffe labile und stabile Schichtung sowie Inversion (M2, M7, M8).
b) Begründen Sie, warum Inversionen auf Fotos oft als „atmosphärische Schmutzschicht“ zu sehen sind.

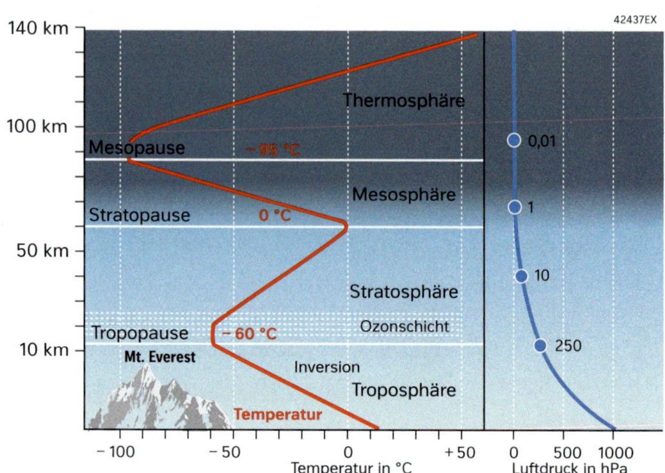

M 1 **Stockwerkbau der Atmosphäre**

Die **Atmosphäre** ist die an Masse ärmste Kugelschale der Erde. Sie rotiert mit ihr und geht ohne feste Obergrenze ins Weltall über. Da sie durch die Schwerkraft der Erde festgehalten wird, ist der größte Teil ihrer Bestandteile (99 %) in den untersten 40 Kilometern konzentriert. Ihre chemische Zusammensetzung ändert sich aber bis in etwa 10 Kilometer Höhe kaum, die Luft wird insgesamt nur „dünner“. Auf Meeresniveau entspricht das Gewicht der gesamten Luftsäule darüber einer 10,13 Meter mächtigen Wassersäule. Der sogenannte Normaldruck beträgt im Mittel daher 1013 hPa. Mit zunehmender Höhe nimmt der **Luftdruck** ab, da die Luftsäule darüber kleiner wird.

Die Lufttemperatur nimmt mit der Höhe nicht kontinuierlich ab. Daher lässt sich die Atmosphäre in mehrere Stockwerke gliedern, die durch Bereiche mit markanten Temperaturänderungen (Pausen) abgrenzbar sind. In der untersten Schicht, der Troposphäre, nimmt die Temperatur um etwa ein Kelvin pro 100 Meter ab und erreicht an der Tropopause, der Grenzschicht zur darüberliegenden Stratosphäre, Werte unter – 60 °C. Bis zur Stratopause steigt die Temperatur wieder, weil die Ozonschicht einen Großteil der energiereichen, gefährlichen ultravioletten Strahlung der Sonne absorbiert.

Die an der Tropopause beginnende Temperaturumkehr (Inversion) blockiert weitgehend höher reichende vertikale Luftströmungen. Daher findet das Wettergeschehen v. a. innerhalb der Troposphäre statt. Diese „Wetterschicht“ wird durch vertikale und horizontale Luftströmungen ständig durchmischt. Sie reicht an den Polen bis in 8 Kilometer, am Äquator bis in 18 Kilometer Höhe.
Auch der Wasserdampf der Troposphäre kann die Sperrschicht der Tropopause praktisch nicht durchdringen. Im Durchschnitt enthält die Atmosphäre etwa die 300-fache Wassermenge des Bodensees. Statistisch gesehen wird diese in zehn bis elf Tagen einmal völlig umgewälzt. Daher ändert sich der Wassergehalt der Atmosphäre rascher und viel stärker als der ihrer anderen Bestandteile. Da jeder Wechsel des Aggregatzustandes (fest, flüssig, gasförmig) mit einem Energieumsatz verbunden ist, werden durch den latenten Wärmestrom in der Atmosphäre gewaltige Energiemengen transportiert.

M 2 **Basisinformation**

Luft kann unterschiedlich viel Wasserdampf enthalten. Die größtmögliche Menge Wasserdampf, die ein Kubikmeter Luft bei einer bestimmten Temperatur aufnehmen kann, wird als maximale Feuchte in der Taupunktkurve dargestellt. Der Taupunkt ist diejenige (Sättigungs-)Temperatur, bei der Wasserdampf kondensiert. Bei der **Kondensation** entstehen aus dem unsichtbaren Wasserdampf Wassertröpfchen, die als Nebel oder Wolken sichtbar werden. Sie bilden sich aber nur, wenn feste Aerosole als Kondensationskerne in der Luft sind.
Die Menge des in der Luft gerade enthaltenen Wasserdampfs, die absolute Feuchte, wird ebenfalls in Gramm je Kubikmeter (g / m³) angegeben. Die relative Feuchte schließlich ist das prozentuale Verhältnis von maximaler zu absoluter Feuchte. Am Taupunkt beträgt die relative Feuchte also 100 Prozent. Eine Erwärmung über den Taupunkt hinaus führt zu erneutem Verdunsten der Tröpfchen, zu Wolkenauflösung und zu steigender Wasserdampfaufnahmefähigkeit.

M 3 **Wasser in der Atmosphäre**

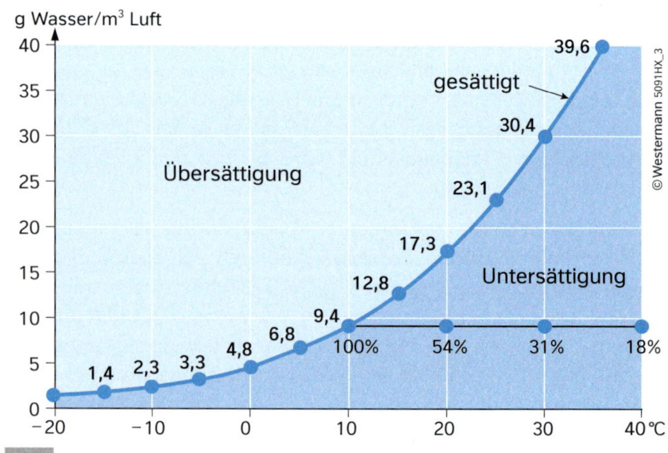

M 4 **Sättigungskurve von Luft für Wasserdampf (Taupunktkurve)**

Die meisten Abkühlungsvorgänge werden in Bodennähe durch Wärmeabstrahlung in wolkenarmen Nächten oder durch aufsteigende Luftmassen in Gang gesetzt. Im letzteren Fall dehnt sich ein Luftvolumen wegen des mit der Höhe geringer werdenden Luftdrucks aus und kühlt dadurch ab. Ohne Wärmeaustausch mit der Umgebung (adiabatisch) beträgt die Temperaturabnahme ein Kelvin pro 100 Meter (**trockenadiabatischer** Temperaturgradient). Wird der Taupunkt unterschritten, kondensiert der mitgeführte Wasserdampf. Wegen der dabei frei werdenden Kondensationswärme kühlt die Luft beim weiteren Aufstieg nur noch um etwa 0,5 Kelvin pro 100 Meter ab (**feuchtadiabatischer** Temperaturgradient).

Die wetterwirksamen Folgen von Kondensations- und Verdunstungsvorgängen zeigen sich anschaulich am Beispiel des **Föhns.** Nach trockenadiabatischer Abkühlung im Luv eines Gebirges folgt oberhalb des Kondensationsniveaus bis zum Kamm feuchtadiabatische Abkühlung mit Steigungsregen. Jenseits des Kamms wird die Luft beim Absinken durch Kompression wieder erwärmt. Nach einer kurzen Phase der Wolkenauflösung erfolgt der Abstieg trockenadiabatisch, die relative Feuchte sinkt dabei rasch. Die Leeseite des Gebirges hat durch den trockenen und warmen **Fallwind**, den Föhn, auf gleichem Höhenniveau daher höhere Temperaturen und eine geringere Luftfeuchte als die Luvseite.

Während die Wolken der Luvseite scheinbar wie eine Mauer über dem Hauptkamm stehen bleiben (Föhnmauer), bildet sich im Regenschatten eine kammparallele, mehr oder weniger breite wolkenlose Zone (Föhnlücke). Meist wird die Luft beim Überströmen des Gebirges in eine Wellenbewegung versetzt. Dabei bilden sich an jedem Wellenberg linsen- oder fischförmige Wölkchen, sogenannte Föhnfische (Altocumulus Lentikularis), die sich in den Wellentälern aber wieder auflösen. Da der Staub mit dem Steigungsregen ausgewaschen wurde, herrscht in der dunstfreien Luft der Leeseite eine gute Fernsicht.

Föhneffekte entstehen immer dann, wenn beidseits von Gebirgen unterschiedlicher Luftdruck herrscht. Am Alpenrand gibt es daher den von Süden kommenden und bis München spürbaren Südföhn bzw. den nach Oberitalien einströmenden Nordföhn. Föhn gibt es aber auch an Mittelgebirgen, an der Ostseite der Rocky Mountains (Chinook) oder im Norden des Atlas (Leveche).

M 5 Föhn – ein Windsystem über Gebirgen

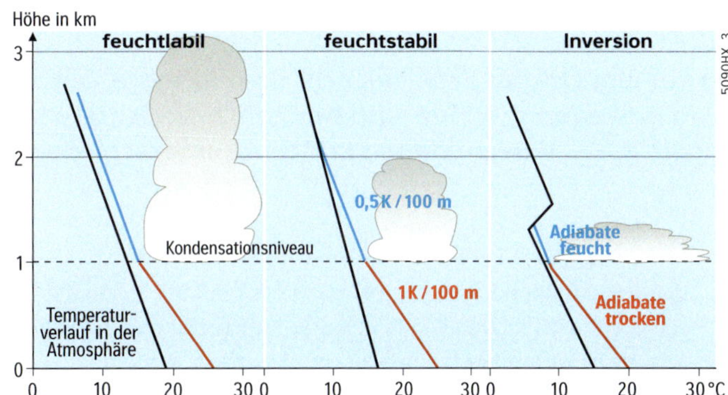

Ein Luftvolumen kann nur bis zu einer Luftschicht gleicher Dichte aufsteigen. Daher ist das gegebene Temperaturprofil wichtig:

- labile Schichtung: Die umgebende Luftschicht ist kälter, daher bleibt der Auftrieb der Warmluftblase wegen ihrer noch geringeren Dichte erhalten. Die Warmluftblase steigt weiter auf.
- stabile Schichtung: Die umgebende Luftschicht ist wärmer, daher sinkt die Luftblase wegen ihrer größeren Dichte zurück.
- Inversion: Eine Temperaturumkehr ist eine äußerst stabile Schichtung. Sie wirkt als Sperre und erlaubt Vertikalbewegungen nur bis zu ihrer Unterseite.

M 7 Schichtungstypen

Auch in der freien Atmosphäre werden Luftvolumen ständig vertikal verlagert, z. B. wenn am Tage bodennahe Luftschichten erwärmt werden. Mehr oder weniger große Warmluftblasen lösen sich dann vom Untergrund und schlingern in die Höhe (freier Föhn). Zum Ausgleich sinkt in ihrer Umgebung Luft ab. Ausgelöst durch diese Thermik bilden sich überall kleine **Konvektionszellen.**

Innerhalb der aufsteigenden Warmluftblasen ändert sich die Temperatur rein adiabatisch. Die in der Zustandskurve darstellbaren Temperaturverhältnisse ihrer Umgebung entscheiden über den weiteren Weg des Luftvolumens (M7).

M 8 Vertikalbewegungen

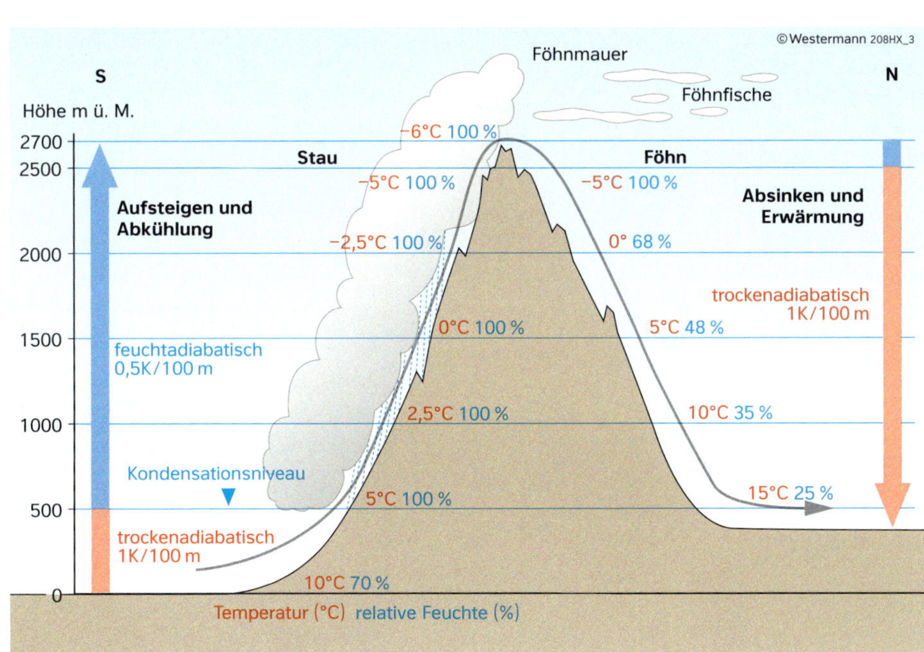

M 6 Steigungsregen und Föhn

M 9 Föhnmauer (a) und Föhnfische (b)

Lokale und regionale Winde und Windsysteme

An keinem Ort der Erde herrscht über längere Zeit völlige Windstille, die Luft ist fast ständig und überall in Bewegung. Winde sind horizontal gerichtete Luftmassenströmungen, die Luftdruckunterschiede ausgleichen. Wie entstehen Luftdruckunterschiede und welche Winde und Windsysteme ergeben sich daraus?

1. Beschreiben Sie den in M1 dargestellten Sachverhalt.
2. „Isobare Flächen liegen in kalter Luft enger beieinander als in warmer Luft." Begründen Sie diese Aussage.
3. **a)** Erläutern Sie das Land-See-Windsystem (M2, M3).
   b) Erstellen Sie eine Skizze der Nachtsituation des Systems.
4. Vergleichen Sie das Land-See-Windsystem mit dem Berg-Tal-Windsystem in Gebirgstälern (M2 – M4, M7).
5. Fallwinde können kalt oder wie der Föhn auch warm sein. Erklären Sie die Unterschiede anhand der Beispiele Mistral und Bora (M5).
6. Erstellen Sie zu den in M5 genannten Winden eine Präsentation für ihre Lerngruppe.

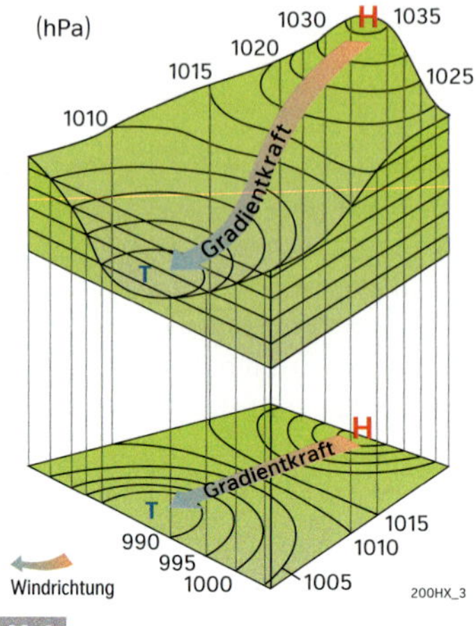

M 1 **Luftdruck und Wind**

Luft übt allein durch ihr Gewicht auf eine Bezugsfläche einen Druck aus, den **Luftdruck**.

Im Meeresniveau beträgt der Luftdruck der gesamten darüberstehenden Luftsäule im Durchschnitt 1013 Millibar bzw. 1013 Hektopascal (hPa).

Ein Pascal entspricht dem Druck, den eine Kraft von einem Newton auf einen Quadratmeter ausübt.

Isobaren sind Linien, die auf Wetterkarten Orte mit gleichem Luftdruck verbinden. Sie umschließen die Gebiete mit relativ hohem Luftdruck (Hoch oder **Antizyklone**) und die Gebiete mit tieferem Luftdruck (Tief oder **Zyklone**) mehr oder weniger kreisförmig. In Vertikalprofilen oder Blockbildern werden dagegen isobare Flächen, Höhenniveaus mit jeweils gleichem Luftdruck, dargestellt (M1).
Winde sind horizontal gerichtete Luftmassenströmungen, die Luftdruckunterschiede ausgleichen. Die Kraft, welche die Luft in Bewegung setzt (Gradientkraft), ist daher stets vom höheren zum tieferen Druck gerichtet. Je größer das Druckgefälle, desto stärker ist der daraus resultierende Wind.

Luftdruckunterschiede und die von ihnen ausgelösten Winde entstehen meist durch die unterschiedliche Erwärmung der Luft. Bei gleicher Sonneneinstrahlung erwärmt sich Land z. B. generell rascher und stärker als Wasser und heizt die darüberliegende Luftschicht von unten her an. Die Erwärmung führt zu einer Volumenausdehnung und schließlich zu einem Aufsteigen der Luft (**Konvektion**). Dadurch werden in der Höhe die isobaren Flächen gegenüber dem Meer angehoben (M3). Es entsteht ein Luftdruckgefälle vom Land zum Meer mit einer entsprechend gerichteten Höhenströmung. Durch den Massenabfluss in der Höhe bildet sich über Land am Boden ein Tief. Über der relativ kühl gebliebenen Wasseroberfläche entsteht dagegen durch den Massenzufluss in der Höhe und durch absinkende Luftmassen ein Hoch. Als Folge des bodennahen Druckgefälles vom Meer zum Land weht in Bodennähe der kühle Seewind als Ausgleichströmung eines in sich geschlossenen kleinräumigen Zirkulationssystems. Die entstehenden Winde werden immer nach der Richtung benannt, aus der sie kommen, wie z. B. Seewind, Ostwind.

Das **Land-See-Windsystem** resultiert aus rein thermisch bedingten Luftdruckgebieten. Daher kehren sich nachts die Luftdruckverhältnisse und die Windrichtungen um. In beiden Fällen beträgt die vertikale Mächtigkeit des Systems kaum 500 Meter, die land- bzw. seewärtige Reichweite höchstens 50 Kilometer, die Windgeschwindigkeit bleibt meist unter 50 Kilometer pro Stunde.
Ebenfalls rein thermisch bedingt sind im Winter das Kältehoch z. B. über Sibirien, im Sommer das Hitzetief z. B. über Indien.

M 2 **Basisinformation**

- Wasser besitzt eine höhere Albedo als Land (Gestein).
- Wasser besitzt eine höhere Wärmekapazität als Land. Bei gleicher Wärmezufuhr steigt die Temperatur des Wassers daher weniger stark als die des Landes.
- Sonnenstrahlen dringen tief ins Wasser, das erwärmte Wasservolumen wird zudem durchmischt; die einer Landoberfläche zugeführte Sonnenenergie bleibt dagegen auf eine dünne, oberflächennahe Schicht begrenzt. Diese wirkt wie eine Heizplatte.
- Land kühlt sich schneller ab als Wasser.

M 3 **Land-See-Windsystem (Tagsituation)**

Wie das Land-See-Windsystem ist auch das **Berg-Tal-Windsystem** ein tagesperiodisch wechselndes Windpaar mit geringer Reichweite. Der sogenannte Höllentäler in Freiburg im Breisgau ist Teil eines solchen kleinräumigen **lokalen Windsystems**. Er ist ein Bergwind, der aus der Bündelung nächtlicher Kaltluftabflüsse aus den Tälern östlich der Stadt, u.a. dem Höllental und dem Bruggatal, entsteht. Vor dem Eintritt in die Rheinebene wird er durch die Engstelle des Dreisamtals wie in einer Düse beschleunigt und durchlüftet als meist böige Kaltluftströmung auf seinem Weg nach Westen abends und nachts große Bereiche der Stadt.
Auch die abend- und nächtliche Durchlüftung der in einem Talkessel gelegenen Innenstadt von Stuttgart ist auf einen Bergwind zurückzuführen, denn die auf den auskühlenden Freiflächen der Kesselränder entstehende Kaltluft fließt als sogenannter Nesenbächer durch das Nesenbachtal bis in die Innenstadt hinein.
In anderen Städten haben die durch die Erwärmung des städtischen Siedlungskörpers ausgelösten Flurwinde eine vergleichbare Wirkung.

M 4 Lokale Winde und Windsysteme

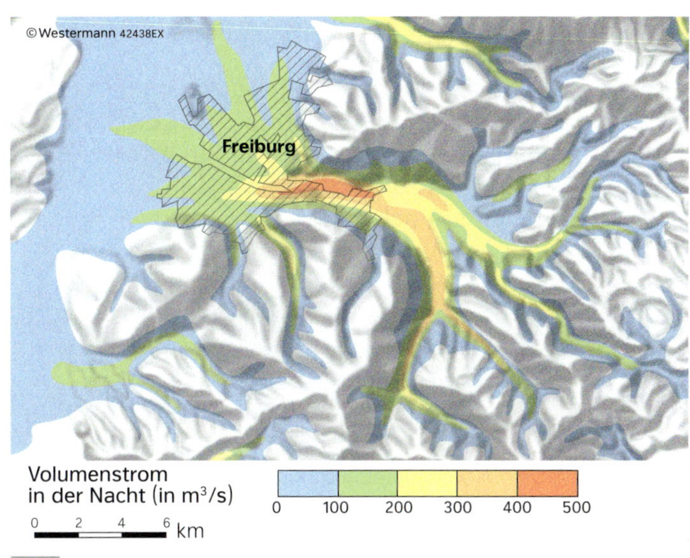

M 6 Der „Höllentäler“

Regionale Winde und Windsysteme erreichen eine Ausdehnung von bis zu einigen Hundert Kilometern und erhalten ihre charakteristischen Merkmale oft durch besondere topographische Bedingungen und Strömungsverhältnisse.

Der *Mistral* in Südfrankreich entsteht z.B. an der Ostseite eines Hochdruckgebietes über dem Golf von Biskaya (Atlantik) und Südwestfrankreich als Druckausgleichsströmung hin zu einem Tiefdruckgebiet über dem Mittelmeergebiet. Der aus nördlichen und nordwestlichen Richtungen wehende Mistral wird zwischen Alpen und Zentralmassiv in der Verengung des Rhônetals wie in einer Düse auf sehr hohe Windgeschwindigkeiten beschleunigt. Wegen seiner hohen Geschwindigkeit und die Herkunft seiner Luftmasse aus polaren oder mittleren Breiten wird der Mistral im sonst warmen Mittelmeerraum als kalt und trocken empfunden, obwohl er als **Fallwind** im südlichen Frankreich, am Südrand der Cevennen, wie der Föhn trockenadiabatisch erwärmt wird. Kälteempfindliche Nutzpflanzen müssen durch Schutzhecken vor dem Wind geschützt werden, dessen stürmisch-böige, oft weit auf das Meer hinausreichende „Mistralzunge“ für die Schifffahrt sehr gefährlich sein kann.

Die *Bora* der dalmatinischen und istrischen Adriaküste (Slowenien, Kroatien, Bosnien, Herzegowina und Montenegro) entsteht ebenfalls im Grenzgebiet zwischen mediterranem und gemäßigt kontinentalem Klima. Insbesondere bei Hochdruckwetterlagen im Winter entsteht in der ungarischen Tiefebene östlich des Dinarischen Gebirges durch Ausstrahlung oder durch Zufuhr osteuropäischer, kontinentaler Kaltluft ein Kaltluftsee. Bei gleichzeitig tiefem Druck über der Adria bilden sich große Luftdruckgegensätze, die die Kaltluft über das Gebirge strömen lassen. Die dichte schwere Kaltluft fällt mehr als 1000 Meter hinunter zur Adria und erreicht dabei auch Sturmstärken. Ihre meist ohne Vorzeichen auftretenden Böen können Menschen umwerfen und Autos von den Küstenstraßen werfen. Wie der Mistral wird die Bora im warmen Mittelmeerraum als relativ kalt und trocken empfunden.

Der *Leveche* im westlichen, der *Schirokko* im zentralen und der *Chamsin* im östlichen Mittelmeerraum sind heiße, staubbeladene Wüstenwinde, die bei Hochdruck über Nordafrika entstehen. Sie können Wüstensand aus der Sahara weit nach Norden verfrachten und beim Überqueren des Mittelmeers auch viel Feuchtigkeit aufnehmen. Die *Etesien* wehen mit Böen und oft hohen Windgeschwindigkeiten im Sommer bei hohem Luftdruck vom Balkan und Osteuropa her über die Ägäis nach Süden.

M 5 Regionale Winde und Windsysteme

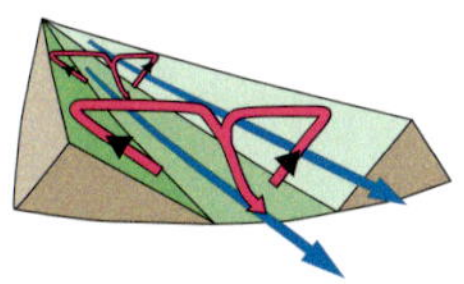

nach Sonnenaufgang:
Einsetzen von Hangaufwinden; Talabwind (Bergwind) noch in Gang, da Luft im Tal noch kälter ist als in der Höhe; absteigender Ast der Hangwindzirkulation speist noch den Talabwind

Vormittag:
mit zunehmender Erwärmung der Berghänge aufgrund des steileren Einfallswinkels der Sonnenstrahlung erwärmt sich die Luft; Volumenausdehnung, Anhebung der Isobaren Flächen und Hangaufwindzirkulation sind die Folge; der Talabwind erstirbt

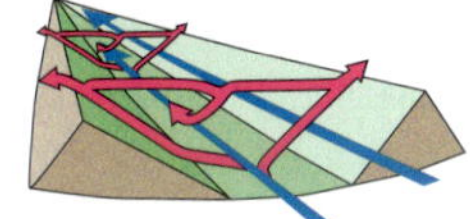

Mittag:
Talaufwind (Talwind) setzt ein, der den Hangwind speist, seinerseits aber auch Zufuhr aus dem absteigenden Ast der Hangwindzirkulation erfährt

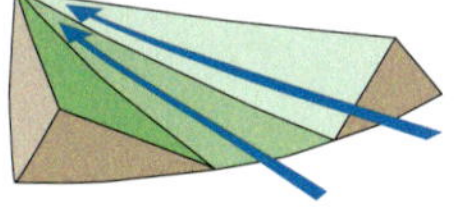

später Nachmittag:
Hangaufwinde erlöschen, während der Talwind noch einige Zeit allein in Gang bleibt

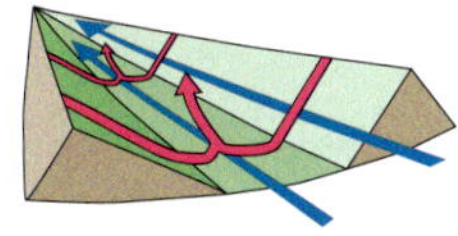

Abend:
Hangabwind setzt ein, weil die Hänge früher als der Talboden auskühlen; über dem Talboden steigt die Luft auf

Talwind erstirbt, ausschließlich Hangabwindzirkulation

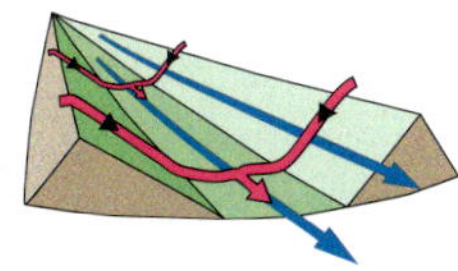

Talabwind (Bergwind) setzt ein: er erhält Zufluss vom Hangabwind

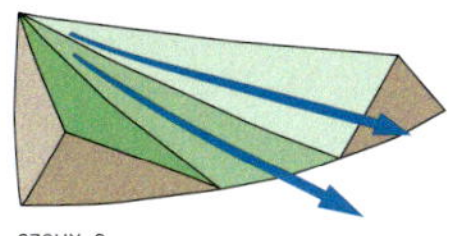

gegen Morgen erfüllt Bergwind das ganze Tal, bis mit Sonnenaufgang der Rhythmus wieder von Neuem beginnt

M 7 Berg-Tal-Windsystem

Mechanismen des globalen Energieaustauschs – Schauplatz Mittelbreiten

Auf einer ruhenden Erdkugel würde sich wegen der Temperatur- und Luftdruckgegensätze zwischen den Tropen und den Polarregionen eine dem Land-See-Windsystem vergleichbare, aber weitaus großräumigere Zirkulation einstellen: In der Höhe jeder Halbkugel würden Luftmassen vom Äquator Richtung Pol und in Bodennähe von dort zurückfließen. Wegen der Rotation der Erde gibt es diese einfache Zirkulation und den damit möglichen einfachen Energieaustausch jedoch nicht. Welche Mechanismen gibt es stattdessen?

1 Charakterisieren Sie die planetare Druckverteilung (M1).
2 Vergleichen Sie M1 mit Seite 74 M3.
3 Erklären Sie die Entstehung der außertropischen Westwindzone und der Jetstreams (M2, M3).
4 a) Arbeiten Sie Entstehung und Bedeutung der Mäander der Höhenströmung heraus (M4, M6, M7).
  b) Arbeiten Sie die Entstehung und Bedeutung des Pump-Saug-Mechanismus heraus (M5).
5 Vergleichen Sie thermische Druckgebilde (Land-See-Windsystem) und dynamische Druckgebilde (durch Jetstream gebildet).
6 Gestalten Sie eine Präsentation zum globalen Strömungsmuster über mehrere Tage. ↗ *WES-115548-005*

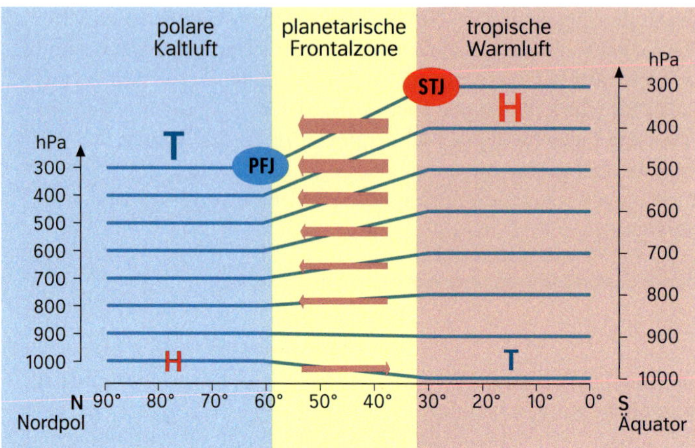

M1 Globale Druckverteilung in der Atmosphäre

Jedes Luftpaket, das durch die Gradientkraft vom Äquator polwärts bewegt wird, behält wegen der Trägheit seiner Masse die am Äquator gegebene Rotationsgeschwindigkeit von 465 Meter pro Sekunde bei. Bereits bei 40° Nord oder Süd ist diese um 110 Meter pro Sekunde höher als die der dortigen Erdoberfläche, die wegen des geringeren Breitenkreisradius nur eine Drehgeschwindigkeit von 355 Meter pro Sekunde besitzt. Das Luftpaket eilt also der Bodendrehung voraus, wird scheinbar nach rechts abgelenkt. In umgekehrter Richtung bleiben Winde, die vom Pol äquatorwärts wehen, gegenüber der Erdoberfläche zurück. Die sogenannte **Coriolisablenkung** ist keine Kraft im physikalischen Sinn, sondern eine Überlagerung von zwei Bewegungen (Vektoren): einer Kreisbewegung als Folge der Erdrotation und einer geradlinigen Bewegung als Folge der Druckunterschiede. Sie wirkt immer im rechten Winkel zur Bewegungsrichtung und bewirkt auf der Nordhalbkugel eine Rechts-, auf der Südhalbkugel eine Linksablenkung der Luftmassenströmungen.

Die Stärke dieser Ablenkung steigt mit der Geschwindigkeit der Strömung und der geographischen Breite. Ihren größten Einfluss auf bewegte Luftmassen hat sie daher dort, wo die Luft nicht durch Reibungskräfte an der Erdoberfläche gebremst und/oder sie durch hohe Luftdruckgegensätze stark beschleunigt wird. Dies ist besonders im Bereich der sogenannten planetarischen Frontalzone der Fall, die auf beiden Halbkugeln das Übergangsgebiet zwischen der hoch reichenden Warmluftsäule der Tropen und den weniger hoch reichenden Kaltluftsäulen der Polarregionen bildet. Aufgrund der Coriolisablenkung entwickelt sich dort in den mittleren Breiten ein breites Band beständig wehender Westwinde, die **außertropische Westwindzone**. Da in der Frontalzone das Luftdruckgefälle mit der Höhe zunimmt und an ihrem Nord- bzw. Südrand besonders stark ist, kommt es dort nahe der Tropopause zu den größten Windgeschwindigkeiten. Die dadurch in sieben bis zwölf Kilometer Höhe entstehenden **Jetstreams** (Strahlströme) umtosen als Polarfront- und Subtropenjetstream mit Geschwindigkeiten von 100 bis 600 Kilometern pro Stunde bei 500 bis 1000 Kilometern Breite der Erde.

M2 Basisinformation

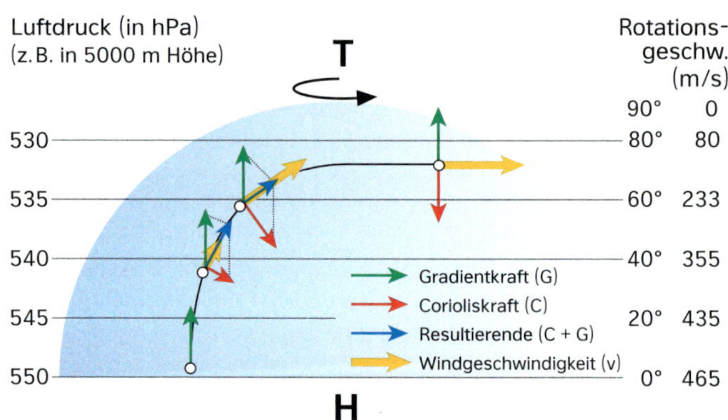

Coriolisablenkung (vereinfacht): $C = 2 \cdot m \cdot \omega \cdot \sin\varphi \cdot v$

m = Masse des Luftvolumens (konstant)
ω = Winkelgeschwindigkeit der Erddrehung (konstant)
sin φ = Sinus der geographischen Breite (variabel)
v = Geschwindigkeit des Luftvolumens (variabel)

221HX_2

Konsequenzen:

a) In der Höhe werden bewegte Luftmassen nicht durch Bodenreibung gebremst. Wegen der großen Coriolisablenkung werden die Höhenwinde deshalb rasch zu isobarenparallelen Strömungen. Die maximale Ablenkung wird wegen der hohen Windgeschwindigkeiten des Luftvolumens in der Höhe der planetarischen Frontalzone erreicht. Es kommt zu keinem Luftdruckausgleich.

b) In Bodennähe sinkt durch die Reibung die Geschwindigkeit des Luftvolumens und damit auch die Coriolisablenkung. Die Luftmassen strömen wegen größerer Gradientkraft vom Hoch zum Tief. Luftdruckgegensätze werden abgebaut.

c) In niederen Breiten tendiert sin φ und damit die Coriolisablenkung gegen null: Luftmassen fließen direkt vom Hoch zum Tief. In Äquatornähe werden Luftdruckgegensätze rasch abgebaut.

M3 Auswirkungen der Coriolisablenkung

www.diercke.de
100800-249-02

Auf den ersten Blick blockiert das die Erde umschlingende Band der Westwindströmung mit den darin eingebetteten Strahlströmen den Energieaustausch zwischen Tropen und Polargebieten. Ihre breitenkreisparallele Zonalzirkulation führt aber auch zu einer wachsenden Vergrößerung des Temperaturgegensatzes und damit zu immer höheren Windgeschwindigkeiten. Wie eine Kerzenflamme oder das Wasser in einem Bach fließt auch die Höhenströmung der Frontalzone jedoch nie lange gleichförmig (laminar), sondern beginnt nach einiger Zeit zu schlingern. Der Übergang zu einer breitenkreisparallelen Meridionalzirkulation setzt dann ein, wenn die Temperaturdifferenz zwischen den tropisch-subtropischen und polaren Luftmassen auf mehr als sechs Kelvin je 1000 Kilometer angewachsen ist. In den dabei entstehenden mehr oder weniger stark ausgeprägten planetaren Wellen (Rossby-Wellen) wird Warmluft polwärts und Kaltluft äquatorwärts geführt.

Auch die unterschiedliche Land-Meer-Verteilung, die unterschiedliche Erwärmung über Land sowie von Nord nach Süd verlaufende Gebirge wie die Rocky Mountains initiieren Mäanderwellen: Über dem Gebirge sinkt wegen verstärkter Reibung die Geschwindigkeit der Luftströmung und damit auch die Coriolisablenkung. Da die Gradientkraft gleich bleibt, wird die Strömung polwärts ausgelenkt. Jenseits des Hindernisses steigt wegen verringerter Reibung die Strömungsgeschwindigkeit wieder. Daher wirkt die Coriolisablenkung stärker und lenkt die Strömung wieder äquatorwärts. Die Anzahl der Rossby-Wellen wechselt zwischen drei und fünf. Manchmal werden auch einzelne Zellen abgeschnürt (Cut-off) und blockieren zeitweilig die Westströmung. Insgesamt gleicht sich die Temperatur der vorstoßenden polaren Kaltluftströge und subtropischen Warmluftrücken durch Erwärmung bzw. Abkühlung allmählich der Umgebungstemperatur an. Dadurch wird das globale Wärmeungleichgewicht zumindest teilweise abgebaut.

M 4 Abbau des globalen Wärmeungleichgewichts – Rossby-Wellen

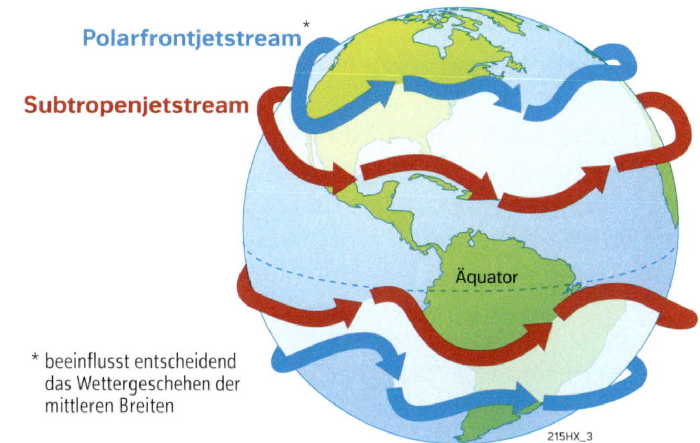

M 6 Die Strahlströme der Erde

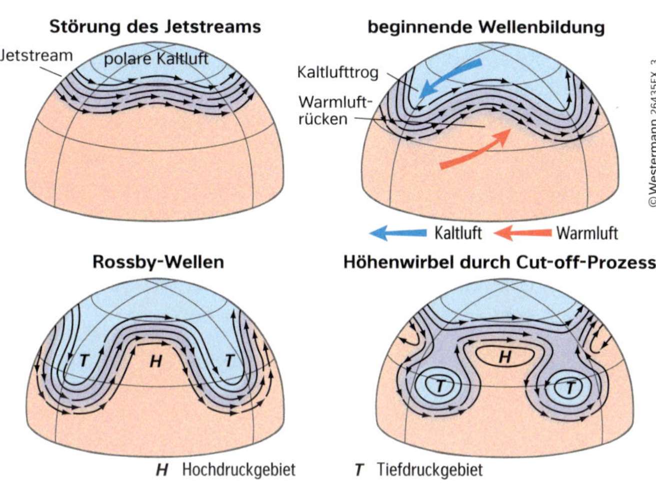

M 7 Rossby-Wellen und Cut-off

Das mäandrierende Starkwindband des Polarfrontjets ändert seinen Durchmesser ständig. Vor einer Engstelle staut sich die Luft (Konvergenz) und wird nach unten weggedrückt. Die so entstandenen Hochdruckgebiete reichen von der Höhe bis zum Boden und werden von oben ständig „nachgefüttert". Sie driften als dynamische Hochdruckwirbel (durch Strömungsprozesse ständig neu gebildet) mit der Weströmung ostwärts. Ein Teil schert dabei äquatorwärts aus und bildet als lockere Aneinanderreihung von Hochdruckzellen den subtropisch-randtropischen Hochdruckgürtel. In Bodennähe strömen die Luftmassen vom Zentrum dieser **Antizyklonen** weg und werden dabei durch die Corioliskraft abgelenkt (auf der Nordhalbkugel nach rechts). Ein Teil der Warmluftmassen fließt mit der Passatströmung äquatorwärts, ein anderer Teil polwärts und trifft dort an der Polarfront auf Kaltluftmassen.

Hinter Engstellen saugt der Jetstream beim Beschleunigen – wie ein riesiger „Staubsauger" – Luftmassen vom Boden weit in die Troposphäre. Die so entstehenden dynamischen Tiefdruckwirbel (**Zyklonen**) driften mit der Westwindströmung ostwärts. Einige scheren dabei polwärts aus und bilden als lockere Aneinanderreihung von Tiefdruckgebieten die subpolare Tiefdruckrinne. In Polarfrontnähe werden in diese durch den Jet erzeugten Tiefdruckgebiete subtropische Warmluft- und polare Kaltluftmassen eingezogen und gegen den Uhrzeigersinn (Nordhalbkugel) miteinander verwirbelt. Dabei wird die warme, leichte und meist feuchte Subtropikluft mehr oder weniger rasch über die kältere und daher schwerere Polarluft angehoben (**Advektion**). Bei der an der sogenannten **Warmfront** großräumig eingeleiteten Kondensation werden große Mengen latenter Wärme frei, die zuvor in den niederen Breiten zur Verdunstung eingesetzt worden waren.

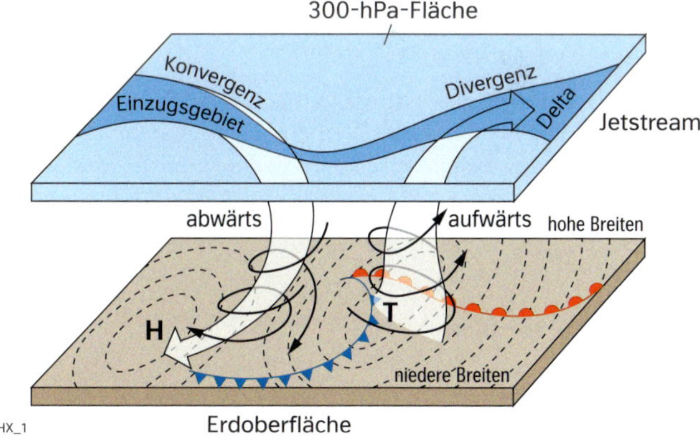

Große latente Wärmemengen werden auch frei, wenn sich an der nachrückenden sogenannten Kaltfront schwerere Kaltluft unter die Warmluft schiebt und diese nach oben verdrängt. Hinzu kommt noch die Auskühlung der in den Wirbel einbezogenen Warmluft.

Generell gilt: Je größer das meridionale Wärmeungleichgewicht ist, desto stärker mäandriert der Jet, desto mehr Zyklonen werden gebildet, desto größer ist der Umsatz latenter Wärme. Die Zyklonentätigkeit ist daher im Winter jeweils stärker als im Sommer und auf der Südhalbkugel wegen des „Eisschranks" der Antarktis stets stärker als auf der Nordhalbkugel.

Insgesamt erbringen die Luftmassenströmungen durch ihren Transport fühlbarer und latenter Wärme etwa 70 Prozent des globalen Wärmetransfers, rund 30 Prozent leisten die **Meeresströmungen**.

M 5 Abbau des globalen Wärmeungleichgewichts – Entstehung von dynamischen Hoch- und Tiefdruckgebieten

Wettergeschehen der Mittelbreiten – Zyklonen und Antizyklonen

In den mittleren Breiten gibt es Hagelschläge und Platzregen, Hitze-, Dürre- und Kälteperioden. Sie sind jedoch selten so stark ausgeprägt wie in anderen Teilen der Erde, meist regional begrenzt und nur von kurzer Dauer. Das Wetter wechselt rasch. Dabei dominieren zwei ganz verschiedene Wetterlagen, die eng auch mit dem Jetstream verknüpft sind. Welche Wetterlagen sind das und welcher Ablauf ist für sie typisch?

1. Beschreiben Sie die Wetterlage (M1).
2. Erläutern Sie den „Lebenslauf" (Geburt, Entwicklung Alterung, Tod) einer Polarfrontzyklone (M1, M3–M5).
3. Beschreiben Sie, wie ein Beobachter in Punkt P das nachfolgende Wettergeschehen erlebt. Berücksichtigen Sie dabei Temperatur, Bewölkung, Wind und Niederschlag (M5).
4. Erläutern Sie mögliche regionale Auswirkungen unterschiedlicher Zyklonenzugbahnen über Europa.
5. Vergleichen Sie zyklonales und antizyklonales Wettergeschehen.
6. Charakterisieren Sie die Wetterentwicklung in Mitteleuropa während z. B. einer Woche (Internet, Fernsehen, Tageszeitungen). Präsentieren Sie Ihre Ergebnisse. Nutzen Sie auch ↗ *WES-115548-006*.

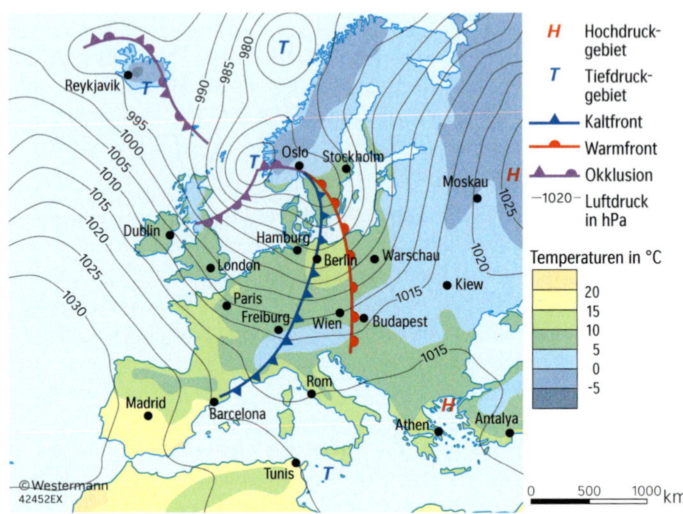

M1 Wetterkarte einer Tageszeitung – Tief über Mitteleuropa

Durch die Saugwirkung des Jets bilden sich entlang der Polarfront, wie z. B. über dem Nordatlantik zwischen Grönland und Island, in rascher Folge Tiefdruckgebiete mit Bodendruckwerten von bis zu 950 hPa und mit einem Durchmesser von meist mehr als 1000 Kilometern. Sie driften mit der Westwindströmung nach Osten und überqueren dabei Europa auf unterschiedlichen Bahnen. Im Winter erreichen sie auch den Mittelmeerraum, im Sommer verlaufen ihre Zugbahnen weiter nördlich.

In diesen dynamisch gebildeten **Zyklonen** werden subtropische Warmluft und subpolare Kaltluft eingesogen und miteinander verwirbelt. Die jeweils dazwischenliegenden Grenzflächen werden als Fronten bezeichnet. Diese sind wegen **Wolkenbildung** an ihren jeweils typischen **Wolkentypen** und Wettererscheinungen meist leicht erkennbar.

M2 Basisinformation

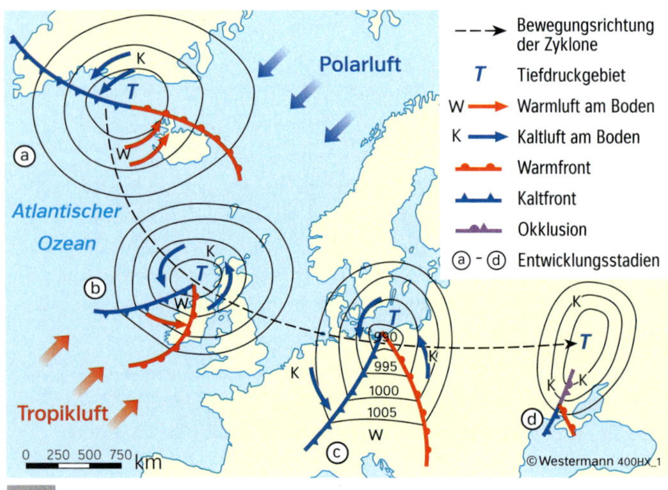

M3 Bewegung und Entwicklung einer Zyklone

An der **Warmfront** (M5) gleitet im schrägem Winkel die gegen die Kaltluft vorrückende Warmluft auf. Die Warmluft kühlt dabei langsam ab, Wasserdampf kondensiert zu Wassertröpfchen und es entwickelt sich allmählich eine immer geschlossener werdende Aufgleitbewölkung. Weit vor Eintreffen der Warmfront am Boden bilden sich dabei in der Höhe Schleierwolken (Cirrus), die sich beim Durchzug einer Zyklone zu dünnen Schichtwolken (Altostratus), später zu mächtigeren und tiefer liegenden Schichtwolken (Nimbostratus) verdichten. Aus ihnen fällt zunächst feiner Nieselregen, der rasch in großflächigen Regen mit relativ kleinen Tropfen übergeht. Bleibt die Kaltluft ortsfest, kann dieser sogenannte Landregen tagelang andauern.

Nach dem Durchzug der Warmfront (Aufgleitfront) gibt es keine Aufgleitbewegungen mehr. Im Warmluftsektor findet daher in der Regel keine Kondensation mehr statt. Je nach Feuchte und Temperatur der Luft können die Schichtwolken verdunsten oder noch einige Zeit als Haufenwolken mit geringer Höhenerstreckung (Cumulus humilis) erhalten bleiben. Der Temperaturunterschied zur Warmfront ist meist gering, sodass er nach dem relativ warmen Landregen häufig kaum empfunden wird.

An der nachfolgenden **Kaltfront** stößt kalte Luft gegen die vorgelagerte warme Luft vor. Die schwere Kaltluft bricht regelrecht in den Warmluftsektor ein und verdrängt die leichtere Warmluft nach oben, wobei diese rasch abkühlt: Es bilden sich hochreichende Konvektions- oder Haufenwolken (Cumulus), die als dunkle Wolkenfront heranziehen. Es entstehen heftige Schauerregen mit großen Regentropfen, oft auch Hagel und Graupel sowie Gewitter mit starken Windböen. Meist dauern diese Wolkengüsse oder Platzregen aber nicht lange.

Nach dem Durchzug der Kaltfront sind die Bedingungen in der Luftsäule wieder einheitlich. Da die Feuchtigkeit der zuvor nach oben verdrängten Warmluft kondensiert und die relative Feuchte in Kaltluft gering ist, nimmt die Wolkenbildung im sogenannten Rückseitenwetter rasch ab.

M4 Das zyklonale Wettergeschehen

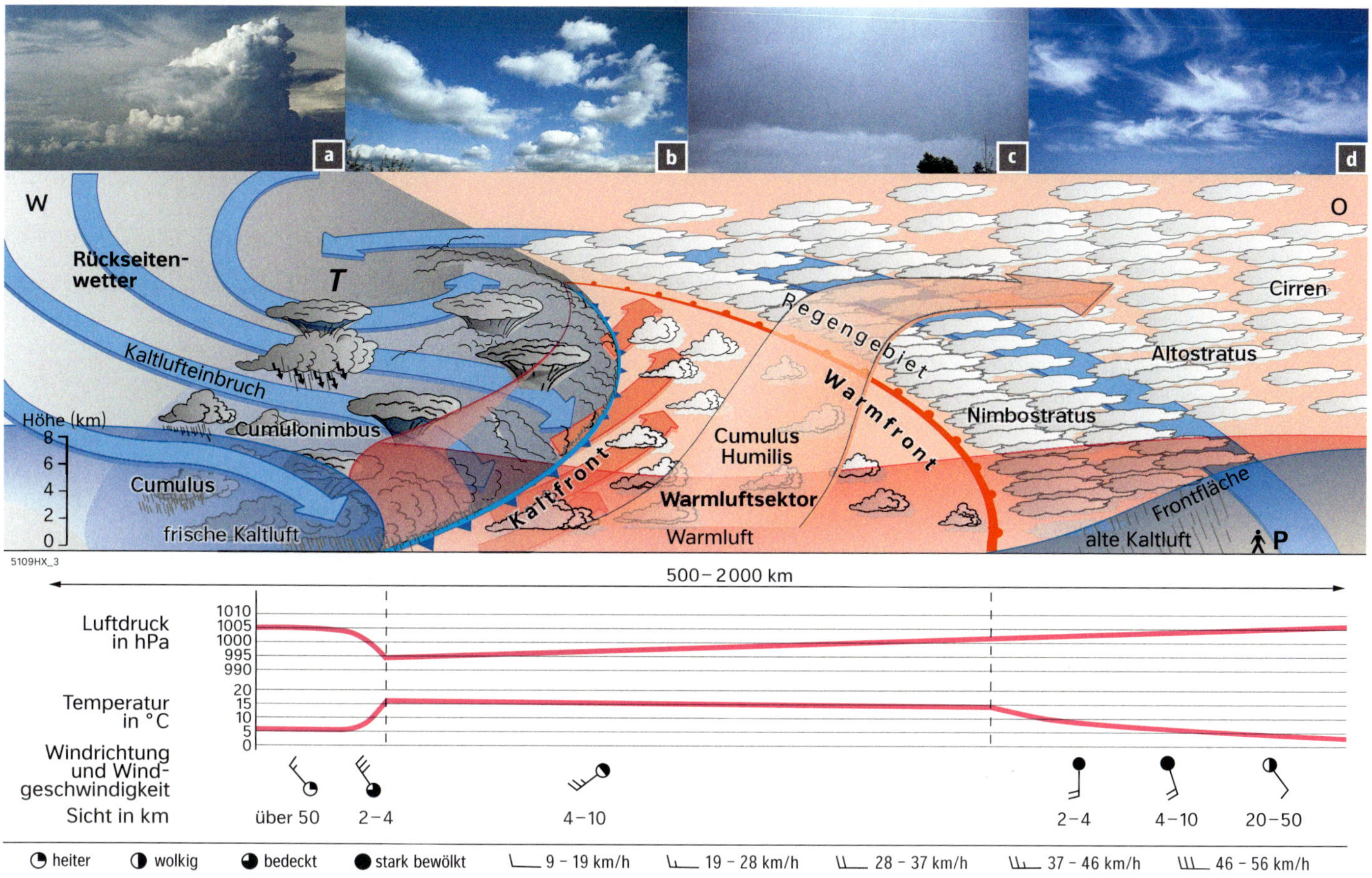

M5 **Durchzug einer Zyklone**

Auf dem Weg der Zyklone nach Osten holt die schnellere Kaltfront die Warmfront allmählich ein, weil die Warmluft bei den Aufgleitvorgängen an Bewegungsenergie verliert. Letztlich wird der Warmluftsektor in der **Okklusion** (Aufeinandertreffen von Kalt- und Warmfront) ganz vom Boden abgehoben und kühlt in der Höhe aus.

Der Tiefdruckwirbel verliert dadurch an Eigendynamik, Kondensation und **Niederschlagsbildung** nehmen ab, die Zyklone stirbt. „Zyklonenfriedhöfe" sind Räume im Inneren der Kontinente, die kaum Frontalniederschläge erhalten. Dort dominieren vor allem im Sommer Niederschläge, die bei Konvektionsvorgängen über aufgeheizten Landflächen entstehen.

M6 **„Tod" einer Zyklone**

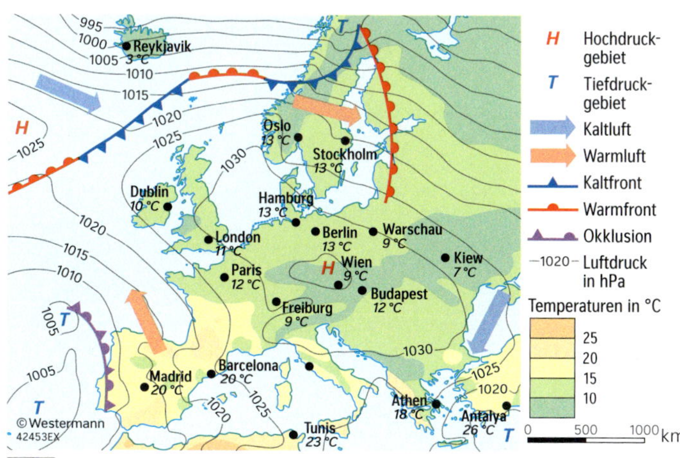

M7 **Wetterkarte einer Zeitung – Hoch über Mitteleuropa**

Weil die dynamischen Tiefs der mittleren Breiten in die Westwindströmung eingebettet sind, liegen alle vom Wetterablauf durchziehender Zyklonen geprägten Gebiete an den Westseiten der Kontinente. Da oft ganze „Zyklonenfamilien" entstehen, ist das Wetter dort dann für längere Zeit wechselhaft.

Eine echte Abwechslung bringen dann mehr oder weniger lang andauernde Hochdruckwetterlagen. Großräumige Hochdruckwetterlagen über Europa bilden sich durch Vorstöße von Polar- oder Subtropikluftmassen, wenn diese bei kräftigen Wellenausschlägen der Westwindströmung längere Zeit über Europa mehr oder weniger stationär bleiben (Blocking Action bzw. Cut-off). Aber auch die Druckpumpe des Jetstream kann **Antizyklonen** erzeugen, die wie die dynamisch entstandenen Zyklonen mit der Westwindströmung weitergeführt werden.

In allen drei Fällen sind die Wettererscheinungen letztlich gleich: Die Absinkbewegung im Hoch führt zur Erwärmung der Luftmassen, zu Verdunstung, zu Wolkenauflösung und damit zu Niederschlagsarmut. Strahlender Sonnenschein bzw. sternenklare Nächte mit strahlungsbedingter Abkühlung und Bildung von Bodennebel bzw. Bodenfrost sind die Folgen. Im Sommer kann es bei hohen Temperaturen zu Wärmegewittern kommen, im Herbst zu Schönwetterperioden (Altweibersommer) und häufigen Inversionen, im Winter verursacht die nächtliche Ausstrahlung oft sehr niedrige Temperaturen und Hochnebel.

Wegen der aus dem Hoch ausströmenden Luft können andere, mit der Westwindströmung herbeigeführte Luftmassen nicht in dessen Zentrum vordringen. Luftmassenfronten mit ihren typischen Erscheinungen bilden sich bei Antizyklonen daher nur in deren Randbereich.

M8 **Das antizyklonale Wettergeschehen**

Großwetterlagen in Mitteleuropa

Der ständige Wechsel von Hoch- und Tiefdruckgebieten und die damit verbundenen Strömungen unterschiedlicher Luftmassen sind die Ursache für das unbeständige Wetter in Mitteleuropa. Statistisch signifikant sind dabei bestimmte Wetterlagen mit jeweils typischen Witterungen. Welche Wetterlagen sind das ?

1 Arbeiten Sie die Auffälligkeiten der Abbildungen (M1 – M3) heraus.

2 Analysieren Sie M8 hinsichtlich der Häufigkeit bestimmter Großwetterlagen.

3 Entwickeln Sie aus den Grundformen der Großwetterlagen die jeweilige Sommer- bzw. Winterwitterung (M3, M5, M6, M8).

4 a) Erstellen Sie anhand von Abbildung M3 Vorhersagen für z. B. Budapest, Berlin oder Rom.
b) Erstellen Sie anhand von M7 und M9 Wettervorhersagen für ausgewählte Regionen.

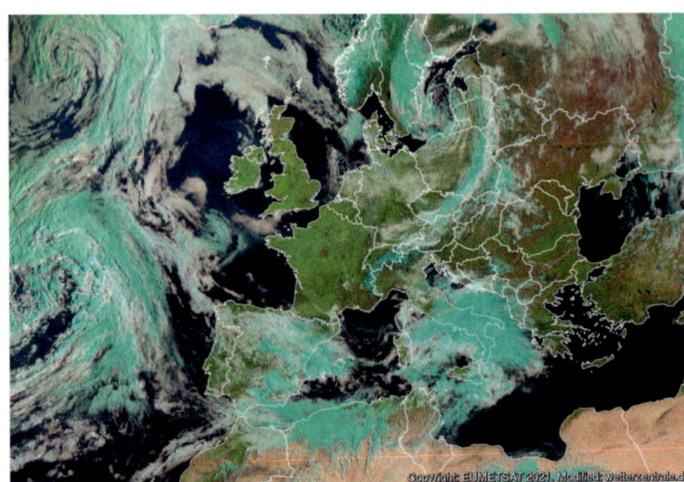

M 1 Satellitenbild

Wetter ist der mit Angaben zu Temperatur, Luftdruck, Wind, Luftfeuchtigkeit, Bewölkung, Niederschlag, Strahlung und Sicht für einen bestimmten Ort und Zeitpunkt beschriebene Zustand der Atmosphäre. Diese messbaren **Wetterfaktoren** können den subjektiven Wettereindruck eines Menschen aber nicht vollständig widerspiegeln.

Witterung ist die über einen längeren Zeitraum (Tage bis Wochen) charakteristische und relativ homogene Ausprägung des Wetters. Sie wird durch die vorherrschende Wetterlage bestimmt – die großräumige Verteilung von Hoch- und Tiefdruckgebieten und die daraus resultierenden Luftströmungen. Die dabei beteiligten Hauptluftmassen verändern auf ihrem Weg z. B. nach Mitteleuropa ihre Ausgangsmerkmale nur wenig und beeinflussen deshalb die Temperaturen dort meist stärker als die lokalen oder regionalen Strahlungsbilanzen.
Die Wetterlage in Mitteleuropa ändert sich im Durchschnitt alle vier bis sechs Tage. Der Deutsche Wetterdienst unterscheidet dabei 29 Großwetterlagen, die sich aus der Verteilung der großräumigen Druckgebilde ergeben und je nach Verlauf der planetaren Frontalzone durch typische Muster der Höhenströmungen in der atmosphärischen Zirkulation unterscheiden.

Wetterlagen werden in Wetterkarten dargestellt. **Bodenwetterkarten** zeigen mit Isobaren die auf Meeresniveau reduzierte Druckverteilung, Temperaturen, Bewölkung und Windverhältnisse. Damit lassen sich Luftmassenströmungen, Lagen und Entwicklungen von Warm-, Kaltfronten und Okklusionen konstruieren und daraus dann Vorhersagen zu den damit unter Umständen verbundenen Wetterereignissen wie Sturm, Hagel, Gewitter, Schneefall oder Tauwetter ableiten.

Höhenwetterkarten zeigen dagegen mit Isohypsen die Höhenlage gleicher Druckflächen, z. B. der 300-hPa-Fläche. Hoher Druck ist dabei durch „Ausbeulungen" (Rücken), niedriger Druck durch „Dellen" (Tröge) der Druckfläche erkennbar. Neben diesen planetaren Wellen lassen sich damit auch die planetarische Frontalzone, die herrschende Höhenströmung sowie die Jetstreams identifizieren. Für professionelle Wettervorhersagen werden Boden- und Höhenwetterkarten sowie von Satelliten übermittelte Daten verwendet.

M 2 Basisinformation

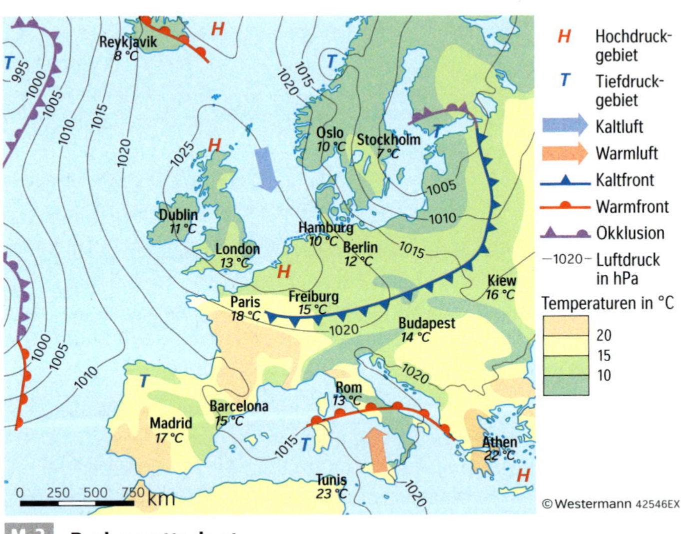

M 3 Bodenwetterkarte

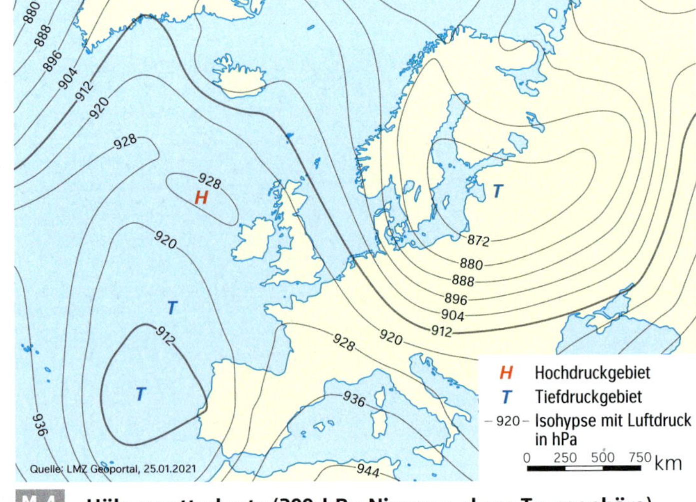

M 4 Höhenwetterkarte (300-hPa-Niveau = obere Troposphäre)

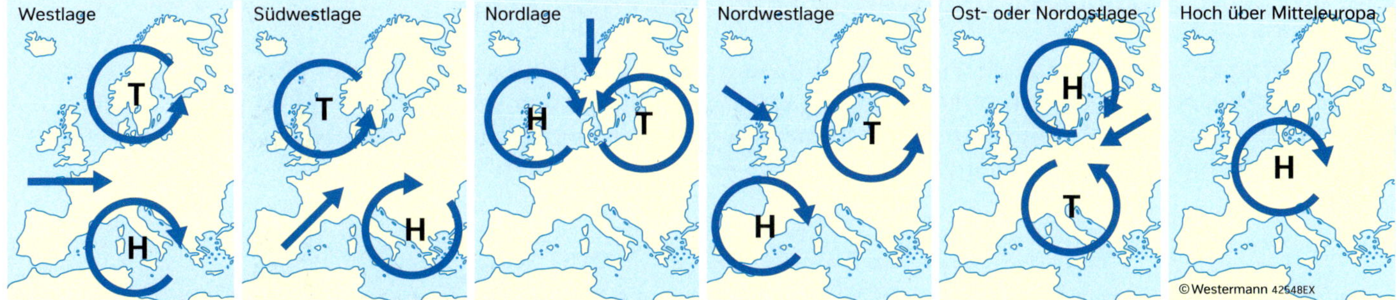

M 5 Druckgebilde und Luftströmungen bei Großwetterlagen

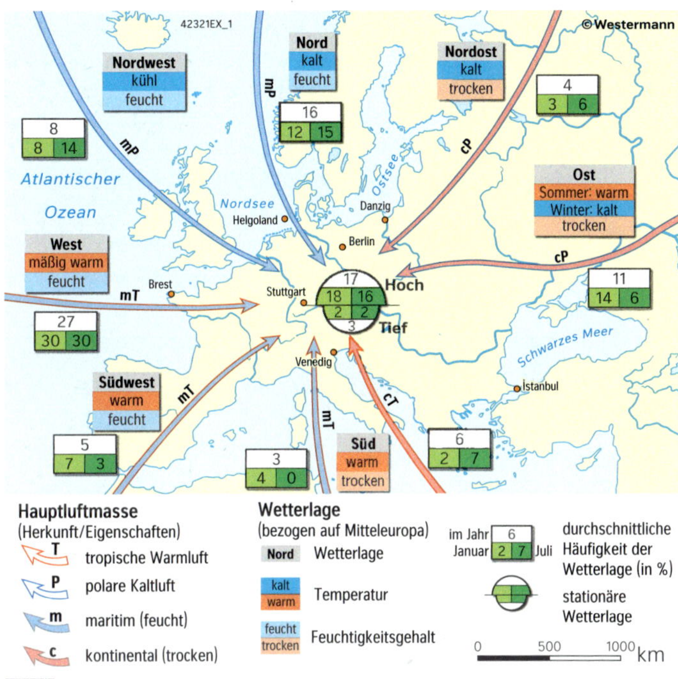

M 8 Großwetterlagen und Hauptluftmassen

Bei der weitgehend breitenkreisparallelen Zonalzirkulation werden bei den im Jahreslauf dominierenden Westlagen durch Zyklonen unterschiedliche Luftmassen vom Atlantik nach Europa geführt. Sie bringen wechselhaftes Wetter, stark maritim geprägte kühle Witterung im Sommer und milde Witterungsabschnitte im Winter.

Bei einer v. a. längenkreisparallelen Meridionalzirkulation mit stationären, blockierenden Hochdruckgebieten zwischen 50° und 65° Breite gibt es sehr unterschiedliche Wetterlagen. Nord- und Nordostwetterlagen können kalte und feuchte oder extrem kalte und trockene Polarluftmassen auf kürzestem Weg nach Mitteleuropa führen. Umgekehrt lassen Süd- und Südostwetterlagen subtropische Warmluft aus dem Mittelmeerraum oder Nordafrika nach Europa einströmen, sodass im Sommer meist sonniges, im Winter dagegen in den Niederungen häufig neblig trübes Wetter dominiert. Im nördlichen Alpenvorland tritt häufig Föhn auf.
Bei einer Ost-/Nordostlage wird die Westströmung durch ein Hoch über Skandinavien und ein Tief im Mittelmeerraum blockiert. Die mit der Ostströmung nach Mitteleuropa geführten kontinentalen Luftmassen bringen bei Wolken- und Niederschlagsarmut im Winter oft strenge „sibirische" Kälte, im Sommer dagegen starke Erwärmung und Hitzewellen mit sich.

Bei einer gemischten Zirkulation gibt es wegen der etwa gleich großen Anteile von zonaler und meridionaler Zirkulation ebenfalls sehr verschiedene Wetterlagen. Das Azorenhoch ist bei einer Nordwestlage bis etwa 50° Nord verschoben, dehnt sich bei einer Südwestlage mit seinem Kern ostwärts weit aus. Kräftige Südwestwinde bringen im Winter dann sehr milde Meeresluft nach Mitteleuropa.

Gegen Ende September schnürt sich vom Hochdruckrücken des Azorenhochs oft ein größeres Hochdruckgebiet ab, bleibt für rund eine Woche stationär und blockiert die anbrandenden Zyklonen (Blocking Action). Diese Hochdruckwetterlage über Mitteleuropa führt für längere Zeit zu geringer Bewölkung und Niederschlagsarmut und weiteren Witterungen je nach Jahreszeit: Im Sommer kann es bei hohen Temperaturen zu Wärmegewittern kommen, im Herbst zu Schönwetterperioden (Altweibersommer) und häufigen Inversionen. Im Winter verursacht die intensive Ausstrahlung sehr niedrige Temperaturen und Hochnebel (S. 79 M8).

M 6 Charakteristika der Großwetterlagen

Eine besondere und seltene Wetterlage ist die Vb-Wetterlage (gesprochen: Fünf-B-Wetterlage). Sie beschreibt die Zugbahn eines längere Zeit über Norditalien liegenden (Genua-)Tiefs, das mit der Höhenströmung entlang eines Polarluftvorstoßes über den Balkan hinweg ins östliche Mitteleuropa geführt wird. Beim Aufgleiten auf die Polarluft und an Gebirgshindernissen (Mittelgebirge, Alpen) kommt es zu ergiebigen Niederschlägen.

Sommerliche Vb-Wetterlagen waren verantwortlich für das Oder-Hochwasser 1997, das Elbe-Hochwasser 2002 und die Überschwemmungen im nördlichen Alpenraum im August 2005

M 7 Die Vb-Wetterlage

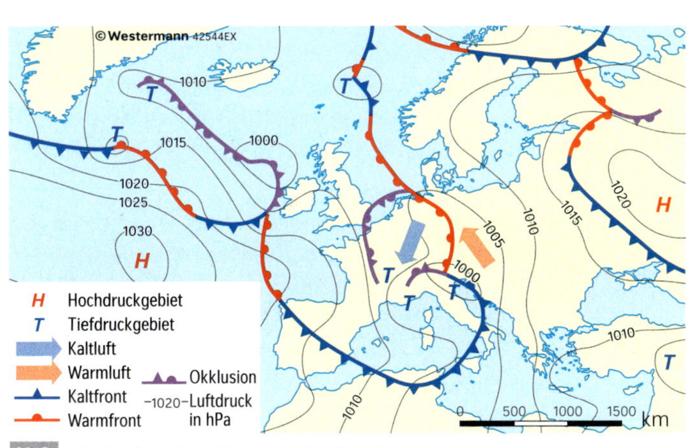

M 9 Beispiel einer Vb-Lage in einer Bodenwetterkarte

Wetterkarten analysieren und Wetterprognosen entwickeln

Wetterkarten entstehen durch die Zusammenführung und Aufbereitung von Mess- und Beobachtungsdaten von Tausenden stationären Wetterstationen sowie von Daten, die von Flugzeugen, Schiffen und Satelliten übermittelt werden. Doch selbst mit dem schon lange gängigen Einsatz von sogenannten Supercomputern sind zuverlässige Wettervorhersagen über mehr als drei Tage bislang oft ungenau oder sogar falsch.

Wetterkarten bilden in unterschiedlicher Komplexität das Wetter eines bestimmten Raumes ab. Die Auswertung selbst vereinfachter z. B. Boden- und Höhenkarten ermöglichen dabei meist plausible Prognosen auch zur weiteren Wetterentwicklung.

1 **a)** Charakterisieren Sie die Druck- und Strömungsverhältnisse in der Höhenwetterkarte (M1).
b) Beschreiben Sie die sich aus der dazu gehörenden Bodenwetterkarte ergebenden Wetterbedingungen (M2).

2 Entwickeln Sie auf Basis ihrer Auswertungen der Höhen- und Bodenwetterkarte Prognosen für von Ihnen ausgewählte Stationen.

3 Bewerten Sie die Aussagekraft der Wetterkarten M1 und M2.

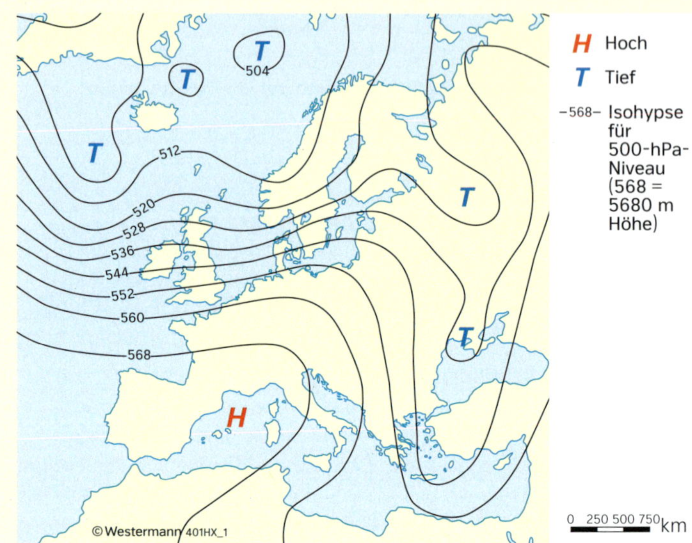

M 1 **Höhenwetterkarte Januar (500-hPa-Niveau = mittl. Troposphäre)**

Arbeitsschritte

1. Orientierung

- Beschreiben Sie die Grundinformationen der Wetterkarte (Boden- oder Höhenwetterkarte, Datum, Uhrzeit, Region, Quelle).

2. Analyse

Höhenwetterkarte:

- Arbeiten Sie die vorherrschende (Groß-)Wetterlage sowie die Herkunft und den Weg der Hauptluftmassen heraus (Hochdruckrücken und Tiefdrucktröge; Herkunft und Weg der Hauptluftmassen lassen sich aus dem Verlauf der Isohypsen erschließen).

Bodenwetterkarte:

- Arbeiten Sie grundlegende, das Wetter großräumig bestimmende Konstellationen heraus (Lage und Stärke von Hoch- und Tiefdruckgebieten, Verlauf der Fronten, resultierende Winde – die Zufuhr wetterwirksamer Hauptluftmassen erschließt sich aus den Windrichtungen).
- Charakterisieren Sie die aktuelle Wettersituation einzelner Stationen (Stationsangaben zu Luftdruck, Temperatur, Bewölkung, Niederschlags- und Windverhältnissen).

3. Wetterprognosen entwickeln

- Entwickeln Sie eine grobe Prognose für das dargestellte Gebiet unter Berücksichtigung der vermutlichen Verlagerungen / Veränderungen der steuernden Druckgebiete, der Fronten, des Einflusses der Hauptluftmassen.
- Entwickeln Sie für einzelne Stationen Prognosen zur Entwicklung ausgewählter Wetterelemente (Temperatur, Niederschlag, Wind, Bewölkung u. Ä.).

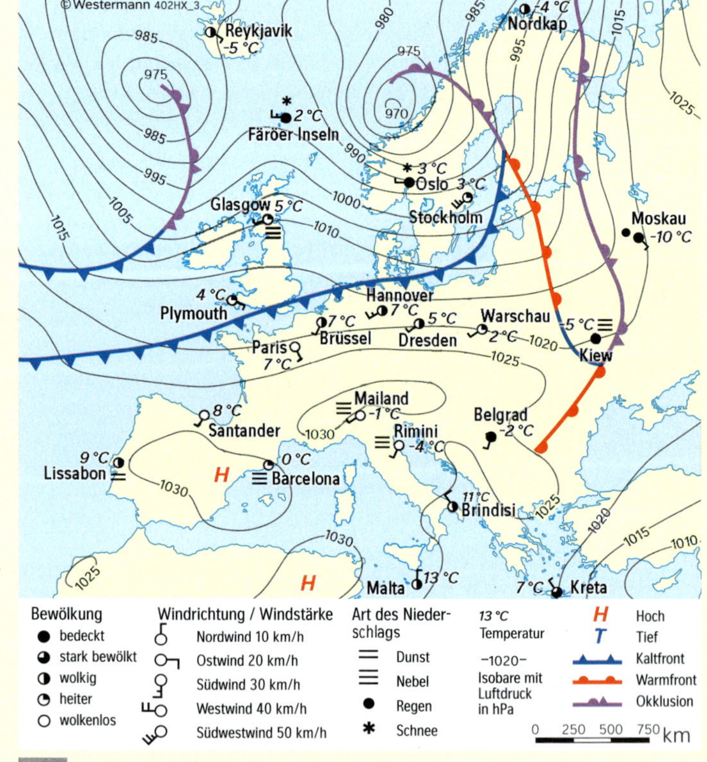

M 2 **Beispiel einer Bodenwetterkarte im Januar**

- www.dwd.de (Deutscher Wetterdienst)
- https://geo.lmz-bw.de/wetter (Landesmedienzentrum B-W)
- www1.wetter3.de

M 3 **Tagesaktuelle Wetterkarten und Auswertungshilfen**

Satellitenbilder auswerten

Satelliten umkreisen die Erde entweder in unterschiedlichen Höhen und auf verschiedenen Umlaufbahnen ständig oder erfassen, wie z. B. der Meteosat-Satellit, aus einer geostationären Position stets denselben Bereich der Erdkugel. Die jeweils dabei gewonnenen Daten unterscheiden sich hinsichtlich des Aufnahmebereichs, der erfassbaren Größe von Objekten, der verwendeten Aufnahmekanäle (verschiedene Wellenlängen des elektromagnetischen Spektrums) sowie der zeitlichen Abstände z. B. zwischen zwei Überflügen.

Die Spektralkanäle von Meteosat erfassen z. B. Bereiche mit Wasser in der Atmosphäre. Andere Satellitenscanner bilden z. B. die Wärme von Oberflächen oder die Vegetation ab.

1 Charakterisieren Sie die Satellitenbilder (M1 – M3) hinsichtlich ihrer Informationen und Aufnahmebereiche.

2 a) Analysieren Sie Strukturbesonderheiten (M1 – M3).
b) Entwickeln Sie Erklärungen für die Strukturen und möglichweise daraus ableitbarer Prozesse.

4 Bewerten Sie die Bildqualitäten für Wettervorhersagen, für Stadtplanungen und für Aussagen zur Vegetation.

M 2 **Satellitenbild von Westeuropa**

Arbeitsschritte

1. Orientierung
- Beschreiben Sie die Grundinformationen (Satellit, Datum, Uhrzeit, Kanäle, Echt- oder Falschfarben, Quelle).
- Ordnen Sie den Aufnahmebereich räumlich ein.

2. Analyse
- Charakterisieren Sie Art und Verbreitung von Strukturen (Wolken, Topographie, Landnutzung, Besiedlung).
- Analysieren Sie ggf. diese Strukturen auf Besonderheiten (z. B. Wolkentyp, Zustand der Vegetation).

3. Erklärung
- Entwickeln Sie Erklärungen für Strukturen sowie kausale Zusammenhänge.

4. Bewertung
- Bewerten Sie die Qualität des Bildes und ggf. seine Aussagekraft für Ihre Aufgabenstellung.

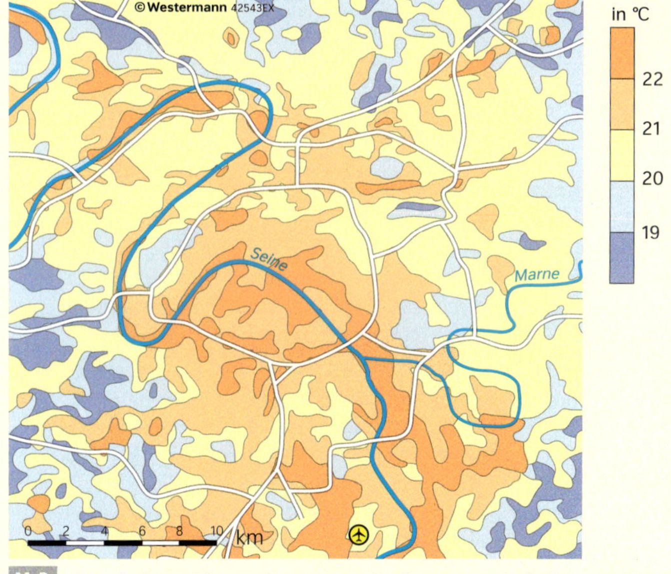

M 3 **Bearbeitete Thermalscanneraufnahme von Paris im August**

Satelliten „sehen" die Erde nur in Grautönen, denn ihre Sensoren zeichnen die verwendeten Kanäle separat auf. Multispektralscanner besitzen Kanäle für die Grundfarben des sichtbaren Lichts (Blau, Grün, Rot) sowie für die Bereiche der Infrarotstrahlung (nah, kurzwellig, thermal). Ein **Satellitenbild** entsteht erst durch die Aufbereitung der digitalen Daten. Für Echtfarbenbilder entstehen die Bildpunkte durch Verrechnung der Wellenlängenbereiche der Grundfarben. Für Falschfarbenbilder werden Daten anderer Kanäle verrechnet – für Infrarot-Falschfarbenbilder z. B. von Rot und Infrarot. Sie ermöglichen Aussagen z. B. zum Reifegrad von Ackerkulturen. Mit dem NDVI (Normalized Differenced Vegetation Index) wurde zudem eine Maßeinheit entwickelt, die den Anteil vitaler Vegetation widerspiegelt. Je höher der NDVI-Wert ist, desto lebendiger ist die Vegetation eines Gebiets. Ein geringer NDVI-Wert zeigt Gebiete mit geringer vitaler Vegetation (z. B. Wüste, Räume mit Desertifikation).

M 1 **Aus Daten werden Bilder**

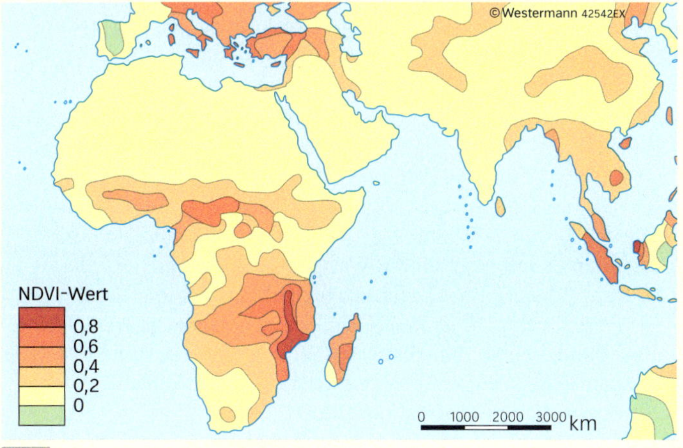

M 4 **Bearbeitetes Falschfarbenbild der Vegetation Afrikas im Juni**

Die Nordatlantische Oszillation

Der dänische Priester und Missionar Hans Egede Saabye wirkte zwischen 1770 und 1778 auf Grönland. In seinen Tagebüchern beschreibt er das Leben der Grönländer, führte botanische Untersuchungen durch und beobachtete das Wetter. Damals entdeckte er auch eine klimatische Anomalie, die heute mit der Nordatlantischen Oszillation erklärt wird. Was verbirgt sich dahinter?

1 Beschreiben Sie die Aussage Saabyes (M1).
2 a) Beschreiben Sie das Phänomen der Nordatlantischen Oszillation (M2).
b) In Reykjavik wird ein Luftdruck von 1005 hPa, in Porta Delgada von 1020 hPa gemessen. Ermitteln Sie den NAO-Index (M3).
c) Analysieren Sie die Temperaturen Rottweils (M4).
3 Stellen Sie die Auswirkungen des NAO-Index auf die Witterung in Europa dar (Text, M5).
4 Erläutern Sie Ursachen der NAO (M7).
5 Das Verständnis der Nordatlantischen Oszillation wird Wetter- und Witterungsprognosen für Mitteleuropa verbessern. Beurteilen Sie die Aussage (M6 – M8).
6 Begründen Sie vor dem Hintergrund der Nordatlantischen Oszillation die Beobachtungen von H. E. Saabye (M1).

„Jeder Winter ist in Grönland hart, doch mit Unterschied. Die Dänen haben bemerkt, dass, wenn der Winter in Dännemark strenge gewesen ist, so ist der grönländische nach seiner Art gelinder gewesen, und umgekehrt."

M1 Saabye-Denkmal in Nuuk und Auszug aus Saabyes Tagebuch

In Mitteleuropa ist es nicht ungewöhnlich, dass auf mehrere lange Winter mit Kälte und Schnee bis ins Tiefland eine Phase milder Winter folgt, in denen selbst in den höheren Mittelgebirgslagen das Skifahren nicht möglich ist. Eine Erklärung für diese auffällige klimatische Variabilität Europas liefert die **Nordatlantische Oszillation** (NAO). Sie beschreibt die nahezu periodische Schwankung der Luftdruckunterschiede zwischen dem Subtropenhoch und der subpolaren Tiefdruckrinne. Der Grad dieser Schwankungen wird mit dem NAO-Index (North-Atlantic-Oscillation-Index) beschrieben (M3). Der Indexwert berechnet sich aus den aktuellen Messwerten des Luftdrucks von ausgewählten Klimastationen (Porta Delgada, Gibraltar, Lissabon für das südliche sowie Reykjavik für das nördliche Aktionszentrum der NAO), deren langjährigen Mittelwerten sowie deren Standardabweichung. Mittlerweile liegen gesicherte Indexreihen seit den 1950er-Jahren vor. Deren Verlauf zeigt mehrere oszillierende Muster, so z. B. Perioden von zwei bis vier Jahren und Perioden zwischen sechs und zehn Jahren (M6). Mit dem NAO können wetter- und klimarelevante Einflüsse untersucht und erklärt werden.

Ein signifikanter Zusammenhang zwischen dem NAO-Index und der vorherrschenden Witterung in Europa ist vor allem in den Winter- und Frühlingsmonaten erkennbar. So bildet sich bei einem positiven NAO-Index zwischen 40° und 60° nördlicher Breite eine große meridionale Luftdruckdifferenz und dadurch eine starke westliche Luftströmung heraus – verbunden mit einem intensiven Wärme- und Feuchtigkeitstransport vom Atlantik auf das eurasische Festland. Sie verursacht in West- und Mitteleuropa milde, niederschlagsreiche Winter. Dagegen ist es im Mittelmeerraum trocken und relativ kalt und in Westgrönland dominieren kalte nördliche Winde. Ist der Luftdruckgegensatz zwischen Islandtief und Azorenhoch gering, äußert sich das in einem negativen NAO-Index. Dann „schläft die Westwinddrift regelrecht ein" und es setzen sich stabile Hochdruckwetterlagen und damit kalte, niederschlags- und windarme Winter in Europa durch.

M2 Basisinformation

	Porta Delgada (Azoren)	Reykjavik (Island)
	langjährige Mittelwerte	
Luftdruck (PM)	1025 hPa	995 hPa
Standardabweichung (σ, durchschnittliche Abweichung vom Mittelwert)	3 hPa	4 hPa
	konkrete Messdaten	
aktueller Luftdruck (P)	1031 hPa	990 hPa
	Berechnung des NAO-Index	
Druckanomalie (PA = P – PM)	1031 hPa – 1025 hPa = 6 hPa	990 hPa – 995 hPa= –5 hPa
Druckquotient (PQ = PA / σ)	$\frac{6\text{ hPa}}{3\text{ hPa}} = 2$	$\frac{-5\ hPa}{4\ hPa} = -1{,}25$
Ermittlung NAO-Index	**PQ (Azoren) – PQ (Island) = 2 – (–1,25) = 3,25**	

M3 Beispiel zur Berechnung des NAO-Index

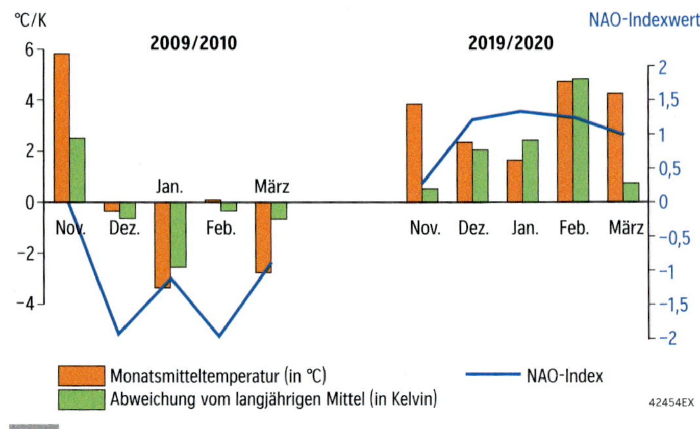

M4 NAO-Index und Monatstemperaturen in Rottweil am Neckar

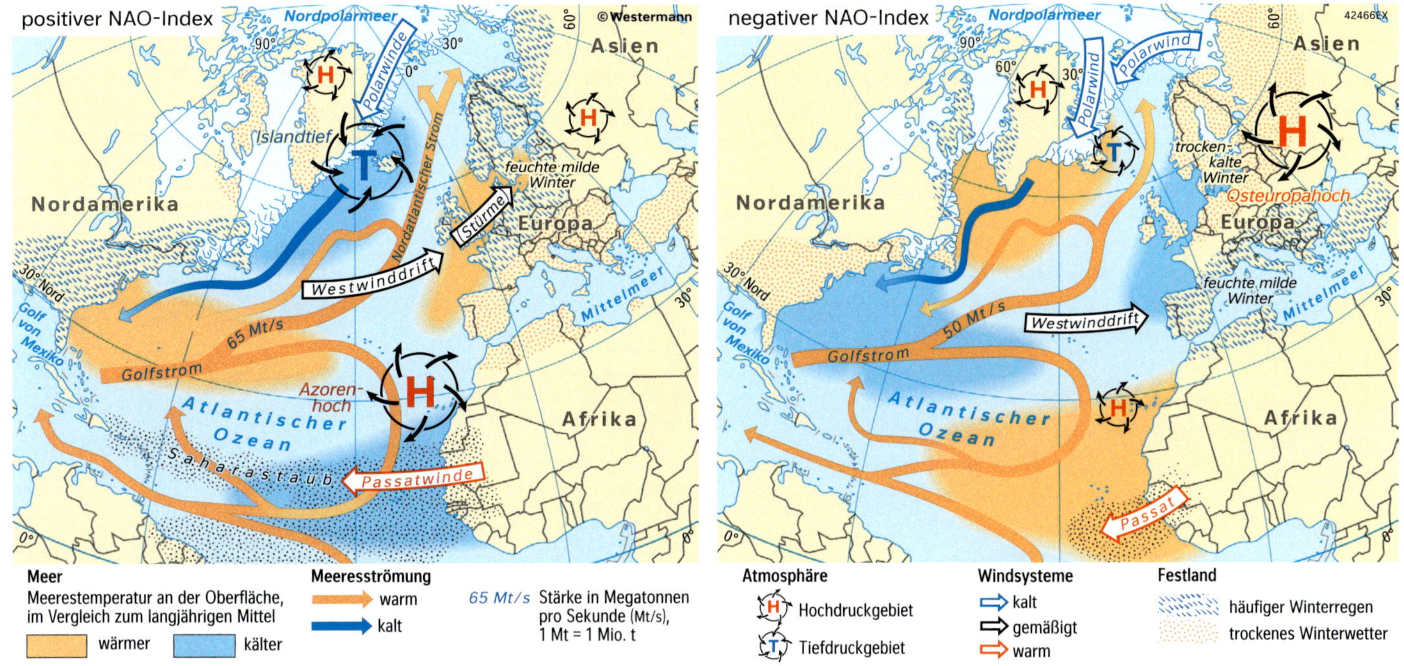

M 5 **NAO-Index und Folgen**

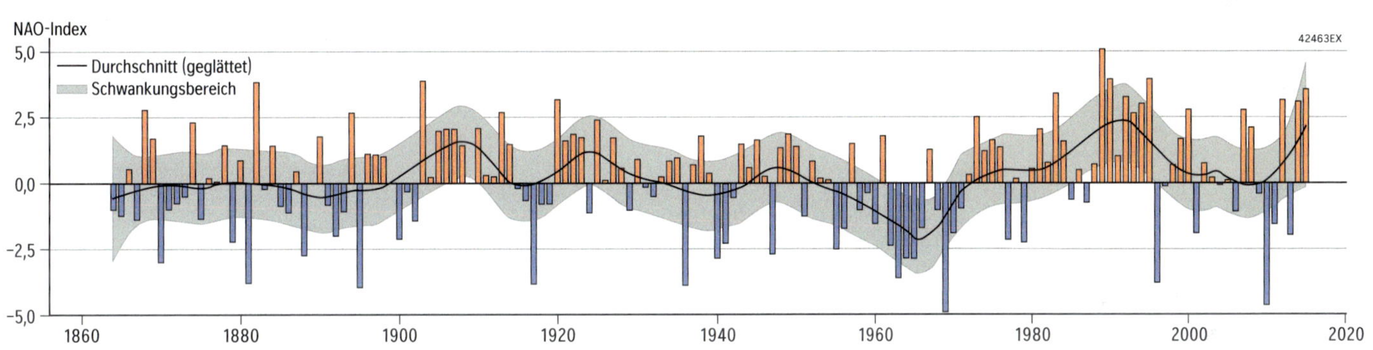

M 6 **Entwicklung des NAO-Index im Winter (Dezember bis März)**

Die Ursachen für die Periodizität und Amplitude des NAO-Index sind noch nicht eindeutig geklärt. Modellrechnungen haben gezeigt, dass seine kurzfristige Variabilität von Strömungswirbeln in der oberen Troposphäre gesteuert wird. Für die längerfristigen Phasen und Amplituden des NAO-Index reicht eine eindimensionale Betrachtung nicht aus, sondern sie muss auf Wechselwirkungen im System Atmosphäre – Ozean erweitert werden. Messreihen weisen auf einen engen Zusammenhang zwischen der Stärke der Nordatlantischen Oszillation und des Nordatlantikstromsystems hin. So ist bei mehrjährigen positiven Indexphasen und damit verbundenen kalten Wintern die thermohaline Zirkulation im Nordwestatlantik erhöht. Die gesteigerte Tiefenwasserbildung verstärkt die Zufuhr von warmem Oberflächenwasser mit dem Golfstrom, was wiederum die Wassertemperaturen im Nordatlantik erhöht und so mittelfristig den hohen NAO-Index wieder abschwächt.

Vermutlich ist das Zusammenspiel zwischen Nordatlantischer Oszillation und den Ozeanen räumlich sogar noch weiter zu fassen. So zeigt sich, dass Nordpazifische Stürme einen negativen, südpazifische einen positiven NAO-Index fördern. Folgen mehrere Stürme aufeinander, dauern die jeweiligen Phasen länger. Neu im Blickfeld der Wissenschaft sind Zirkulationsanomalien in der Stratosphäre, die die Druckverhältnisse in der Troposphäre beeinflussen.

M 7 **Ursachen der Nordatlantischen Oszillation**

Während der Zusammenhang zwischen NAO-Index und winterlicher Witterung in der Rückschau eine hohe Korrelation aufweist, ist der Index für eine Vorhersage nur bedingt brauchbar. Das liegt zunächst am statistischen Charakter des Wertes. Trotz Häufungen kann es immer wieder Ausnahmen geben, sodass sich z. B. trotz eines niedrigen NAO-Index nicht zwingend die Westwinddrift abschwächt. Ein weiterer Aspekt ist die Lage des Vorhersagegebietes. Genauere Untersuchungen zeigen für Deutschland, dass der Zusammenhang zwischen positivem NAO-Index und milder Witterung für Norddeutschland häufiger als für Süddeutschland zutrifft. Ein Grund dafür ist, dass sich in den Tälern Süddeutschlands und den Senken der Mittelgebirge Kaltluft über längere Zeit ansammeln kann. Ein weiterer, den NAO-Index überlagernder Faktor ist die Position des Islandtiefs. Liegt der Kern sehr weit westlich Islands, kann ein stabiles osteuropäisches Hoch trotz hohem NAO-Index als Blockade für die Westwinddrift in Mitteleuropa wirken. Dagegen bedeutet ein weiter östlich liegendes Islandtief eine höhere Wahrscheinlichkeit der Zufuhr milder Atlantikluft.

Dennoch bietet der NAO-Index – unter Beachtung lokaler bzw. zeitlicher Bedingungen und einer weiteren Erforschung der Ursachen seiner Ausprägung – Potenziale für verbesserte Wetter- und Witterungsvorhersagen.

M 8 **NAO-Index und Wettervorhersage**

Wettergeschehen in den Tropen – die Passatzirkulation

Im Vergleich zu den mittleren Breiten ist das Wetter in den Tropen großräumig weitaus gleichförmiger und wechselt weniger rasch. Es wird vor allem von den Eigenheiten des zwischen den Wendekreisen ausgebildeten Passatkreislaufs bestimmt. Welche Prozesse und Phänomene sind mit diesem Kreislauf verbunden?

1 Erklären Sie den Begriff Windflüchter (M1).
2 Erläutern Sie Entstehung und Merkmale der Passatzirkulation am Beispiel Nordafrikas (M2, M4, M5).
3 Erklären Sie die Begriffe Cumulonimbus, Zenitalregen, Passatinversion (M4 – M6).
4 Charakterisieren und begründen Sie die Niederschlagsverhältnisse (M3, M8, M9).
5 Nennen Sie Gebiete in den Randtropen mit Steigungsniederschlägen durch auflandigen Passat (Atlas).
6 Erklären Sie das Klima der Stationen Salvador und Brasilia (M7, Atlas).
7 Vergleichen Sie in einer Tabelle Entwicklung und Merkmale von Niederschlägen der Westwindzone und der Tropen.

M1 **Windflüchter an der SO-Küste von Big Island (Hawaii)**

Die **Passatzirkulation** beeinflusst den größten Flächenanteil der Erde. Sie wird in Bodennähe durch die Luftdruckgegensätze zwischen den subtropischen Hochdruckgebieten und der thermisch bedingten äquatorialen Tiefdruckrinne (äquatoriale Tiefdruckzone) angetrieben.

Die kräftige Konvektion in Äquatornähe erzeugt unterhalb der Tropopause einen Luftmassenüberschuss. Von diesem Höhenhoch strömen die Luftmassen polwärts. Durch die Coriolisablenkung entsteht dabei ein Westwind (Antipassat). Schon in niederen Breiten sinken daraus Luftmassen ab und fließen zurück Richtung Äquator. Aus ihnen entwickelt sich in der Höhe durch die Coriolisablenkung ein Wind aus östlichen Richtungen, der Urpassat, dessen Luftmassen sich beim Absinken zunehmend erwärmen.

Weiter polwärts fließende Luftmassen des Antipassats sinken im Bereich der Wendekreise ab und werden Teil des subtropisch-randtropischen Hochdruckgürtels. Die dort in Bodennähe ausströmende Luft gelangt entweder in die Westwindströmung oder fließt zum Äquator zurück. Durch die Coriolisablenkung entstehen dabei die bodennahen, beständigen Nordost- und Südostpassate. Diese schließen die tropische Zirkulationszelle (**Hadleyzelle**).

M2 **Basisinformation**

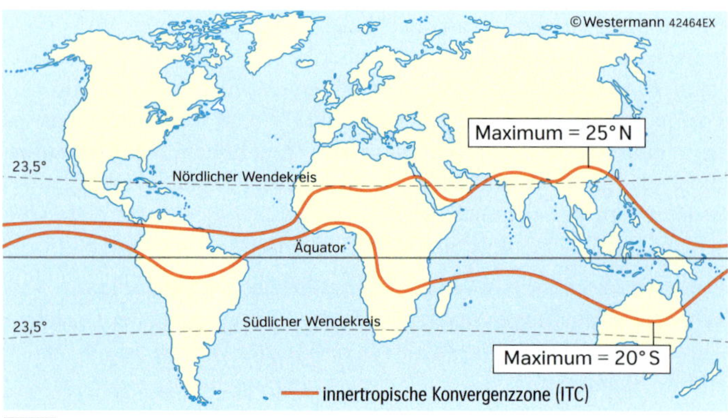

M3 **Jahreszeitliche Extremlagen der ITC**

Aus den subtropischen Hochdruckgürteln kommend, ist die nur ein bis zwei Kilometer mächtige Grundschicht des Nordost- und Südostpassats eine warme, wolken- und niederschlagsarme Strömung. In ihr kommt es selbst über dem Meer nur selten zur Niederschlagsbildung, weil die dazu nötige hoch reichende Konvektion durch die Passatinversion verhindert wird. Diese Temperaturumkehr entsteht durch die absinkende und sich dadurch erwärmende Passatoberschicht und begrenzt die Passatgrundschicht nach oben.

Die großräumige Absinkbewegung ist eine Folge der sich aus der Kugelgestalt der Erde ergebenden Flächendivergenz: Da sich die Abstände zwischen den Meridianen zum Äquator hin vergrößern, müssen dorthin fließende Luftmassen eine immer größer werdende Fläche überdecken: Ein Luftpaket verbreitert sich daher äquatorwärts immer mehr und schrumpft dabei in seiner Vertikalerstreckung. Wegen dieser Ausdünnung der Passatgrundschicht wird in den Passatregionen fortlaufend Luft aus der Höhe angesaugt. Äquatorwärts steigt dieser „Inversionsdeckel“ an, weil die Luftmassen der Grundströmung vom Boden her zunehmend aufgeheizt werden und auch immer mehr Wasserdampf aufnehmen. Schließlich reicht die angesammelte Energie aus, um die Inversionsschicht zu durchbrechen, erst nur lokal, äquatorwärts immer großflächiger. Die Konvektionsvorgänge werden zudem begünstigt durch die wegen des geringer werdenden Luftdruckgegensatzes allmählich abflauende Horizontalbewegung. Denn in der „Auslaufzone“ der Passate werden lokal entstehende Hitzetiefs rasch aufgefüllt, da die Luftmassen wegen der geringen Coriolisablenkung direkt vom Hoch zum Tief fließen. Die meist schwachen und rasch abflauenden Winde strömen aus allen Seiten in das Tief ein (umlaufende Winde).

Sind die Passatströmungen der beiden Halbkugeln stärker ausgebildet, konvergieren ihre Luftmassen in einer etwa 100 – 200 Kilometer breiten Zone. Diese Innertropische Konvergenzzone (**ITC**) entspricht der äquatorialen Tiefdruckrinne. Im Lauf des Jahres verlagert sich die ITC – über Land stärker als über dem Meer. Daher müssen die Passate der jeweils anderen Halbkugel großräumig den Äquator überqueren. Beim Übertritt wirkt auf sie die Coriolisablenkung in eine andere Richtung als zuvor. Äquatornah entstehen so Winde aus vor allem westlicher Richtung (äquatoriale Westwinde).

M4 **Dynamik der Passatströmung**

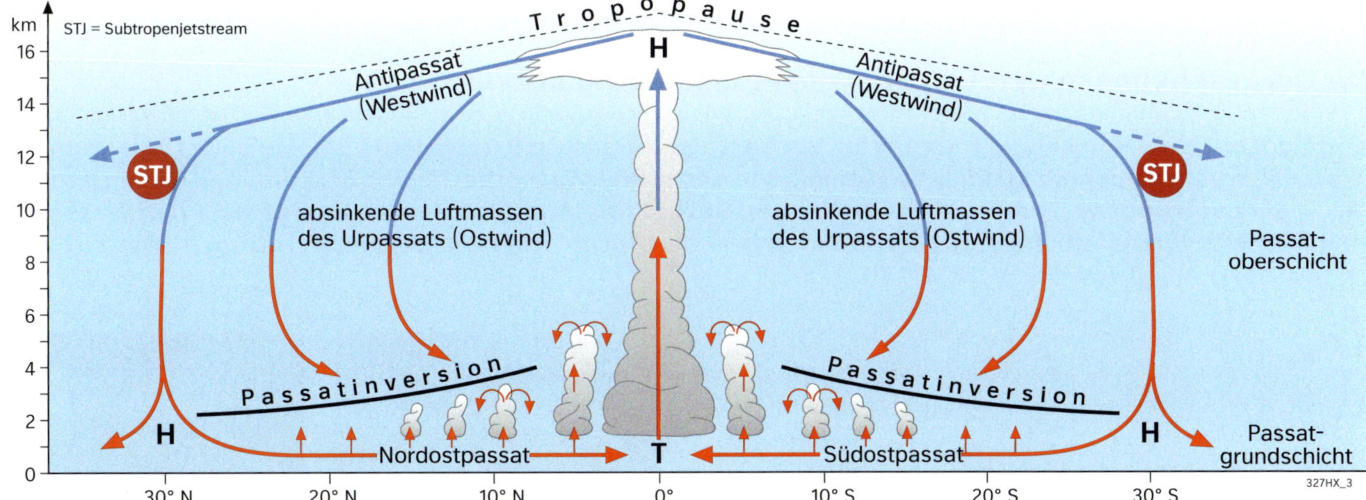

M 5 Schema der Passatzirkulation

In den Außertropen wechselt der Einfallswinkel der Sonnenstrahlen wegen der Schiefe der Ekliptik im Lauf des Jahres stark. Die Polarzonen und die mittleren Breiten zeigen daher ein **Jahreszeitenklima**: Hier sind die Temperaturschwankungen innerhalb des Jahres größer als während des Tages. Die Sonnenhöchststände verändern sich je nach Jahreszeit erheblich.
Die Tropen zeigen dagegen ein **Tageszeitenklima**: Hier sind die Temperaturschwankungen innerhalb eines Tages größer als innerhalb eines Jahres, Tag und Nacht dauern etwa gleich lang, die Dämmerung ist kurz und die Sonne steht jeden Tag sehr hoch.
In Äquatornähe erzeugt die starke Erwärmung jeden Tag eine äußerst turbulente und hoch reichende Thermik der labil geschichteten, feuchtwarmen Tropikluft. Diese erreicht in 1000 bis 1500 Metern ihr Kondensationsniveau, wird aber durch die in großen Mengen frei werdende Kondensationswärme meist bis zur Tropopause hochgetrieben. Aus den dadurch entstehenden, oft gewittrigen Wolkentürmen (Cumulonimbus) fallen Platzregen mit 100 Millimetern und mehr **Niederschlag** pro Tag. Sie setzen meist am Nachmittag ein und erreichen ihre höchste Intensität im Jahresverlauf dann, wenn die Sonne im Zenit steht (Zenitalregen). Da die Wolkentürme Luft aus einem weiten Umkreis (z. T. 20 – 30 km) ansaugen, verhindern kräftige, zum Massenausgleich notwendige Abwinde dort die Niederschlagsbildung. Wegen dieser Konvektion regnet es selbst in den immerfeuchten Tropen nicht überall und jeden Tag. Advektiv bedingte, an Fronten gebundene und großräumige Niederschläge gibt es in den Tropen nur selten, z. B. durch die bis in die Randtropen reichenden Vorstöße außertropischer Kaltluft („Nortes“ in der Karibik, „Figaems“ oder „Pamperos“ in Brasilien).

M 6 Temperaturen und Niederschläge in den Tropen

Im Gegensatz zu den Außertropen gibt es wegen der ganzjährig nahezu gleichbleibend hohen Temperaturen in den Tropen keine thermisch bedingten Jahreszeiten. Der jährliche Wetterablauf dort ist geprägt durch den Wechsel von Regenzeit (Einfluss der ITC) und Trockenzeit (Passateinfluss). Diese hygrischen Jahreszeiten entstehen, weil sich mit dem jahreszeitlichen Wechsel des Sonnenstands alle Luftdruck- und Windgürtel und daher auch die Einzelbereiche der Passatzirkulation verschieben.

Äquatornah heben sich die Regenzeiten nur als besonders niederschlagsreiche Zeiten während des zweimaligen Zenitstands der Sonne von den meist täglichen Konvektionsniederschlägen ab. Richtung Wendekreis verschmelzen die zunächst zwei Regenzeiten zu einer, die immer kürzer wird. Zugleich wächst aber die für diese wechselfeuchten Tropen typische Variabilität der Niederschläge hinsichtlich Menge sowie räumlicher und zeitlicher Verteilung. Nahe der Wendekreise gibt es schließlich keine Niederschläge mehr. Dieses einfache Grundmuster von immerfeuchten Tropen, wechselfeuchten Tropen und trockenen Randtropen zeigt regionale Abwandlungen durch:

- ausdauernde Steigungsniederschläge an Küstengebirgen bei auflandigem Passat in den Randtropen,
- besondere Niederschlagsverhältnisse in Monsungebieten,
- episodische Niederschläge bei El Niño oder Wirbelstürmen,
- die besondere Vertikalverteilung der Niederschläge in tropischen Gebirgen: Das Maximum der überwiegend konvektiven Niederschläge liegt bei 500 bis 2500 Metern über dem Meeresspiegel. Darüber regnet es immer weniger. Vergleichbare Hochgebirgswüsten gibt es in außertropischen Gebirgen nicht.

M 8 Variationen der Niederschläge in den Tropen

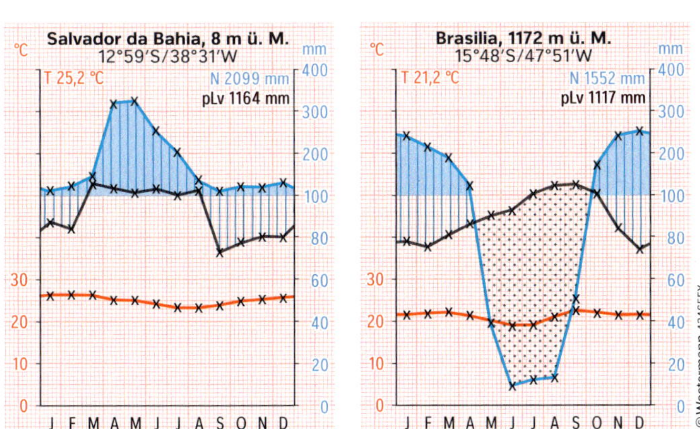

M 7 Klima zweier tropischer Stationen

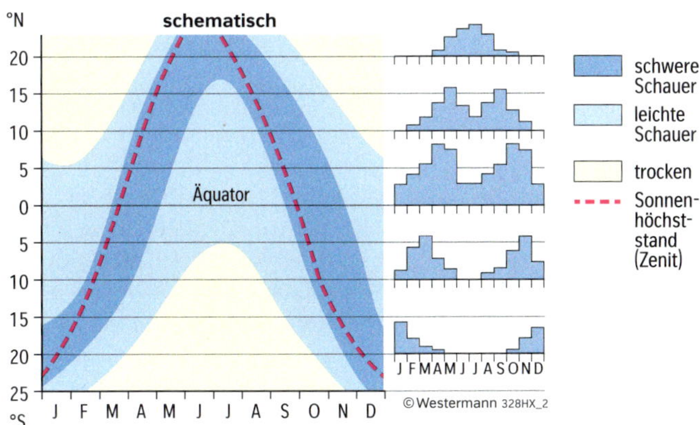

M 9 Wanderung von Konvektionszone und Niederschlagsbereichen

Wettergeschehen in den Tropen – die Monsunzirkulation

Die Monsunzirkulation kann als Sonderfall der Passatzirkulation betrachtet werden. Sie bildet sich überall dort aus, wo ausgedehnte Landmassen am Rande und große Wasserflächen im Zentrum der Tropen liegen. Der mit ihr verbundene jahreszeitliche Wetterwechsel hat oft dramatische Auswirkungen auf den Wasserhaushalt, die Wirtschaft und die Lebensumstände in den davon erfassten Regionen. Warum ist das so?

1 Beschreiben Sie die Situationen in Abbildung M1.

2 **a)** Charakterisieren Sie den jährlichen Wetterablauf in Indien (M4).
b) Erläutern Sie den Wetterablauf (M4 – M8).
c) Begründen Sie, weshalb die dritte Jahreszeit in Indien in vielerlei Hinsicht kritisch betrachtet wird.

3 Stellen Sie die mit dem Monsungeschehen in Südasien verbundene Dramatik in einem bebilderten Wirkungsgefüge dar.

4 Begründen Sie folgende Aussagen:
- Der Süden Chinas erhält Sommerregen.
- In Nordchina ist es im Winter kalt.
- Nordaustralien ist monsunal geprägt (Atlas).
- Der Nordwesten Indiens ist relativ trocken.

5 Erläutern Sie mit schematischen Skizzen das monsunale Geschehen in Westafrika (M3, Atlas).

M 1 **Straßenszenen im Sommer (a) und Winter (b) in Nordindien**

Windpaare, deren Richtung jahreszeitlich um mehr als 120° wechselt, werden als **Monsune** bezeichnet (arab. mausim: Jahreszeit). Sie sind weit verbreitet. Schon im Mittelalter nutzten arabische Händler für ihre Fahrten mit Segelschiffen zwischen Indien, Arabien und Ostafrika die im Indischen Ozean halbjährlich wechselnden Monsunwinde, den aus Südwest wehenden Sommer- und den aus Nordost wehenden Wintermonsun.

Bis heute beeinflusst und prägt der damit einhergehende Luftmassenwechsel auf oft dramatische Weise die davon betroffenen Räume, die darin lebenden Menschen, ihren Jahresablauf, ihre Kultur und auch die Ökologie und Ökonomie, z.B. die Vegetation, die Landwirtschaft, die Wasserversorgung, die Abwasserentsorgung, die Kühlung von Kraftwerken und vieles mehr. Auf Dürren folgen oft heftige Niederschläge mit Überschwemmungen und Erdrutschen: Die Station Cherrapunji in Nordostindien verzeichnet als Extremfall im langjährlichen Mittel 11 930 Liter Regen auf den Quadratmeter. Ohne Abfluss und Versickerung würde die Region damit ganzjährig mit fast 12 Meter hohen Wassermassen überschüttet. Große Teile des westlichen und zentralen Indiens erhalten allein durch den Sommermonsun mehr als 90 Prozent ihres jährlichen Niederschlags, der Süden und der Nordwesten Indiens noch rund 50 bis 75 Prozent.

Weltweit lebt knapp die Hälfte der Menschheit in monsunal geprägten Regionen. Der Einfluss der Monsune reicht jedoch weiter: Über sie gelangen die aus Industrie und Verkehr der wirtschaftlich aufstrebenden und emissionsreichen Länder Süd-, Südost- und Ostasiens stammenden Luftschadstoffe ebenso in die globale Zirkulation wie das giftige DDT, das in Indien aus den seit Jahrzehnten damit kontaminierten Böden ausdünstet und mit den Monsunen großräumig verteilt wird. Der Weltklimarat (IPCC) geht davon aus, dass sich im Zuge des **Klimawandels** die Monsunwinde abschwächen, die Monsunniederschläge aber wegen des höheren Feuchtegehaltes der Atmosphäre zunehmen werden und dass vielerorts die Monsunsaison länger dauern wird.

M 2 **Basisinformation**

Wie in Südasien ist auch in Ostasien der jährliche Wetterablauf monsunal geprägt. Die höhere Breitenlage führt dabei allerdings zu größeren Temperaturunterschieden, vor allem im Winter durch die aus dem sibirischen Kältehoch ausströmende Kaltluft. Sie kann zudem beim Überströmen des Japanischen Meeres Wasserdampf aufnehmen und damit an der Westküste Japans heftige Regen- und Schneefälle verursachen. Hinzu kommt in Ostasien der dort spürbare Einfluss des zyklonalen Wettergeschehens der Westwindzone.

Für die von tropisch warmen Meeren umspülte Inselwelt Südostasiens bringen die jahreszeitlich wechselnden Luftströmungen des Sommer- und Wintermonsuns bei ganzjährig hohen Temperaturen jeweils etwa gleich hohe Niederschläge.

In Westafrika existiert ein Südasien entsprechendes Windpaar. Der feuchtschwüle Südwestmonsun bestimmt das Wetter während der Regenzeit von Mai bis Juli. In den übrigen Monaten dominiert der Nordostpassat, welcher als „Harmattan“ (Wüstenwind) Trockenheit, Staub und Hitze aus der Sahara mit sich führt, den westafrikanischen Raum.

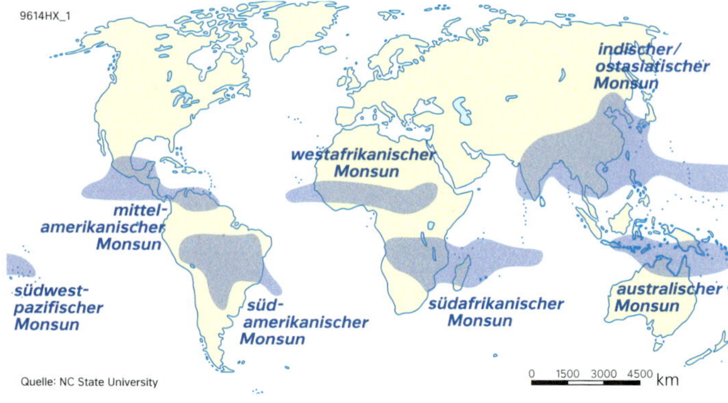

M 3 **Monsungebiete der Erde**

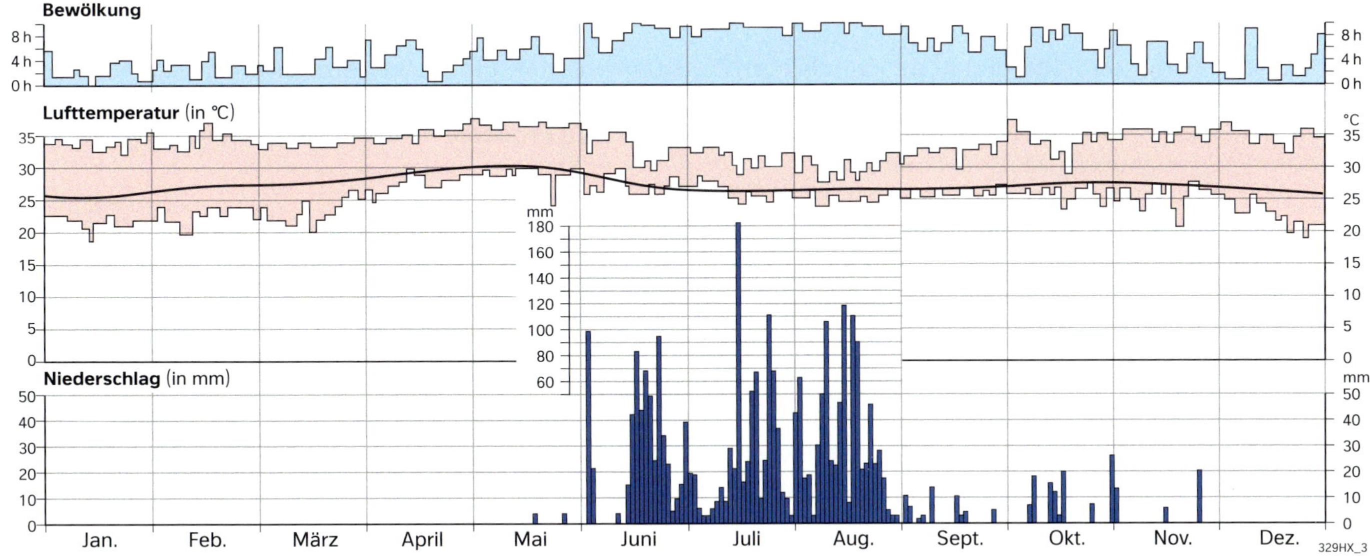

M 4 **Typischer Wetterablauf des indischen Monsunklimas im an der Westküste Indiens gelegenen Bundesstaat Goa**

Im Bereich des indischen Subkontinents, aber auch in Südostasien, an der Guineaküste Westafrikas und – in abgeschwächter Form – auf der Südhalbkugel in Südamerika sowie Afrika werden die Landmassen im Sommer stark aufgeheizt. Im Bereich der Indus- und Gangesebene beispielsweise bildet sich dabei ein kräftiges Hitzetief, das durch die großen Heizflächen der Hochebenen Innerasiens noch verstärkt wird. Der Luftdruck innerhalb dieses „Monsuntrogs" liegt noch tiefer als normalerweise in der äquatorialen Tiefdruckrinne. Die Passatströmung der Südhalbkugel wird daher über den Äquator hinweg in dieses Tief eingesaugt, das damit als eine weit nordwärts verlagerte Innertropische Konvergenzzone aufgefasst werden kann. Da der in Äquatornähe liegende Gürtel thermischer Tiefs jedoch erhalten bleibt, wird diese Konstellation als Aufspaltung der ITC in einen nördlichen (NITC) und einen südlichen Ast (SITC) bezeichnet.

Durch die auf der Nordhalbkugel nach rechts gerichtete Coriolisablenkung wird aus dem Südostpassat nach Überschreiten des Äquators eine südwestliche Strömung, der Südwest- oder Sommermonsun. Auf seinem langen Weg über den warmen Indischen Ozean nimmt er große Wasserdampfmengen auf und trifft mit feuchtheißen, labil geschichteten Luftmassen auf den erhitzten indischen Subkontinent. Die über Land rasch einsetzende Konvektion führt zu heftigen Niederschlägen, welche vor Gebirgen noch durch Steigungsniederschläge verstärkt werden können.

M 5 **Sommermonsun**

Die Wintermonate werden in Südasien von einer entgegengesetzten Luftmassenströmung beherrscht, dem Nordostmonsun. Er entspricht dem Nordostpassat. Seine Luftmassen entstammen dem umfangreichen Kältehoch, das sich im Winterhalbjahr durch Auskühlung Sibiriens und der Hochflächen Innerasiens bildet. Beim Absteigen in die Gangesniederung erwärmt sich die Luft und ihre relative Feuchte sinkt. Auf ihrem weiteren Weg über den indischen Subkontinent vermischt sie sich mit der absinkenden trockenen Luft der Passatoberschicht. Die sich dadurch ausbildende Passatinversion verhindert über dem ganzen Land hochreichende Konvektionen. Die Zeit des Wintermonsuns (Nordostmonsuns) ist daher extrem niederschlagsarm. Überquert der Nordostmonsun jedoch Wasserflächen wie den Golf von Bengalen, kann er dort Wasserdampf aufnehmen. Die Ostghats in Indien und die Nordostküste Sri Lankas erhalten dadurch auch im Winter Niederschläge.

Mit dem gegen Sommer steigenden Sonnenstand erhitzt sich der Subkontinent wieder stärker. Die dritte Jahreszeit Indiens, die Vormonsunzeit, ist daher durch steigende Temperaturen (40 bis 50 °C im Schatten) bei monatelang anhaltender Trockenzeit gekennzeichnet. Das erneute Eintreffen des Sommermonsuns wird deshalb in Indien sehnlich erwartet. Er ist allerdings nicht sehr „zuverlässig": Ein Mal kommt er zu früh, ein anderes Mal zu spät, ein Mal bringt er zu viel Regen und dann zu wenig Niederschläge.

M 7 **Wintermonsun und Vormunsun**

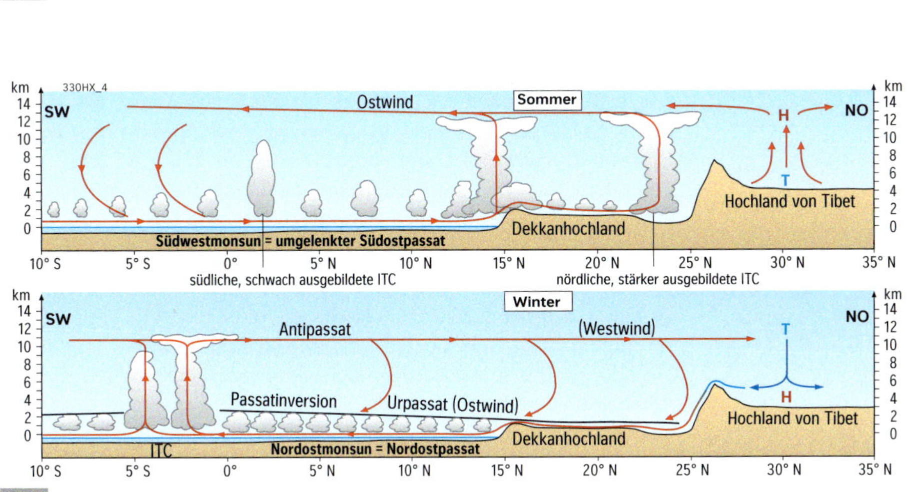

M 6 **Tropische Monsunzirkulation in Südasien**

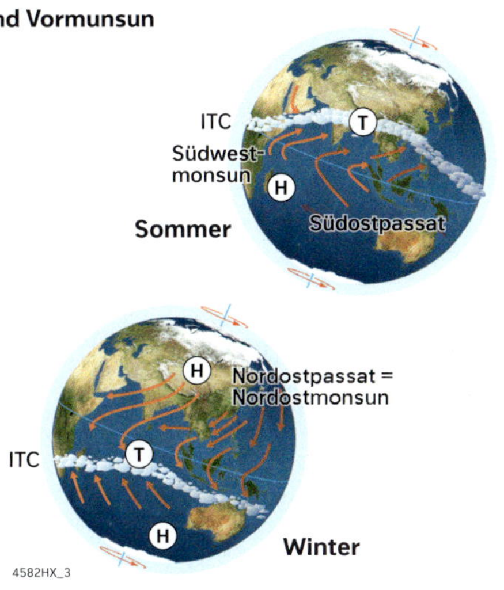

M 8 **Monsunzirkulation über Indik / Pazifik**

Wettergeschehen in den Tropen – die Walker-Zirkulation und El Niño

Neben der überwiegend meridional ausgerichteten Passatzirkulation gibt es in Äquatornähe auch eine in West-Ost-Richtung angeordnete Reihe von Zirkulationszellen. Diese nach ihrem Entdecker benannte Walker-Zirkulation ist im Pazifik besonders deutlich ausgebildet. Welche Prozesse und welches Wettergeschehen sind damit regional und global verbunden?

1. Vergleichen Sie die beiden Darstellungen (M1).
2. Begründen Sie die hohe Biomasseproduktion vor Peru (M4).
3. Erklären Sie die in M1 dargestellten Anomalien (M4 – M8).
4. Erklären Sie folgende Beobachtungen: 1983 fielen auf den Galapagosinseln statt durchschnittlich 374 mm 3325 mm Niederschlag. Die Wüste Atacama verwandelte sich in eine blühende Landschaft, deren Straßen aber vielerorts zerstört wurden. Indonesien und Ostafrika litten unter monatelanger Dürre (M3, M9).
5. Vergleichen Sie El Niño und La Niña.

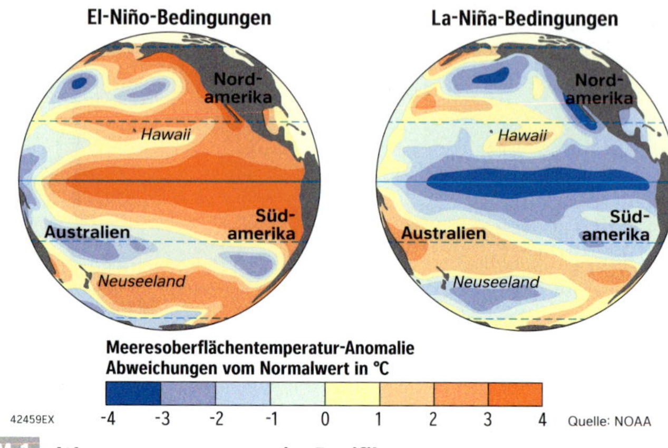

M1 **Wassertemperaturen im Pazifik**

Das im Südwinter (Juni bis August) kräftige Pazifikhoch verursacht vor der Westküste Südamerikas starke Südostpassate, die auf ihrem langen Weg nach Westen über dem tropisch warmen Ozean viel Wasserdampf aufnehmen. Dies ermöglicht in den Hitzetiefs der ITC im Westpazifik zusammen mit den dort hohen Wassertemperaturen intensive Konvektionsniederschläge. Zur Kompensation der bodennahen Strömung fließt die aufgestiegene Luft in der Höhe zurück nach Osten, wird dabei kälter, sinkt vor Südamerika ab und schließt die pazifische Zelle der Walker-Zirkulation. Diese Zirkulationszelle wird durch Luftdruckgegensätze weit auseinanderliegender Regionen angetrieben, zeigt eine enge Kopplung von Luftmassen- und **Meeresströmungen** und ist vor allem im Pazifik deutlich entwickelt.

Allerdings wechselt die Walker-Zirkulation mehr oder weniger regelmäßig ihre Richtung. Damit verändern sich auch die jeweiligen Luftmassen- und Meeresströmungen, die damit verbundenen Wettererscheinungen und deren Folgen für die Ökologie und die Ökonomie der betroffenen Regionen. Das System des im Pazifik im Jahresrhythmus hin und her schwappenden Oberflächenwassers und der damit korrespondierenden „Luftdruckwippe" wird **El Niño Southern Oscillation** oder ENSO genannt.

Die pazifische Walker-Zelle ist mit ähnlichen Zellen über dem Indik und dem Atlantik gekoppelt. Auch in nicht tropischen Regionen beeinflusst ENSO über Telekonnektionen (Klimafernkopplungen) durch gleiche oder gegenläufige Schwankungen von Druck, Temperatur und Niederschlag das Wettergeschehen.

M2 **Basisinformation**

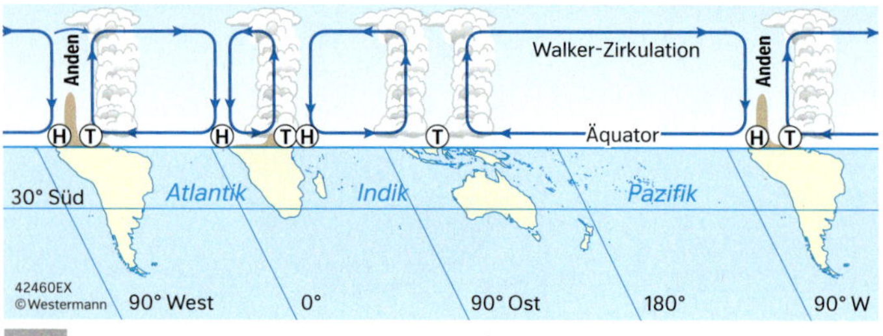

M3 **Zirkulationszellen entlang des Äquators**

Der Windschub der Südostpassate bewegt große Mengen Wasser, die sich auf dem Weg nach Südostasien auf bis zu 30 °C erwärmen. Dort staut sich das Warmwasser um 40 bis 50 Zentimeter über dem mittleren Meeresspiegel auf und drückt zugleich die Thermokline (Trennschicht zwischen dem warmen Oberflächen- und dem kalten Tiefenwasser) auf etwa 200 Meter Tiefe hinab. Zum Ausgleich des in einer „Kaltwasserzunge" nach Westen wegdriftenden Oberflächenwassers steigt vor Südamerika ständig kaltes antarktisches Tiefenwasser auf (Upwelling). Dieses verhindert eine rasche Erwärmung des kühlen küstenparallelen Humboldtstroms und der Strom ermöglicht durch seinen hohen Sauerstoff- und Nährstoffgehalt bei ganzjährig hoher Sonneneinstrahlung eine ungewöhnlich hohe Biomasseproduktion. Sie ist die Basis einer sehr ertragreichen Fischerei.

Über dem Aufquellgebiet verursacht die kühle und wasserdampfarme Luft, zusammen mit den aus dem Pazifikhoch absinkenden und sich erwärmenden Luftmassen, eine stabile Passatinversion. Die dadurch in Peru und Nordchile entstehende, extrem lebensfeindliche **Küstenwüste** bildet einen scharfen Gegensatz zu dem angrenzenden, biologisch hochproduktiven Meeresstreifen.

Mitte September beginnt sich dieses Strömungssystem umzustellen: Das Pazifikhoch verlagert sich polwärts, die Passate und der Windschub im Äquatorbereich werden schwächer, das im Westpazifik aufgestaute Warmwasser schwappt zurück. Es wird auf dem langen Weg nach Osten durch die Sonneneinstrahlung zunehmend erwärmt und erreicht nach einigen Monaten die südamerikanische Küste, überströmt dort die Auftriebsgebiete und drückt die Thermokline abwärts. Dadurch brechen die an das Upwelling gebundene Biomasseproduktion und die damit zusammenhängenden Nahrungsketten mehr oder weniger zusammen.

Diese alljährlich um Weihnachten erfolgende Verdrängung ertragreicher Kaltwasserfischschwärme durch fischereiwirtschaftlich weniger interessante Warmwasserfische bezeichnen die einheimischen Fischer traditionell als El Niño (span.: der Knabe, das Christkind). Die Auswirkungen des von den Fischern ungeliebten „Christkinds" verflüchtigen sich aber meist schon nach wenigen Wochen, weil sich die vorherigen Strömungsverhältnisse wieder einstellen.

M4 **Die Normalsituation im Pazifik**

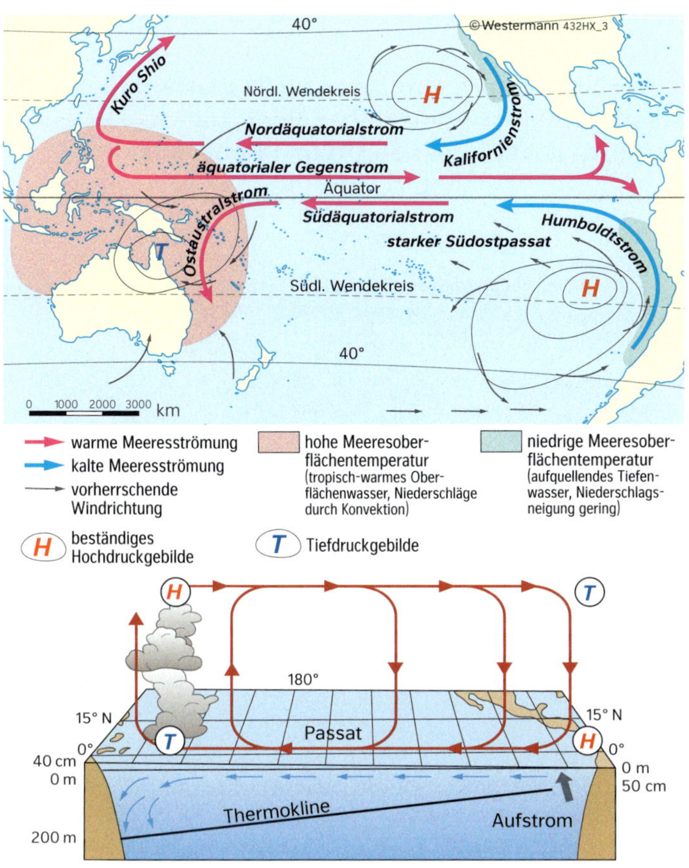

M 5 Normalsituation

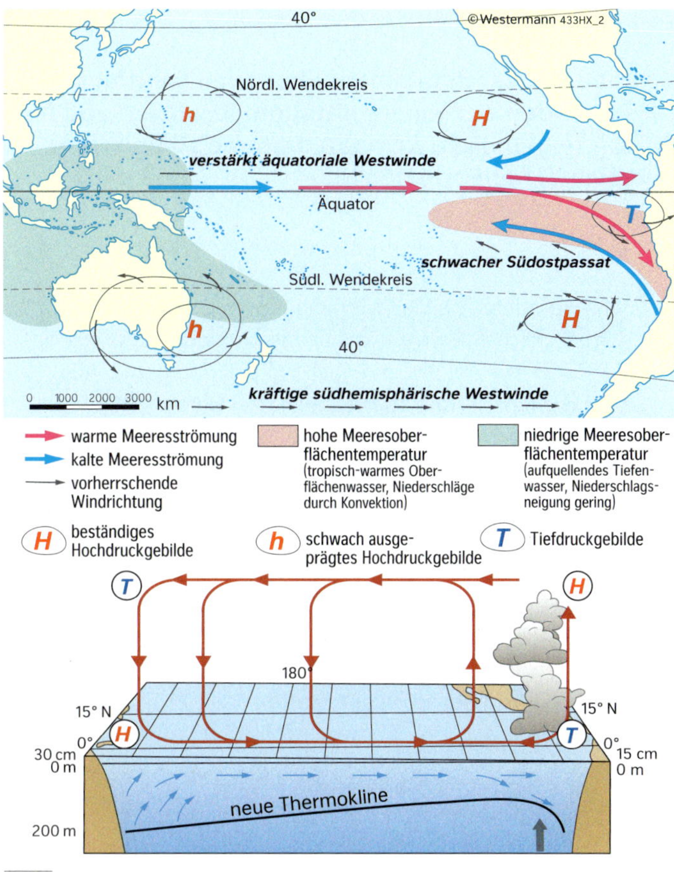

M 7 El-Niño-Situation

Aus bisher ungeklärten Gründen tritt in dem System der Southern Oscillation etwa alle vier bis neun Jahre eine über mehrere Monate anhaltende El-Niño-Situation mit extremen Auswirkungen auf. Regelmäßig beobachtet wird dabei eine außergewöhnlich starke Abschwächung der südostpazifischen Antizyklone. Zeitweise erlischt der Südostpassat sogar völlig. Dies ermöglicht ein Zurückströmen großer, sich auf dem Weg Richtung Südamerika noch weiter erwärmenden Warmwassermassen. Mit ihnen verlagern sich auch die Bereiche tiefen Drucks zunehmend von Südostasien Richtung Südamerika.

Dadurch kehrt sich die Walker-Zirkulation im Pazifik für längere Zeit völlig um: Die nun vor der südamerikanischen Küste aufsteigenden, warmen und sehr feuchten Luftmassen verursachen im Küstenbereich von Ecuador, Peru und Nordchile heftige Starkniederschläge mit oft verheerenden Überschwemmungen und Ernteeinbußen. Im Westpazifik entsteht dagegen eine stabile Hochdrucklage. Südostasien, Australien und auch Teile Ostafrikas geraten dann in eine anhaltende Dürre und sind zunehmend durch Waldbrände gefährdet.

Während der Rückkehr des Systems vom extremen El-Niño-Ereignis zum Normalzustand erscheint etwa alle drei bis fünf Jahre vorübergehend meist auch La Niña (die kleine Schwester), eine besonders starke Abkühlung des Meeres vor der Westküste Südamerikas, verbunden mit einer dort starken Trockenheit sowie steigenden Niederschlägen in Südostasien und Australien.

„Der Warme" (El Niño) und „Die Kalte" (La Niña) offenbaren dabei oft die Vulnerabilität und die überforderten Bewältigungskapazitäten der davon betroffenen Länder und Regionen. Laut der Weltorganisation für Meteorologie (WMO) werden die Auswirkungen El Niños durch die im Zuge des Klimawandels weltweit steigenden Temperaturen aber noch verstärkt.

M 6 Auswirkungen von El Niño und La Niña

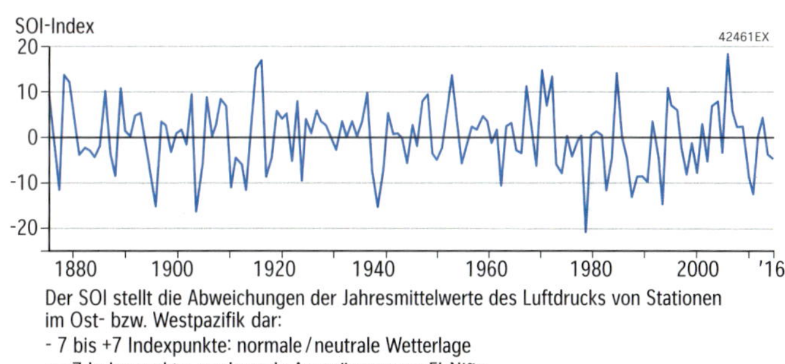

Der SOI stellt die Abweichungen der Jahresmittelwerte des Luftdrucks von Stationen im Ost- bzw. Westpazifik dar:
- 7 bis +7 Indexpunkte: normale / neutrale Wetterlage
< - 7 Indexpunkte: wachsende Ausprägung von El-Niño
> + 7 Indexpunkte: wachsende Ausprägung von La-Niña.

M 8 Entwicklung des Southern-Oscillation-Index (SOI)

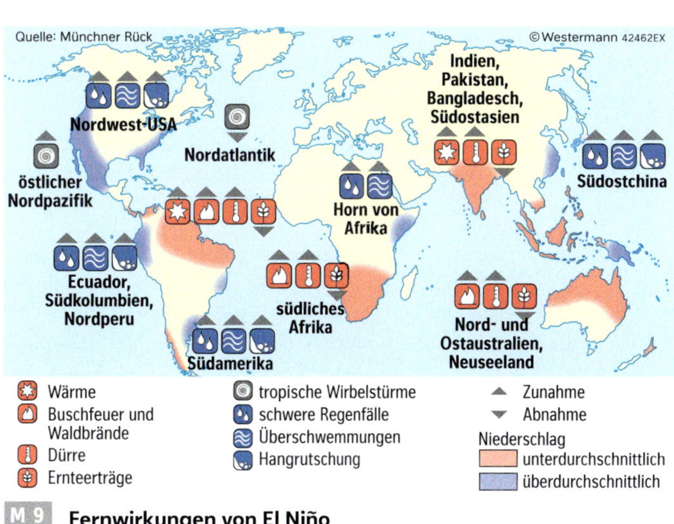

M 9 Fernwirkungen von El Niño

Ein Klimadiagramm auswerten

Rund 40000 Landstationen, aber auch Schiffe, Bojen und Satelliten liefern ständig aktuelle Wetterdaten. Diese werden zu Monatsmitteltemperaturen und Monatsniederschlagssummen über einen Zeitraum von 30 Jahren gemittelt. Klimadiagramme stellen diese Durchschnittswerte für einen Ort im Jahresverlauf in übersichtlicher Form dar.

1 Analysieren Sie das Klimadiagramm von Dhaka (M1).

2 Vergleichen Sie die Ausweisung humider und arider Zeiträume mit pLv und nach Walther/Lieth (M2, M3).

3 Erläutern Sie den statistischen Charakter der Klimadiagramme (M2, Impulstext).

4 Bewerten Sie die Aussagekraft von Klimadiagrammen für die jeweiligen ökologischen Bedingungen.

Arbeitsschritte

1. Beschreibung der Lage der Station
- Beschreiben Sie z. B. die geographische Lage, die Höhenlage, die Meeres- und Gebirgsnähe (Luv / Lee).

2. Beschreibung der Temperaturwerte
- Beschreiben Sie die Jahresdurchschnittstemperatur, Maximum / Minimum und die Jahresamplitude.

3. Beschreibung der Niederschlagswerte und der potenziellen Landschaftsverdunstung
- Beschreiben Sie die Jahressumme, Maxima / Minima sowie die jahreszeitliche Verteilung humider und arider Monate.

4. Einordnung in Klimazone
- Ordnen Sie die Station einer Klimazone zu (z. B. Atlas).

5. Erklärungen für das Klima vor Ort
- Erklären Sie die Ursachen des Klimas (z. B. globale atmosphärische Zirkulation, Besonderheiten wie Höhenlage).

6. Beurteilung der klimatischen Auswirkungen
- Beurteilen Sie die Auswirkungen der klimatischen Bedingungen z. B. auf Böden, Vegetation, Landwirtschaft.

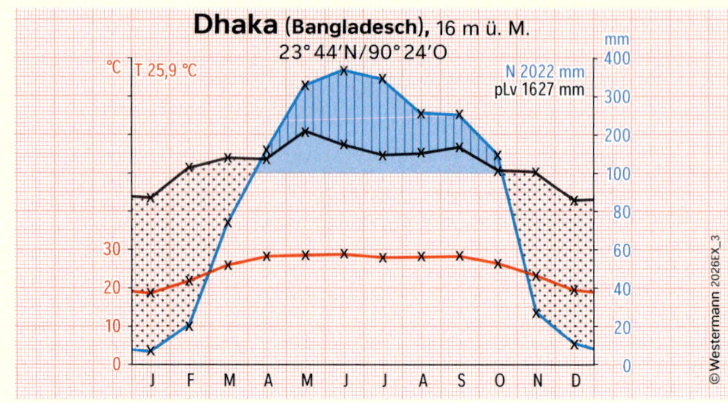

M 1 Klimadiagramm von Dhaka (Bangladesch)

Aus den Klimadiagrammen lassen sich Rückschlüsse auf die ökologischen Verhältnisse eines Gebietes ziehen. Ein bedeutsamer Temperaturschwellenwert ist z. B. die sogenannte 18°-Isotherme, d. h., dass am jeweiligen Ort die Monatsmitteltemperatur nie geringer ist als 18 °C und ganzjährig keine Fröste auftreten. Ein weiteres Kriterium für ökologische Schlussfolgerungen sind die vorherrschenden Feuchteverhältnisse. Damit diese leicht ablesbar sind, werden die Temperatur- und Niederschlagswerte in Klimadiagrammen nach Walter / Lieth im Verhältnis 1 : 2 dargestellt. Zum Beispiel entsprechen 10 °C auf der Temperaturachse 20 mm **Niederschlag**. Dieses Verhältnis beruht auf Erfahrungswerten und bringt grob die Abhängigkeit zwischen Temperatur und Verdunstung zum Ausdruck. In Klimadiagrammen nach Siegmund / Frankenberg ist zusätzlich die potenzielle Landschaftsverdunstung (pLv) eingetragen.

Um die Vergleichbarkeit der Klimagrößen zu garantieren, legt die World Meteorological Organization 30-jährige Referenzzeiträume fest. Seit 2021 gilt als Klimanormalperiode der Zeitraum von 1990 bis 2020.

M 2 Aussagen von Klimadiagrammen zur Ökologie eines Raumes

Die potenzielle Landschaftsverdunstung (pLv) versucht, humide und aride Zeiten exakter und physikalisch genauer zu fassen. So ist z. B. bei ähnlichen Klimabedingungen die Verdunstung mit geringer Vegetationsbedeckung niedriger als bei voll entfalteter Pflanzenwelt.

Zur Bestimmung werden:

1. die potenzielle Verdunstung pV (ergibt sich aus der für die Verdunstung notwendigen Energie und der Aufnahmefähigkeit der Luft für Wasserdampf)

und

2. a) der Verdunstungsanspruch der Vegetation (Transpiration),
   b) die unmittelbare Verdunstung des von den Pflanzen abgefangenen Niederschlags (Interzeption),
   c) die Verdunstung aus den oberen Bodenschichten (Evaporation)

herangezogen. Letztere werden in einem Umrechnungsfaktor (UF) zusammengefasst.
Die potenzielle Landschaftsverdunstung ergibt sich dann aus dem Produkt pLv = pV • UF.
Im Klimadiagramm lassen sich aus der Niederschlagskurve N und der pLv-Kurve humide (N > pLv) bzw. aride Zeitabschnitte (N < pLv) ablesen.

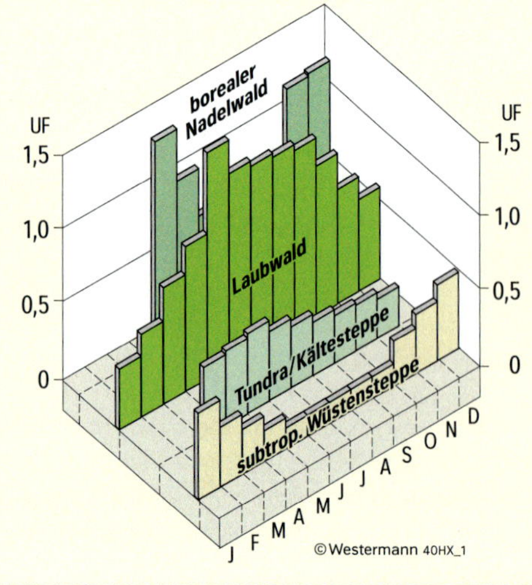

M 3 Potenzielle Landschaftsverdunstung

Ein Thermoisoplethendiagramm auswerten

Thermoisoplethendiagramme stellen nur die durchschnittlichen Temperaturen an einem Ort dar. Im Unterschied zu Klimadiagrammen ist neben dem Jahresgang auch der Tagesgang der Temperatur eines Ortes ablesbar. In den meist farblich unterlegten Diagrammen sind daher Tages- und Jahreszeitenklimate rasch erkennbar.

1 AnalysierenSie die Thermoisoplethendiagramme von Dhaka (M1) und der Macquarieinsel (M2).

2 Ordnen Sie die Grundformen der Thermoisoplethen den strahlungsklimatischen Zonen zu (M3, S. 70 M3).

3 Vergleichen Sie die Darstellung klimatischer Eigenschaften in Klima- und Thermoisoplethendiagrammen (M1, S. 92 M1)

Arbeitsschritte

1. Beschreibung der Lage der Station
- Beschreiben Sie z. B. die geographische Lage, die Höhenlage, die Meeres- und Gebirgsnähe (Luv / Lee).

2. Beschreibung der Thermoisoplethen
- Beschreiben Sie das Grundmuster des Verlaufs der Thermoisoplethen sowie die Tages und Jahrestemperaturschwankungen.

3. Einordnung in Klimazone
- Ordnen Sie die Station einer Klimazone bzw. dem Jahreszeiten- oder Tageszeitenklima zu (Atlas).

4. Erklärungen für das Klima vor Ort
- Erklären Sie die jeweiligen Temperaturverläufe (z. B. mit Zenitstand, Polartag, Polarnacht).

5. Beurteilung der klimatischen Auswirkungen
- Beurteilen Sie Auswirkungen auf die jeweiligen ökologischen Bedingungen (z. B. Vegetation, Landwirtschaft).

	J	A	S	O	N	D	J	F	M	A	M	J
°C	2,9	2,9	3,0	3,4	4,1	5,6	6,6	6,6	6,0	4,8	3,7	2,9
mm	67	61	70	70	70	74	78	79	87	92	74	71

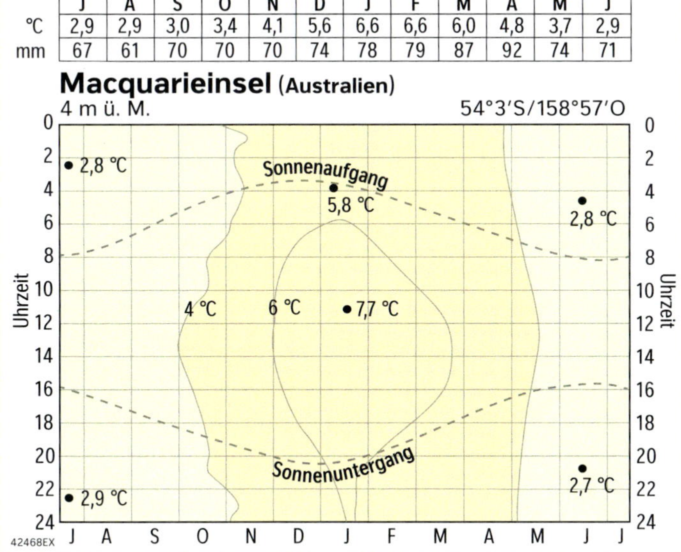

M 2 Macquarieinsel (Pazifischer Ozean, Australien)

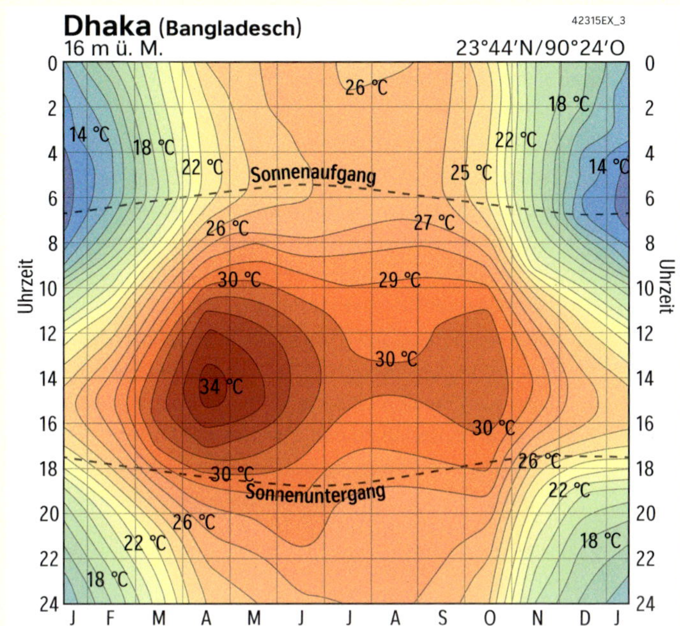

M 1 Themoisoplethendiagramm von Dhaka (Bangladesch)

Datengrundlage für Thermoisoplethendiagramme, die auf Alexander von Humboldt zurückgehen und von Carl Theodor Troll als Darstellungsmethode entwickelt wurden, sind die mittleren Stundentemperaturen von 0 bis 24 Uhr. Sie werden für alle Tage des Monats im gesamten Jahresverlauf eingetragen. Die Punkte gleicher Temperatur sind miteinander verbunden. Diese Linien heißen Thermoisoplethen. Somit lassen sich bei horizontaler Betrachtung Informationen zu Durchschnittstemperaturen zu einer Tageszeit im Jahresverlauf oder in vertikaler Richtung zum durchschnittlichen Tagestemperaturverlauf in verschiedenen Monaten oder Jahreszeiten ablesen.

Zusätzlich können in einem Thermoisoplethendiagramm, je nach Lage der Station, Informationen zu Auf- und Untergangszeiten der Sonne, zum Beginn und Ende der Polarnacht oder zu den Zeitpunkten des Sonnenzenitstandes enthalten sein.

Aus der Dichte und dem Verlauf der Thermoisoplethen lassen sich Tages- bzw. Jahrestemperaturschwankungen ableiten. Dabei treten drei Grundformen auf.
- Thermoisoplethen verlaufen nahezu parallel zur Tageszeitenachse, die Tagesamplitude ist also gering, die Jahresamplitude dagegen sehr groß.
- Besitzen die Thermoisoplethen eine kreisähnliche Anordnung, gibt es Temperaturunterschiede sowohl im Jahres- als auch im Tagesgang (typisch für Jahreszeitenklima).
- Verlaufen die Thermoisoplethen weitgehend parallel zur Monatsachse, sind die jahreszeitlichen Temperaturunterschiede geringer als die tageszeitlichen (typisch für Tageszeitenklima).

Differenziert werden die Grundformen durch den Einfluss der Kontinentalität oder der Höhenlage die jeweiligen Station.

M 3 Grundformen von Thermoisoplethendiagrammen

Klimaklassifikationen

Gebiete mit ähnlichen klimatischen Gegebenheiten lassen sich zu Klimazonen zusammenfassen. Die Klimabedingungen verschiedener Orte sind dadurch einfacher vergleichbar. Erste Klimazonenkarten entstanden schon am Ende des 19. Jahrhunderts. Ihnen folgten viele weitere Einteilungen. Grundsätzlich lassen sich dabei effektive und genetische Klimaklassifikationen unterscheiden. Worin unterscheiden sie sich?

1 Beschreiben Sie die Lage der Station (M1) und die dort heimische Vegetation (Atlas).

2 Vergleichen Sie genetische und effektive Klimaklassifikationen (M2).

3 **a)** Charakterisieren Sie das Klima von Kaolack (M3).
b) Ordnen Sie Kaolack den Klimazonen der Klimaklassifikationen nach Neef, Köppen / Geiger und Siegmund / Frankenberg begründet zu (M3 – M9).

4 **a)** „Effektive Klimaklassiikationen sind zur Beschreibung der ökologischen Verhältnisse besser geeignet als genetische." Bewerten Sie diese Aussage.
b) Beurteilen Sie den Einsatz von Klimaklassifikationen, um eine Fernreise zu planen, das Anbaupotenzial für Agrarpflanzen zu bewerten, eine Raumanalyse durchzuführen, den Klimawandel zu untersuchen.

M 1 Dorf bei Kaolack (Senegal)

Es ist nicht schwer, das Klima einer konkreten Station oder klimatische Unterschiede verschiedener Orte der Erde genau zu beschreiben. Für viele Fragestellungen, wie z.B. über das agrarische Nutzungspotenzial eines Landes oder Auswirkungen des Klimawandels, sind jedoch generalisierte und systematische Ordnungssysteme für größere Gebiete notwendig. Vor diesem Hintergrund wurden vor allem im 19. und 20. Jahrhundert zahlreiche **Klimaklassifikationen** erarbeitet. Die Abgrenzung von Räumen mit jeweils klimatisch einheitlichen Eigenschaften erfolgt dabei durch zwei grundsätzlich unterschiedliche Ansätze.

Genetische Klimaklassifikationen orientieren sich an der Entstehung (Genese) der klimatischen Eigenschaften. Ausgangspunkt dieser Gliederungen ist die unterschiedliche Strahlungsbilanz zwischen Äquator und Polen und dem daraus resultierenden globalen atmosphärischen Zirkulationsmodell. Häufig wird entsprechend einer ganzjährigen Vorherrschaft oder einem jahreszeitlichen Wechsel der Luftdruck- und Windgürtel zwischen stetigen und alternierenden Klimaten unterschieden.

Effektive Klimaklassifikationen werden auf Basis statistischer Mittelwerte der Klimaelemente Temperatur und **Niederschlag** erstellt. Die Festlegung von Temperatur- und Niederschlagswerten, um unterschiedliche Klassen voneinander abzugrenzen, orientiert sich zumeist an der Vegetation, denn Pflanzen spiegeln als natürliche und sichtbare Indikatoren Feuchte- und Temperaturbedingungen sowie Strahlungsverhältnisse wider. Aus ökologischer Sicht ist die Verfügbarkeit von Wasser für Pflanzen weniger von der Höhe der Niederschläge als von der Verdunstung abhängig, sodass bei effektiven Klimaklassifikationen dieses Kriterium mit herangezogen wird.

Allen Klimaklassifikationen ist gemeinsam, dass die durch sie festgelegten Grenzen zwischen z.B. den Klimazonen nicht so scharf sind, wie sie in kartographischen Darstellungen erscheinen, sondern dass sie lediglich Übergangsbereiche repräsentieren.

M 2 Basisinformation

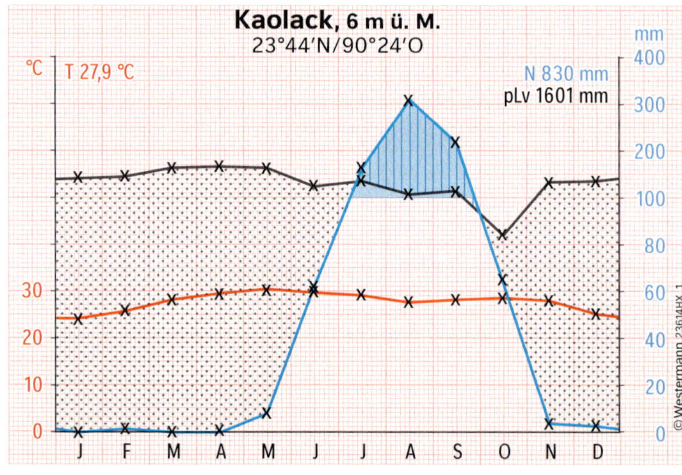

M 3 Klimadiagramm von Kaolack (Senegal)

Ernst Neef entwickelte seine genetische Klimaklassifikation in den 1950er-Jahren. Er gliedert die Erde zunächst in vier Hauptklimazonen, in denen die Druck- und Hauptwindgürtel – polares Hoch (**polare Ostwinde**), außertropische Westwinde, Passatwinde, äquatoriale Tiefdruckrinne – ganzjährig wirken. Zwischen ihnen liegen drei alternierende Subklimazonen, in denen die Luft- und Druckverhältnisse halbjährlich wechseln. Dieses Grundmuster wird durch die thermischen Gegensätze zwischen Regionen in Ozeannähe und dem Inneren der Kontinente differenziert. Regionen mit **maritimem** bzw. **kontinentalem** Einfluss werden ausgewiesen. Eine weitere Abwandlung erfahren die Klimazonen durch die Unterschiede zwischen den West- und Ostseiten der Kontinente. Auch die Hochgebirge bilden eine eigenständige Klimaregion.
Weitere genetische Klassifikationen entwickelten zum Beispiel Hermann Flohn und Wolfgang Weischet.

M 4 Genetische Klimaklassifikation nach Neef

Die Ausweisung von Gebieten mit einheitlichen Klimabedingungen erfolgt in der Klimaklassifikation von Wladimir Peter Köppen und Rudolf Geiger zunächst über thermische Grenzwerte, die zu vier Klimazonen (A, C, D und E) führen. Köppen legte als Grenzwert für das Eisklima (E) die Monatsmitteltemperatur des wärmsten Monats im Jahr von weniger als 10 °C fest. Dieser Wert korreliert annähernd mit der polaren Grenze des Baumwuchses. Im tropischen Klima (A), warmgemäßigten Klima (C) und Schneeklima (D) sind die thermischen Bedingungen für das Pflanzenwachstum gegeben.

Die zweite wichtige ökologische Voraussetzung für Pflanzenwachstum sind die hygrischen Verhältnisse. Bei der Ausweisung der Trockengrenze (M8) wird neben den Temperatur- und Niederschlagsverhältnissen auch die Verteilung des Niederschlags im Jahresverlauf einbezogen. Alle Regionen, in denen die Trockengrenze unterschritten wird, sind arid und werden zur Zone der Trockenklimate (B) zusammengefasst. Die Trockenklimate werden noch in Steppen- (BS) und Wüstentypen (BW) unterteilt – jeweils in Abhängigkeit vom Jahresniederschlagsverlauf.

Beispiel: Eine Station (S) mit ganzjährigem Niederschlag, einer Jahresdurchschnittstemperatur von t = 20 °C und einem Jahresniederschlag von r = 300 mm (30 cm) wird in das System eingeordnet:

1. Nach der Formel $r < 2 \cdot t + 14$ ist $30 < 2 \cdot 20 + 14$. Die Station liegt „oberhalb" der Linie der Trockengrenze, also im B-Klima.
2. Nach der Formel $r > t + 7$ ist $30 > 20 + 7 = 27$. Demnach liegt die Station innerhalb des BS-Klimas (M8).

Im Weiteren werden die Klimatypen durch zusätzliche thermische Grenzwerte, die wiederum pflanzenökologisch determiniert sind, weiter differenziert. Kleinbuchstaben grenzen die Gebiete auf Grundlage von Durchschnittstemperaturen ab:
a: wärmster Monat > 22 °C
b: wärmster Monat < 22 °C, mindestens vier Monate > 10 °C
c: 1 – 4 Monate > 10 °C, kältester Monat > – 38 °C
d: 1 – 4 Monate > 10 °C, kältester Monat < – 38 °C

M 5 Effektive Klimaklassifikation nach Köppen und Geiger

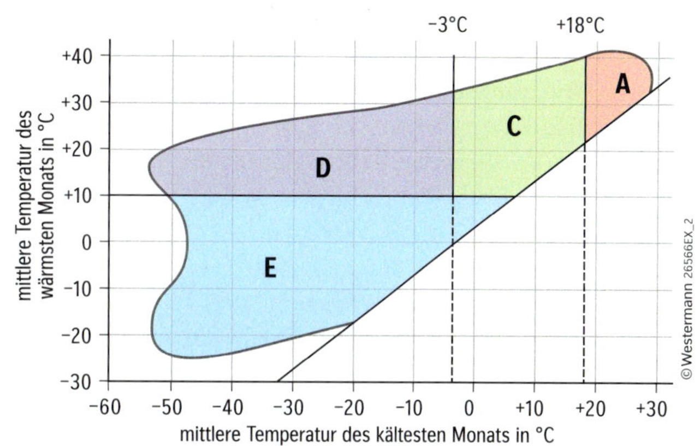

M 7 Schwellenwerte für thermische Klimate nach Köppen / Geiger

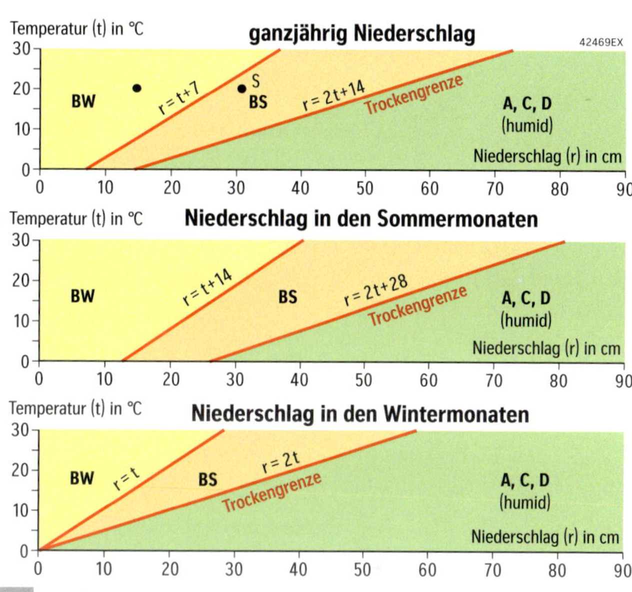

M 8 Definition der Trockenklimate nach Köppen / Geiger

In den 1980er- und 1990er-Jahren entwickelten die deutschen Geographen Wilhelm Lauer, Peter Frankenberg und Alexander Siegmund eine effektive Klimaklassifikation. Die Ausweisung von Klimazonen auf der Erde erfolgt dabei nach drei Merkmalsebenen, die durch sogenannte Klimaschlüssel beschrieben sind.

Zuerst erfolgt die Einteilung in fünf thermische Klimazonen. Abgrenzungskriterium ist die Jahresdurchschnittstemperatur (T_D). Darüber hinaus werden in den Mittelbreiten, Subtropen und Tropen Regionen mit ständigem bzw. periodischem Wassermangel als Trockenklimate mit Jahresniederschlägen unter 250 mm ausgewiesen.

Diese grundlegende Gliederung wird durch vier hygrische Klimatypen weiter differenziert. Die Grenzwerte der Aridität bzw. Humidität beruhen auf der potenziellen Landschaftsverdunstung (S. 92 M3).

Die dritte Klassifikationsebene gliedert die außertropischen Klimazonen noch nach ihrer thermischen **Kontinentalität** bzw. **Maritimität**. Abgrenzungskriterium ist die Jahresamplitude der monatlichen Durchschnittstemperaturen (T_A).

Die orographisch bedingten Klimavariationen spiegeln sich in den Gebirgsklimaten der jeweiligen Klimatypen wider. In den Tropen werden dabei neben den niedrig gelegenen Warmtropen als Höhenklimate die Kalttropen mit einer Jahresdurchschnittstemperatur von weniger als 24 °C und möglichen Frostereignissen ausgewiesen.

M 6 Effektive Klimaklassifikation nach Siegmund und Frankenberg

Klimazonen	Grenzwerte
F: Polare Zone (Eiszone)	$T_D < -10$ °C
E: Subpolare Zone (kalte Zone)	-10 °C $< T_D < 0$ °C
D: Mittelbreiten (kühle Zone)	0 °C $< T_D < 12$ °C
C: Subtropen (warme Zone)	12 °C $< T_D < 24$ °C
A: Tropen (heiße Zone)	$T_D > 24$ °C
hygrische Klimatypen	
a: arid	0 – 2 humide Monate
sa: semiarid	3 – 5 humide Monate
sh: semihumid	6 – 9 humide Monate
H: humid	10 – 12 humide Monate
thermische Klimatypen	
hochmaritim (1):	$T_A < 10$ °C
maritim (2):	10 °C $< T_A < 20$ °C
kontinental (3):	20 °C $< T_A < 40$ °C
hochkontinental (4):	$T_A > 40$ °C

M 9 Klimaschlüssel nach Siegmund und Frankenberg

Die globale atmosphärische Zirkulation – Grundlage einer genetischen Klimaklassifikation

Wetter wird gemessen, Klima wird berechnet und Klimaklassifikationen versuchen, die unterschiedlichen Ausprägungen des Klimas zu typisieren und ein räumliches Ordnungsmuster zu erstellen. Inwiefern ist die globale atmosphärische Zirkulation eine passende Basis für eine genetische Klimaklassifikation?

1 **a)** Analysieren Sie das Wolkenmuster (M1).
b) Erklären Sie die Lage der Wolkenmuster.

2 **a)** Begründen Sie die Form des Idealkontinents (M3).
b) Charakterisieren Sie die Besonderheiten der in M2 bis M4 dargestellten Klimaklassifikation.

3 Arbeiten Sie die für das Modell der globalen atmosphärischen Zirkulation grundlegenden Voraussetzungen, Strukturen und Prozesse heraus (M5, M6).

4 Erläutern Sie mit Beispielen die Entstehung und Verbreitung alternierender und stetiger Klimate (M5 – M7).

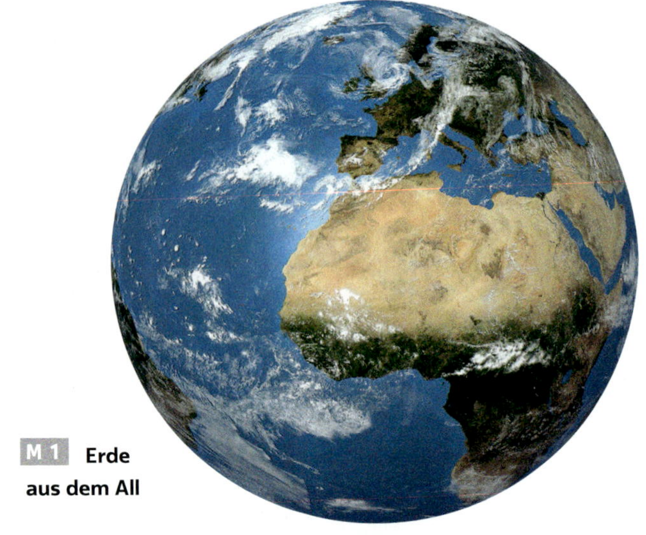

M1 Erde aus dem All

Strahlungsklimatisch lässt sich die Erde unterteilen in die zwischen den Wendekreisen liegende Tropenzone, die Mittelbreiten und die von den Polarkreisen polwärts reichenden Polarzonen. Da die Mittelbreiten strahlungsklimatisch äußerst verschiedenartig sind, werden sie noch weiter unterteilt, in die Subtropen (23,5° bis 45° N bzw. S) und die bis zu den Polarkreisen folgenden hohen Mittelbreiten (45° – 66,5° N bzw. S). Innerhalb dieser Zonen bewirkt die jahreszeitliche Verschiebung des Sonnenstandes eine Verlagerung der Druck- und Windgürtel. Demnach können ganzjährig beständige und halbjährlich wechselnde Klimate abgegrenzt werden.

In den immerfeuchten inneren Tropen dominieren bei ganzjährig fast senkrechtem Sonnenstand und meist warm-feuchten Luftmassen Konvektionsprozesse mit Wärmegewittern und Starkregen. In den äquatorferneren sommerfeuchten Tropen (wechselfeuchte Tropen) folgt dem Zenitstand der Sonne im Sommer der jeweiligen Halbkugel in kurzem zeitlichem Abstand die Regenzeit. Während der restlichen Zeit des Jahres herrscht Trockenheit. Die Dauer von Regen- und Trockenzeiten variiert zwischen einem und zwölf Monaten. Das räumliche Muster und die Ergiebigkeit der Niederschläge variieren ebenfalls stark. Am Rand der Tropen befinden sich im Absinkbereich der Passate die Regionen mit subtropisch-randtropischem Trockenklima.

Die Subtropen an der Westseite der Kontinente liegen im Sommer im Bereich dieses Trockenklimas, im Winter dagegen im Einflussbereich des Westwindklimas der Mittelbreiten. Diese Winterregensubtropen (Mittelmeerklima) haben ein typisches Wechselklima. Das Kontinentalklima der Mittelbreiten charakterisiert dagegen sommerliche Trockenheit, Konvektionsniederschläge mit großer Variabilität und große jahreszeitliche Temperaturunterschiede. Polwärts folgt das Westwindklima der Mittelbreiten mit dem typisch ganzjährigen Wechsel zyklonaler und antizyklonaler Wetterlagen an der Westseite der Kontinente. Das Polarklima der Polarkappen ist durch ein Kältehoch und polare Ostwinde gekennzeichnet. Im Sommer können die außertropischen Zyklonen aber weit in die Polarregionen vordringen.
An der Ostseite der Kontinente entstehen durch das bis in die Subtropen reichende Monsunsystem die Sommerregensubtropen. Das außertropische Ostseitenklima weist vorwiegend sommerliche Feuchte, aber auch große jahreszeitliche Temperaturunterschiede auf.

M2 Basisinformation

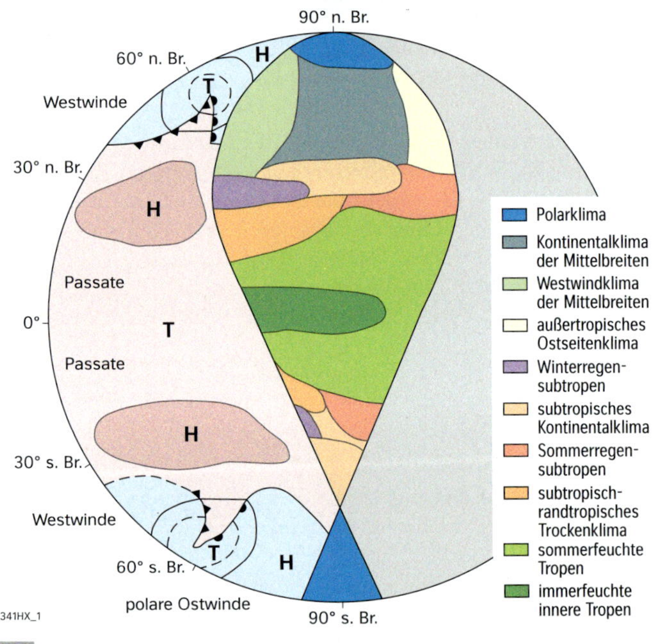

M3 Idealkontinent – Luftdruckgürtel, Windgürtel und Klimazonen

Die Klimaklassifikation von Wolfgang Weischet benötigt nur wenige Grundüberlegungen. Als genetische Klimaklassifikation geht sie von der Entstehung des Klimas auf Basis des Strahlungshaushalts, von dynamischen Prozessen in der Atmosphäre sowie von der Lage der jeweiligen Klimazone innerhalb oder am West- bzw. Ostrand der Kontinente aus.

Die sogenannte Klimarübe zeigt die so erfassten Klimate auf einem Idealkontinent, bei dem alle Landmassen des jeweiligen Breitenkreises zusammengefasst sind.

Höhenklimate sind dabei nicht ausgewiesen. Wie bei allen Klimaklassifikationen erfasst die Darstellung auch nur das großräumige **Makroklima** und nicht das **Mikroklima** – das Klima der bodennahen Luftschicht bis etwa zwei Meter Höhe in kleinen Arealen von maximal wenigen Quadratkilometern.

M4 Genetische Klimaklassifikation nach Weischet

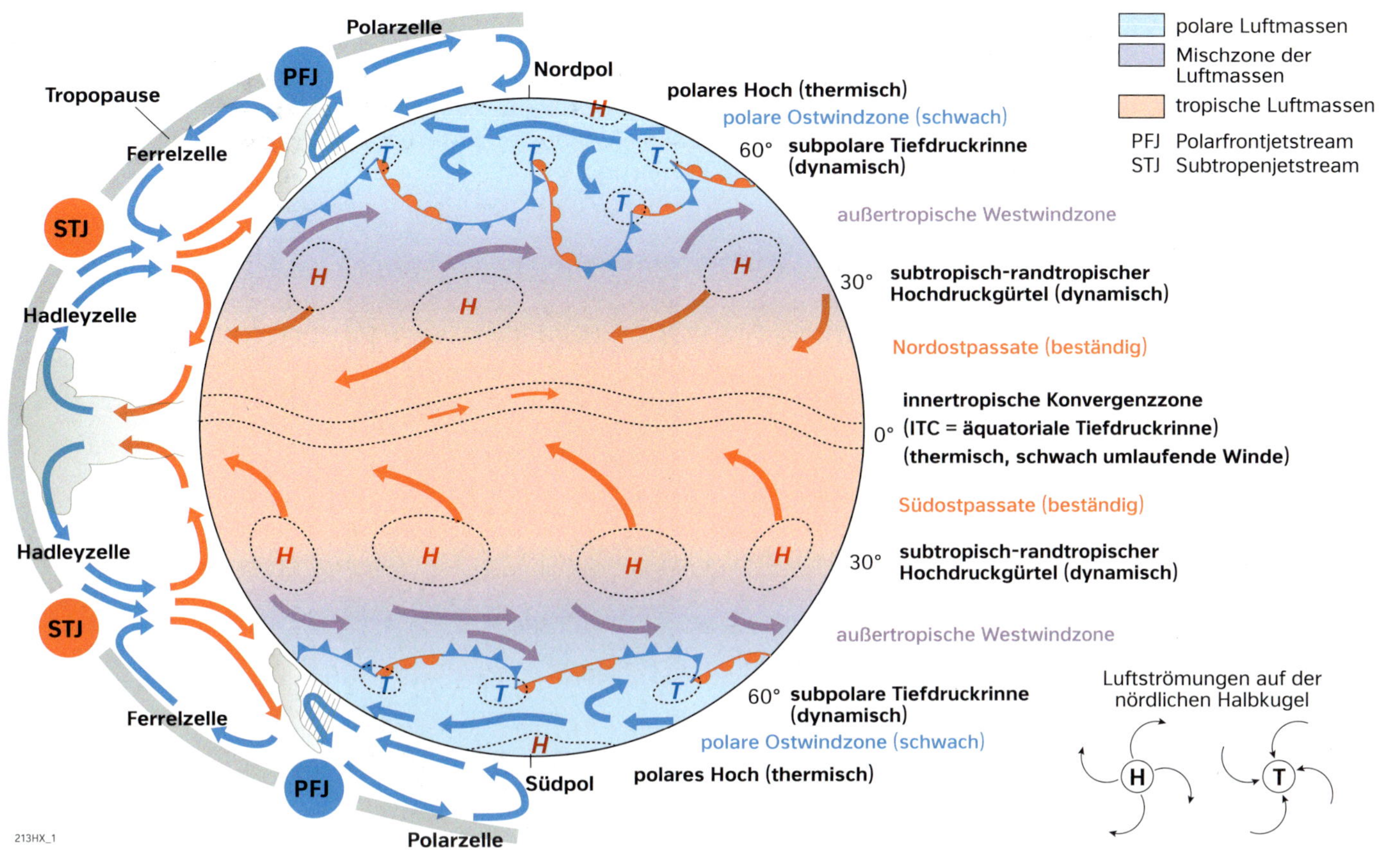

M 5 **Modell der globalen atmosphärischen Zirkulation**

Die je nach Breitengrad unterschiedlichen Strahlungsbilanzen und die dynamischen Prozesse innerhalb der Atmosphäre führen zu einer zonalen Abfolge verschiedener Luftdruckgebilde und damit auch zur Ausbildung annähernd zonal angeordneter Windgürtel und Zirkulationszellen.

Die als mehr oder weniger geschlossenes Band entlang des Äquators entstehenden Hitzetiefs markieren dabei die innertropische Konvergenzzone (ITC). Polwärts folgen bei etwa 30 – 35 Grad Nord bzw. Süd die dynamisch entstandenen subtropischen Hochdruckgebiete (z. B. Azoren-, Hawaii-, Pazifikhoch). Bei etwa 60 Grad Nord bzw. Süd folgt die subpolare Tiefdruckrinne mit ebenfalls dynamisch gebildeten Tiefdruckgebieten (z. B. Island-, Aleutentief). Diese jeweils nur im statistischen Mittel als Gürtel vorhandene Druckverteilung wird je nach Jahreszeit über den Kontinenten durch Kältehochs bzw. Hitzetiefs unterbrochen (z. B. Sibirien, Kanada bzw. Südasien, Nordwest-Argentinien). An den Polen liegt schließlich jeweils ein stabiles Kältehoch, das Polarhoch.

Zwischen diesen Druckgebieten sind in Bodennähe Windgürtel mit mehr oder weniger starken und unterschiedlich beständigen Luftmassenströmungen ausgebildet: In den Tropen die Passate, in den Mittelbreiten die Westwinde und in den Polargebieten die polaren Ostwinde.

Diese Winde sind Bestandteile der meridionalen Dreizellenstruktur: Anders als die großen tropischen Hadleyzellen und die niedrigen Polarzellen sind ihre Verbindungsstücke, die Ferrelzellen, aber nur im statistischen Mittel als vertikale Zirkulationszellen erkennbar. In diesem Übergangsbereich der Westwindzone prägen die planetaren Wellen und die dynamischen Zyklonen und **Antizyklonen** das Geschehen und vermitteln den globalen Energieaustausch.

M 6 **Luftdruckgürtel, Windgürtel, Dreizellenstruktur**

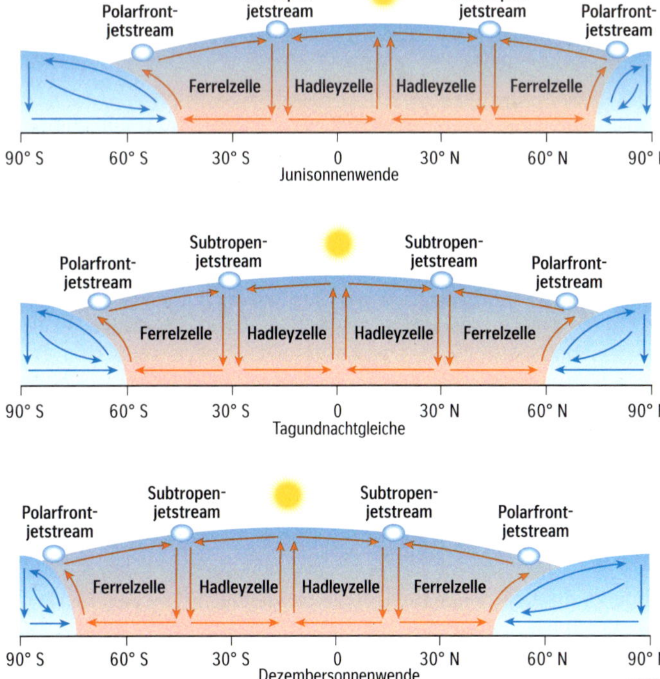

Mit der Veränderung des Sonnenstands im Jahresverlauf kommt es zu einer Verlagerung der Druck- und Windgürtel um fünf- bis acht Breitengrade. Einige Breitenzonen werden daher je nach Jahreszeit von unterschiedlichen Luftdruck- und Windverhältnissen geprägt (alternierende Klimabereiche), bei anderen ändern sich diese dagegen kaum (stetige Klimabereiche).

M 7 **Jahreszeitliche Verlagerung der Luftdruck- und Windgürtel**

Klimate der Hochgebirge

Ein Wanderer erlebt bei seinem Aufstieg vom Tal in die Gipfelregionen der Alpen eine ähnliche Pflanzenfolge wie ein Autofahrer auf einer 2500 km langen Fahrt vom Alpennordrand zum Nordkap. Die Höhenstufung der Vegetation faszinierte auch den Geographen und Entdecker Alexander von Humboldt (1769 – 1859) bei seinen Expeditionen. Welche Ursachen führen zur vertikalen Zonierung?

1 Beschreiben Sie den von Humboldt dargestellten Zusammenhang zwischen Höhenlage und Vegetation (M1, M2).

2 **a)** Erläutern Sie die Veränderungen der ökologischen Bedingungen in den Alpen mit der Höhe (M3, M4).
b) Charakterisieren Sie die Höhenstufen der Vegetation in außertropischen Gebirgen (M5).
c) Erstellen Sie das Profil eines alpinen Tals, das die Höhenstufen unter Beachtung ihrer Exposition darstellt (M6, M7).

3 Erläutern Sie die Aussage: „Der Frühling steigt ins Gebirge hinauf und der Herbst steigt vom Gebirge herab."

4 Begründen Sie die Veränderungen der Vegetation in außertropischen und tropischen Gebirgen (M5).

5 Begründen Sie, dass die Höhenstufen auf der Erde in unterschiedlichen Höhen liegen können (M6 – M8).

„Das Gesetz der mit der Höhe abnehmenden Wärme unter verschiedenen Breiten ist einer der wichtigsten Gegenstände für die Kenntniß meteorologischer Processe, für die Geographie der Pflanzen, die Theorie der irdischen Strahlenbrechung und die verschiedenen Hypothesen, welche sich auf die Bestimmung der Höhe der Atmosphäre beziehen. Bei den vielen Bergreisen, die ich in und außerhalb der Tropen habe unternehmen können, ist die Ergründung dieses Gesetzes ein vorzüglicher Gegenstand meiner Untersuchungen gewesen."

M 1 Alexander von Humboldt (in: Kosmos, erster Band, 1845)

In allen Hochgebirgen der Erde ändern sich die ökologischen Bedingungen für Pflanzen aufgrund der Hangneigung, Exposition und mit der Höhe.
Mit ansteigender Reliefhöhe:
- sinken die Tages- und Jahrestemperaturen bei höheren Tagesschwankungen und z. T. schweren Frösten,
- gibt es gehäufter hohe und wechselnde Schneelagen,
- verursacht der Windschliff durch von Stürmen mitgeführte Eispartikel Verletzungen an Pflanzen,
- trocknet der häufigere Wind den Boden schneller aus, sodass trotz der in der Regel mit der Höhe zunehmenden Niederschläge die Pflanzen oft in Wasserstress geraten,
- steigt die Gefahr der Frosttrocknis bei Nadelbäumen – sie öffnen im Frühling ihre Spaltöffnungen, um mit der Fotosynthese zu beginnen, erhalten aber keinen Wassernachschub aus dem noch gefrorenen Boden,
- nimmt der Stickstoffmangel im Boden zu,
- gibt es immer weniger Insekten, die Pflanzen bestäuben könnten.

Die Veränderungen der ökologischen Gegebenheiten mit der Höhe führen in Gebirgen zu einer etagenartigen Staffelung bestimmter Pflanzengemeinschaften. Den horizontalen vom Äquator zum Pol aufeinanderfolgenden Vegetationszonen entspricht in etwa eine vertikale, vom Meeresniveau bis zu den höchsten Gipfeln reichende Höhenstufung der Vegetation. Außer in den Gebirgen der Trockenräume und der polaren Gebiete sind in allen Hochgebirgen der Erde in den unteren Lagen Hochwälder ausgebildet, deren Wuchshöhe mit zunehmender Höhe abnimmt und die gleichzeitig lichter werden. Darüber folgt die Formation der Gräser, die von Moosen und Flechten in den größten Höhen abgelöst werden.

Innerhalb der einzelnen **Höhenstufen** erfolgen jeweils weitere Differenzierungen durch unterschiedliche Hangexpositionen, durch lokale Windverhältnisse und durch Luv-Lee-Effekte, aber auch durch unterschiedliche Boden- und Bodenwasserverhältnisse.

M 2 Basisinformation

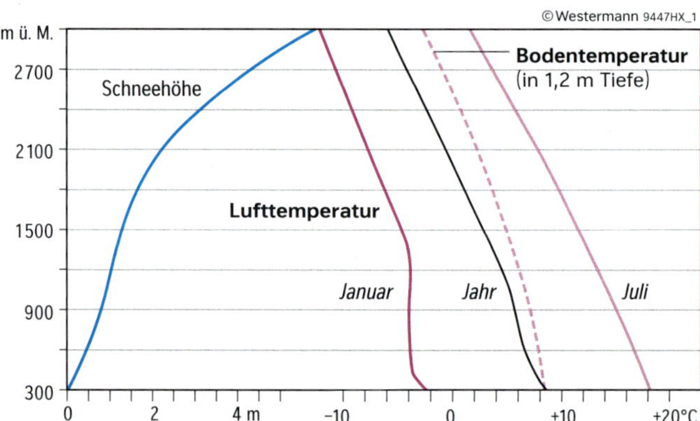

M 3 Alpen – Veränderungen ausgewählter pflanzenökologischer Bedingungen mit der Höhe

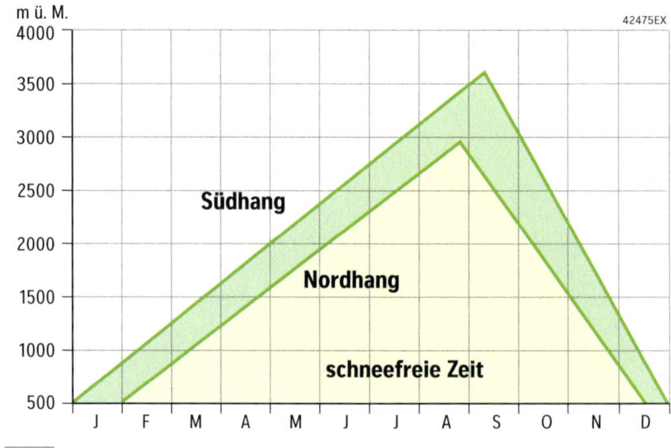

M 4 Schneefreie Zeit (Aperzeit) in den Alpen

Die Niederschlagssummen nehmen in den tropischen Hochgebirgen zwar vom Fuß des Gebirges bis zu einer Höhenstufe maximalen Niederschlags zu, in den Höhenstufen darüber nehmen sie aber auch wieder deutlich ab. Dies liegt daran, dass die Niederschläge in den Tropen fast ausschließlich thermisch, also durch Konvektion warmer Luftmassen, entstehen. Außerdem nimmt in den Tropen – im Gegensatz zu den Alpen – die Windstärke oberhalb von 1000 Metern ab. Deshalb ist die Zufuhr feuchter Luftmassen in größeren Höhen begrenzt.

Mit zunehmender Luftfeuchtigkeit verlagert sich die Stufe des maximalen Niederschlags von größeren Höhen in den Randtropen zum Gebirgsfuß in den immerfeuchten inneren Tropen. In der Passatzone sind diejenigen Hochgebirge besonders niederschlagsreich, die über längere Zeit des Jahres quer zu einer feuchten Luftströmung liegen, wie z. B. Hawaii.

In der außertropischen Westwindzone dominieren dagegen die Aufgleitniederschläge oder Steigungsregen, die durch ständige horizontale Zufuhr (**Advektion**) relativ warmer und feuchter Luftmassen entstehen. Bei diesem Advektionstyp der vertikalen Niederschlagsverteilung liegt die Höhenstufe des maximalen Niederschlags zwischen 3500 und 4000 Metern, da hier die horizontale Luftbewegung am stärksten ist.

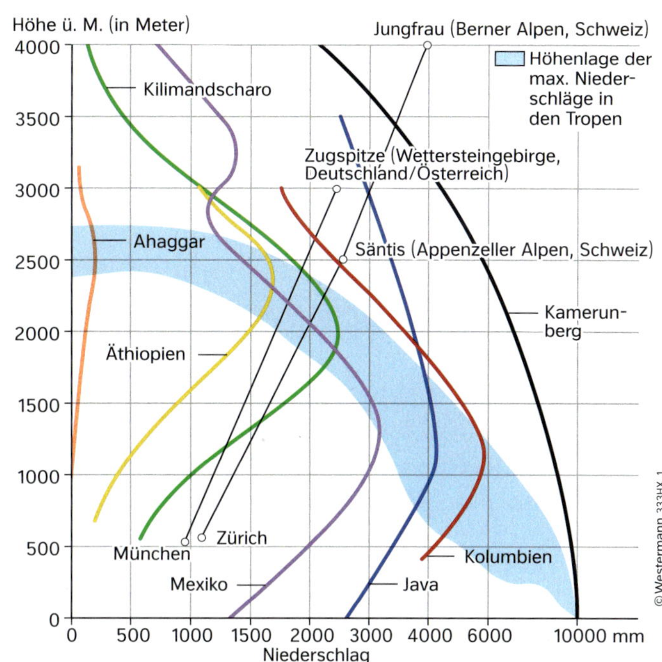

M 5 **Vertikale Niederschlagsverteilung in außertropischen und tropischen Hochgebirgen**

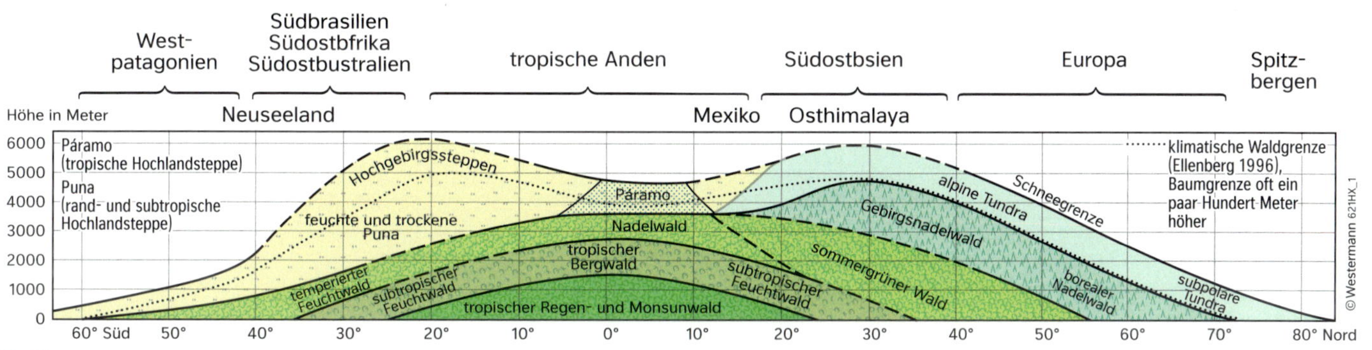

M 6 **Höhenstufen der Vegetation in außertropischen und tropischen Hochgebirgen**

Auffälligste Trennlinien der Höhenstufen in den außertropischen Gebirgen sind die Schnee-, Wald- und Baumgrenze. Oberhalb der **Schneegrenze** taut der Schnee ganzjährig nicht mehr ab. Außer an freiliegenden Felsblöcken oder steilen Felswänden ist diese Eis- und Schneelandschaft, die *nivale Zone*, fast ohne Leben. In der darunterliegenden *alpinen Stufe* wachsen Rasen- und Mattenpflanzen, die trotz der extremen Bedingungen einen hohen Artenreichtum und im Sommer eine große Farbenpracht aufweisen.

Die **Baumgrenze** kennzeichnet die Höhe, bis zu der einzeln stehende, hochstämmige Bäume bzw. Baumgruppen überleben. Jedoch dominieren ausgedehnte flache Krummholzbestände die *subalpine Stufe*, da kleinwüchsige Formen, wie z. B. die Latschenkiefer, unter der winterlichen Schneeschicht vor Frosttrocknis geschützt sind.

An der Waldgrenze enden die geschlossenen, von Nadelbäumen dominierten Waldbestände der *montanen Stufe*. Häufig erreicht diese Grenze nicht ihre thermisch maximal mögliche Höhe, da entweder steile Hänge oder Felswände keinen Baumbewuchs zulassen, Lawinen- und Murenabgänge tiefe Schneisen reißen oder der Wald durch Rodungen für Weideland zurückgedrängt wurde. Das Pflanzenbild der *submontanen und kollinen Stufe* mit ausreichend langen Vegetationsperioden wird von Misch- und Laubwäldern geprägt.

M 7 **Höhenstufen der außertropischen Gebirge**

In den Gebirgen der Tropen weichen die ökologischen Bedingungen von den Außertropen in zwei Punkten stark ab. Erstens werden die Höhenstufen oberhalb des Kondensationsniveaus zunehmend trockener, da in den Tropen konvektive Niederschläge dominieren. Zweitens verschärfen sich mit zunehmender Höhe die Tagestemperaturamplituden deutlich.

Am geringsten sind die Temperaturdifferenzen zwischen Tag und Nacht in der untersten Höhenstufe (*Tierra Caliente*), die von Regenwäldern bzw. den Savannen bestimmt wird. Mit zunehmender Höhe nehmen Artenvielfalt und Mächtigkeit der Vegetation ab. Die Temperaturen in der *Tierra Templada* liegen im Mittel noch bei 17 °C, doch es gibt bereits hohe Tagestemperaturschwankungen. In der darüberliegenden *Tierra Fria* treten neben den hohen Temperaturamplituden Nachtfröste während des gesamten Jahres auf. Die im Vergleich zu den unteren Stufen kleinwüchsigeren Gehölze sind hier durch die häufigen Nebel mit Epiphyten und üppigen Flechten überzogen (Nebelwald). Oberhalb dieser Hauptkondensationsregion wird es zunehmend trockener. Aufgrund mangelnder Feuchtigkeit bilden sich keine den außertropischen Gebirgen vergleichbare Nadelwald- bzw. Krummholzstufen aus. Gräser und stammbildende Sukkulenten prägen den Bereich der *Tierra Helada* bis zur Schneegrenze. Die *Tierra Nevada* entspricht der nivalen Stufe – in größerer Höhe.

M 8 **Höhenstufen der tropischen Gebirge**

Klimate der Wüsten

Etwa ein Fünftel der Landoberfläche ist Wüste. Das weit verbreitete Klischee von „Wüste ist gleich Sand“ gilt jedoch nur für einen sehr kleinen Teil dieser Vegetationszone. Wüsten sind keinesfalls ohne Leben und ihr Aussehen ist verschieden. Gemeinsam ist ihnen, dass sich die Pflanzen an extrem kurze Vegetationsperioden anpassen müssen. Was sind die klimatischen Ursachen dafür?

1 Beschreiben Sie die in einer Wüste aufgenommene Szenerie (M1).

2 Ordnen Sie die Arabische Wüste, die Kalahari, die Taklamakan und die Atacama den Wüstentypen zu (M2, Atlas).

3 **a)** Erklären Sie unter Einbeziehung der globalen Zirkulation die Flächenanteile arider Regionen und die Verbreitung von Wüsten auf der Erde (M3).
b) Erläutern Sie Anpassungsstrategien von Pflanzen an die klimatischen Bedingungen einer Trockenwüste (M4, M5, M7).

4 Vergleichen Sie die Entstehung von Küsten- und Reliefwüsten (M5, M6).

5 „Küstenwüsten treten nur an den Westseiten der Kontinente auf.“ Begründen Sie diese Aussage.

M 1 **In der Atacama (Chile) drei Tage nach einem Regenguss**

Vor etwa 440 Millionen Jahren, in der Periode des Silurs, besiedelten erstmals Pflanzen das Festland. Sie breiteten sich zunächst nur in warmen und humiden Gebieten aus. Erst viel später gelang es ihnen, mit speziellen Anpassungsstrategien auch in die lebensfeindlicheren Räume der Kontinente vorzudringen. Bis heute gibt es aber in diesen, von extremem Wärmemangel, durch Hitze und Wassermangel gekennzeichneten Räumen, nur eine spärliche Vegetationsbedeckung. Landflächen, auf denen größere zusammenhängende Areale ohne Dauervegetation vorherrschen, werden als **Wüsten** bezeichnet. Ein häufiges Abgrenzungskriterium ist ein Bedeckungsgrad der Vegetation von weniger als 10 Prozent. Auch Wuchshöhe und Phytomasse der vorkommenden Arten sind extrem gering. Bäume treten nur vereinzelt auf.

Die größte Kältewüste der Erde ist der Kontinent Antarktika. Diese Wüstenart tritt darüber hinaus auch auf Grönland, den arktischen Inseln sowie in Hochgebirgsregionen auf.

Trockenwüsten können hinsichtlich ihrer Lage und damit auch der Ursachen ihrer ausgeprägten Aridität in drei Arten unterschieden werden:

- **Wendekreiswüsten** sind im Bereich der ganzjährig stabilen subtropisch-randtropischen Hochdruckgebiete verbreitet. Die vom Äquator kommende Höhenströmung des Antipassats sinkt ab, erwärmt sich und unterschreitet dabei den Taupunkt, sodass die Luft extrem trocken ist.
- **Binnenwüsten** liegen weit im Inneren der Kontinente. Sie sind von hochkontinentalem Klima gekennzeichnet. Weit entfernt vom Meer haben die Luftmassen, welche die Gebiete erreichen, ihre Feuchtigkeit bereits abgegeben. Eine Sonderform dieser Art sind die Reliefwüsten, die im Regenschatten auf der Leeseite von Gebirgen vorkommen können.
- **Küstenwüsten** sind Wendekreiswüsten, die durch das Zusammenspiel von ablandigem Passat und kalten **Meeresströmungen** ausschließlich an der Westseite von Kontinenten entstehen.

M 2 **Basisinformation**

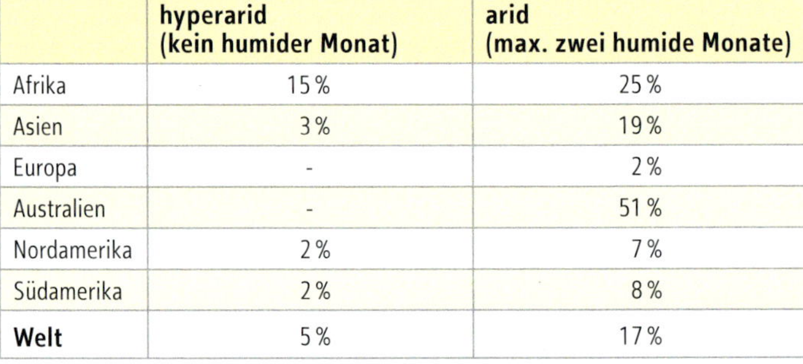

	hyperarid (kein humider Monat)	**arid (max. zwei humide Monate)**
Afrika	15 %	25 %
Asien	3 %	19 %
Europa	-	2 %
Australien	-	51 %
Nordamerika	2 %	7 %
Südamerika	2 %	8 %
Welt	5 %	17 %

M 3 **Anteil arider Gebiete an der Landfläche der Kontinente**

Die Welwitschia Mirabilis wächst ausschließlich in der westafrikanischen Küstenwüste Namib. Sie wurde 1856 von dem österreichischen Naturforscher Friedrich Welwitsch entdeckt und ist die erste Pflanze, die unter strengen Naturschutz gestellt wurde. Die Wüstenpflanze besitzt zwei bis zu acht Meter lange zerfranste, lederartige Blätter, die auf der Erde liegen. Während die Blattenden mit der Zeit vertrocknen, wachsen die beiden Laubblätter wie Fingernägel immer wieder nach. Die Welwitschia wächst auf ausgetrockneten, sandig bis kiesigen Flussbetten. Ihr oberer Wurzelteil ist rübenartig verdickt und geht in eine lange Pfahlwurzel über.

M 4 **Welwitschia**

www.diercke.de
100800-258-01

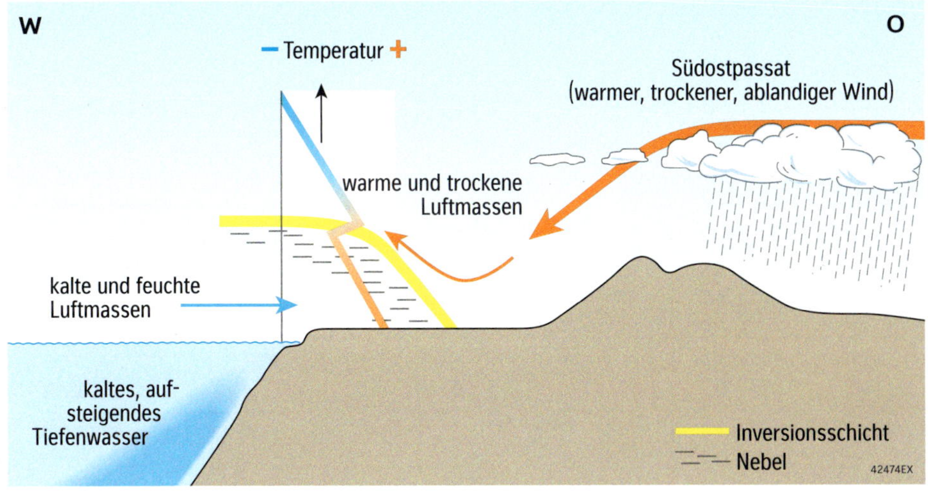

Die Namib gehören zu den trockensten Wüsten der Erde, obwohl sie in Nachbarschaft des Atlantischen Ozeans liegt. Eine Voraussetzung für die Entstehung dieser Trockenwüste ist die kalte **Meeresströmung** des Benguelastroms vor der Westküste Afrikas. Die über dem Meerwasser liegenden unteren Luftschichten kühlen sich deshalb stark ab. Über diese Kaltluft strömen die mit dem Südostpassat kommenden warmen Luftmassen aus dem Inneren des Kontinents. So entsteht im Küstenbereich eine Inversion, die das konvektive Aufsteigen der kalten, feuchten Meeresluft und die Bildung von Wolken verhindert. Nur während der Nacht und am frühen Morgen können Nebelbänke in das Landesinnere vordringen.

M 5 Die Namib – eine Küstenwüste

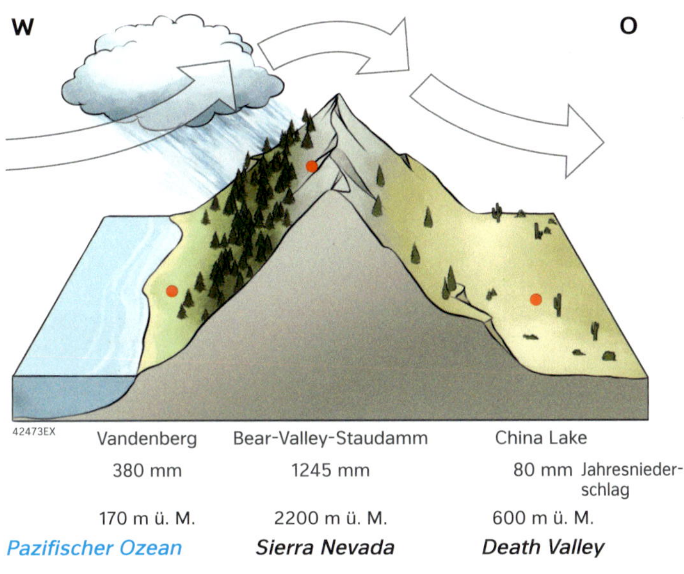

M 6 Das Tal des Todes (Death Valley) in der Mojavewüste – eine Reliefwüste

- *Angleichung (Fähigkeit, Austrocknungsphasen zu überstehen)*
  Mit Einsetzen von Trockenperioden verlangsamen die Pflanzen ihren Stoffwechsel. So verwelken z. B. die Blätter der Rose von Jericho nicht, sondern trocknen lediglich aus. Die Zweige neigen sich kugelartig zusammen. Bei Feuchtezufuhr breiten sich die Zweige und Blätter wieder aus und ergrünen.

- *Unabhängigkeit (Fähigkeit, während der Dürrephasen ein lebenserhaltendes Milieu aufrechtzuerhalten)*
  Durch eine dicke Kutikula (äußere wachsartige Schicht), tief eingesenkte Spaltöffnungen und eine geringe Blattoberfläche verringern die Pflanzen ihre Transpiration. Weitreichende, oberflächennahe Wurzeln sind in der Lage, Regenwasser aus einem großen Einzugsgebiet schnell aufzunehmen. Bis zu 30 Meter lange Pfahlwurzeln erreichen zudem tief reichende Grundwasserschichten. Mit großen, flach auf dem Erdboden aufliegenden Blättern gelingt es einigen Arten, vor allem in den Küstenwüsten, den sich in den Nacht- und Morgenstunden bildenden Nebel aufzufangen. Sukkulente (saftreiche) Pflanzen speichern Regenwasser in ihren Blättern oder anderen Pflanzenteilen.

- *Vermeidung (Fähigkeit, Extrembedingungen auszuweichen)*
  Von den in den südafrikanischen Wüstengebieten beheimateten „lebenden Steinen", einer Pflanzengattung, stehen nur die Blattenden über die Erdoberfläche hinaus. Diese leiten wie durch ein Fenster Licht in die tiefer gelegenen Bereiche, in denen die Fotosynthese abläuft. Sogenannte Kompasspflanzen sind in der Lage, ihre Blätter so auszurichten, dass sie vor der einfallenden Sonnenstrahlung geschützt sind.

- *Ruheperiode (Fähigkeit, lebensfeindliche Phasen in Trockenstarre zu überdauern)*
  Einige Wüstenpflanzen überdauern Trockenperioden als Samen oder unterirdisch in Form von Knollen oder Zwiebeln. Samenpflanzen vollziehen nach Niederschlagsereignissen ihren Vegetationszyklus von der Keimung bis zur Samenbildung in wenigen Tagen. Es kommt dann zu der seltenen Erscheinung, dass die Wüste blüht.

M 7 Überlebensstrategien von Pflanzen in Trockenwüsten

Das Wichtigste in Kürze

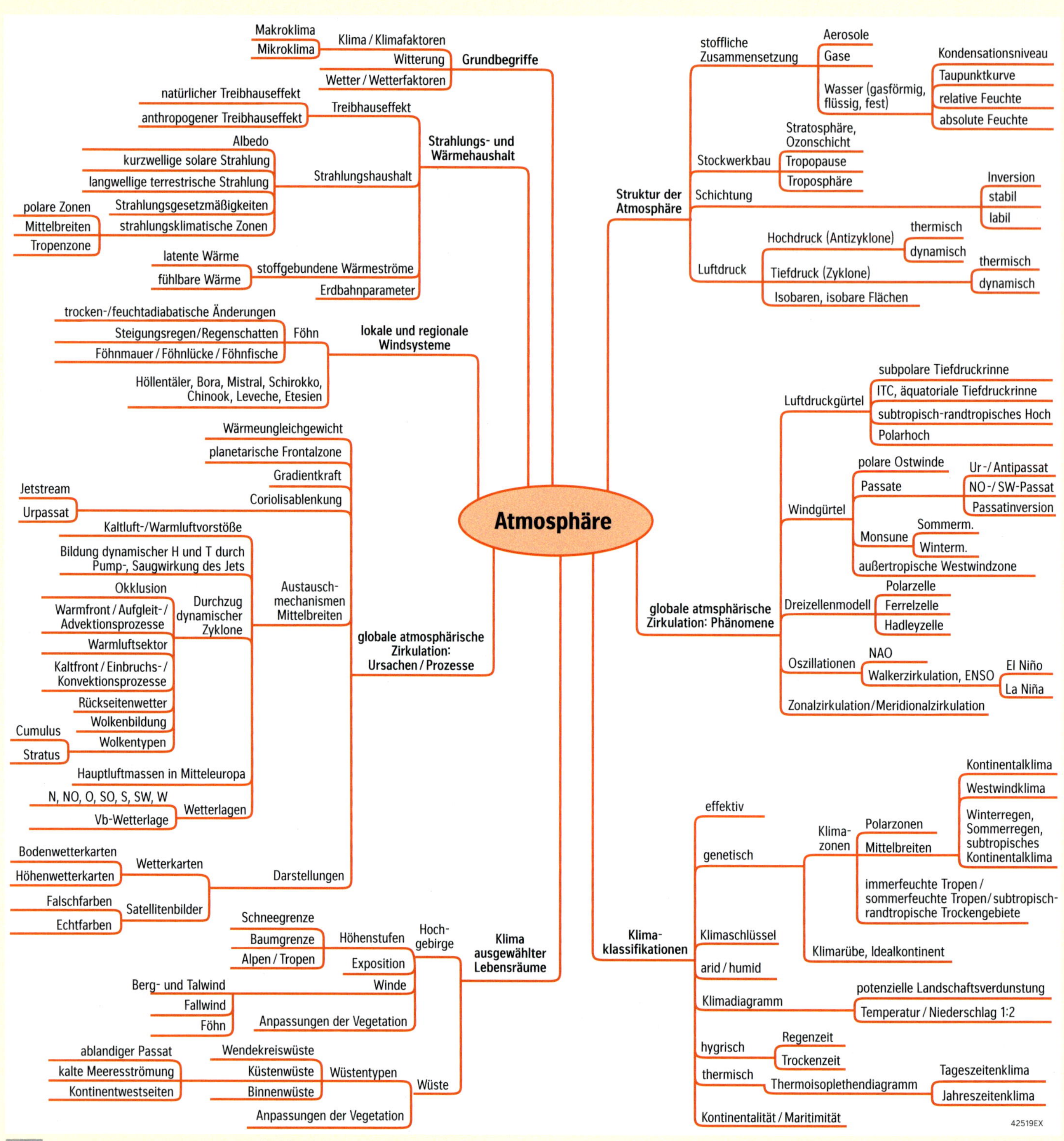

M 1 **Mindmap zum Thema Atmosphäre**

Basisbegriffe des Kapitels

großräumig oszillierendes ozeanographisch-meteorologisches System (El Niño Southern Oscillation, North Atlantic Oscillation),
Klimaklassifikation,
lokale Wettereignisse und Wetterlagen (Advektion, Bodenwetterkarte, feuchtadiabatisch, Höhenwetterkarte, Isobare, Kaltfront, Klima, Kondensation, Konvektion, lokales Windsystem, Luftdruck, Makroklima, Mikroklima, Okklusion, regionales Windsystem, Satellitenbilder, trockenadiabatisch, Warmfront, Wetter, Wetterfaktoren, Wind, Witterung, Wolkenbildung, Wolkentyp),
spezielles Klima ausgewählter Lebensräume (Hochgebirge: Berg-Tal-Windsystem, Fallwind, Föhn, Höhenstufen, Baum-, Schneegrenze; Wüste: Binnen-, Küsten-, Wendekreiswüste, Meeresströmung),
Vielfalt der Klimate als Folge solarer Einstrahlung und atmosphärischer Prozesse (Albedo, außertropische Westwindzone, solare Einstrahlung, Gebirgsklima, globale atmosphärische Zirkulation, innertropische Konvergenzzone (ITC), Jahreszeitenklima, Jetstream, Kontinentalität, Maritimität, Meeresströmung, Monsun, Passatzirkulation, polare Ostwinde, Tageszeitenklima)

Klausurtraining

Der Strahlungshaushalt eines Ortes bestimmt ganz wesentlich dessen täglichen und jahreszeitlichen Temperaturverlauf. Die sich für verschiedene Orte, Regionen oder Breitengrade daraus ergebenden Luftdruckverhältnisse verursachen daher Luftmassenströmungen höchst unterschiedlicher Dimensionen und prägen damit die Klimabedingungen auch großer Regionen. Im Folgenden sollen diese Sachverhalte beschrieben, erklärt und eingeordnet werden.

1 **a)** Charakterisieren Sie den Temperaturverlauf (M1).
b) Begründen Sie den Verlauf der Temperatur (M1).

2 **a)** Arbeiten Sie die Besonderheiten der Tagessummen der Sonnenstrahlung heraus (M4).
b) „Die in M4 dargestellten Sachverhalte sind für das globale Klimageschehen von entscheidender Bedeutung." Begründen Sie diese Aussage.

3 Ordnen Sie den Flug des Orbiters in die globale atmosphärische Zirkulation ein (M2).

4 **a)** Charakterisieren Sie das Klima Australiens (M3, Atlas).
b) Erläutern Sie die Entstehung der Klimaregionen mithilfe der globalen atmosphärischen Zirkulation.

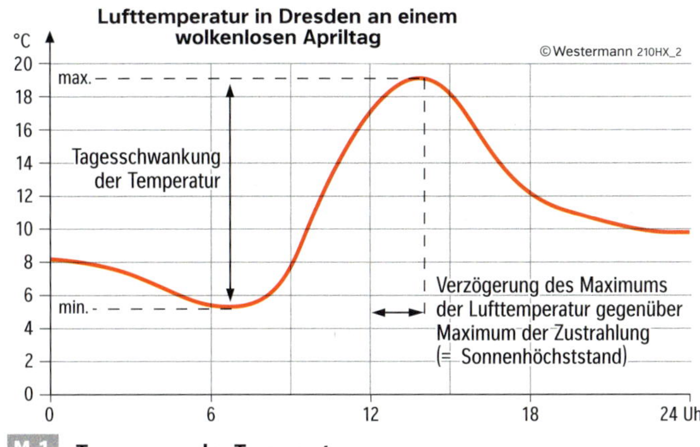

M 1 **Tagesgang der Temperatur**

WES-101475-002

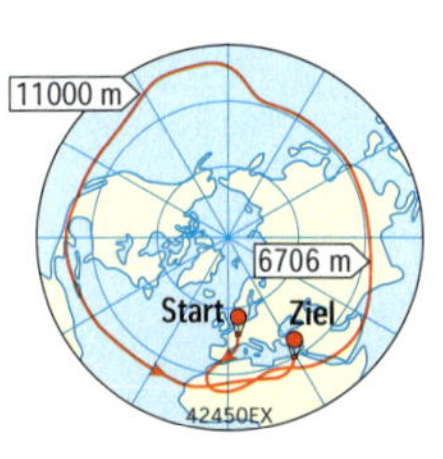

Als der Schweizer Ballonfahrer Bertrand Piccard und sein Kopilot Brian Jones am 21. März 1999 ihren 55 Meter hohen „Breitling Orbiter 3" in Ägypten landeten, hatten sie nach 19 Tagen, 21 Stunden, 47 Minuten und 45 755 Kilometern Fahrt die erste Weltumrundung mit einem Ballon ohne Zwischenlandung geschafft.

M 2 **Weltumrundung mit dem Heißluftballon „Breitling Orbiter 3"**

M 4 **Tagessummen der Sonnenstrahlung**

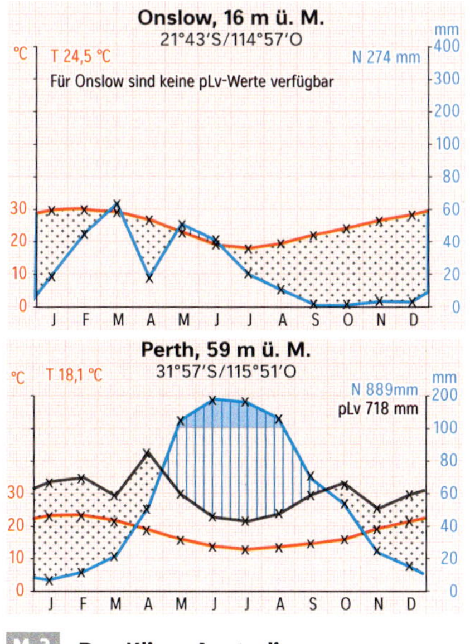

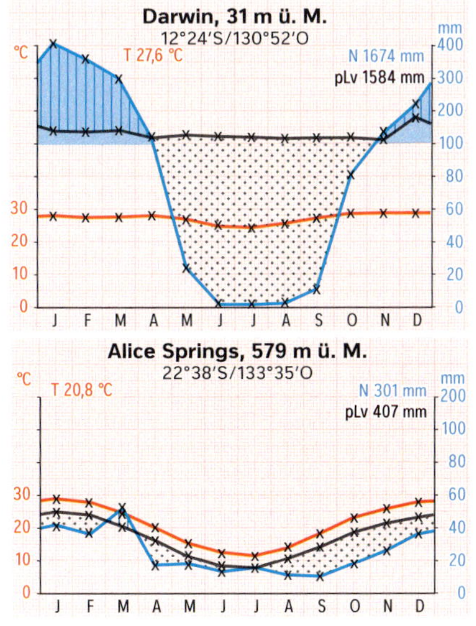

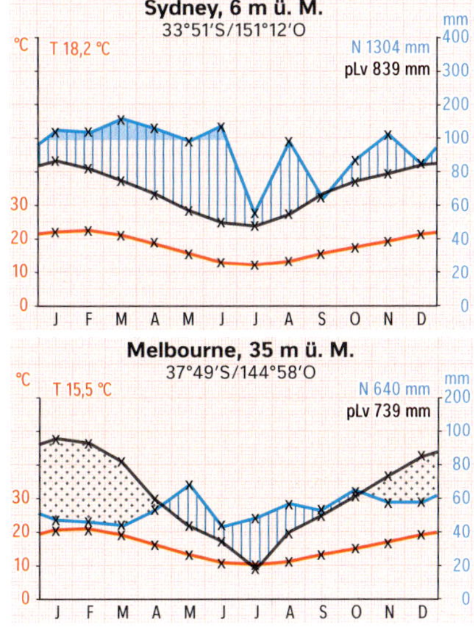

M 3 **Das Klima Australiens**

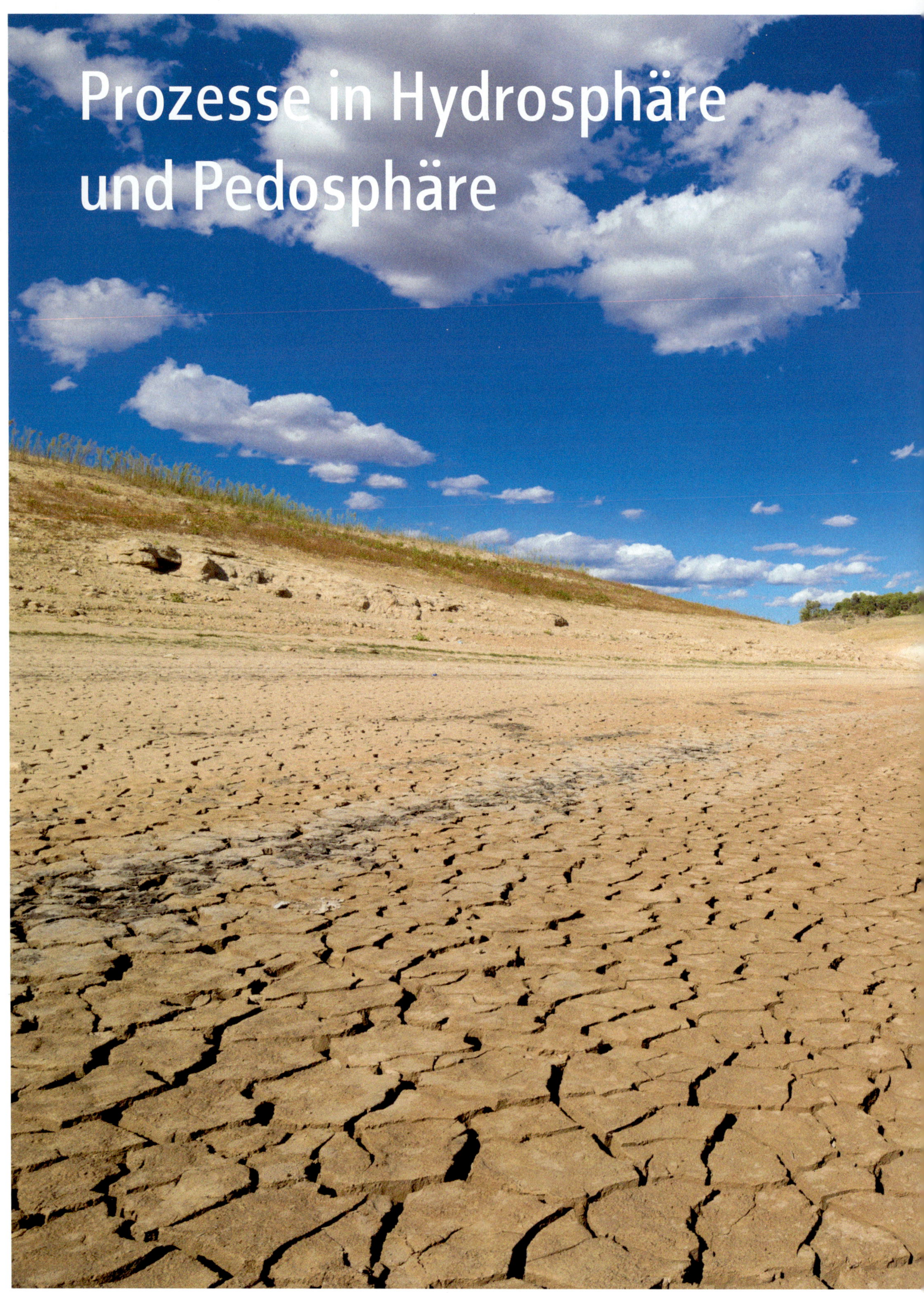

Stausee in Mexiko

3

Das Wasser der Erde, die Hydrosphäre, brachten Vulkane aus dem Erdinnern und Meteoriten aus dem All auf ihre Oberfläche. Das Salzwasser der Meere entstand erst durch die Verdunstung der ersten Seen, den Niederschlag auf die Festländer, die Forcierung der Verwitterung dort und durch die Einschwemmung der dabei gelösten Mineralstoffe in die sich füllenden Senken.
Dieser für den Planeten typische Wasserkreislauf ist zu einem seiner wichtigsten Stoffkreisläufe geworden und verbindet alle Sphären, auch die Pedosphäre, die erdgeschichtlich jüngste Geosphäre. Diese konnte sich in ihrer heute großen Komplexität erst nach der Eroberung des Landes durch die ersten Pflanzen vor über 400 Millionen Jahren entwickeln und bedeckt seither als dünne Schicht, in der alle anderen Sphären miteinander verwoben sind, die Festländer.
Beide Sphären, die Hydro- und die Pedosphäre, sind für das Leben auf der Erde überlebenswichtig. Welche Prozesse und Strukturen charakterisieren diese Sphären und inwiefern sind beide anthropogenen Bedrohungen ausgesetzt?

Das Wasser der Erde

Die Hydrosphäre umfasst verschiedene Speicher, die Wasser sowohl in flüssigem als auch in festem und gasförmigem Aggregatzustand enthalten. Die nutzbare Süßwassermenge der Erde befindet sich in einem globalen Wasserkreislauf, der die Wasserspeicher der Meere, Kontinente und der Atmosphäre miteinander verbindet. Wie funktioniert dieser Kreislauf und welche Prozesse erhalten diesen aufrecht?

1 Erklären Sie anhand von M1, warum die Erde als einziger Planet des Sonnensystems Wasser in allen drei Aggregatzuständen aufweist.

2 Erläutern Sie, in welchen Lebensbereichen Sie persönlich auf das Vorhandensein von Wasser angewiesen sind.

3 Stellen Sie dar, welche Bedeutung Wasser für das Lebenserhaltungssystem der Erde hat (M2, M7).

4 Charakterisieren Sie den Wasserkreislauf und seine grundlegenden Prozesse (M4 – M6).

Z 5 Erläutern Sie, weshalb der Kreislauf des Wassers zum Abbau des meridionalen Wärmeungleichgewichts der Erde beiträgt (M3, M4).

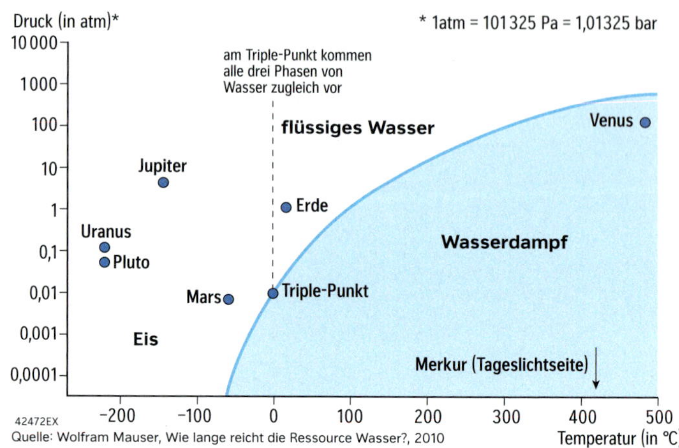

M1 **Phasendiagramm von Wasser mit der Stellung von Planeten**

Außer auf der Erde kommt Wasser auf keinem anderen Planeten des Sonnensystems in allen drei Aggregatzuständen vor. Das liegt entweder an der Temperatur, am herrschenden Atmosphärendruck oder an beidem zusammen. Die meisten sind zu kalt oder zu heiß. Die Atmosphäre der Venus ist zum Beispiel zu dicht und zu heiß für Regen wie auf der Erde. Dort regnet es aber geschmolzenes Metall vom Himmel.

Bisher konnten die auf der Erde vorkommenden Wassermengen nicht genau gemessen und nur mit großer Unsicherheit modelliert werden. Die Gesamtmenge des Wassers auf der Erde ist konstant, es ist jedoch ständig in Bewegung. Die nutzbare Menge an **Süßwasser** der Erde wäre schnell erschöpft, wenn sie sich nicht ununterbrochen durch den globalen Wasserkreislauf erneuern würde. Auch alle Lebewesen der Erde bestehen zu einem großen Teil aus Wasser und sie benötigen zur Aufrechterhaltung ihrer Lebensfunktionen ständig Wasser. Zudem sind auch die Kreisläufe von Kohlenstoff, Phosphor, Stickstoff und Schwefel, die an allen Lebensprozessen beteiligt sind, eng mit dem Wasserkreislauf verbunden. Somit ist der Wasserkreislauf eine Grundvoraussetzung für alles Leben an Land.

Der globale Wasserkreislauf beinhaltet eine riesige „Destillationsanlage", die aus dem **Salzwasser** der **Meere** ständig Süßwasser produziert. Das Wasser in der Atmosphäre wird dabei etwa alle zehn Tage ausgetauscht, fast 40 Mal in einem Jahr.
Die wichtigsten Prozesse, die diesen Kreislauf aufrechterhalten, sind die Verdunstung, der atmosphärische Wassertransport, der **Niederschlag** und der Abfluss. Treibende Kraft für die Verdunstung und den Wassertransport ist die Sonnenstrahlung, für den Niederschlag und die Fließbewegung auf und unter der Erdoberfläche ist es hingegen die Gravitation.

Im Wasserkreislauf geht kein Wasser verloren, es ändert nur seinen Zustand. Durch Erwärmung und Abkühlung beziehungsweise Energieumsetzungen beim Wechsel zwischen den Aggregatzuständen Eis, Wasser und Wasserdampf stellt der Wasserkreislauf außerdem ein gewaltiges Transportsystem dar, in dem die Wasser- und Energieflüsse des Planeten Erde in einem engen Zusammenhang stehen.

M2 **Basisinformation**

Wasser ändert seinen Aggregatzustand durch Energieaufnahme oder durch Energieabgabe. Der Übergang von einen in den anderen Aggregatzustand erfolgt bei bestimmten Temperaturen. Die Verteilung des Wassers auf die drei Aggregatzustände und das Volumen der einzelnen Speicher sowie die Wasserflüsse zwischen diesen unterliegen ständigen Veränderungen, zum Beispiel durch Klimaschwankungen. Während der Eiszeiten wurden große Wassermengen dem **Wasserkreislauf** zum Aufbau der Eisschilde entzogen. Wegen der geringeren Temperaturen veränderten sich auch die Verdunstung, der Wasserdampftransport und damit die regionalen Niederschlagsmengen.

Bei einer ungebremsten Weiterentwicklung des **Klimawandels** zeigen Klimamodelle andere Trends auf: Der Meeresspiegel würde durch thermische Ausdehnung des Meerwassers und durch schmelzende Eismassen steigen, die Niederschlagsmengen nehmen in der Prognose insgesamt zu: Dort, wo es heute schon viel regnet, wird es noch mehr regnen, aber dort, wo es heute schon wenig regnet, wird es noch weniger regnen.

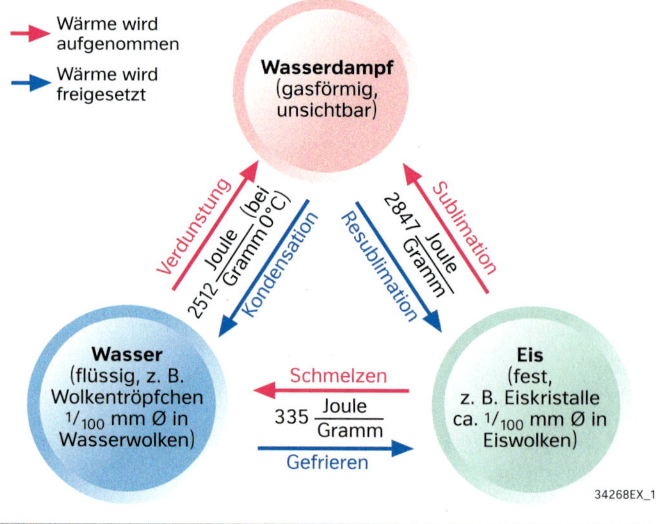

M3 **Energieumsatz bei Aggregatänderungen von Wasser**

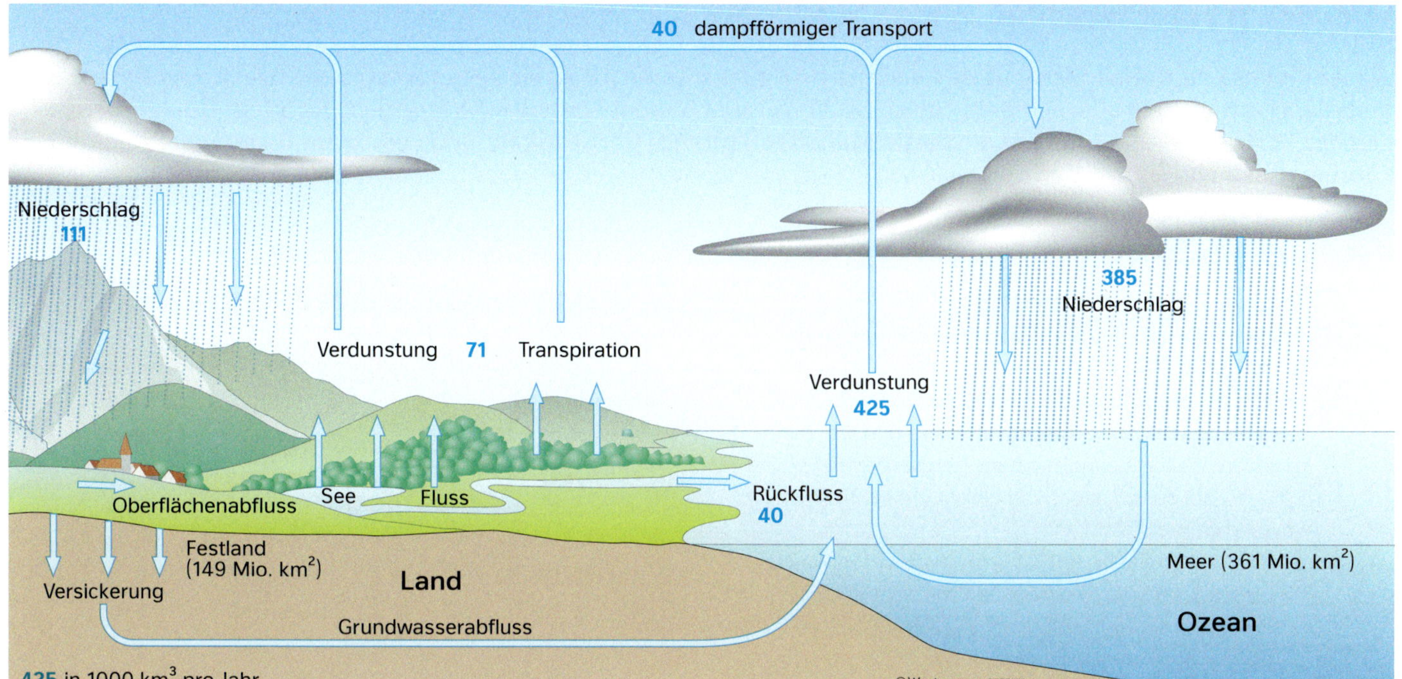

M 4 Der Wasserkreislauf der Erde

Sonnenenergie und Schwerkraft halten das Wasser zwischen den unterschiedlichen Speichern in ständiger Bewegung. Diese Dynamik kann im **Wasserkreislauf** drei miteinander gekoppelte Teilkreisläufen zugeordnet werden:

- Der Hauptkreislauf im planetaren Wasserkreislauf findet ausschließlich über dem **Meer** statt. Gut 90 Prozent des von den riesigen Meeresflächen verdunstenden Wassers gelangt nach dem atmosphärischen Transport, der Kondensation als Niederschlag wieder direkt dorthin zurück. Intern wird das salzhaltige Wasser des volumenmäßig größten Speichers durch die von Mond und Sonne verursachten Gezeiten, durch Windschub und temperaturbedingte Dichteunterschiede mehr oder weniger großräumig umgewälzt.
- Der kleine Kreislauf umfasst nur den Umsatz über dem Festland. Auch er speist sich zu einem großen Teil selbst, denn von den 111 000 Kubikkilometern Wasser, die jährlich als Niederschlag auf die Kontinente fallen, stammen 71 000 Kubikkilometer aus der Evapotranspiration auf dem Festland selbst. Diese setzt sich zusammen aus der Verdunstung (**Evaporation**) der Landoberfläche, von Wasser- und Pflanzenoberflächen sowie der Wasserausscheidung von Organismen, v. a. von Pflanzen über ihren Stoffwechsel (**Transpiration**).
- Der große oder globale Kreislauf bezieht schließlich noch den Feuchtetransport vom Meer auf das Festland, das Füllen und Entleeren oberirdischer und unterirdischer Speicher sowie den Abfluss von **Oberflächenwasser** und den unterirdischen Abfluss zum Meer mit ein.

Das in den großen Wasserspeichern der Erde – den Tiefen der Ozeane, den Eismassen und dem tief liegenden **Grundwasser** – befindliche Wasser erneuert sich nur in langen Zeiträumen von mehreren Tausend Jahren und mehr.
Das Wasser, das zwischen Meeresoberflächen, Atmosphäre und Landoberflächen zirkuliert, erneuert sich hingegen relativ kurzfristig. Allerdings sind nur rund 0,1 Prozent der gesamten Wassermenge der Erde in diesen Kreislauf eingebunden.

M 5 Der Wasserkreislauf und seine Teilkreisläufe

Der **Wasserhaushalt** bezeichnet das globale, regionale oder lokale Verhältnis von Niederschlag, Verdunstung und Abfluss. Er ist stark klimaabhängig und wird durch die Merkmale der Landoberfläche (Geologie, Relief, Boden, Vegetation, Nutzung) differenziert.

Dabei gilt für das Festland, dass der **Niederschlag** (N) der Summe aus Verdunstung (V) und Abfluss (A = Oberflächenabfluss und **Versickerung**) und der Änderung der Wasserspeicher durch die Differenz von Rücklage (R) und deren Aufbrauch (B) entspricht. Es gilt die Gleichung: $N = V + A + (R - B)$.

Für kürzere Zeiträume können die Änderungen der Speicher große Auswirkungen haben, wie zum Beispiel das Abschmelzen von Gletschern oder die Übernutzung von Grundwasser.

M 6 Die Wasserhaushaltsgleichung

Das Lebenserhaltungssystem der Erde erbringt u. a. folgende Funktionen, denen gemeinsam ist, dass sie auf flüssiges Wasser angewiesen sind und somit durch einen Mangel an Wasser in ihrer Leistungsfähigkeit beeinträchtigt werden:

- Kohlenstoffdioxid zwischen der Atmosphäre und längerfristigen Pools wie den Ozeanen und den Böden auszutauschen und damit über die Regulierung des Treibhauseffekts den Wärmehaushalt der Erde zu steuern und die Erdtemperatur auf einem lebensfreundlichen Niveau zu halten.
- Durch Verdunstung und damit Destillation sauberes Wasser für den Niederschlag auf dem Festland zur Verfügung zu stellen. Hierfür sind v. a. die Ozeane zuständig, die große Wassermengen verdunsten und über Windsysteme auf die Festländer transportieren.
- Gesteine zu Böden aufzubereiten und damit die für die Vegetation nötigen Mineralstoffe zur Verfügung zu stellen.
- Tieren und Menschen Nahrungsmittel zur Verfügung zu stellen.
- Die im Lebenszyklus von Pflanzen und Tieren anfallenden organischen Abfälle abzubauen bzw. in neue Mineralstoffe umzubauen.

Wolfram Mauser, Wie lange reicht die Ressource Wasser?, 2010, S. 42 f., verändert und gekürzt

M 7 Funktion von Wasser im Lebenserhaltungssystem der Erde

Globales Wasserdargebot

Wasser ist ein zentrales Element des Lebens und eine der wichtigsten Ressourcen der Erde. Im globalen Maßstab ist mehr als ausreichend Wasser auch für eine wachsende Bevölkerung vorhanden. Doch hinsichtlich der Verfügbarkeit von Wasser für die Menschen gibt es große lokale und regionale Unterschiede. Wie können diese erklärt werden?

1 Analysieren Sie die Tabelle (M1).
2 Erläutern Sie die Begriffe blaues Wasser und grünes Wasser (M8, M9).
3 Erstellen Sie eine Liste der Großregionen der Erde, die nicht unter Wasserknappheit leiden und die von extremer Wasserknappheit betroffen sind (M6, M7).
4 Erklären Sie das regional und global unterschiedliche Wasserdargebot (M2 – M6).
Z 5 a) Überprüfen Sie Ihren Beitrag zum globalen Wasserverbrauch, indem Sie Ihren individuellen Wasserfußabdruck berechnen. ↗ *WES-115548-007*
b) Beschreiben Sie an Beispielen, wie Sie persönlich einen Beitrag zur Realisierung des SDG 6 leisten können.

Teil der Hydrosphäre	Anteil am Gesamtvorrat (in %)	Anteil am Süßwasservorrat (in %)
Ozeane	96,5400	-
Grundwasser davon Süßwasser	1,6900 (0,7600)	- 30,060
Bodenfeuchte	0,0012	0,047
Schnee und Eis	1,7600	69,554
Flüsse	0,0002	0,006
Süßwasserseen	0,0066	0,260
Sumpfgebiete	0,0008	0,033
Organismen	0,0001	0,003
Atmosphäre	0,0009	0,037
Gesamtvorrat davon Süßwasser	100,0 2,53	- 100,0

M1 Die Wasserspeicher der Erde

Die **Wasserverfügbarkeit** ist eine Grundvoraussetzung für eine nachhaltige Entwicklung der Menschheit. Doch der weltweite **Wasserverbrauch** hat in den letzten Jahrzehnten stark zugenommen. Ernährungssicherheit, menschliche Gesundheit, städtische und ländliche Siedlungen, Energieerzeugung, industrielle Entwicklung, Wirtschaftswachstum und Ökosysteme sind alle wasserabhängig.

Die Vereinten Nationen haben der globalen Bedeutung der Ressource Wasser in der Agenda 2030 für Nachhaltige Entwicklung Rechnung getragen und eigens das Nachhaltigkeitsziel 6 (SDG 6) formuliert. Dieses sieht vor, dass bis zum Jahr 2030 alle Menschen Zugang zu sauberem Trinkwasser bzw. geeigneten Sanitärsystemen erhalten und wassergebundene Ökosysteme gleichzeitig als natürliche Lebensgrundlagen erhalten oder aufgewertet werden. Denn Investitionen in die Wasserversorgung begünstigen auch die wirtschaftliche und soziale Entwicklung.

Die Verfügbarkeit von Wasser ist vor allem abhängig von der natürlichen Verteilung, dem Zugang zu Wasser sowie der **Wasserqualität**. Das für die Menschheit nutzbare **Süßwasser** erneuert sich zwar, es bleibt aber begrenzt. Keine Technik kann den Vorrat wesentlich erhöhen, auch nicht die Nutzung fossiler Grundwasservorräte oder die energetisch höchst aufwendige Gewinnung aus Salzwasser. Theoretisch reicht die globale verfügbare Wassermenge aus, um die weiter wachsende Weltbevölkerung zu versorgen.
Doch auch der **Klimawandel** und die damit verbundene globale Erwärmung haben Auswirkungen auf den Wasserkreislauf. In einigen Regionen der Erde kommt es zu erhöhten Niederschlägen. Insgesamt wird sich die Wasserproblematik jedoch verschärfen, denn der Klimawandel wird die Süßwasserressourcen weiter verknappen – und zwar meist dort, wo heute bereits Probleme bestehen. Die zukünftige Nahrungsversorgung wird dadurch immer prekärer werden und die natürlichen Ökosysteme werden erhöhtem Wasserstress ausgesetzt sein. Der Anteil der Regionen, der als „sehr trocken" klassifiziert wird, hat sich laut des Intergovernmental Panel on Climate Change (IPCC) seit den 1970-er Jahren mehr als verdoppelt.

M2 Basisinformation

Versorgungsengpässe und Veränderungen des **Wasserdargebots** stellen in erster Linie lokale und regionale Probleme dar. Sie haben vielfältige Ursachen: Die Übernutzung der Wasserressourcen in Landwirtschaft und Industrie verbunden mit einer Wasservergeudung durch ineffiziente Leitungssysteme und Bewässerungstechniken sowie die Wasserverschwendung durch aufwendige Lebensstile sind die größten Gefahren für die weltweite Wasserversorgung und die treibende Kraft einer möglichen globalen Wasserkrise. Der Natur wird mehr Wasser entnommen, als sie wieder bereitstellen kann. Und das natürliche System zur Wiederaufbereitung gelangt an seine Grenzen.
Auch die stetig wachsende Bevölkerung treibt den Wasserkonsum nach oben, sodass Wissenschaftler bis 2050 gegenüber heute mit einem Anstieg um 20 bis 30 Prozent des Wasserbedarfs rechnen. Denn mit dem Bevölkerungswachstum steigt vor allem der Bedarf an Nahrungsmitteln und damit auch der Bedarf an Wasser.
Zudem führt die Verschmutzung von Wasser durch Abfälle, ungeklärte Abwässer und Einschwemmungen von Giften und Düngemitteln zu Umweltschäden, die häufig irreversibel sind und die ohnehin schon knapper werdenden Trinkwasservorräte dezimieren.

M3 Die globale Wasserkrise der Zukunft

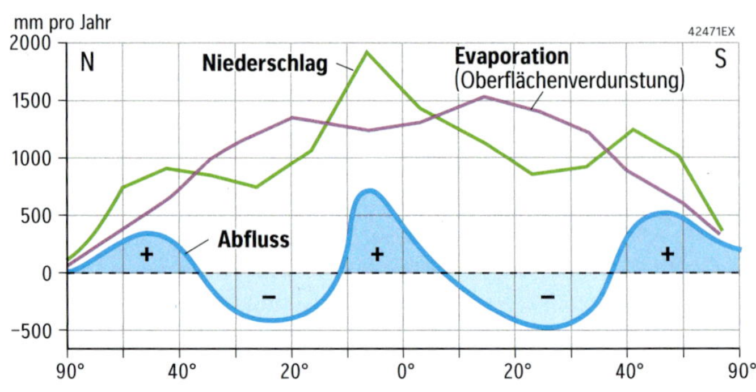

M4 Profil vom Nordpol zum Südpol

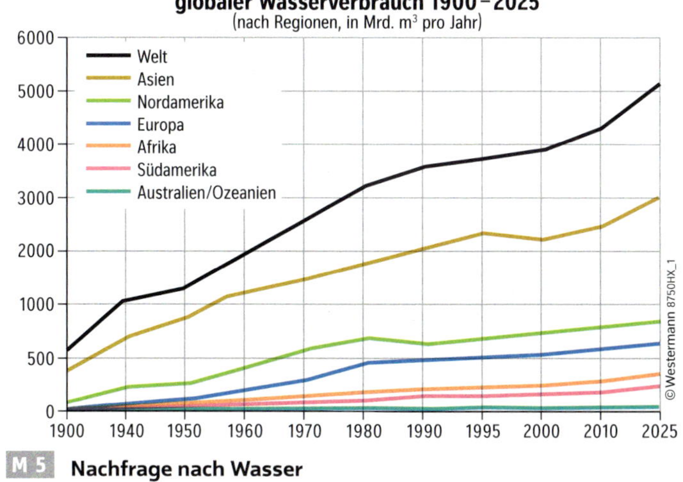

M 5 **Nachfrage nach Wasser**

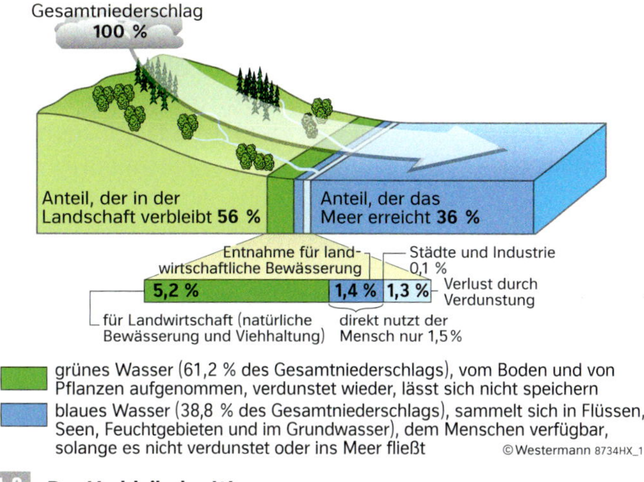

M 8 **Der Verbleib des Wassers**

Auf allen Kontinenten sind Menschen von Wasserknappheit betroffen. Im Jahr 2019 erklärte das Weltwirtschaftsforum Wasserknappheit und ihre Auswirkungen als die größte Gefahr des kommenden Jahrzehnts. Von Wasserknappheit wird gesprochen, wenn weniger als 1,7 Millionen Liter erneuerbares Wasser pro Person und Jahr zur Verfügung stehen. Darin enthalten ist neben dem Trinkwasser auch Sanitär -und Industriewasser sowie das Wasser, das in der Landwirtschaft zur Nahrungsmittelproduktion gebraucht wird. Dabei unterscheiden Wissenschaftler zwischen physikalischer und ökonomischer Wasserknappheit.
Physikalische Wasserknappheit bedeutet, dass selbst bei Nutzung effizienter Technologien das Wasserangebot den **Wasserbedarf** nicht nachhaltig befriedigt. Von ökonomischer Wasserknappheit sprechen sie hingegen, wenn aufgrund schlechter Infrastruktur, Mangel an Investitionen oder Missmanagement vor allem Menschen in Ländern mit niedrigerem Entwicklungsstand keinen Zugang zu vorhandenen Wasserressourcen haben.

M 6 **Wasserknappheit**

Nur ein kleiner Teil der gesamten Süßwassermenge fließt oberflächlich ab und kann potenziell zur **Wassergewinnung** genutzt werden. Der Begriff blaues Wasser umfasst dabei das oberirdische Wasser der Flüsse und Seen sowie das Grundwasser. Die Menschen können es als Trink- und Brauchwasser nutzen und danach geklärt oder ungeklärt in den Abfluss zurückleiten. So kann blaues Wasser entlang eines Flusses mehrfach genutzt werden.

Als graues Wasser wird der Teil des blauen Wassers bezeichnet, der mit Schadstoffen belastet ist, z. B. aus dem Abfluss von Duschwannen oder Waschmaschinen und beispielsweise für eine Nutzung im Garten oder die Toilettenspülung aufbereitet werden kann.

Grünes Wasser umfasst den unsichtbaren Wasserstrom, der durch die Evapotranspiration in die Atmosphäre gelangt. Unproduktives grünes Wasser entstammt dabei der Evaporation, der ungesteuerten Verdunstung nasser Oberflächen. Produktives grünes Wasser umfasst den durch die Transpiration der Pflanzen erzeugten Wasserstrom.

M 9 **Blaues und grünes Wasser**

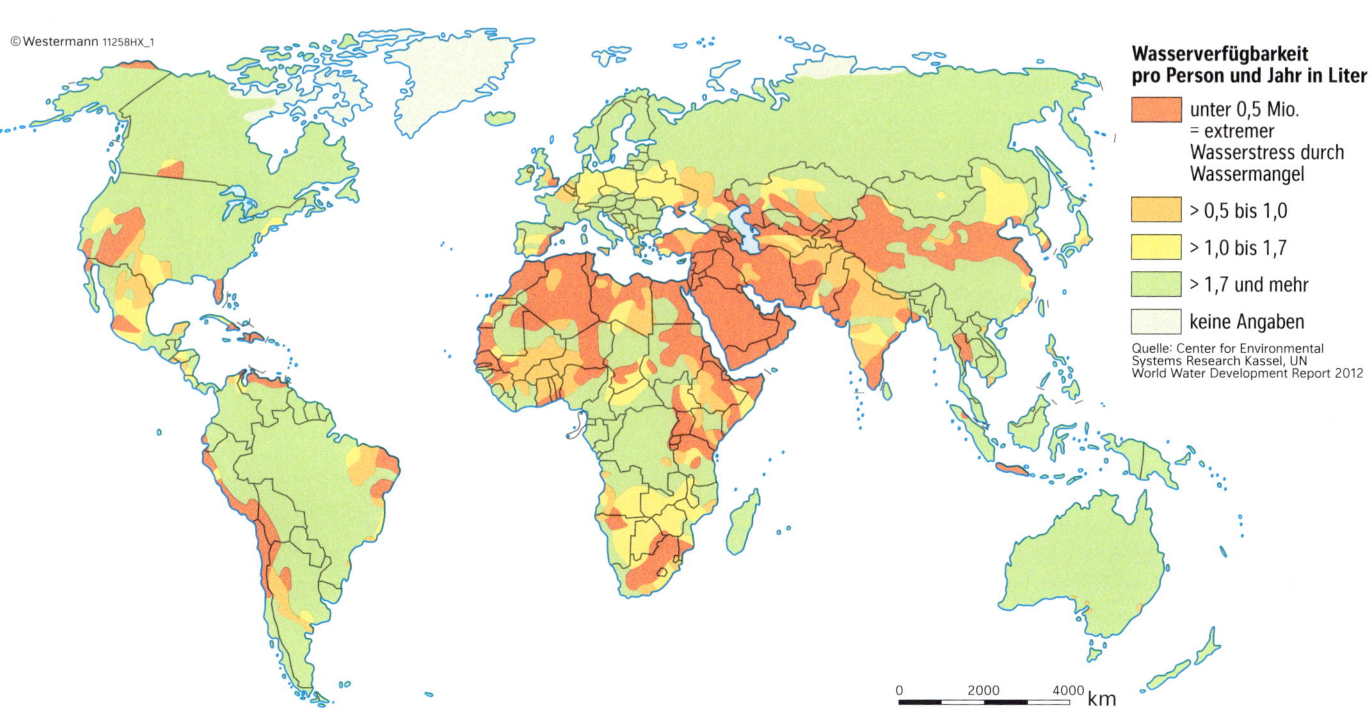

M 7 **Verfügbarkeit von Süßwasser im Jahr 2050 in Millionen Litern pro Person**

Saudi-Arabien – Wasser unter der Wüste

Der gesellschaftliche Wohlstand und die wirtschaftlichen Entwicklungen in Saudi-Arabien basieren größtenteils auf der Erdölwirtschaft. Aufgrund der räumlichen Lage ist eine ausreichende Wasserversorgung der Bevölkerung aus natürlichen Quellen bereits heute aber nicht mehr möglich. Wie kann in Saudi-Arabien auch zukünftig eine ausreichende Wasserversorgung sichergestellt werden?

1 Beschreiben Sie den Landschaftsausschnitt (M1).

2 a) Erklären Sie das Klima Al-Quarayyats (M3) mithilfe der globalen atmosphärischen Zirkulation (S. 96 / 97).
b) Nennen Sie Ursachen der landwirtschaftlichen Produktion in Saudi-Arabien unter den gegebenen klimatischen Verhältnissen (M1 – M3).

3 a) Arbeiten Sie rechnerisch den Zusammenhang zwischen dem Bevölkerungswachstum in Saudi-Arabien und dem Wasserbedarf im Zeitraum von 2010 bis 2035 heraus (M4, M5).
b) Erläutern Sie daraus resultierende Herausforderungen bezüglich Wassergewinnung und -verwendung.

4 Analysieren Sie Möglichkeiten des Wasserbezugs für die landwirtschaftliche und industrielle Produktion sowie die Versorgung der Bevölkerung mit Wasser in Saudi-Arabien (M2, M6, M10).

5 Analysieren Sie vor dem Hintergrund der wirtschaftlichen Situation die geplanten Maßnahmen zur Reduktion des Wasserverbrauchs unter dem Aspekt der Nachhaltigkeit (M7 – M9, M11).

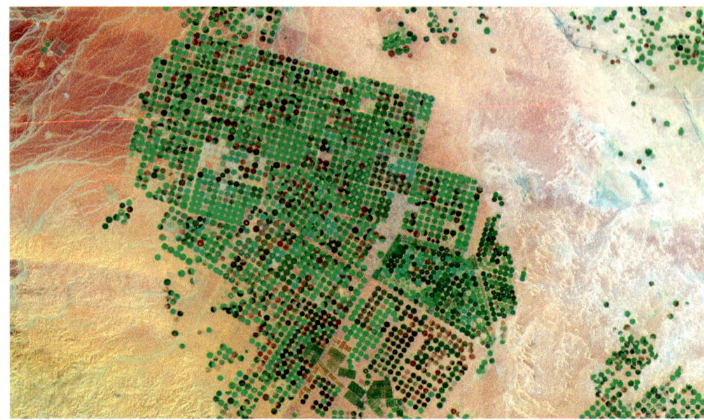

M 1 Landwirtschaft in der Wüste – im Nordwesten Saudi Arabiens bei Al-Qurayyat

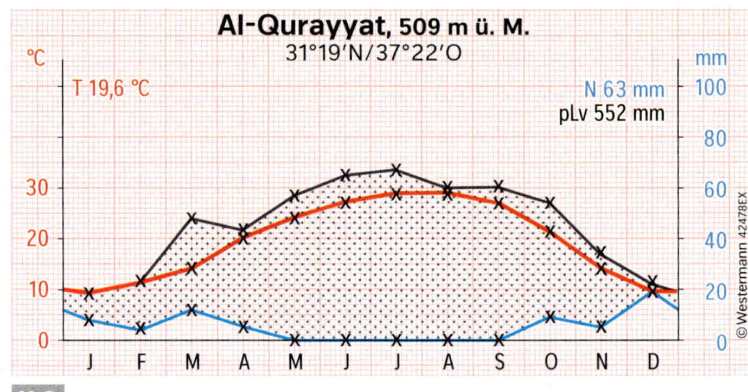

M 3 Klimadiagramm von Al-Qurayyat

Neben den bedeutenden Erdgas- und Erdölfeldern schlummert unter der Wüste Saudi-Arabiens ein weiterer kostbarer Bodenschatz: Einer der ursprünglich größten Grundwasserspeicher der Erde. Dieser hat sich bis vor etwa 25 000 Jahren gebildet, als das Klima auf der Arabischen Halbinsel ähnlich niederschlagsreich war wie in den heutigen Savannen. So wie die fossilen Energieträger sind jedoch auch diese fossilen Grundwasservorräte endlich, denn auch sie erneuern sich unter den heutigen Klimabedingungen kaum mehr.

Der mit dem Öl- und Gasexport verbundene Reichtum des Landes macht bis heute jedoch auch in der Landwirtschaft einiges möglich. In riesigen Farmen werden unter großem finanziellem Aufwand künstlich klimatisierte Ställe geschaffen, in denen Rinder und andere Nutztiere zur landwirtschaftlichen Produktion gezüchtet und gehalten werden. Eine der bekanntesten ist die Farm Al-Safi-Danone, die zu den größten Milchfarmen der Welt gehört. Saudi-Arabien und die Nachbarstaaten werden durch sie jeden Tag mit Frischmilch versorgt, was dafür sorgt, dass Saudi-Arabien unabhängiger von ausländischen Importen ist. Neben Milch, Fleisch und Eiern gehören beispielsweise auch Zitrusfrüchte, Getreide, Datteln und Tomaten zu den landwirtschaftlichen Produkten. Neben den fossilen Grundwasservorräten wird zur Versorgung von Landwirtschaft, Industrie und Bevölkerung auch entsalztes Wasser aus Meerwasserentsalzungsanlagen genutzt. Doch trotz verbesserter Technik ist dies äußerst kostenintensiv und meist ökologisch bedenklich sowie insgesamt nicht nachhaltig. Der enorm hohe Energiebedarf, der häufig aus fossilen Quellen gedeckt wird, führt zu einem hohen CO_2-Ausstoß und auch die marinen Ökosysteme im Umfeld der Anlagen werden nachhaltig gestört. Die Abhängigkeit von Erdöl stellt für diese Art der **Wassergewinnung** ein weiteres Risiko dar.

M 2 Basisinformation

in Mio. m³/Tag
Quelle: Maximilian Kling, M. u. a., 2017

2010	2015	2020	2025	2030	2035	2040	2045	2050
6,06	7,07	7,84	8,64	9,05	9,66	10,28	10,94	11,64

42470EX

M 4 Geschätzter Wasserbedarf in Saudi-Arabien

	2010	2015	2020	2035*
Bevölkerung gesamt (in Mio.)	27,4	31,7	34,8	41,1
Riad (in Mio.)	5,2	6,2	7,2	9,1
Jidda (in Mio.)	3,4	4,0	4,6	5,7
Mekka (in Mio.)	1,5	1,8	2,0	2,5

*Projektion, Quelle: United Nations

M 5 Bevölkerungsentwicklung in Saudi-Arabien

Die konventionellen Wasserressourcen des Landes bestehen hauptsächlich aus Grundwasser. Grundwasserressourcen werden in erneuerbare und nicht erneuerbare fossile Vorkommen unterteilt. Erneuerbares Grundwasser ist in relativ flach unter der Geländeoberfläche liegenden Grundwasserleitern zu finden. Der Grundwasserspiegel variiert stark in Abhängigkeit der lokalen Niederschläge. Nicht erneuerbares Grundwasser befindet sich in tiefen Sand- und Kalkstein-Grundwasserreservoirs. Diese sind im Mittel etwa 300 Meter mächtig und liegen in einer Tiefe von 500 bis 1500 Metern. Grundwasser wird oft in einem Maße zur Wasserversorgung genutzt, dass bereits einige Grundwasserspiegel stark gefallen sind. Dadurch ist eine weitere Entnahme häufig nicht mehr möglich.

Aufgrund der sinkenden Wasserverfügbarkeit nehmen die sogenannten nicht konventionellen Wasserressourcen eine immer bedeutendere Rolle ein. Dazu gehören entsalztes Wasser aus dem Meer und wiederaufbereitetes Abwasser. Ersteres wird insbesondere für die Trinkwasserversorgung in großen Städten genutzt. Geklärtes Abwasser hingegen wird vor allem zur Bewässerung in der Landwirtschaft und Landschaftsgärtnerei verwendet. Gegenwärtig ist jedoch nicht erneuerbares Grundwasser immer noch die mit Abstand wichtigste Wasserressource in Saudi-Arabien.

Maximilian Kling u. a., Länderprofil zur Kreislauf- und Wasserwirtschaft in Saudi-Arabien, 2017, S. 45 f., gekürzt und verändert

M 6 Grundwasserreserven in Saudi-Arabien

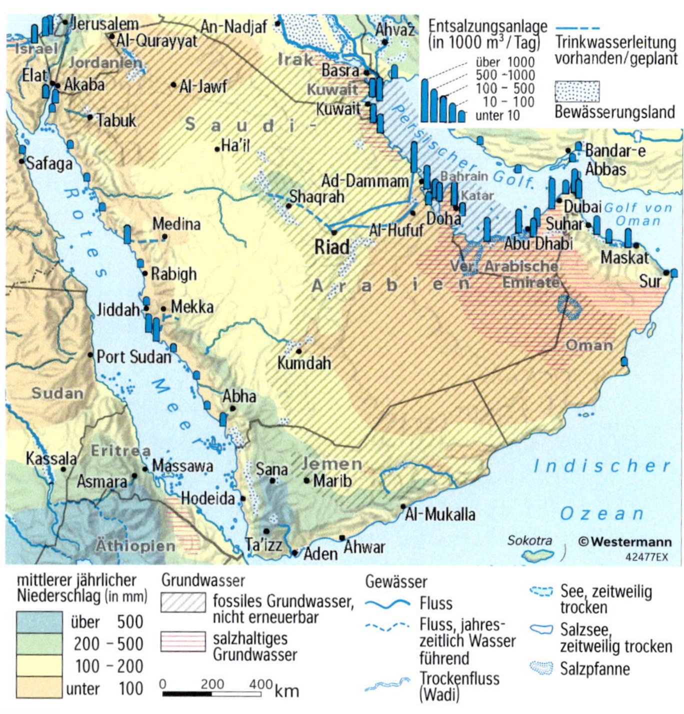

M 10 Wasserdargebot und -gewinnung auf der Arabischen Halbinsel

	2010	2015	2019
Veränderung des BIP (in % zum Vorjahr)	5,0	4,1	0,3
Bruttoinlandprodukt (BIP) je Einw. (in US-$, KKP*)	51 530	48 611	48 908
Anteil an Bruttowertschöpfung (in %)			
• Landwirtschaft	2,6	2,6	2,2
• Industrie	58,3	45,5	47,4
• Dienstleistung	39,1	51,9	50,4
Import (in Mrd. US-$)	104,4	174,7	132,2
Export (in Mrd. US-$)	297,8	244,6	259,4
Human Development Index (HDI)**	0,810	0,857	0,854

* Berücksichtigung der tatsächlichen landesspezifischen Konsumkaufkraft,
** 1: sehr hohe menschliche Entwicklung, 0: sehr geringe menschliche Entwicklung

M 7 Basisdaten zur Entwicklung

Importgüter	Anteil an Wareneinfuhr insgesamt
Straßenfahrzeuge	8,9 %
Nachrichtentechnik	6,1 %
Maschinen	6,0 %
sonstige Fahrzeuge	5,9 %
Exportgüter	**Anteil an Warenausfuhr insgesamt**
Erdöl, Erdölerzeugnisse	67,1 %
Kunststoffe	10,6 %
Erzeugnisse der organischen Chemie	8,8 %
Erdgas	1,7 %

M 8 Wichtigste Import- und Exportgüter im Jahr 2018

Landwirtschaft	Industrie	Haushalte
88 %	3 %	9 %

Quelle: Maximilian Kling u. a., 2017

M 9 Wasserverbrauch in Saudi-Arabien nach Sektoren im Jahr 2016

Die Regierung Saudi-Arabiens möchte die kostbaren Wasservorräte schützen. Bereits 2012 sagte der stellvertretende Minister für Wasser und Elektrizität, dass das Land die Wasservorräte wie seine Erdölvorräte betrachten müsse, die ebenfalls nicht erneuerbar sind. Daher sollten diese nicht für die landwirtschaftliche Massenproduktion verschwendet werden. Der König untersagte im Jahr 2016 den Anbau von Weizen. Bis dahin war Saudi-Arabien noch der weltweit sechstgrößte Weizenexporteur. Heute kauft das Land Weizen auf dem Weltmarkt. Darüber hinaus hat Saudi-Arabien landwirtschaftliche Nutzflächen im Sudan, im Senegal, in der Ukraine und anderen Ländern erworben oder gepachtet, um dort für die saudische Bevölkerung Agrarprodukte anzubauen.

Ebenfalls im Jahr 2016 stellte Prinz Mohammed bin Salman Al Saud, Vorsitzender des Ausschusses für Wirtschaft und Entwicklung, das Zukunftskonzept „VISION 2030" für Saudi-Arabien vor. Wesentliches Ziel ist die wirtschaftliche und gesellschaftliche Entwicklung des Landes bis 2030. Für den Wassersektor liegt dabei das Ziel in der optimalen Nutzung der Wasserressourcen Saudi-Arabiens. Das Land hat diesbezüglich u. a. folgende Maßnahmen ergriffen, um den Wasserverbrauch im Land zu reduzieren und eine effizientere Nutzung der Ressource zu fördern:

- Steigerung des Anteils der Nutzung erneuerbarer Wasserressourcen in der Landwirtschaft von 13 Prozent auf 35 Prozent,
- Steigerung der Kapazität von entsalztem Meerwasser von 5,1 Milliarden Kubikmetern pro Tag auf 7,3 Milliarden Kubikmeter pro Tag,
- Steigerung des Anteils von behandeltem Abwasser von 0 auf 20 Prozent,
- deutliche Erhöhung der Preise für die Nutzung von Wasser entsprechend den aktuellen Wasserkosten,
- Reduktion der Wasserverluste von insgesamt 25 Prozent auf 15 Prozent,
- Verlagerung der landwirtschaftlichen Produktionsflächen in Regionen mit erneuerbaren Wasserressourcen.

M 11 Geplante Maßnahmen zur Reduzierung des Wasserverbrauchs

Boden – die Haut der Erde

Für die meisten Menschen ist es eine Selbstverständlichkeit, Boden unter den Füßen zu haben. Oft fehlt jedoch die Erkenntnis, dass Boden mehr als Dreck und eher eine kostbare Ressource ist. Eine Baugrube oder der Straßenrand gewähren manchmal einen Blick in den Untergrund und zeigen, dass die Bodendecke oft nur wenige Millimeter, an anderer Stelle mehrere Meter mächtig ist. Bei genauem Hinsehen offenbart sich ein Universum voller Leben. Was ist Boden, wie entsteht er und welche Prozesse spielen sich dort ab?

1 Beschreiben Sie den Aufschluss (M1).
2 Vergleichen Sie den Aufschluss eines Wiesenbodens (M1) mit dem schematischen Bodenprofil (M3, M4).
3 Erstellen Sie eine Mindmap zu wesentlichen Funktionen des Bodens (M2).
4 Stellen Sie die Einflüsse der bodenbildenden Faktoren auf das Ökosystem Boden in ihren Wechselwirkungen mit den sie umgebenden natürlichen Geosphären in einem Wirkungsgefüge dar (M2, M5).
5 **a)** Arbeiten Sie die Abbau- und Aufbauprozesse der Bodenbildung heraus (M6, M7) und erstellen Sie dazu eine Tabelle.
b) Stellen Sie mit eigenen Worten die grundlegenden Prozesse der Bodenbildung im Zusammenhang dar.
6 Erklären Sie: „Boden entsteht von oben und von unten."

M1 **Aufschluss eines Wiesenbodens**

Als Boden bezeichnet man die mit Wasser und Luft durchsetzte, belebte Schicht der oberen Erdkruste. Im Vergleich zur Lithosphäre, Atmosphäre und Hydrosphäre ist die **Pedosphäre**, die Gesamtheit aller Böden der Erde, eine nur geringmächtige Bodenschicht. Sie ist jedoch eine wesentliche Lebensgrundlage für alle Landlebewesen. Als natürliches Ökosystem ist die Pedosphäre in zahlreichen Wechselwirkungen eng mit der Biosphäre und den anderen Geosphären verknüpft und gilt somit als wesentlicher Bestandteil aller natürlichen Stoffkreisläufe.

Boden ist als lebenswichtige natürliche Ressource das Produkt des Einflusses der abiotischen **Bodenbildungsfaktoren** Gestein, Klima und Relief sowie der biotischen Bodenbildungsfaktoren Flora, Fauna und Mensch. Heutzutage nimmt der Mensch aufgrund seiner technischen Möglichkeiten, z. B. durch die Bodenbearbeitung in der Landwirtschaft oder durch Bebauung, immer mehr Einfluss auf den Boden. Je länger und intensiver die bodenbildenden Faktoren auf die Bodenbildung einwirken, desto tiefgreifender verändern sich die Bodeneigenschaften wie Farbe, Körnung, Mächtigkeit, pH-Wert, **Wasserhaushalt**, Lufthaushalt und **Nährstoffhaushalt**.

Zu den grundlegenden **Bodenbildungsprozessen** zählen die dynamischen Umwandlungs- und Umlagerungsprozesse. Zu Ersteren gehören vor allem die Gesteinsverwitterung und **Mineralisierung** sowie die Zersetzung organischer Substanz und **Humifizierung**. Der bodenbildende Faktor Gestein prägt zusammen mit der Verwitterung die **Bodenart**, d. h. die Zusammensetzung der **Korngrößen** wie Sand bzw. Ton und die physikalischen Eigenschaften eines Bodens sowie den Mineralbestand und damit den Chemismus des Bodens sowie die Bodenfarbe.
Umlagerungsprozesse werden vor allem durch **Bodenwasser** ausgelöst. Dessen Verfügbarkeit wie auch die von **Bodenluft** wird entscheidend durch die Einflüsse von Klima und Witterung auf das Bodengefüge geprägt und kann jahreszeitlich erheblich variieren, sodass bodenbildende Prozesse oft nur periodisch ablaufen.

M2 **Basisinformation**

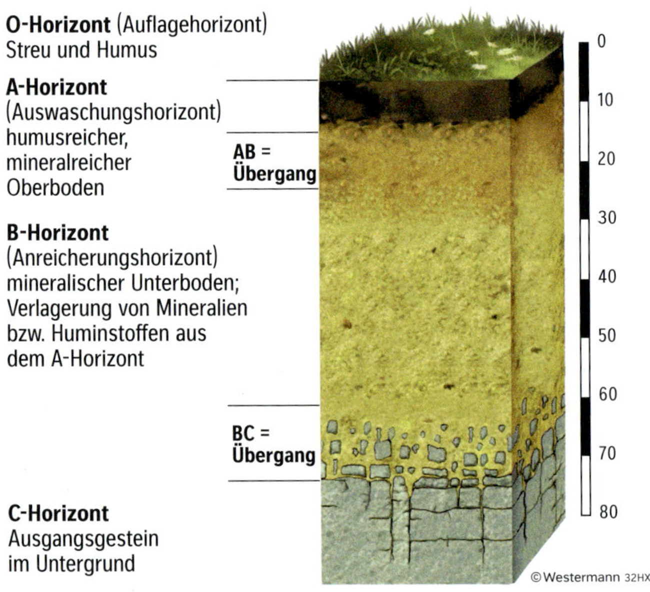

M3 **Das Boden-ABC – Schema eines Bodenprofils**

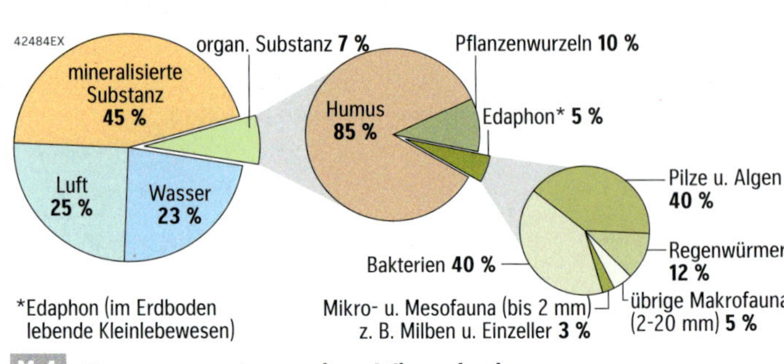

M4 **Zusammensetzung eines Wiesenbodens**

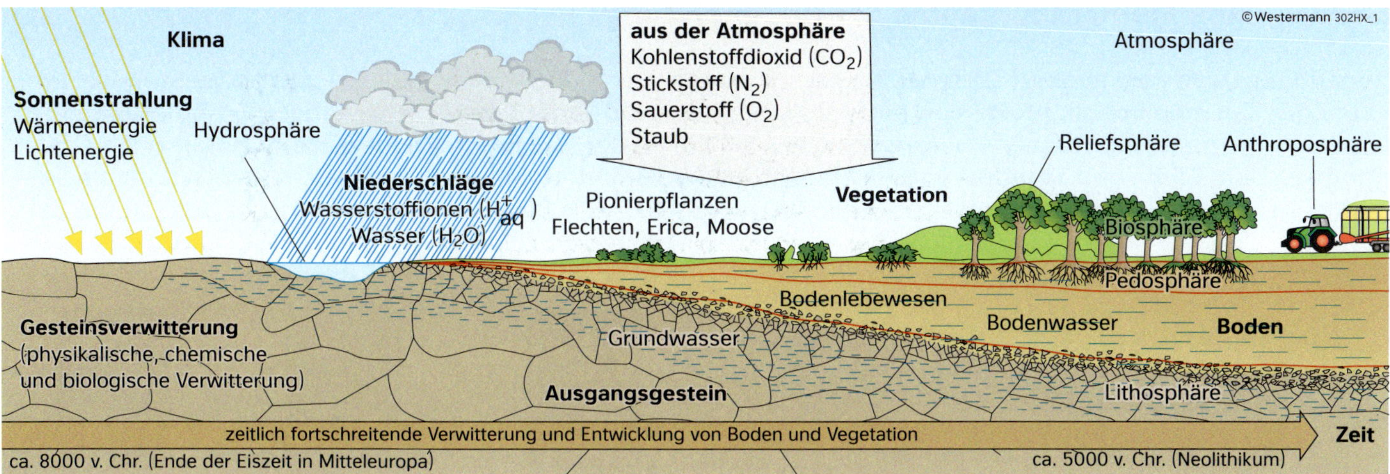

M 5 **Schema der bodenbildenden Faktoren**

Die Entwicklung eines Bodens ist je nach Einfluss der bodenbildenden Geofaktoren ein bis zu einige Jahrtausende andauernder Prozess. Eine Gesteinsoberfläche wird dabei durch physikalische und chemische Verwitterung bis in ihre Mineralbestandteile zerlegt. Dabei verdrängen die H^+-Ionen des leicht kohlensäurehaltigen Regenwassers zunehmend die Kationen der Silikatkristalle, sodass **Mineralsalze** in pflanzenverfügbarer Form freigesetzt werden. Bald siedelt sich eine Pioniervegetation an, die **Bodenlebewesen**, wie z.B. Insekten, einen Lebensraum bietet. Von nun an beschleunigt sich die Hydrolyse der Silikate sowie die Auflösung der Karbonate durch organische Säuren. Zudem unterstützt das von den Organismen ausgeatmete Kohlenstoffdioxid, welches mit dem Bodenwasser zu Kohlensäure reagiert, die chemische Verwitterung. Als Verwitterungsrückstände entstehen im wässrigen Milieu aus zwei- oder dreischichtigen Silikatketten mit angelagerten Ionen sekundäre, anorganische Zweischicht- bzw. Dreischicht-**Tonminerale**.

Durch Abbauprozesse der organischen Substanz kommt es zur ersten Humusanreicherung. Im Laufe der Zeit bildet sich ein zunehmend mächtiger Oberboden aus, sodass sich höhere Pflanzen ansiedeln können. Diese bilden beim Absterben eine Streuauflage an der Oberfläche, die mit im Boden abgestorbenen pflanzlichen und tierischen Überresten durch Kleinlebewesen wie Regenwürmer, Springschwänze und Milben sowie Mikroorganismen wie Bakterien, Algen und Pilze mechanisch zerkleinert und chemisch zersetzt wird. Abbauprodukte sind einerseits anorganische Mineralstoffe, Kohlenstoffdioxid sowie Wasser und andererseits die durch Synthese organischer Moleküle aufgebauten Huminstoffe. Bodentiere tragen zu einer Beschleunigung der **Humifizierung** bei. Dabei kommt es zur Umwandlung und Bindung organischer Substanz im Boden. Tonminerale und Humusstoffe lagern sich durch Kopplung über Ca^{2+}-Ionen zu großen, wertvollen und stabilen **Ton-Humus-Komplexen** um.

Schreitet die Bodenbildung weiter voran, entwickelt sich zwischen dem Oberboden und der in immer größerer Tiefe ablaufenden Gesteinsverwitterung ein Unterboden. Dieser ist infolge der Freisetzung und Oxidation eisenhaltiger Verbindungen nicht selten durch **Verbraunung** gekennzeichnet. Zudem weist dieser Bodenhorizont infolge der Anreicherung von sekundären Tonmineralen Verlehmungen auf, d.h., er ist im feuchten Zustand plastisch, im trockenen Zustand hart. Im Laufe der Zeit entsteht auf diese Weise aus einem kaum strukturierten Rohboden ein vertikal in Horizonte gegliederter Boden. Dieser enthält neben Humus und gröberen Steinen, dem Bodenskelett, mineralischen Feinboden verschiedener Korngrößen. Von der Zusammensetzung her werden verschiedene Bodenarten unterschieden.

M 6 **Umwandlungsprozesse bei der Bodenbildung**

Klima | Relief | Vegetation | (Boden-) Tiere | Mensch | Bodenbildungsfaktoren

abgestorbenes organisches Material

Bodenbildungsprozesse
physikalischer Abbau (Zerbeißen, Zerbrechen) und chemischer (mikrobieller) Abbau etc. Verlagerung (Transport)

teilweise → Humifizierung → Huminstoffe

vollständig → Remineralisierung → Mineralsalze

Zeit

Boden
Ton-Humus-Komplexe, Mineralboden, Humus

Bodenskelett, Feinboden | sekundäre Tonminerale | Mineralsalze, Oxide, Hydroxide

Mineralisierung | Tonmineralbildung, Tonmineralumbildung | Mineralisierung

Bodenbildungsprozesse
physikalische Verwitterung (Frost-, Salzsprengung, Insolationsverwitterung) und chemische Verwitterung (Lösungsverwitterung, Kohlensäureverwitterung, Oxidation)

Ausgangsgestein

Klima | Relief | Vegetation | (Boden-) Tiere | Mensch | Bodenbildungsfaktoren

42485EX

M 7 **Umwandlungsprozesse im Boden**

Böden – eine Momentaufnahme der Bodenbildung

Bodenbildung ist kein abgeschlossener Prozess. Im Zeitraffer betrachtet weist jeder natürliche Standort im Laufe der Zeit eine Bodenabfolge auf, die in ihrer Struktur und Farbe deutlich erkennbare Veränderungen aufweist. Die gleiche Zeitdauer in unterschiedlichen Phasen der Bodenentwicklung bringt z. B. je nach Ausgangsgestein, Klima und Standort unterschiedlich große Veränderungen hervor. Bodenentwicklungen spiegeln daher typische Alterungsprozesse wider. Wie verändern sich Böden und ihre Eigenschaften mit der Zeit?

1 **a)** Vergleichen Sie die Bodenprofile (M1).
b) Arbeiten Sie die für die Bodendynamik wesentlichen Ursachen heraus (M2).
c) Erklären Sie die Profildifferenzierung in Abbildung M1 (M2, M4).

2 Erläutern Sie den Einfluss von Korngrößen und Bodenwasser auf Umlagerungsprozesse im Boden (M2, M3, M6).

3 **a)** Analysieren Sie die Bedeutung des pH-Wertes für Bodenbildungsprozesse und die Verfügbarkeit von Pflanzennährstoffen (M7).
b) Erläutern Sie die Auswirkungen des Säureeintrags auf den Boden und das Grundwasser (M5).
c) Begründen Sie die Bedeutung des Karbonatpuffers für Böden in humidem Klima (M2, M3, M7).

4 Beurteilen Sie die Aussage: „Bodenentwicklung bedeutet Profildifferenzierung."

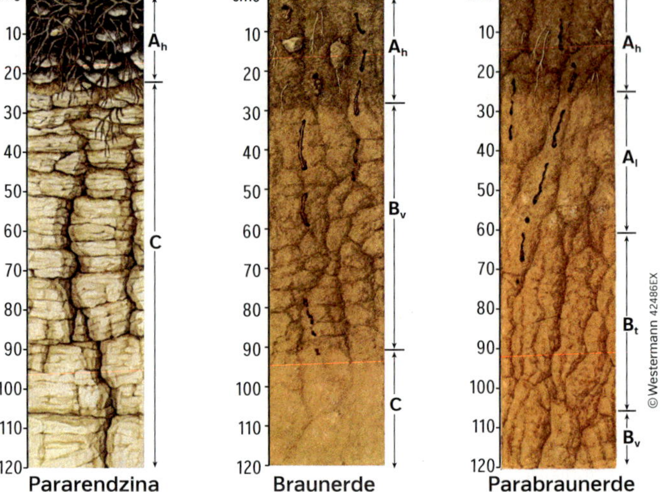

Ah	humoser A-Horizont durch Anreicherung von Humus
Al	durch Auswaschung von Ton aufgehellter A-Horizont (l = lessiviert, d. h. tonverarmt)
B	Mineralhorizont im Unterboden
Bt	tonangereicherter B-Horizont
Bv	durch Verwitterung verbraunter oder verlehmter B-Horizont
Sd	Bodenhorizont mit Stauwasser (wasserstauend)
Sw	Bodenhorizont mit Stauwasser (stauwasserführend)
C	Ausgangsgestein

M 1 **Bodenentwicklung auf Löss in Mitteleuropa**

Neben den physikalischen, chemischen und biologischen Umwandlungsprozessen sind Umlagerungsprozesse an der Bodenbildung beteiligt. So werden die bei der Mineralisierung und Humifizierung freigesetzte Ionen und Moleküle mit dem Bodenwasser verlagert. Die Richtung des vorherrschenden Bodenwasserstroms, die Wasserdurchlässigkeit eines Bodens infolge der Verteilung der Korngrößen und der Bodenporen, das Puffervermögen des Bodens sowie die Dauer beeinflussen die Art, Intensität und Richtung der Bodendynamik. Zyklische Stoffumlagerungen erfolgen im Boden, z. B. wenn lösliche Salze im wechselfeuchten Klima zwischen Ober- und Unterboden hin- und herpendeln. Außerdem laufen sie zwischen Boden und Vegetation ab. Viele dieser Prozesse sind nicht vollständig reversibel, was im Laufe der Zeit zu bleibenden Veränderungen führt, die profilbildend sind.

Der pH-Wert eines Bodens (pH 3 bis 10) ist ein entscheidender Faktor bei der Entstehung eines Bodens und für seine chemischen Eigenschaften. Er erlaubt Aussagen über die Verfügbarkeit und Speicherfähigkeit der Pflanzennährstoffe und über die Eignung des Bodens als Pflanzenstandort bzw. Lebensraum für Bodenlebewesen. Unter humiden Klimabedingungen ist die Versauerung der Böden ein natürlicher Prozess, da die pH-Pufferung, d. h. die Säureneutralisationskapazität des Bodens, abnimmt. Niederschlagswasser, das nicht im Boden gebunden wird, führt vor allem basisch wirksame Kationen mit dem Sickerwasserstrom in den Untergrund ab. Nur die künstliche Zufuhr von Basen (z. B. durch Kalkung) kann eine gewisse Neutralisation und somit Intaktheit des Bodens wieder herstellen. Mit der Zeit entstehen die für ein **Bodenprofil** typischen Auswaschungs- und Anreicherungshorizonte und es kommt zur zunehmenden Profildifferenzierung. Werden mobilisierte Stoffe bis ins Grundwasser geschwemmt, sind sie für den Boden verloren.

Alle Umwandlungs- und Umlagerungsprozesse stehen im Boden in engen Wechselwirkungen zueinander und sind gemeinsam für die Bodenbildung verantwortlich.

M 2 **Basisinformation**

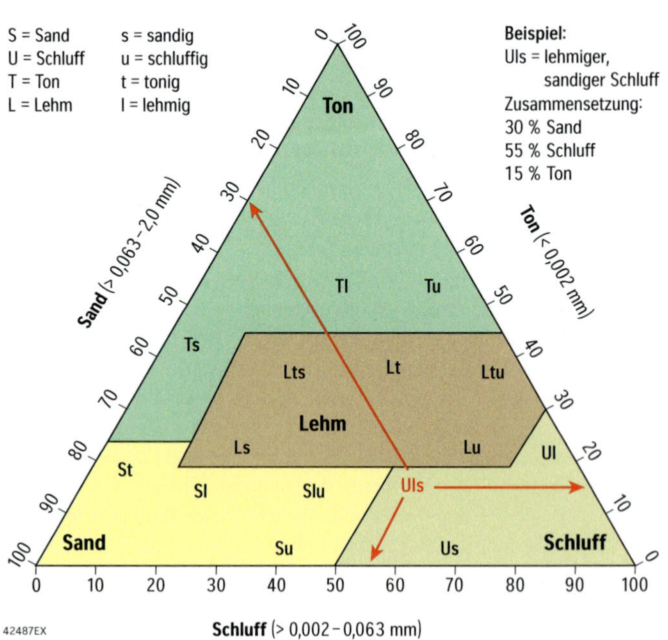

M 3 **Bodenarten des Feinbodens im Korngrößendreieck**

Umlagerungsprozesse im Boden hängen vorrangig vom Klima und somit von der Verfügbarkeit des Bodenwassers ab, das zu einer Umverteilung von Stoffen führt. Anreicherungsprozesse wirken von außen, d.h., gelöste Stoffe werden zugeführt. Verarmungsprozesse sind vor allem Auswaschungsprozesse gelöster Stoffe, aber auch Massenverluste durch Erosion.

Wesentliche profilprägende Umlagerungsprozesse sind:

- die **Lessivierung** bzw. Tonverlagerung als Abwärtsverlagerung von Bestandteilen der Tonfraktion, vor allem der sekundären Tonminerale, die bei geringer Salzkonzentration der Bodenlösung bei einem pH-Wert von 5,0 bis 6,5 durch verstärkte Auswaschung von Kalk im A-Horizont mobilisiert werden. Für den Transport der relativ großen Tonteilchen ist schnell bewegliches Sickerwasser notwendig. Die Ablagerung der Tonteilchen erfolgt in einem karbonathaltigen Unterboden oder an einer porenarmen, dichten Schicht und kann dort einen Wasserstau hervorrufen. Die Tonverlagerung prägt z.B. Parabraunerden. Dabei entstehen ein an Ton ausgewaschener A-Horizont und ein an Ton angereicherter, brauner B-Horizont.
- die **Podsolierung** ist die Abwärtsverlagerung gelöster organischer Stoffe. Diese werden zusammen mit komplex gebundenen Al- und Fe-Ionen aus einem stark versauerten Oberboden abtransportiert, der infolge gehemmter Aktivität der Bodenlebewesen im kühlfeuchten, gemäßigten Klima viel Rohhumus enthält. Im Unterboden zerfallen die metallorganischen Komplexe bei höherem pH-Wert bzw. höherer Ca^{2+}-Sättigung. Die gelösten Stoffe setzen sich an Bodenpartikeln ab und verkleben mit diesen zu verhärtetem Ortstein. Durch unterschiedliche Ausfällungsbedingungen entsteht ein farblich differenziertes Bodenprofil: Unter einem gebleichten A-Horizont (Ae) fallen die organischen Stoffe aus und färben den betreffenden Horizont braunschwarz. Darunter setzt sich zunächst Eisen und später Aluminium ab und bewirken eine rostgelbe bis rostbraune Verfärbung des Bodens.
- die **Vergleyung** in Grundwasserböden, die einen ständig nassen Unterboden haben. Infolge Sauerstoffmangels werden dort die Eisen- und Mangan-Oxide reduziert (grau-grün-blau-schwarzer Gr-Horizont) und steigen als Ionen in den wasserungesättigten, stellenweise belüfteten Oberboden auf. Dort finden in Grobporen Oxidationsvorgänge statt (braun-roter Go-Horizont).
- die **Ferralitisierung** als (gelb-)rote Färbung des Bodens durch relative Anreicherung von Eisen- und Aluminium-Oxiden infolge intensiver chemischer Verwitterung in den feuchten Tropen. Gleichzeitig verarmen die Böden stark an Silizium (Desilifizierung) durch Auswaschung von Kieselsäure, Alkali- und Erdalkaliionen.

Auch die Versalzung, Entkalkung und Karbonatanreicherung zählen zu den horizontbildenden Prozessen. Wechselfeuchte, periodisches Gefrieren bzw. wühlende Bodentiere sorgen dagegen für natürliche horizontverwischende Prozesse.

M 4 Umlagerungsprozesse im Boden

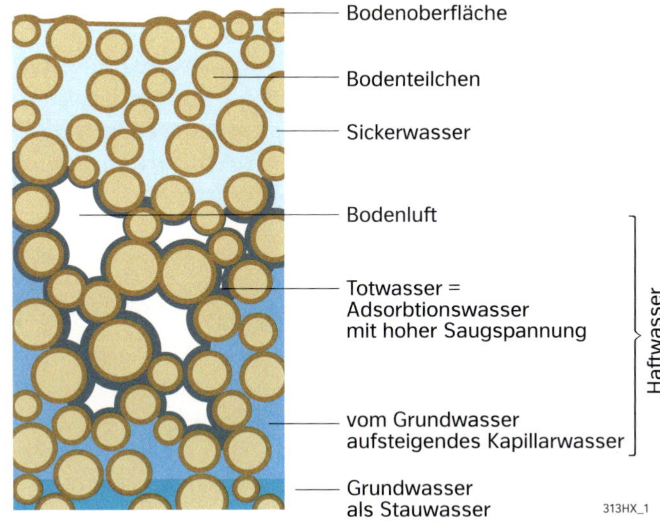

M 6 Bodenwasser

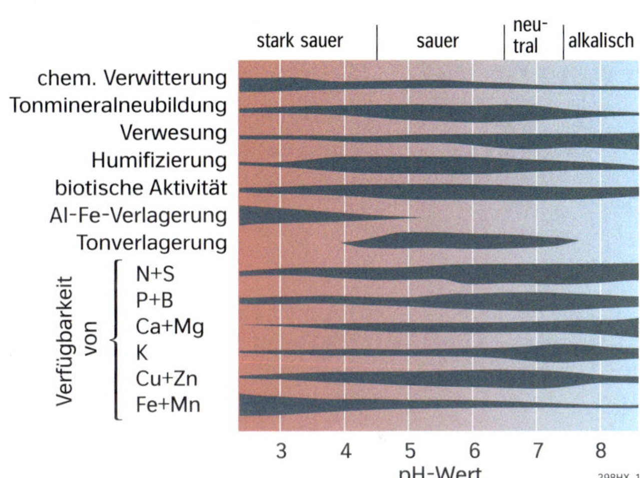

Die Puffersysteme im Boden sind chemische Reaktionen, bei denen freie Protonen (H^+) in eine undissoziierte Form, d.h. in chemisch gebundene Moleküle bzw. Ionen, überführt werden. Zum Beispiel beruht die Pufferwirkung von Kalk darauf, dass er mit überschüssigen Wasserstoffionen zunächst Hydrogenkarbonat (HCO_3^-) bildet, das mit weiteren H_3O^+-Ionen zu H_2O und CO_2 reagiert. CO_2 entweicht, wenn seine Löslichkeit im Wasser überschritten ist. Die Kalziumionen (Ca^{2+}) und die Anionen der Säuren, die die Versauerung verursachen (z.B. Cl^-, SO_4^{2-}, NO_3^-), verbleiben dagegen in der Bodenlösung.

M 7 Der pH-Wert und die Pufferfähigkeit im Boden

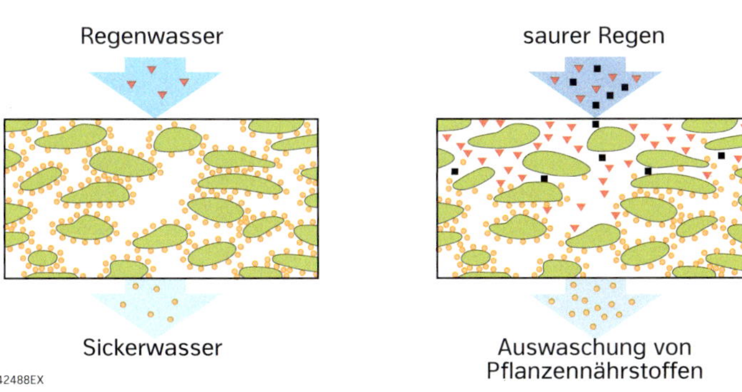

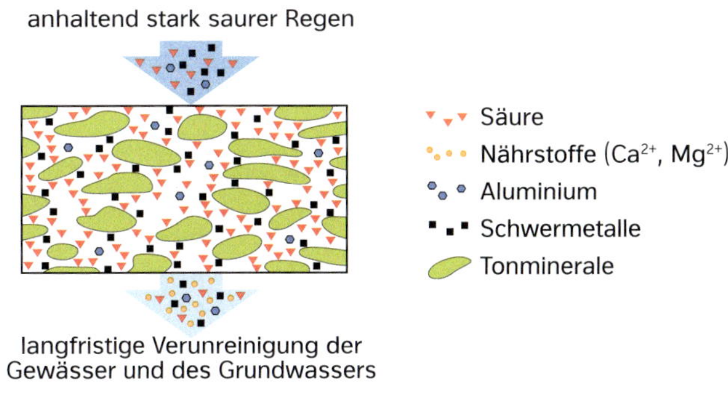

M 5 Säureeintrag in den Boden und seine Folgen

Bodenfruchtbarkeit – die Produktivität des Bodens

Die natürliche Bodenfruchtbarkeit ist die Fähigkeit eines Bodens, Frucht zu tragen, d.h. den Pflanzen als Standort zu dienen und nachhaltig Pflanzenerträge zu erzeugen. Gemessen wird die Bodenfruchtbarkeit am Ertrag des jährlichen Zuwachses an Biomasse bzw. bei Bewirtschaftung am Ernteertrag. Durch die Art der Bewirtschaftung kann die Bodenfruchtbarkeit beeinträchtigt oder verbessert werden. Welche Faktoren sind für die Bodenfruchtbarkeit verantwortlich?

1 Erläutern Sie die Bedeutung des Regenwurms als Indikator für Bodenfruchtbarkeit (M1).

2 **a)** Charakterisieren Sie einen fruchtbaren Boden (M2).
b) Erstellen Sie eine Mindmap zu den Einflussfaktoren auf die Bodenfruchtbarkeit und begründen Sie diese (M2).

3 Beschreiben Sie den Einfluss der Korngrößen auf die Bodenfruchtbarkeit (M3).

4 **a)** Analysieren Sie M8 und stellen Sie mithilfe von M2 die Wasserverfügbarkeit für Pflanzen bei unterschiedlichen Bodenarten dar.
b) Erklären Sie Lage und Bedeutung des permanenten Welkepunktes (M8).

5 **a)** Stellen Sie den Ionenaustausch zur Nährstoffversorgung der Pflanzen dar (M4 – M7).
b) Beurteilen Sie: „Die Stickstoffdüngung ist für eine hohe Bodenfruchtbarkeit unerlässlich" (M5).

Da sich alle Landpflanzen über ihr Wurzelsystem versorgen, hängt die natürliche **Bodenfruchtbarkeit** vorrangig von den Standortfaktoren Wasser, Sauerstoff und dem Angebot an Pflanzennährstoffen ab. Eine gute Durchwurzelbarkeit und Gründigkeit des Bodens, d.h. eine entsprechende Tiefe des durchwurzelbaren Bodenraumes, ist eine wichtige Voraussetzung. Die ausreichende Durchlüftung und Sauerstoffversorgung der Pflanzenwurzeln ermöglicht die Atmung der Wurzeln und liefert somit ausreichend Energie für die Aufnahme der Pflanzennährstoffe. Auch die Bodentemperatur ist ein wesentlicher Wachstumsfaktor, wobei die Pflanzen bei einem spezifischen Optimum am besten gedeihen.

Da die Wurzeln ihre Nährstoffe nur aus wässrigen Lösungen aufnehmen können, ist der Wasserhaushalt des Bodens von entscheidender Bedeutung. Neben dem Niederschlagswasser wird auch Grundwasser im Boden gespeichert. Die Menge pflanzenverfügbaren Wassers wird vom jeweiligen Klima, Relief und den Bodeneigenschaften, wie dem Porenvolumen bzw. der Porengrößenverteilung, bestimmt. Als Maß für das Wasserhaltevermögen eines Bodens dient der pF-Wert. Bis zu einem pF-Wert zwischen 1,8 und 2,5 kann ein Boden Wasser gegen die Schwerkraft halten. Pflanzen können wegen ihrer Saugkräfte jedoch Wasser bis zu einem pF-Wert von 4,2 nutzen. Dieser Wert wird permanenter Welkepunkt genannt. Weiteres, im Boden befindliches Wasser ist als Totwasser für die Pflanzen nicht mehr verwertbar.

Ideal für eine hohe Bodenfruchtbarkeit ist ein ausgewogen strukturierter Bodenkörper mit ausreichender Bodenfeuchte, einer ausgeprägten Krümelstruktur, vielen Ionentauschern wie Huminstoffen, Tonmineralen bzw. Ton-Humus-Komplexen, einer schwach sauren Bodenreaktion (pH 5,0 – 6,5) und einer hohen Bodenaktivität der Bodenlebewesen. Das Maß aller günstigen bzw. weniger günstigen physikalischen, chemischen und biologischen Eigenschaften eines Bodens spiegelt sich also in seiner Fruchtbarkeit wider.

M 2 Basisinformation

Regenwürmer haben bei der Steigerung der Bodenfruchtbarkeit eine Schlüsselfunktion. In Waldböden leben 100 bis 400 Individuen pro Quadratmeter – von der Streuschicht bis zum unteren Mineralboden. Sie bewegen sich bohrend und fressend durch den Boden und hinterlassen bis zu fünf Millimeter dicke, vertikale Röhren (Bioporen), die für die Durchlüftung und Drainage des Bodens wichtig sind. Im Darm des Wurmes werden die zunächst unverdaulichen organischen Huminstoffe und anorganischen Tonminerale durchmischt (Bioturbation) und durch Darmsekrete miteinander verkittet. Die Kopplung erfolgt über zweiwertige Ca^{2+}-Ionen aus einer Kalkdrüse im Darm zu festen Ton-Humus-Komplexen. Diese sorgen für ein Krümelgefüge und festigen die Bodenstruktur, was Erosion vermindert und die Wasseraufnahme fördert. Durch mehrmaliges Fressen und Ausscheiden des Kotes erfolgt eine Konzentration der Nährelemente Stickstoff, Phosphor und Kalium um das Fünf-, Sieben- bzw. Elffache der Ausgangskonzentration im Boden.

M 1 Regenwürmer – Indikator für Bodenfruchtbarkeit

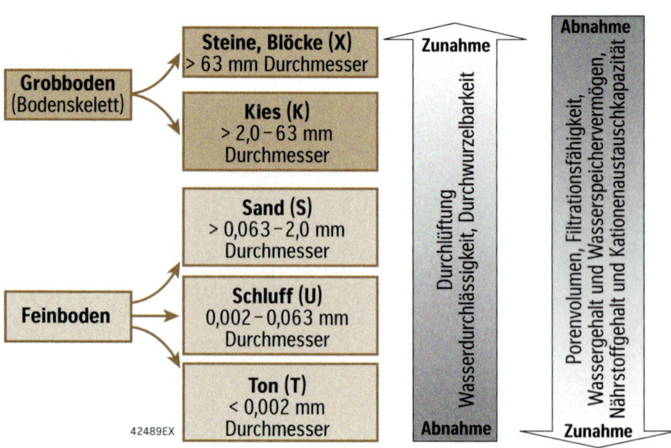

M 3 Korngrößenfraktionen der Bodenarten und Bodeneigenschaften

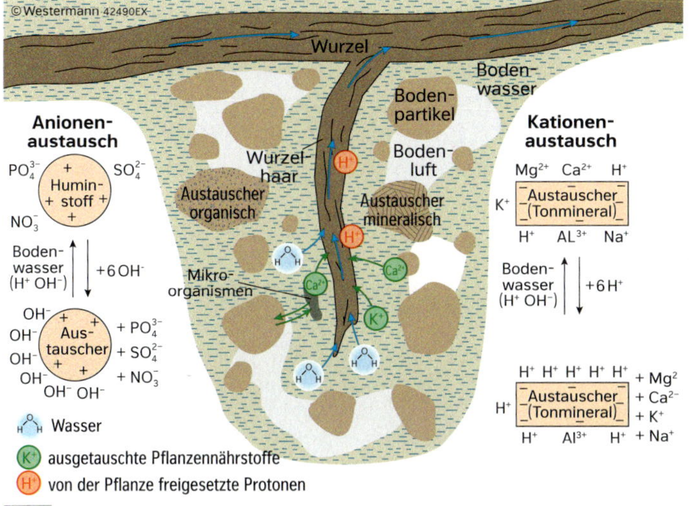

M 4 Ionenaustausch an einem Wurzelhaar

Zweischichttonmineral

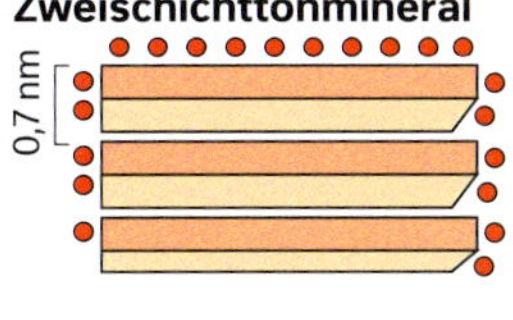

Z. B. bei Kaolinit (v. a. feuchte Tropen) ist der Schichtflächenabstand nicht variabel. Die Tonminerale sind nicht quellbar. Die Kationenadsorption ist nur an den Außen- und Bruchflächen möglich. Die Kationenaustauschkapazität beträgt 3 bis 15 mval je 100 Gramm trockenen Bodens.

Dreischichttonmineral

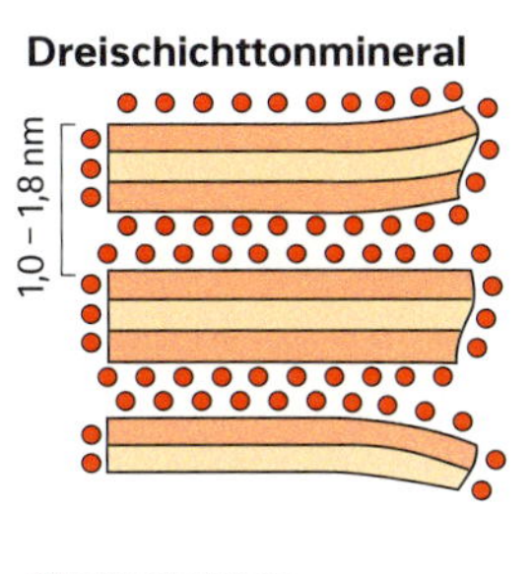

Z. B. bei Montmorillonit (v. a. trockene Tropen, Außertropen) ist der Schichtflächenabstand variabel. Dadurch sind diese Tonminerale durch den Eintritt von Wasser gut quellbar. Die Kationenadsorption erfolgt größtenteils an den „inneren" Oberflächen zwischen den Schichtpaketen, aber auch an den Außen- und Bruchflächen. Die Kationenaustauschkapazität beträgt 90 bis 150 mval je 100 Gramm trockenen Bodens.

©Westermann 300HX_1

Molekülschichten bilden Schichtpakete — austauschbare Ionen

M 6 Kationenaustausch an sekundären Tonmineralen

Zum Pflanzenwachstum sind neben der Aufnahme von Kohlenstoffdioxid und Sauerstoff aus der Atmosphäre sowie der Bodenluft, Wasser und die darin gelösten mineralischen Nährelemente (Mineralstoffe) notwendig. Dabei werden alle für die Wurzeln aufnehmbaren chemischen Elemente und Verbindungen, die Pflanzen als Primärproduzenten benötigen, um organische Substanz aufzubauen, als Pflanzennährstoffe bezeichnet. Nur ein sehr kleiner Teil von ihnen (ca. 2%) liegt in der Bodenlösung direkt pflanzenverfügbar vor, einige sind noch im Restgestein oder Humus gebunden und müssen durch Verwitterungs- und Verwesungsprozesse erst mineralisiert und mobilisiert werden. Die meisten Nährelemente sind relativ locker durch Adsorption an die Austauscher, wie Tonminerale, Huminstoffe und Ton-Humus-Komplexe gebunden, wodurch deren Auswaschung mit dem Sickerwasser aus dem Wurzelraum verhindert wird. Nur im Austausch gegen andere Ionen, insbesondere H^+-Ionen, können die Nährelemente in die Bodenlösung gelangen. Die Summe der austauschbaren Ionen im Boden wird als Austauschkapazität (AK) bezeichnet. Sie wird in Milliäquivalenten je 100 g Substanz (mval) angegeben und ist abhängig vom pH-Wert der Bodenlösung.

Pflanzen scheiden im Wesentlichen H^+- und HCO_3^--Ionen aus, die bei der Zellatmung entstehen. Sie geben diese Ionen an die Bodenlösung ab und nehmen im Austausch dafür äquivalente Mengen von Anionen (z. B. NO_3^-) bzw. Kationen (z. B. Ca^{2+}, Mg^{2+}, K^+ oder Na^+) oder anorganische bzw. niedermolekulare organische Komplexe aus der Bodenlösung mit ihren Wurzeln auf. Der Kationenaustausch bzw. die **Kationenaustauschkapazität** (KAK) spielt im Boden eine herausragende Rolle, da viele Ionen, die als Pflanzennährstoffe fungieren, kationisch sind und die Tonminerale meist negativ geladen sind.

Stickstoff (N) gehört zu den Hauptnährelementen von Pflanzen zum Aufbau organischer Moleküle (z. B. DNA, RNA, Proteine), kommt jedoch nur in sehr geringen Mengen in den Ausgangsgesteinen und der mineralischen Bodensubstanz vor. Die durch frei lebende Bakterien gebundenen Stickstoffmengen reichen in der intensiven Landwirtschaft meist für den Bedarf von ertragreichen Kulturpflanzen nicht aus und das Nährelement muss regelmäßig mit organischen und / oder mineralischen Düngern zugeführt werden. Über die biologische N_2-Bindung gelangt der Luftstickstoff je nach Klima in verschiedene Bakterienarten und wird in organischen Molekülen fixiert. Erst nach deren Zersetzung liegt der Stickstoff in pflanzenverfügbarer Form als Nitrat- (NO_3^-) oder Ammoniumion (NH_4^+) im Bodenwasser bzw. adsorbiert an sekundären Tonmineralen vor.

M 5 Nährstoffversorgung der Pflanzen

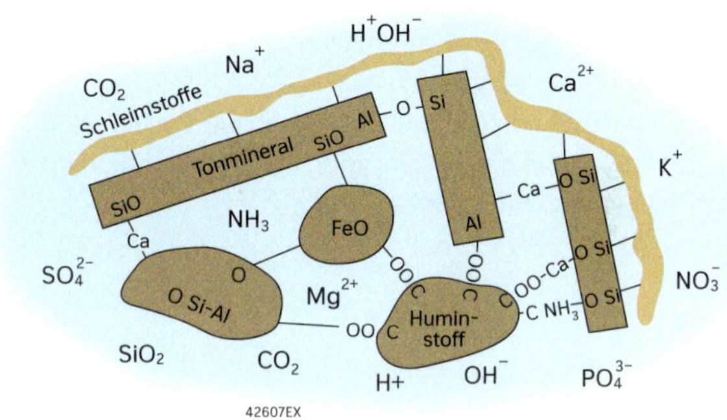

M 7 Ton-Humus-Komplex

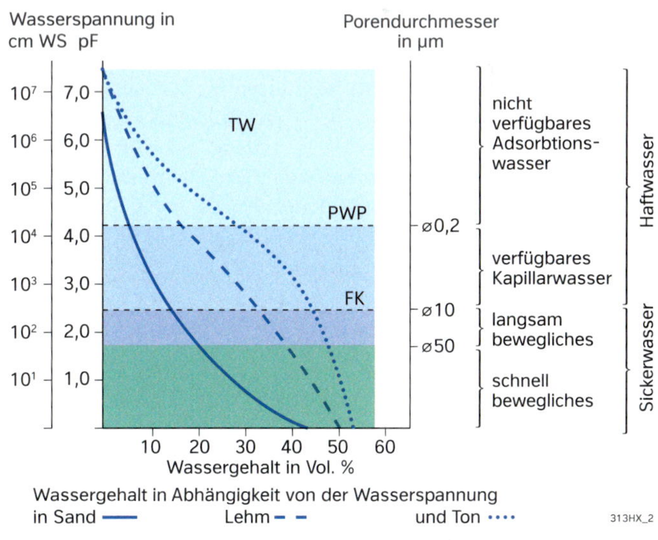

WS: Wassersäule
pF: Maß für die Wasserspannung im Boden (Saugspannung)
FK: Feldkapazität, pflanzenverfügbares Haftwasser in Fein- und Mittelporen (nach ein bis zwei Tagen Dauerregen noch verfügbar)
nFK: nutzbare Feldkapazität, pflanzenverfügbares Porenwasser (Poren 0,2 – 50 µm)
PWP: Permanenter Welkepunkt, Wassergehalt, bei dessen Unterschreitung die meisten Pflanzen irreversibel welken
TW: Totwasser, nicht pflanzenverfügbares Wasser (Poren < 0,2 µm)

M 8 Wasserspannungskurven von Bodenarten

Bodentypen – Ergebnisse der Bodenbildung

Böden sind komplexe Naturkörper, deren Erscheinungsbild sich unter dem Einfluss der wesentlichen Bodenbildungsfaktoren an einem Standort im Laufe der Zeit verändert. Dies erschwert die Festlegung von Ordnungskriterien für eine allgemeingültige Systematisierung, da weder die bodenbildenden Faktoren allein noch die bodenbildenden Prozesse einen Boden eindeutig charakterisieren. Nach welchen Kriterien ist die Klassifikation der Böden möglich und welche wichtigen Bodentypen gibt es?

1 Charakterisieren Sie das Bohrstockprofil (M1).

2 a) Nennen Sie wesentliche Bestimmungsmerkmale bei Bodenuntersuchungen (M2).
b) Begründen Sie, warum sich die Bodentypisierung vor allem auf die Bodeneigenschaften stützt (M2).

3 a) Arbeiten Sie die charakteristischen Merkmale der Bodentypen ① bis ⑥ (M5) heraus (M3). Erstellen Sie eine Tabelle zu den wesentlichen Bodenbildungsfaktoren, den Bodeneigenschaften, den Horizontabfolgen sowie der räumlichen Verbreitung.
b) Ordnen Sie die Bodentypen ① bis ⑥ (M5) den Fotos (M6 a – f) begründet zu.

4 Erläutern Sie die Bedeutung von Bodenkarten (M2).

5 Beurteilen Sie die Bodentypen (M5) hinsichtlich ihrer landwirtschaftlichen Nutzbarkeit.

M1 Bohrstock mit Bodenprofil

Die moderne Systematik der Böden fußt auf der Bodenentwicklung und gliedert die Böden nach ihren Eigenschaften, die sie durch bodenbildende Prozesse erlangt haben. Für die Typisierung werden gut erfassbare, ausreichend stabile Merkmale herangezogen, die das Stadium der Bodenentwicklung gut widerspiegeln. Ein **Bodentyp** ist demnach das Ergebnis des Zusammenspiels der jeweiligen Bodenbildungsfaktoren und weist einen charakteristischen Profilbau mit einer bestimmten Abfolge an **Bodenhorizonten** auf. Die Benennung von Bodentypen kann nach einer auffälligen Eigenschaft wie der Farbe (z. B. Braunerde) oder nach der Zugehörigkeit zu einer Landschaft (z. B. Auengley) erfolgen bzw. sie gründet auf einem ausländischen Namen (z. B. Rendzina). Horizonte und Horizontmerkmale werden durch Haupt- und Nebensymbole bezeichnet (Groß- bzw. Kleinbuchstaben, M3).

In Deutschland gibt es eine geschlossene und vielerorts mächtige Bodendecke – einen Flickenteppich verschiedener Bodentypen. Die meisten Böden in Deutschland wie Braunerde, Parabraunerde, Rendzina, Podsol und Schwarzerde werden zur Gruppe der Landböden (terrestrische Böden) gezählt, die überwiegend durch versickerndes Regenwasser geprägt sind. Böden, die durch periodisch auftretendes Grundwasser beeinflusst werden, wie z. B. Gley und Auenböden, gehören zur Gruppe der Grundwasserböden (semiterrestrische Böden).

Im Gelände erfolgt die Typisierung eines Bodens anhand von Kriterien, die gut erkennbar sind, wie die Bodenfarbe. Zur genaueren Analyse wird eine Bodengrube ausgehoben oder ein Bohrkern gezogen und Bodenmerkmale wie Mächtigkeit der Horizonte, Körnung, pH-Wert usw. quantifiziert. Die Ergebnisse der Geländeuntersuchungen dienen der Erstellung von Bodenkarten unterschiedlicher Maßstabsebenen, auf deren Grundlage die ökologischen Eigenschaften eines Standortes charakterisiert und bewertet werden, sodass Empfehlungen hinsichtlich der ackerbaulichen Nutzung bzw. möglicher Maßnahmen zum Bodenschutz formuliert werden können.

M2 Basisinformation

O	organischer Horizont (Humusauflage)
	mineralische Horizonte
A	Mineralhorizont im Oberboden (v. a. Auswaschungshorizont)
Ae	durch Auswaschung von Huminstoffen und Säuren gebleichter A-Horizont (e = eluvial, d. h. ausgeschwämmt)
Ah	humoser A-Horizont durch Anreicherung von Humus
Al	durch Auswaschung von Ton aufgehellter A-Horizont (l = lessiviert, d. h. tonverarmt)
B	Mineralhorizont im Unterboden (Verwitterungs- und / oder Anreicherungshorizont)
Bs	mit Sesquioxiden angereicherter, rostrot gefärbter B-Horizont (Eisen-, Mangan-, Aluminiumoxide)
Bt	tonangereicherter B-Horizont
Bv	durch Verwitterung verbraunter oder verlehmter B-Horizont
C	Ausgangsgestein
G	Unterbodenhorizont im Grundwasserbereich
Go	oxidierter, rost- bzw. kalkfleckiger Horizont über Grundwasser
Gr	reduzierter, meist anaerober, blaugrauer G-Horizont

M3 Symbole für Bodenhorizonte (Auswahl)

M4 Aufschlüsse ausgewählter Bodentypen

① **Rendzina** (polnisch: „Rauschen“ der Steine am Pflug)
Die Rendzina bildet sich auf Kalkstein, Dolomit (Kalzium-Magnesium-Karbonat) und Mergel und kommt oft in Karstlandschaften, unter Buchenwäldern und Trockenrasen vor. Der flachgründige, steinige Ah-Horizont liegt dem C-Horizont direkt auf. Rendzinen entstehen durch physikalische und chemische Verwitterung, wobei in humidem Klima der Kalk durch Lösungsverwitterung mit dem Sickerwasser in das klüftige Ausgangsgestein ausgewaschen wird. Aus dem unlösbaren Rückstand von Ton und Quarzkörnern bildet sich ein schwarzbrauner, krümeliger Ah-Horizont mit großem Porenvolumen und günstigem Luft- und Wasserhaushalt sowie hoher Austauschkapazität. Auf saurem, quarz- und silikatreichen Ausgangsgestein wie Sandstein entwickelt sich im feuchtkühlen Klima der Mittelgebirge in Hanglagen mit A-C-Profil ein Ranker.

② **Braunerde**
Braunerden sind die typischen Böden des gemäßigt humiden Klimas der Mittelbreiten. Sie kommen auf unterschiedlichen Ausgangsgesteinen bevorzugt im Bereich der Laubmischwälder vor. Braunerden gehen z. B. aus Rankern hervor und können eine Profiltiefe von bis zu 1,5 Metern erreichen. Die Braunfärbung und Verlehmung ihres B-Horizonts (Bv) beruht auf der Freisetzung von Eisen aus eisenhaltigen Mineralen, der Bildung von Eisenoxiden und -hydroxiden sowie der Neubildung von sekundären Tonmineralen. Im bis zu 40 Zentimeter mächtigen Ah-Horizont wird die Braunfärbung durch die dunkle Farbe des Humus überdeckt. Braunerden über Basalt und Geschiebelehm sind nährstoff- bis humusreich, schwach sauer bis neutral, gut durchlüftet und durchfeuchtet. Über Granit und Sand bilden sich dagegen saure, basenarme, grobkörnige Böden mit ungünstigem Wasserhaushalt.

③ **Parabraunerde** (franz. sol lessivé: ausgewaschener Boden)
Parabraunerden gehören zu den verbreitetsten Böden der gemäßigt humiden Klimaregionen Eurasiens und Amerikas. In Mitteleuropa treten sie vor allem in Löss- und Moränenlandschaften auf. Ihre Ausgangssubstrate sind zumeist Löss, Geschiebemergel sowie karbonatfreie Lehme und lehmige Sande. Ihre typische natürliche Vegetation ist der Laubwald. Parabraunerde ist meist eine Weiterentwicklung der Braunerde mit einem bis zu 60 Zentimeter mächtigen Ah-Horizont. Mit dem Sickerwasserstrom bildet sich infolge Karbonatauswaschung und schwacher Versauerung durch Tonverlagerung (Lessivierung) darunter ein relativ fahler Al-Horizont aus. Im Unterboden werden die Tonminerale im Bt-Horizont angereichert. Bei unvollständigem Übergang von der Braun- zur Parabraunerde ist unter dem Bt- noch ein Bv-Horizont erkennbar.
Das bis zu zwei Meter mächtige Profil mit einem grobporigen, humusreichen Oberboden und einem feinporigen, an Dreischichttonmineralen reichen Unterboden ist gut durchwurzelbar, gut durchlüftet und weist eine hohe nutzbare Wasserkapazität auf.

④ **Podsol** (russ.: Ascheboden, Bleicherde)
Podsole treten vor allem unter kühlgemäßigten, humiden Klimabedingungen sowie im subpolaren und alpinen Bereich in der Nadelwaldzone, aber auch im warmgemäßigten Klima, wie auf sandigen Sedimenten des norddeutschen Tieflands und an Hängen über Sandstein und Granit in Mittelgebirgen auf. Bei der Podsolierung kommt es durch Sickerwasser zur Verlagerung von Fe-, Al- und Mn-Verbindungen und organischen Stoffen bis in den Unterboden. So bleibt im Oberboden (0,2 – 1,5 m) unter einer Rohhumusschicht (Ah) ein aschgrauer, quarzreicher Bleichhorizont (Ae) zurück. Im nur 10 bis 20 Zentimeter mächtigen Unterboden bildet sich je nach Verfestigung der ausgewaschenen Stoffe Orterde oder Ortstein als harter, nahezu wasserundurchlässiger, kaum durchwurzelbarer, oft fleckig braunschwarzer Bh- bzw. rostbrauner Bs-Horizont heraus. Wegen seines niedrigen pH-Wertes weist der nährstoffarme, grobporige Podsol kaum Bodenleben auf.

⑤ **Schwarzerde** (russisch: Tschernosem)
Schwarzerden sind typisch für kontinentale Steppen Eurasiens und Nordamerikas – meist auf mineral- und kalkreichem Löss. Das leicht zersetzbare organische Material wird in den warmen, trockenen Sommern und langen, kalten Wintern kaum mineralisiert, sodass es in kurzen, günstigen Jahreszeiten zur Humusakkumulation kommt. Der bis zu 80 Zentimeter mächtige Ah-Horizont wird durch Bodentiere intensiv durchmischt und weist einen günstigen Luft- und Wasserhaushalt auf. Die stabilen Ton-Humus-Komplexe sorgen für hohe Austauschkapazität. Die dunklen Böden erwärmen sich rasch.

⑥ **Gley** (russich Glej: sumpfiger Boden)
Gleye kommen in niederschlagsreichen Regionen mit hohem Grundwasserspiegel vor, wie in Talauen und Senken, aber auch auf Dauerfrostböden. Unter dem vom Grundwasser meist unbeeinflussten, geringmächtigen Ah-Horizont folgt im Schwankungsbereich des Grundwassers der rostfarbene, fleckige Go-Horizont als Oxidationshorizont. Im Bodenwasser gelöste, zweiwertige Fe- und Mn-Verbindungen können im Kontakt mit Luftsauerstoff zu dreiwertigen Verbindungen oxidieren (rosten). Im stets nassen, fahlgrauen, graugrünen bis blauschwarzen Gr-Horizont herrschen infolge Sauerstoffmangel permanent reduzierte Verhältnisse vor (Reduktionshorizont).

M 5 **Kennzeichen ausgewählter Bodentypen**

Nachhaltige Bodennutzung – der beste Weg zu nachhaltigem Bodenschutz

Die land- und forstwirtschaftliche Nutzbarkeit von Böden orientiert sich an deren Leistungsfähigkeit. Diese unterliegt aufgrund standortspezifischer Bodeneigenschaften einer regional sehr unterschiedlichen Bodenqualität. Eine Veränderung des Bodens bewirkt andere Wachstumsbedingungen und erfordert oft auch eine Änderung der Nutzung sowie eine angepasste Bewirtschaftung. Wie kann auf Dauer ein hoher Ertrag eines Bodens erwirtschaftet werden und zugleich seine Bodenfruchtbarkeit erhalten bleiben?

1 Beschreiben Sie M1 und entwickeln Sie Hypothesen zu den Ursachen.

2 a) Erläutern Sie die Aussagekraft der Analysen (M3).
b) Arbeiten Sie mit der digitalen Bodenkarte die Böden Ihrer Schulumgebung heraus. ↗ *WES-115548-008*
c) Analysieren Sie Bodenproben. ↗ *WES-115548-009*

3 Nennen Sie wichtige Mineralsalze und erklären Sie das „Gesetz vom Minimum" (M4).

4 Begründen Sie die Landnutzung in M5.

5 Beurteilen Sie (M2, M6): „Nur eine nachhaltige Landwirtschaft sichert die ertragreiche Nutzbarkeit der Böden."

6 Überprüfen Sie (M7): „Die unfruchtbaren Latosole sind bei ökologischer Bewirtschaftung ertragreich."

M1 Rotkohl oder Blaukraut?

Mehr als die Hälfte der Fläche von Deutschland wird landwirtschaftlich genutzt. Deshalb muss sich Bodenschutz und nachhaltige Bodennutzung ganz wesentlich auf die Landwirtschaft konzentrieren – nicht zuletzt weil sie auch in Zukunft ausreichend Lebensmittel in guter Qualität für unsere Ernährung zur Verfügung stellen soll.

Die Sicherung der Leistungsfähigkeit des Bodens als natürliche, endliche Ressource ist in Deutschland seit dem Jahr 1998 durch das Bodenschutzgesetz geregelt. Danach sind bei landwirtschaftlicher Nutzung Bodeneinwirkungen zu vermeiden, die schädliche Bodenveränderungen – sogenannte Bodendegradation – zur Folge haben. Die Bodenbearbeitung soll unter Berücksichtigung der Witterung und grundsätzlich standortangepasst erfolgen, um die Bodenstruktur zu erhalten oder zu verbessern (Bodenmelioration). Bodenverdichtungen müssen durch die Berücksichtigung der Bodenart, der Bodenfeuchtigkeit und des von den eingesetzten Geräten verursachten Bodendrucks so weit wie möglich vermieden werden. Bei all den Maßnahmen ist zu berücksichtigen, dass die Reliefsequenz unterschiedlicher Bodentypen (Catena, M5) ein unterschiedliches Potenzial landwirtschaftlicher Nutzbarkeit zur Folge hat.

Der Anbau von Kulturpflanzen greift unvermeidbar in den Nährstoffhaushalt eines Bodens ein, denn bei jeder Ernte verliert der Boden durch den Entzug der Biomasse wertvolle Pflanzennährstoffe. Der natürliche, außerhalb der humiden Tropen offene **Mineralsalzkreislauf** ist gestört und die Bodenfruchtbarkeit nimmt nach wenigen Ernten ab. Erst die Düngung führt wieder zu höheren Erträgen und hochwertigen Produkten. Dabei gilt keineswegs „viel hilft viel". Im Gegenteil, eine Überdüngung schadet wie der Pestizideinsatz der Leistungsfähigkeit des Bodens und belastet das Grund- und Oberflächenwasser.
Verschiedene Formen des ökologischen Landbaus mit ihren ressourcenschonenden und umweltverträglichen Bodenbewirtschaftungen sorgen für einen nachhaltigen Bodenschutz und den Erhalt des biologischen Potenzials.

M2 Basisinformation

Pflanzen haben spezifische Standortansprüche. Die Bodeneigenschaften können sich dabei unmittelbar im Pflanzenhabitus widerspiegeln. So variiert die Farbe des Rotkohls in Abhängigkeit vom pH-Wert des Bodens. Die Färbung ist auf den Farbstoff Cyanin zurückzuführen, der als Säure-Base-Indikator wirkt.

Ob Rotkohl auf einem Boden eher rot oder blau gefärbt ist, kann das Ergebnis eingehender Analysen zu den Standorteigenschaften eines Bodens verraten: Die Bestimmung der Korngrößenzusammensetzung, des Wasserhaltevermögens und der Wasserdurchlässigkeit, des Kalkgehalts, der Humusform, des pH-Werts sowie der Kationenaustauschkapazität. Die Bodenuntersuchungen sollten mit getrockneten Bodenproben von verschiedenen Standorten, wie einer Parabraunerde über Löss und einer Braunerde über Granit, durchgeführt werden. Auch unterschiedliche „Kunsterden" aus einem Baumarkt liefern vergleichbare Ergebnisse.

M3 Bodenuntersuchungen zur Standortanalyse

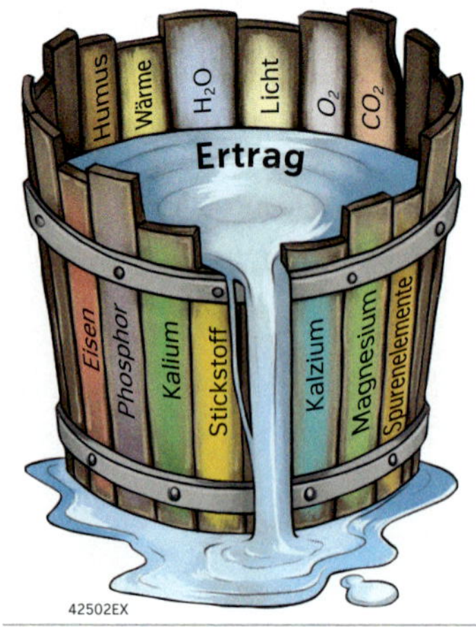

Für den maximalen Ertrag benötigt jede Pflanzenart Mineralsalze in einem optimalen Verhältnis. Dabei bestimmt der minimal angebotene Pflanzennährstoff Wachstum und Ernteerfolg und kann nicht durch im Überschuss vorhandene andere Stoffe ersetzt werden.

M4 Das Gesetz des Minimums (nach Justus von Liebig)

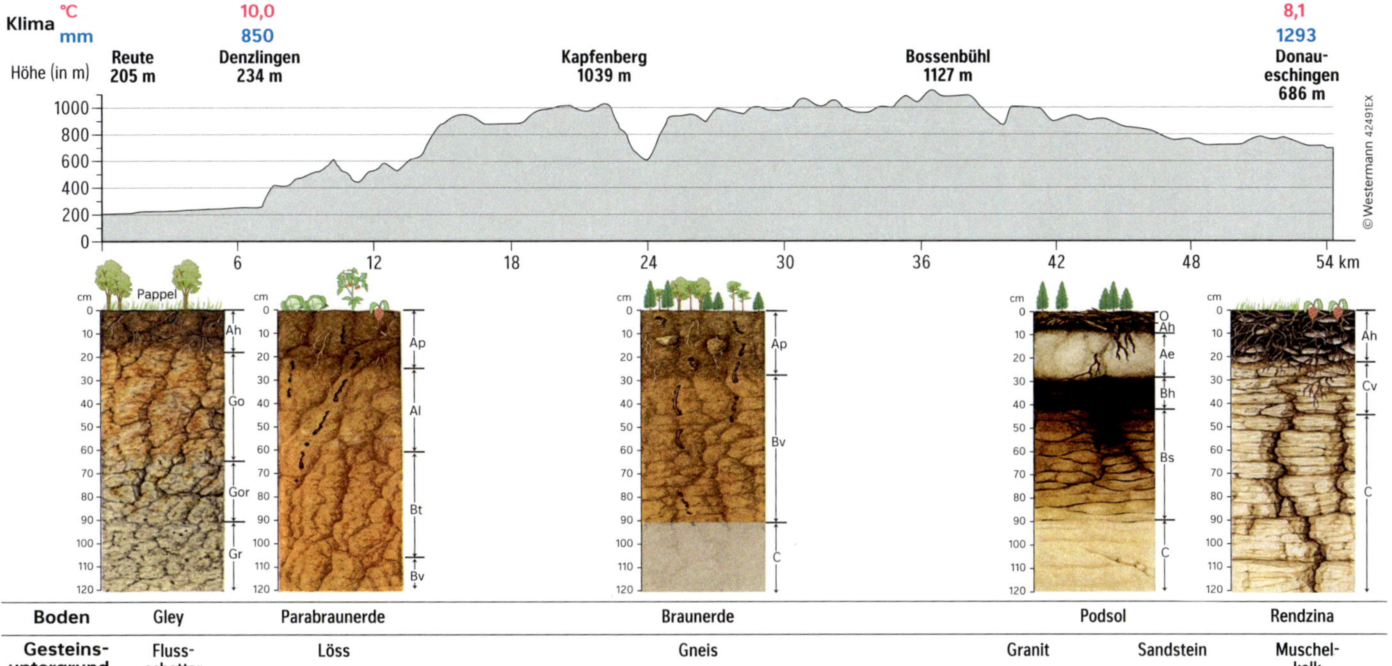

M 5 **Reliefsequenz von Bodentypen entlang eines Profils von der Oberrheinebene über den Schwarzwald auf die Baar**

- Die Verminderung der Bodenerosion durch Wind und Wasser wird am erfolgreichsten durch Maßnahmen der ständigen Bodenbedeckung wie Zwischenfruchtanbau, Untersaat, bzw. Begrünungsmaßnahmen erreicht, aber auch durch die Auswahl geeigneter Kulturarten, der Anlage von Erosionsschutzstreifen sowie einer bodenkonservierenden Bearbeitung (z. B. Reduktion der mechanischen Bodenbelastung durch Breitreifen, Nutzung nichtwendender Geräte wie Grubber statt Pflug).
- Der standorttypische Humusgehalt muss durch eine ausreichende Zufuhr an organischer Substanz oder durch Reduzierung der Bearbeitungsintensität erhalten bleiben. Dazu ist eine passgenaue Ausbringung des Düngers auf die Felder entsprechend den Nährstoffbedürfnissen der Pflanzen notwendig. Die Kreislaufwirtschaft im Ökolandbau ermöglicht den weitgehenden Verzicht auf mineralische Dünger, da aufgrund der Flächenbindung der Tierhaltung (z. B. zwei Kühe pro Hektar) anfallender Mist und Gülle auf die vom Hof bewirtschafteten Flächen problemlos von den Pflanzen aufgenommen werden können.
- Gegen die natürliche Versauerung des Bodens ist nach Pflanzenbeobachtungen und Bodenanalysen eine dosierte, langsam wirkende Kalkung zur Förderung der Ton-Humus-Komplexbildung angebracht.
- Durch die Anbaudiversifizierung, d. h. eine Vielfalt angebauter Kulturpflanzen, standortgerechte Fruchtfolgen, den Anbau von stickstofffixierenden Eiweißpflanzen (z. B. Leguminosen) und Gründüngung werden die Bodenfruchtbarkeit und die Biodiversität gefördert.

M 6 **Maßnahmen nachhaltiger Bodennutzung**

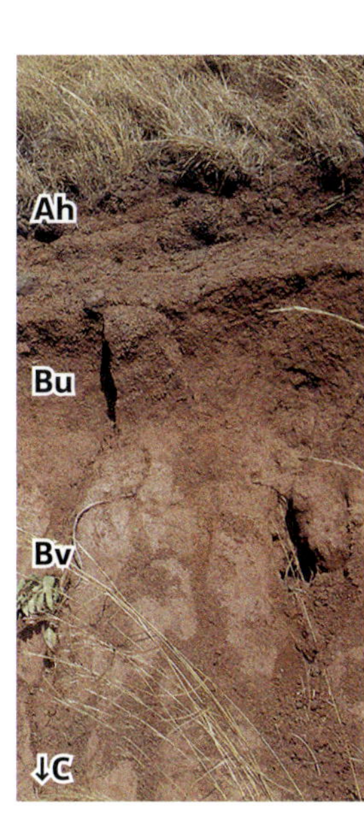

Der **Latosol** (auch als Roterde oder Ferralsol bezeichnet) ist der vorherrschende Bodentyp der humiden Tropen. Er entwickelt sich als typischer Waldboden im tropischen Regenwald und im Bereich baumreicher Feuchtsavanne. Aufgrund hoher Temperaturen und starker Durchfeuchtung des Bodens wird die reichlich anfallende organische Substanz schnell humifiziert und mineralisiert, sodass sich ein nur geringmächtiger Ah-Horizont ausbildet. Der B-Horizont ist infolge der langen, nicht durch Kaltzeiten unterbrochenen Entwicklung intensiv chemisch verwittert (Bv) und mehrere Zehnermeter mächtig. Der Mineralbestand ist vollständig umgewandelt, wobei die gelöste Kieselsäure zusammen mit freigesetzten Alkali- und Erdalkali-Ionen durch den stetigen Sickerwasserstrom nahezu vollständig ausgewaschen werden (Desilifizierung). Dies hat gleichzeitig eine Anreicherung von Aluminium- und Eisenoxiden zur Folge (Bu), was je nach Zusammensetzung eine Rotfärbung (durch Hämatit) oder Gelbfärbung (durch Goethit) des Bodens bedingt.

Latosole verfügen aufgrund ihres hohen Gehalts an Zweischichttonmineralen wie Kaolinit nur über eine geringe Kationenaustauschkapazität und sind demnach relativ unfruchtbar. Im natürlichen Ökosystem sorgt jedoch der kurzgeschlossene Mineralsalzkreislauf über Mykorrhiza-Wurzelpilze an mehrjährigen Pflanzen dafür, dass freigesetzte Pflanzennährstoffe direkt in die Pflanzen zurückgeführt werden. Brandrodung setzt die Nährstoffe frei und ermöglicht für wenige Jahre eine ackerbauliche Nutzung. Danach sind die Böden erschöpft. Bei fehlender Pflanzendecke kommt es infolge tropischer Starkregen zur starken Erosion eines Latosols und zur Lateritisierung, d. h. zur Verkrustung der Aluminium- und Eisenoxide, was das Pflanzenwachstum sehr einschränkt bzw. vollkommen verhindert. Agroforstwirtschaft (Ecofarming) imitiert den Stockwerkbau des Regenwaldes und sorgt auf diese Weise für den Erhalt der natürlichen Bodenfruchtbarkeit.

M 7 **Bodentyp Latosol (Ferralsol)**

Das Wichtigste in Kürze

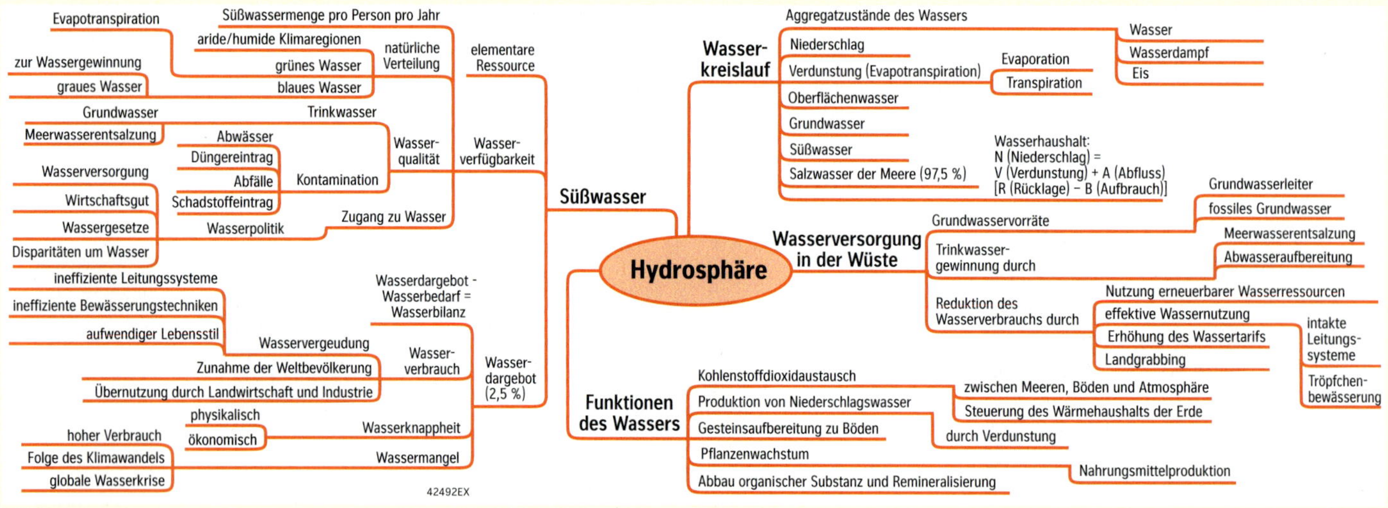

M 1 Mindmap zum Thema Hydrosphäre

Basisbegriffe der Hydrosphäre

Evaporation, Grundwasser, Klimawandel, Meer, Niederschlag, Oberflächenwasser, Salzwasser, Süßwasser, Transpiration, Versickerung, Wasserbedarf, Wasserdargebot, Wassergewinnung, Wasserhaushalt, Wasserqualität, Wasserverbrauch, Wasserverfügbarkeit

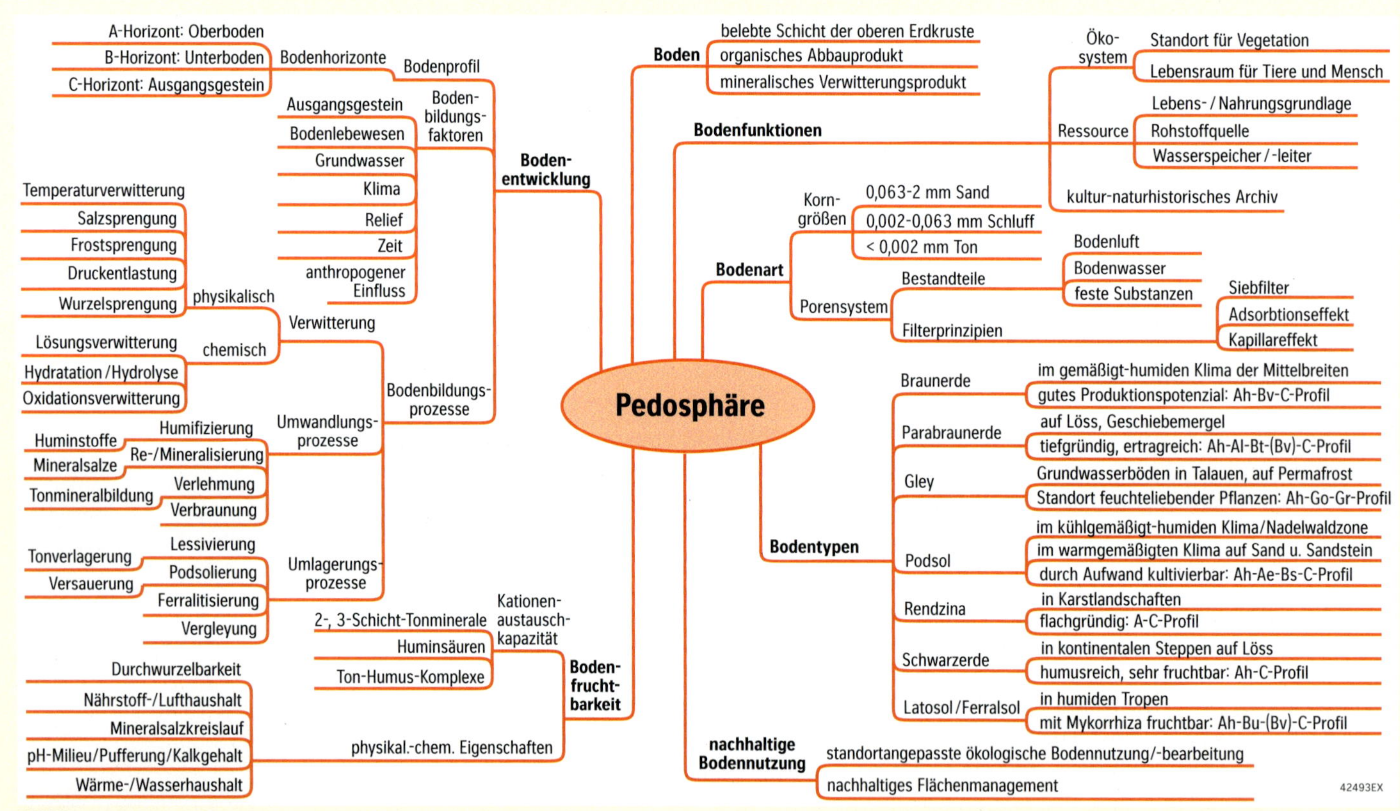

M 2 Mindmap zum Thema Pedosphäre

Basisbegriffe der Pedosphäre

Bodenart, Bodenbildungsfaktor, Bodenfruchtbarkeit, Bodenhorizont, Bodenlebewesen, Bodenluft, Bodenprofil, Bodentyp, Bodenwasser, Braunerde, Ferralitisierung, Gley, Humifizierung, Kationenaustauschkapazität, Korngröße, Latosol, Lessivierung, Mineralisierung, Mineralsalz, Mineralsalzkreislauf, Nährstoffhaushalt, Parabraunerde, Podsol, Podsolierung, Rendzina, Schwarzerde, Ton-Humus-Komplex, Tonmineral, Verbraunung, Vergleyung, Wasserhaushalt

Klausurtraining

Süßwasser und Boden stellen elementare, immer knapper werdende Ressourcen dar. Deren Nutzbarkeit hängt entscheidend einerseits vom Wasserdargebot, andererseits von der Bodenfruchtbarkeit am Standort ab. Im Folgenden sollen Eigenheiten von Hydrosphäre und Pedosphäre sowie deren Zusammenhänge auf regionaler und globaler Ebene untersucht werden.

1 **a)** Charakterisieren Sie die Wassernutzung in Deutschland im Verhältnis zum Wasserdargebot (M1).
b) Stellen Sie natürliche Prozesse dar, die in Deutschland die Wasserressourcen erneuern.

2 **a)** Charakterisieren Sie die Bodeneigenschaften der in Deutschland weit verbreiteten Parabraunerde (M4).
b) Erklären Sie die Ausbildung der Bodenhorizonte (M4).
b) Beurteilen Sie die landwirtschaftliche Nutzbarkeit der Parabraunerde unter dem Aspekt der Nachhaltigkeit (M4).

3 Erklären Sie die verschiedenen Kationenverteilungen (M2).

4 **a)** Vergleichen Sie die Bodenbildungszonen der Erde anhand der Bodenbildungsfaktoren und der Bodenbildungsprozesse (M3).
b) Überprüfen Sie (M3): „Bodenbildung ist vom Wasserdargebot abhängig."

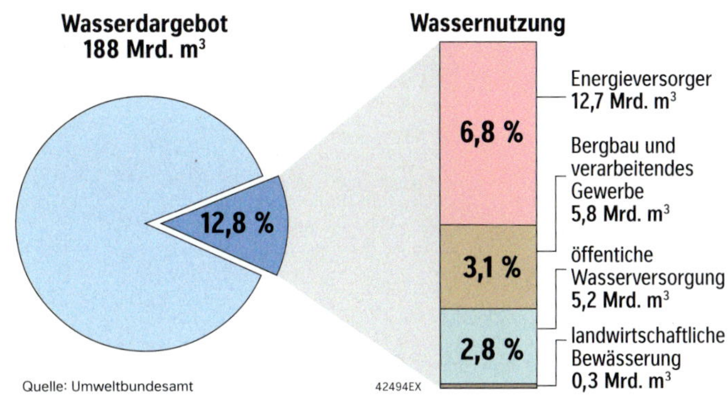

M1 **Wasserdargebot und Wassernutzung in Deutschland**

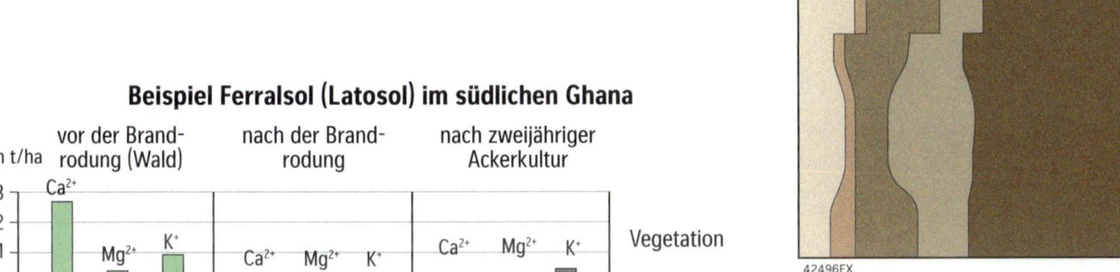

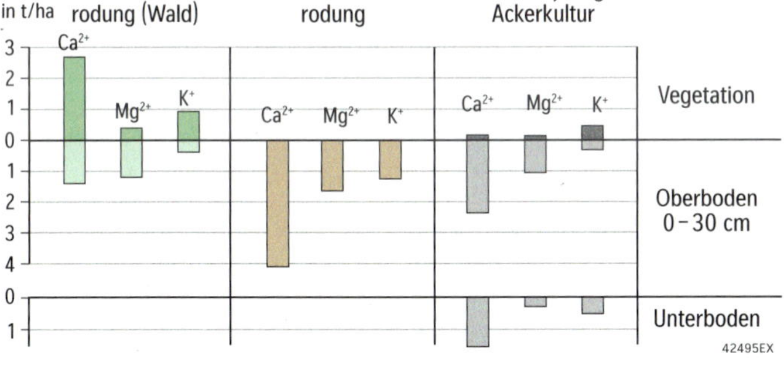

M2 **Kationenverteilung in der Vegetation und im Latosol**

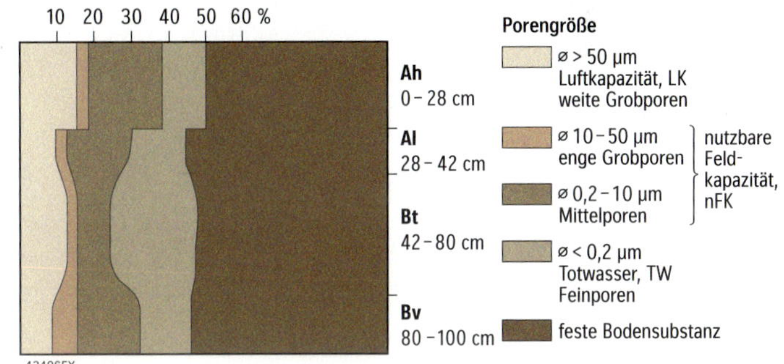

	Ton	Schluff	Sand
Ah	17 %	79 %	4 %
Al	26 %	70 %	4 %
Bt	34 %	63 %	3 %
Bv	21 %	77 %	2 %

M4 **Porengrößenverteilung und Korngrößen einer Parabraunerde**

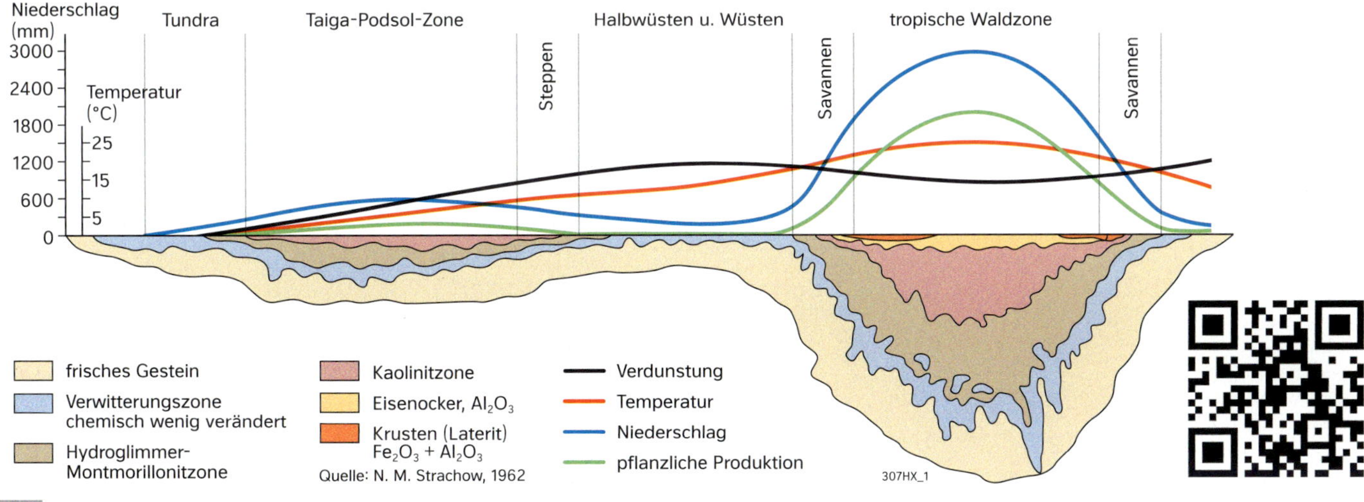

M3 **Bodenbildungszonen der Erde**

WES-115548-003

Wirkungszusammenhänge und Entwicklungen in Biosphäre und Anthroposphäre

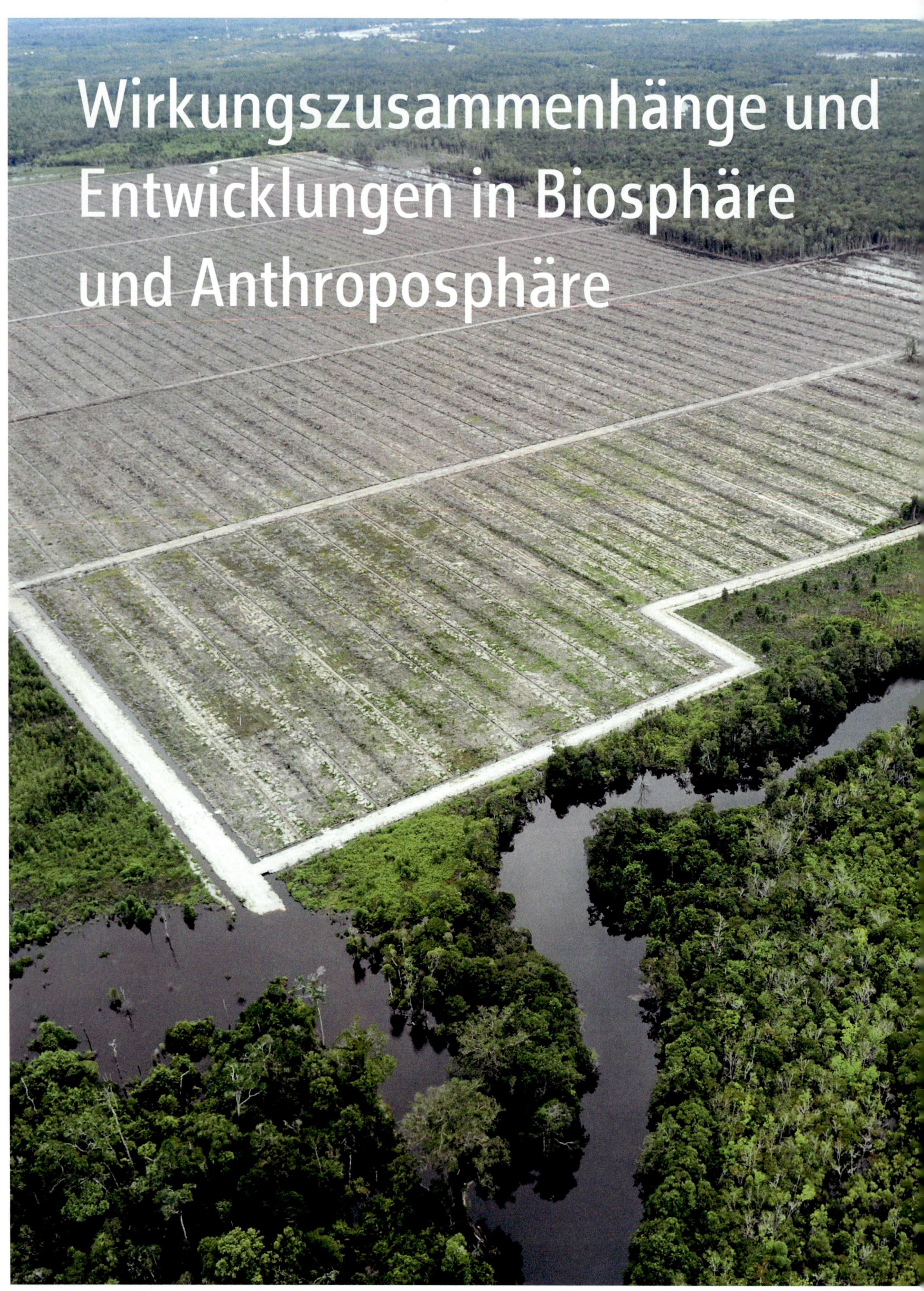

Ölpalmplantage im tropischen Regenwald Indonesiens

4

Die Entstehung von Leben und dessen Evolution zu einer immer komplexer werdenden Biosphäre haben den Planeten Erde einzigartig gemacht. Und seine Lebewesen haben sich alle anderen Geosphären erschlossen: Sie haben in Energieflüsse und Stoffkreisläufe eingegriffen und sie dabei von Beginn an verändert.
Die mit der Evolution des Menschen entstandene Anthroposphäre ist jedoch mehr als nur ein Teil, ein „Ableger“ der Biosphäre. Sie umfasst einerseits einzigartige und extrem vielfältige immaterielle Kulturleistungen und andererseits eine unfassbare Menge unterschiedlichster materieller Dinge, die die Menschheit hervorbrachte. Beides hat den Menschen inzwischen zu einem entscheidend beeinflussenden Wirkfaktor des Systems Erde und seiner Teilbereiche werden lassen.
Wie werden Räume durch menschliche Aktivitäten in ihren ökologischen, ökonomischen und sozialen Strukturen verändert?

Pflanzen in ihrer Umwelt

An der Westküste Nordamerikas wachsen Mammutbäume bei milden Temperaturen, hohen Niederschlägen und häufigen Nebeltagen bis zu 110 Meter in die Höhe. Ende des 18. Jahrhunderts brachte der Botaniker Thaddäus Haenke erstmals Samen der höchsten Bäume der Erde nach Europa. Aber warum erreichten die damals in botanischen Gärten ausgebrachten Setzlinge selten eine Höhe von 50 Meter?

1 Arbeiten Sie mögliche Ursachen für die unterschiedlichen Wuchshöhen von Mammutbäumen in Nordamerika und Europa heraus (M1, M2).
2 Nennen Sie Beispiele für die dominierenden Vegetationsformationen auf der Erde (M4, Atlas).
3 Erklären Sie das Verbreitungsmuster der Vegetation in Abbildung M5.
4 Auf der Südhalbkugel sind die Nordhänge und am Äquator die West- und Osthänge für Wärme liebende Pflanzen günstig (M3). Begründen Sie.
5 Erläutern Sie Anpassungsstrategien, Verbreitung und Bedeutung der Mangroven (M6).
6 Vergleichen Sie die Standortansprüche sowie die Standorte ausgewählter Baumarten (M7 – M9)

M 1 **Mammutbaum in Nordamerika (a) und in Basel (b)**

Erst vor etwa 440 Millionen Jahren, im Silur, besiedelten Lebewesen aus dem Meer auch das Festland – zuerst Pflanzen, dann Tiere. Seitdem haben die Pflanzen nahezu die gesamte Landfläche erobert. Heute gibt es etwa 400 000 Pflanzenarten. Sie alle haben sich in ihrer Evolution an die verschiedenen Umweltbedingungen angepasst. Das Wachstum und die Entwicklung der Pflanzen sind vom Einfluss und Zusammenwirken der abiotischen und biotischen Faktoren ihres Lebensraums abhängig. Tageslänge, Nährstoffangebot, der Eintrag von Giftstoffen, das Vorhandensein von Wasser, häufige Stürme und andere, das Umfeld beeinflussende Umweltbedingungen können fünf primären Standortfaktoren – Licht, Wärme, Wasser, chemische und mechanische Faktoren – zugeordnet werden. Die Eigenschaften der Atmosphäre, Hydrosphäre, Pedosphäre und Reliefsphäre beeinflussen und steuern die Ausprägungen dieser Primärfaktoren an den jeweiligen Standorten.

Pflanzen leben in der Regel nicht allein, sondern in Gemeinschaft mit anderen Organismen, mit denen sie um die vorhandenen Ressourcen konkurrieren. Im Ergebnis des ökologischen Wettbewerbs kommen in der Natur an ähnlichen Standorten immer auch ähnliche Pflanzengemeinschaften vor. Verändern sich die Umweltbedingungen – auf natürlichem Weg meist sehr langsam –, wandelt sich im Wechselspiel von Anpassung und Konkurrenz auch die Artenzusammensetzung. Dieser Prozess, der in mehreren Phasen abläuft, wird als **Sukzession** bezeichnet. Stabilisieren sich die Umweltbedingungen, geht die Pflanzengemeinschaft in das End- bzw. Klimaxstadium über, in der eine bestimmte Artenzusammensetzung das Vegetationsbild über einen längeren Zeitraum beherrscht. Unabhängig von der riesigen Artenvielfalt dominieren bestimmte, als Vegetationsformationen bezeichnete Kombinationen von Wuchs- und Lebensformen große Räume. So besitzen z. B. die **sommergrünen Laub- und Mischwälder** in Mitteleuropa, im Osten Nordamerikas und in Ostchina trotz unterschiedlicher Pflanzengesellschaften zahlreiche gleiche Merkmale, z. B. die Vegetation ist in „Schichten" aufgebaut, mehr als die Hälfte der Arten sind hochstämmige Pflanzen und in den Wintermonaten herrscht sogenannte Kälteruhe.

M 2 **Basisinformation**

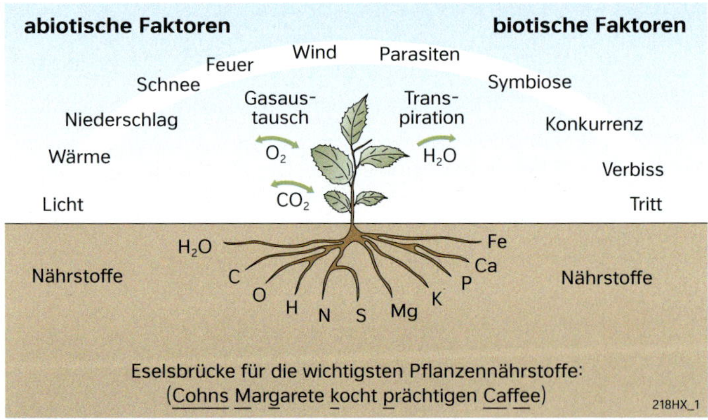

M 3 **Ökologische Faktoren für Pflanzen**

Die bei Weitem die Landfläche der Erde dominierenden Vegetationsformationen sind Wälder, Grasländer und Wüsten.

- *Wälder* bilden sich überall dort aus, wo für das Wachstum von hochstämmigen Bäumen genügend Niederschlag und ausreichend lange Vegetationsperioden vorherrschen. In klimatisch ungünstigeren Räumen treten Wälder nur noch an besonders geeigneten, meist kleinräumigen Standorten auf, z. B. als Galeriewälder entlang von Flüssen.
- *Grasländer* setzten sich überall dort durch, wo wegen Wasser- oder Wärmemangel keine Bäume mehr wachsen können.
- *Wüsten* sind die vegetationsarmen Räume der Erde, in der Pflanzen an die extremen Temperatur- und Wasserverhältnisse angepasst sind.

Zwischen diesen Vegetationsformationen gibt es Übergangszonen, die zwischen Wäldern und Grasländern aus einem Mosaik von Grasfluren und Waldinseln bestehen wie Savannen oder Waldtundra.

M 4 **Vegetatationsformationen (natürliche Vegetation)**

M 5 Galeriewald in der Savanne Kenias

Jede Pflanzenart kann hinsichtlich der unbelebten, also abiotischen Gegebenheiten ihres Standortes nur innerhalb eines bestimmten Toleranzbereiches, des physiologischen Potenzials, überleben. Innerhalb dieses Bereiches gibt es einen für die Entwicklungsbedingungen der Art bestmöglichen Wert, das physiologische Optimum. In Richtung der minimalen bzw. maximalen Werte verschlechtern sich ihre Lebensbedingungen, die Entwicklung der Pflanze wird gehemmt oder sie stirbt bei der Überschreitung dieser aus.

Das Auftreten und die Verbreitung von Pflanzenarten hängen aber auch vom Vorhandensein von Konkurrenten ab. So hat z. B. die Waldkiefer hinsichtlich der Bodenfeuchte einen sehr großen Toleranzbereich, findet sich aber in natürlichen mitteleuropäischen Wäldern überwiegend auf sehr trockenen bzw. nassen Bodenstandorten, also weitab von ihrem physiologischen Optimum. Das liegt vor allem daran, weil sie der Konkurrenz der anderen Arten im Bereich der mittleren Feuchte nicht gewachsen ist.

M 7 Physiologisches und ökologisches Optimum

Mangroven sind artenarme Pflanzengemeinschaften, die flache und geschützte Gezeitenbereiche tropischer Meeresküsten besiedeln. Sie setzten sich aus immergrünen Sträuchern und Bäumen zusammen, die an die hohen Salzkonzentrationen im Boden, die mechanische Belastung durch die Gezeitenströme und die regelmäßigen Überflutungen im Watt in unterschiedlichster Form angepasst sind: Einige Arten haben spezielle Drüsen ausgebildet, die eine Salzausscheidung über die Blätter ermöglichen, andere sammeln die Salze zunächst in ihren Blättern und werfen diese später ab. Bäume stützen sich mit zusätzlichen Stelzwurzeln gegen die Strömungen ab und bei Überflutung halten spezielle Atemwurzeln die Versorgung mit Sauerstoff aufrecht. Damit die Samen nicht so leicht von der Brandung weggespült werden können, keimen sie bei einigen Arten bereits an der Mutterpflanze. Erst wenn sie eine Größe von mehreren Zentimetern erreicht haben, fallen sie ab und bohren sich in den Wattboden.

Die Mangrovenwälder besitzen viele Funktionen im **Ökosystem** Küste. Sie sind Kinderstube und Lebensraum für viele Meerestiere wie Krebse, Fische, Garnelen und Muscheln. Als natürlicher Küstenschutz stabilisieren sie den Wattboden, verhindern bei Sturmfluten die Erosion und mindern Überschwemmungen. Als Nährstofffilter verringern sie die Eutrophierung der Küstengewässer.

Für die Küstenbevölkerung sind die Mangroven traditionell eine wichtige Ressource. Die Einwohner gewinnen Bau- und Brennholz, Früchte, Meerestiere und pflanzliche Heilmittel aus ihnen.

M 6 Mangroven

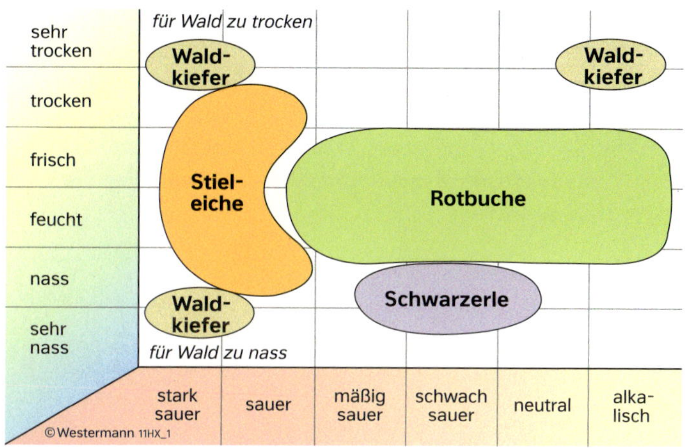

M 8 Standortfaktoren ausgewählter Baumarten

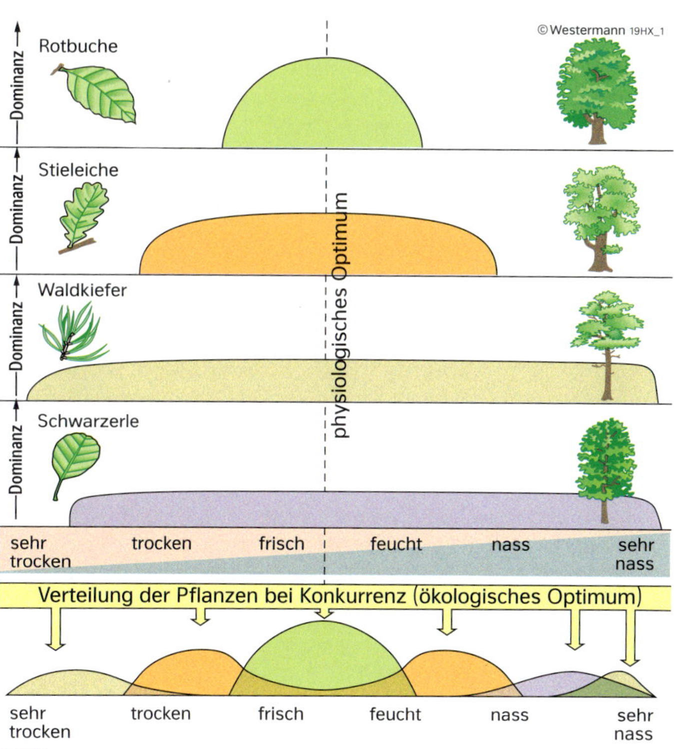

M 9 Die Optima einzelner europäischer Baumarten

Die Vegetationszonen der Erde

Das einjährige Rispenkraut Poa Annua ist ein „Global Player“ der Pflanzenwelt. Es ist eine der wenigen Blütenpflanzen, die heute auf allen Kontinenten der Erde vorkommt – vom Tiefland bis in die subalpine Stufe der Hochgebirge. Dagegen ist der Korbblütler Bidens Meyeri nur auf den vom Wind gepeitschten Klippen der kleinen Insel Rapa (Französisch-Polynesien) im Pazifischen Ozean zu finden. Von welchen Faktoren hängt die Verbreitung von Pflanzen und das Gefüge der Vegetationsformationen ab und lässt sich ein globales Grundmuster der Vegetation ausmachen?

1 Stellen Sie mögliche Ursachen für die unterschiedliche Verbreitung von einjährigem Rispenkraut und Bidens Meyeri dar (M1, M2).

2 Erläutern Sie die Verbreitung der Vegetationszonen auf der Erde (M8, Atlas).

3 Vergleichen Sie das physiologische Potenzial und die Verbreitung von zwei Vegetationsformationen (M5 – M7, Atlas).

4 Analysieren Sie die Produktivität der Vegetationszonen der Erde (M3).

5 Vergleichen Sie die potenzielle natürliche Vegetation mit der realen Vegetation auf der Erde (M4, Atlas).

6 „Die Vegetationszonen stellen im geologischen Maßstab nur eine Momentaufnahme dar.“ Beurteilen Sie diese Aussage.

M 1 Biologe auf der Suche nach Poa Annua (a) und Bidens Meyeri (b)

Es gibt geschätzt 370 000 verschiedene Arten an Land lebender Pflanzen. Dabei ist die Artenanzahl pro Fläche in den geographischen Regionen der Erde außerordentlich verschieden. Während z. B. der Wald der sibirischen Taiga in großen Bereichen nur von einer einzigen Baumart gebildet wird, können im amazonischen Regenwald bis zu 300 verschiedene Arten pro Hektar auftreten.
Große Unterschiede gibt es auch in der Produktivität der Pflanzengesellschaften. Entsprechend der jeweiligen Umweltbedingungen dominieren jedoch bestimmte Kombinationen von Wuchs- und Lebensformen große Räume. Da das Wachstum der Pflanzen in starkem Maße von klimatischen Bedingungen gesteuert wird, spiegeln sich die Klimazonen in den Vegetationszonen wider. Im sogenannten Idealkontinent sind gedanklich alle Landmassen der Erde ohne Änderung der Breitenlage zusammengeschoben worden. Das großräumige Muster zeigt in erster Linie eine breitenkreisparallele Anordnung der Zonen. Der zonale Wandel beruht vor allem auf dem je nach Breitenlage abweichenden Strahlungshaushalt sowie der sich aus den großräumigen Luftmassenbewegungen ergebenden Niederschlagsverteilung. Die Verteilung von Land und Meer und die Anordnung großer Gebirge modifiziert dieses Muster:

- West-Ost-Differenzierung: Sie resultiert aus der atmosphärischen Zirkulation im Zusammenspiel mit küstennahen kalten und warmen Meeresströmungen.
- Zentrum-Peripherie-Differenzierung: Trotz gleicher Breitenlage und Sonneneinstrahlung unterscheiden sich die Randbereiche der Kontinente erheblich von den Zentralbereichen.
- Hypsometrische Differenzierung: Sie spiegelt die mit zunehmender Höhe erfolgenden Veränderungen der ökologischen Verhältnisse wider.

Seit Jahrhunderten greift der Mensch in die Ausprägung der Vegetationsgesellschaften ein. In Diskussion sind die Folgen, die mit der Erderwärmung für die natürliche Pflanzenwelt verbunden sind.

M 2 Basisinformation

Vegetationszone	Fläche (Mio. km²)	Phytomasse (kg / m²)	Phytomasse gesamt (Mrd. t)	Nettoprimärproduktivität (g / m² / a)	Nettoprimärproduktion (Mrd. t / a)
tropischer Regenwald	17	45,0	765,0	2000	37,4
sommergrüner Laubwald	7	35,0	245,0	1200	8,4
borealer Nadelwald	12	20,0	240,0	800	9,6
Savanne	15	4,0	60,0	900	13,5
Steppe	9	1,6	14,0	600	5,4
Tundra	8	0,6	5,0	140	1,1
Halbwüste	18	0,7	13,0	90	1,6
Wüste	24	0,02	0,5	3	0,07
Festlandsfläche der Erde gesamt	**149**	**12,3**	**1837,0**	**773**	**115,0**

M 3 Vegetationszonen (Auswahl) im Vergleich

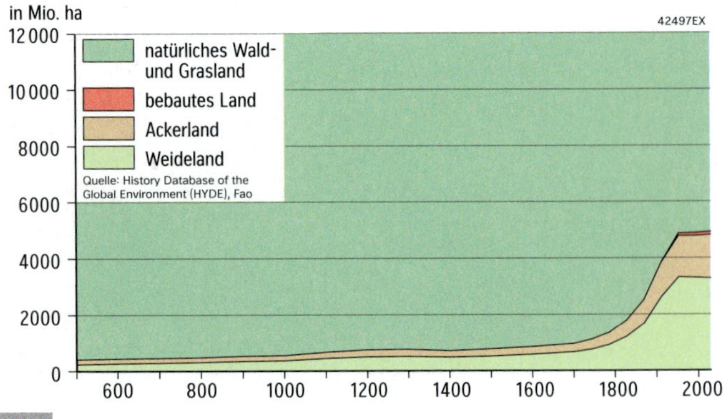

M 4 Veränderung der Landnutzung weltweit

Tundra

borealer Nadelwald

sommergrüner Laub- und Mischwald

M 5 Vegetationszonen vom Pol zum Äquator (Auswahl 1)

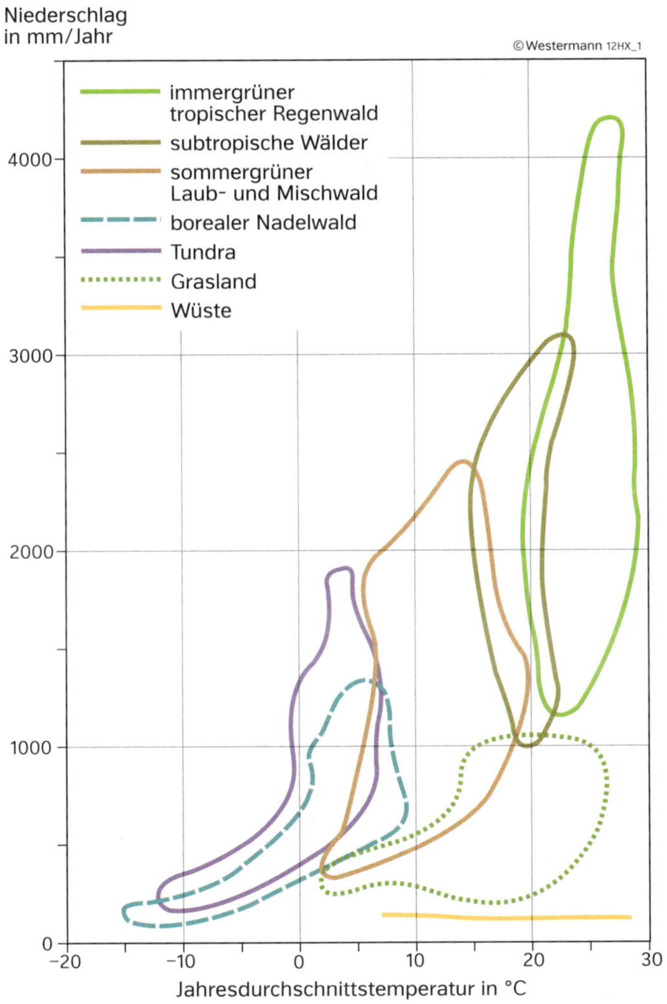

Niederschlag in mm/Jahr

©Westermann 12HX_1

- immergrüner tropischer Regenwald
- subtropische Wälder
- sommergrüner Laub- und Mischwald
- borealer Nadelwald
- Tundra
- Grasland
- Wüste

4000
3000
2000
1000
0
−20 −10 0 10 20 30

Jahresdurchschnittstemperatur in °C

M 6 Vegetationsformationen im Gefüge von Niederschlag und Temperatur

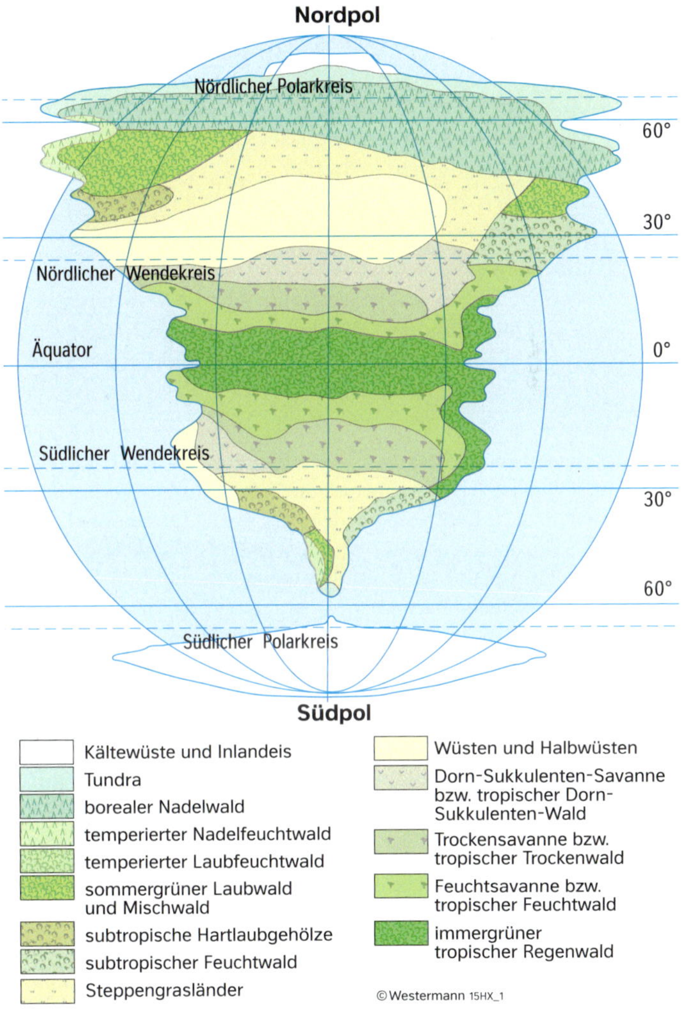

Nordpol

Nördlicher Polarkreis
60°
30°
Nördlicher Wendekreis
Äquator
0°
Südlicher Wendekreis
30°
60°
Südlicher Polarkreis

Südpol

- Kältewüste und Inlandeis
- Tundra
- borealer Nadelwald
- temperierter Nadelfeuchtwald
- temperierter Laubfeuchtwald
- sommergrüner Laubwald und Mischwald
- subtropische Hartlaubgehölze
- subtropischer Feuchtwald
- Steppengrasländer
- Wüsten und Halbwüsten
- Dorn-Sukkulenten-Savanne bzw. tropischer Dorn-Sukkulenten-Wald
- Trockensavanne bzw. tropischer Trockenwald
- Feuchtsavanne bzw. tropischer Feuchtwald
- immergrüner tropischer Regenwald

©Westermann 15HX_1

M 8 Vegetationszonen auf dem Idealkontinent

subtropische Hartlaubgehölze

Trockensavanne

immergrüner tropischer Regenwald

M 7 Vegetationszonen vom Pol zum Äquator (Auswahl 2)

Der Mittelmeerraum – ein Ökosystem der Subtropen

Der älteste Ölbaum der Welt soll in Ano Vouves auf Kreta wachsen. Sein Alter wird auf über 3000 Jahre geschätzt. Doch schon seit mehr als 5000 Jahren kultivieren die Menschen im Mittelmeerraum Ölbäume. Aus ihren Früchten gewinnen sie v.a. Speiseöl. Die Verbreitung des Ölbaums wird heute als eine Abgrenzungsmöglichkeit des europäischen Mittelmeerraums herangezogen. Inwiefern ist diese Grenzziehung berechtigt?

1 Beschreiben Sie die Verbreitung des Ölbaums (M1, M3, M5).
2 Erläutern Sie Merkmale, Entstehung und regionale Differenzierung des Klimas des europäischen Mittelmeerraumes (M2, M5, S. 96/97).
3 Analysieren Sie Zusammenhänge zwischen den Faktoren Klima und Vegetation (M5, M7, M8).
4 Gestalten Sie ein Wirkungsgefüge, das die Naturfaktoren Klima, Boden, Vegetation, Wasser und Gestein verdeutlicht (M4 – M8).
5 Charakterisieren Sie die hohe Dynamik und Labilität des Ökosystems im Mittelmeerraum.
6 „Die warmgemäßigten Subtropen des Mittelmeerraumes decken sich weitgehend mit dem Verbreitungsgebiet des Ölbaums." Beurteilen Sie diese Aussage.

M1 **Insel Kreta (Griechenland) – der älteste Olivenbaum der Welt**

Der Mittelmeerraum liegt in der Vegetationszone der **subtropischen Hartlaubgewächse** (Hartlaubformation). Die Pflanzenwelt ist dort an die klimatischen Bedingungen der winterfeuchten, sommertrockenen Subtropen angepasst, die vorwiegend an den Westrändern der Kontinente zwischen den Wendekreisen bis etwa 40° nördliche und südliche Breite liegen. Strahlungsklimatisch gehört diese Zone schon zu den Mittelbreiten: Sie erhält im Sommerhalbjahr noch eine solare Zustrahlung ähnlich den Tropen, im Winterhalbjahr ist die Einstrahlung aber deutlich geringer. In den Tiefländern sind zwar gelegentlich leichte Fröste und Schneefälle im Winter möglich, insgesamt gibt es aber für die Vegetation außerhalb der Gebirge in der Regel keine durch Kälte verminderte Vegetationsperiode.

Charakteristisches Merkmal des Klimas der winterfeuchten, sommertrockenen Subtropen ist eine ausgeprägte Trockenzeit, die in den drei Sommermonaten bis zum vollständigen Ausbleiben jeglichen Niederschlags führen kann. Die meist in den Herbst- und Wintermonaten fallenden Niederschläge resultieren aus dem während dieser Zeit vorherrschenden Einfluss der außertropischen Westwindzone. Im Atlas und in Hochanatolien verschiebt sich das Niederschlagsmaximum ins Frühjahr, denn die rasche Erwärmung des Bodens fördert dort eine rege Konvektion. Insgesamt sind die Niederschlagsvariabilität und die Gefahr von Starkniederschlägen hoch.

Das thermische Optimum für das Pflanzenwachstum fällt mit dem Niederschlagsminimum zusammen. Die Hauptvegetationszeit liegt daher im Frühjahr. Nach dem „Übersommern" der Pflanzen folgt im Herbst mit dem Einsetzen zyklonaler Regenfälle eine zweite vegetative Phase. Die ursprünglich die subtropischen Wälder prägenden Baumarten waren überwiegend Hartlaubgehölze. Sie waren in der Lage, auch längere Dürrezeiten ohne Schäden zu überstehen. Darüber hinaus existieren zahlreiche weitere Anpassungsformen.

Die Naturfaktoren besitzen eine hohe Dynamik, sodass das Gesamtsystem ökologisch labil und störanfällig ist.

M2 **Basisinformation**

Der Ölbaum (Olea Europaea) benötigt ein warmes Klima, in dem keine Fröste unter –10 °C auftreten. Mit seinem tief reichenden Wurzelwerk ist er während arider Phasen in der Lage, Wasserreserven in tieferen Bodenhorizonten zu erreichen. Seine kleinen, schmalen Blätter reduzieren die Verdunstung. Das immergrüne Hartlaubgewächs hat gegenüber Laub abwerfenden Pflanzen den ökologischen Vorteil, dass es mit dem Eintreten von kürzeren Feuchteperioden sofort mit der Stoffproduktion beginnen kann.

M3 **Anpassungen des Ölbaums**

Aufgrund der kleinräumigen Unterschiede im Relief, den Klimabedingungen und infolge des Ausgangsgesteins ist die Pedosphäre des Mittelmeerraums durch eine Vielzahl von Bodentypen gekennzeichnet. Meist besitzen sie eine von Eisenverbindungen bewirkte rotbraune Färbung und werden daher als Terra Rossa bezeichnet. Aufgrund ihrer Erosionsanfälligkeit sind die Böden meist flachgründig. In den Schwemmlandebenen herrscht eine größere Bodenmächtigkeit vor. Während der ariden Monate trocknen die Böden stark aus, verhärten und bilden teilweise Krusten.

M4 **Böden der sommertrockenen, winterfeuchten Subtropen**

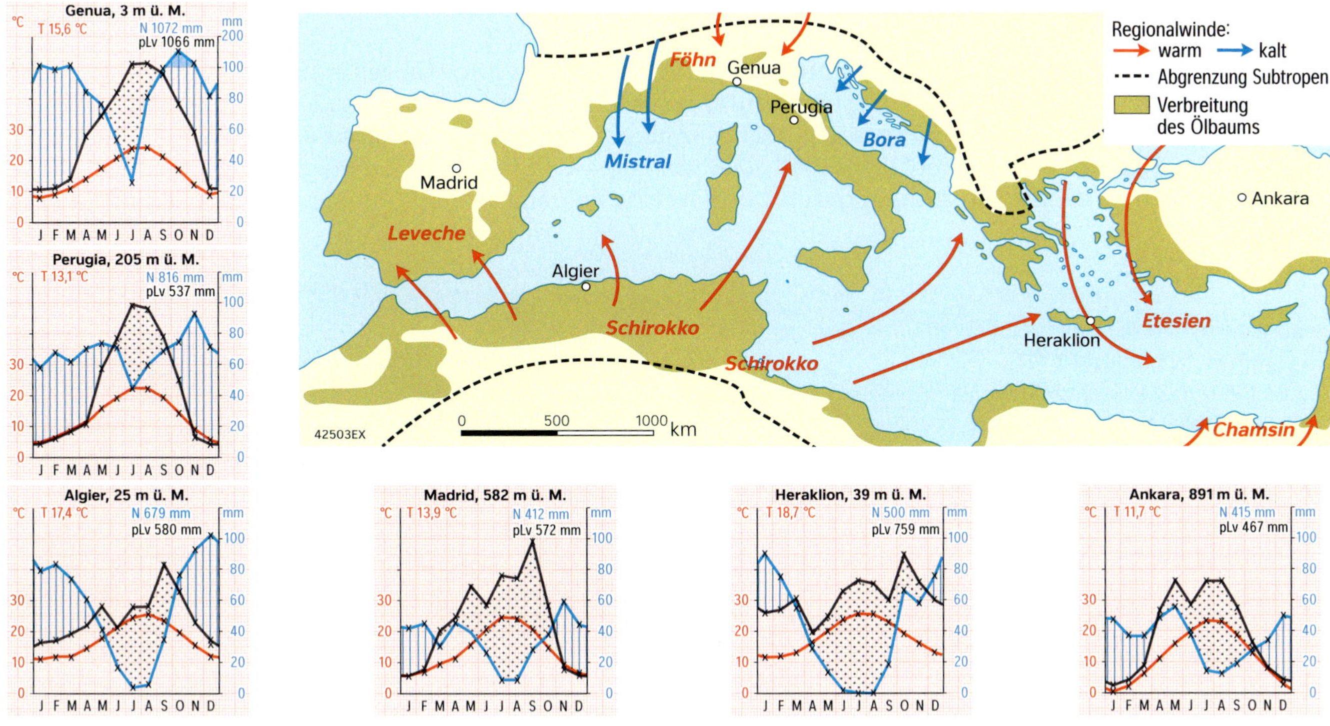

M 5 **Klima des Mittelmeerraumes**

Das Relief ist durch die im Zuge der alpidischen Gebirgsbildung entstandenen jungen Faltengebirge von einer hohen Formenvielfalt mit großen Höhenunterschieden auf geringen Distanzen geprägt. Aufgrund der Steilheit kommt es nicht selten zu flächigen Hangrutschungen und Bergstürzen. Die während der humiden Monate oberflächlich ablaufenden Niederschläge sowie die z. T. periodisch Wasser führenden Flüsse besitzen eine hohe Erosionskraft. Die mitgeführte Sedimentfracht wird in den Gebirgsvorländern und Küsten in Form großflächiger Schwemmlandebenen mit Deltas abgelagert.

M 6 **Relief im Mittelmeerraum**

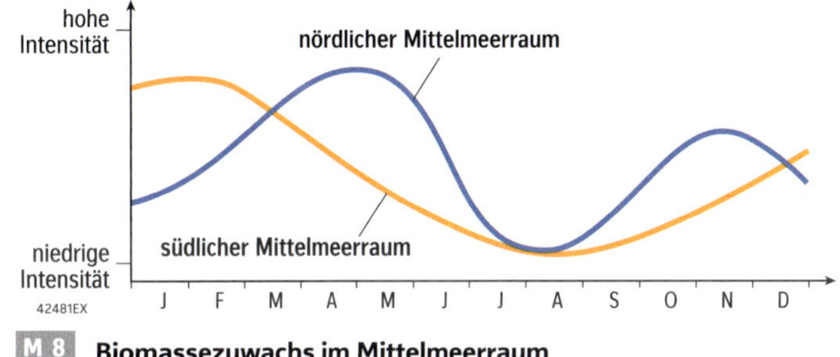

M 8 **Biomassezuwachs im Mittelmeerraum**

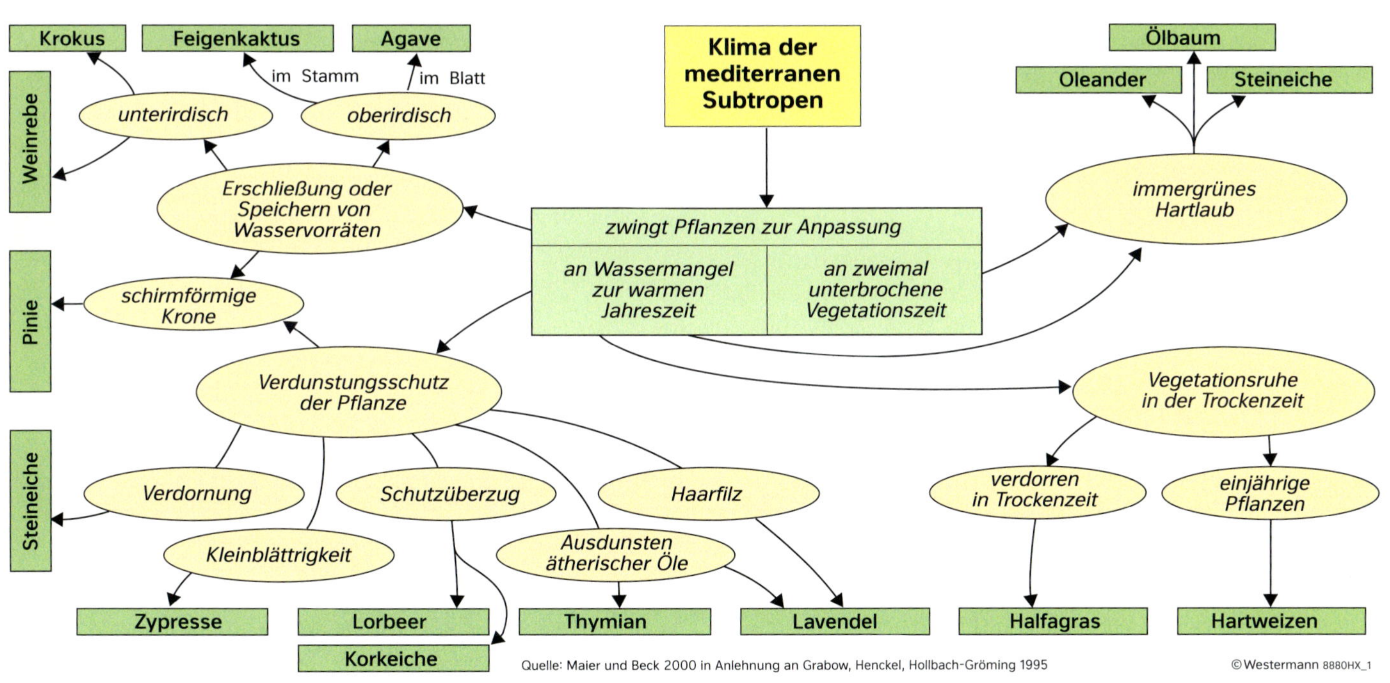

M 7 **Die Anpassung der Pflanzen an das Mittelmeerklima**

Ursachen und Folgen der Degradation im Mittelmeerraum

„Ein Eichhörnchen kann durch die Baumwipfel von den Pyrenäen bis nach Gibraltar hüpfen, ohne einmal den Boden zu berühren", schrieb der griechische Geograph und Historiker Strabon um die Zeitenwende. „Heute müsste sich eine Schlange von den Pyrenäen nach Gibraltar winden, ohne auch nur einen einzigen Moment den Schatten eines Baumes zu genießen", ergänzte 2000 Jahre später das spanische Magazin „Cambio 16". Was hatte seit Strabon zu dieser Entwaldung geführt und welche Folgen hat die Abholzung für den Mittelmeerraum?

1 Arbeiten Sie die Ursachen für den Untergang der Stadt Ephesos heraus (M1, M3).
2 Erläutern Sie die Degradationsphasen der Vegetation im Mittelmeerraum (M2, M8).
3 Begründen Sie, weshalb mit zunehmender Degradation die Erosion zunimmt (M4, M5).
4 Erstellen Sie ein Wirkungsgefüge, das Zusammenhänge zwischen Vegetationsbedeckung, Bodenerosion, Wasser und Klima veranschaulicht (M4 – M8).
5 Beurteilen Sie Chancen und Risiken einer Wiederbewaldung von degradierten Flächen.

M 1 Hauptstraße des antiken Ephesos zum ehemaligen Hafen

Vor rund 3000 Jahren war die Mittelmeerregion noch relativ dicht bewaldet. Immergrüne Hartlaubwälder bedeckten die Tiefländer, in den Gebirgen wuchsen sommergrüne Laub- und Nadelwälder. Typische Bäume waren Zypressen, Pinien, Kork- und Steineichen, Kastanien und Zedern.
Seitdem hat der Mensch diese ursprünglichen Wälder großflächig abgeholzt und bis auf geringe Reste zurückgedrängt. Die Rodungen schafften Platz für Siedlungen, Äcker und Weiden. Das Holz wurde für den Bau von Häusern sowie die großen Kriegs- und Handelsflotten der Phönizier, Griechen und Römer und als Energieträger für das Schmelzen von Metallen, die Herstellung von Glas oder das Heizen genutzt.
Die durch den jahrhundertelangen Holzeinschlag immer größer werdenden waldlosen Flächen dienten als Weide für Schafe, Ziegen und Schweine. Die Tiere verhinderten durch ihren Verbiss das Nachwachsen der **Wildpflanzen**, von Bäumen, Büschen und Sträuchern. Hinzu kamen die durch die sommerliche Trockenheit begünstigten Wald- und Buschbrände, die die Ansiedlung neuer Bäume behinderte.

Die intensiven Nutzungen führten zur allmählichen oder auch plötzlichen Zerstörung bzw. **Degradation** der ursprünglichen Vegetation. Diese erfolgte in der Regel über mehrere Degradationsstufen und führte zu Veränderungen in der Artenzusammensetzung. So entwickelte sich auf ehemaligen Waldarealen die Macchie, eine mannshohe Gebüschvegetation aus Ginstern, Steineichen oder wilden Ölbäumen mit lichten Stellen. Verschwand auch die Macchie durch Einschlag, Brand und Abweidung, blieb ein kümmerliches, artenarmes Nebeneinander von kleinen Büschen und Gräsern übrig. Diese Stufe wird regional unterschiedlich als Garrigue (Frankreich), Tomillares (Spanien), Phrygana (Griechenland) oder Batha (Israel) bezeichnet.

Je schwerwiegender die Veränderungen waren, umso unwahrscheinlicher wurde es, dass die Vegetation sich regenerierte. Letztlich war eine **Sukzession** sogar unmöglich, die Pflanzenentwicklung wurde irreversibel gestört. Da aber die Vegetation eine wichtige Rolle im Landschaftshaushalt spielt, hatte ihre Degradation weitreichende Auswirkungen auf das lokale Klima, die Bodenbildung, den Wasserhaushalt und auf erosionsbedingte Reliefänderungen.

M 2 Basisinformation

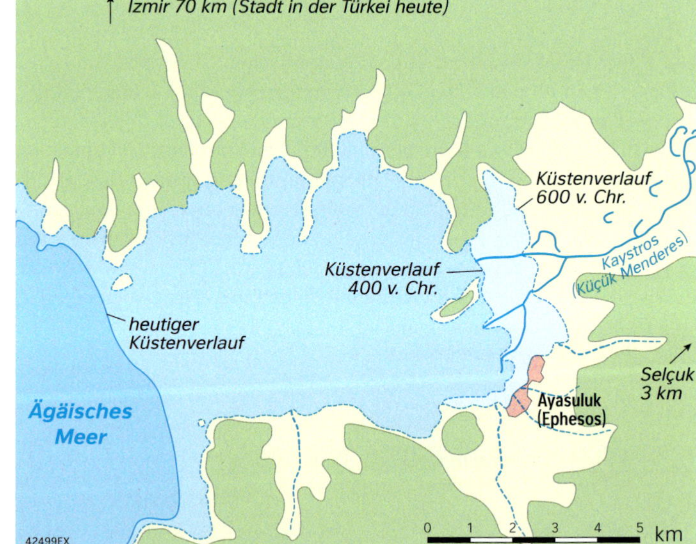

Jede Pflanzenart besitzt charakteristische Pollen, die zum Teil Jahrhunderte im Boden überdauern. Mit ihrer Hilfe sind auch historische Vegetationsveränderungen rekonstruierbar. In der Umgebung von Selçuk, der türkischen Stadt zum Beispiel, in der heute die Ruinen der einstmals florierenden Hafenstadt Ephesos stehen, fanden Wissenschaftler in etwa 3000 Jahre alten Bodenschichten überwiegend Pollen von Eichen. In jüngeren Bodenschichten aus der Zeitenwende fanden sie dagegen überwiegend Pollen von Weizen und Wegerich – typische Anzeiger von Ackerbau- und Weidelandpflanzen. Daraus zogen die Forscher den Schluss, dass die dort ursprünglich heimischen Wälder gerodet und das Land vorwiegend landwirtschaftlich genutzt wurde. Der Waldverlust und das nach der Ernte vegetationsfreie Ackerland hatten aber für Ephesos dramatische Folgen: Die Meeresbucht begann zu verlanden. Nur weil der Hafen und ein Kanal ständig ausgebaggert und verlängert wurden, hatte Ephesos bis zum 6. Jahrhundert einen direkten Zugang zum Meer. Nach der endgültigen Verlandung des Hafens versiegte die Quelle des Reichtums und leitete den Verfall der Stadt ein.

M 3 Die Geschichte des Untergangs der antiken Stadt Ephesos

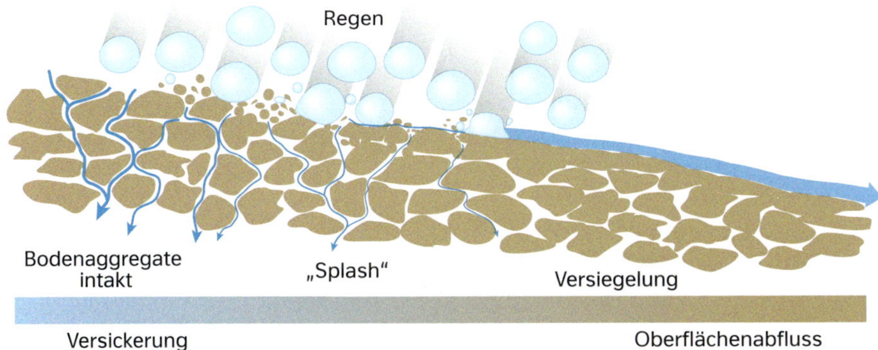

Die Wucht aufprallender Tropfen zerschlägt Bodenaggregate und löst Bruchstücke ab, die zum Teil in Makroporen eingespült werden und diese verstopfen. Die Versickerung nimmt ab, der Oberflächenabfluss zu.

M 4 Splash-Wirkung (Planschwirkung) von Regentropfen

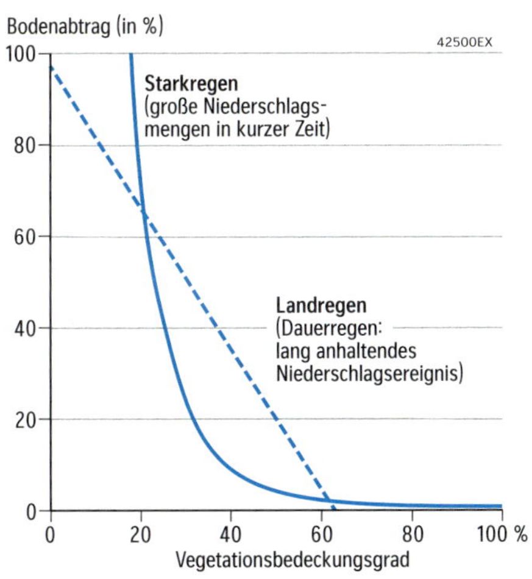

M 7 Niederschlag und Bodenabtrag

Infolge abnehmender Vegetationsbedeckung wird der Boden immer weniger durch das Blätterdach vor den Regenfällen geschützt und von den Wurzeln gehalten. Er trocknet durch die hohe Sonneneinstrahlung aus. Winterniederschläge und sommerliche Platzregen spülen dann die wertvolle Humusschicht ab. Nach und nach bleibt durch die fortlaufende Erosion vielerorts nur noch nackter Fels oder **land-** und **forstwirtschaftlich** nicht mehr **nutzbares** Ödland übrig. Das erodierte Material lagert sich im Tiefland und an den Küsten ab.

Entwaldung und Bodenabtrag verringern die Transpiration und Evaporation, sodass die Luftfeuchtigkeit abnimmt und der Grundwasserspiegel sinkt. Veränderte Albedowerte und fehlende Schattenwirkung der Bäume erhöhen die Einstrahlung. In Verbindung mit der verringerten Verdunstungsleistung steigen die Lufttemperaturen – vor allem im Sommer. Heute werden diese Entwicklungen durch die zunehmende Versieglung infolge der Siedlungserweiterungen und des Ausbaus der Verkehrsinfrastruktur nochmals verstärkt.

M 5 Folgen der Degradation der Vegetation im Mittelmeerraum

M 8 Degradierte Landschaft

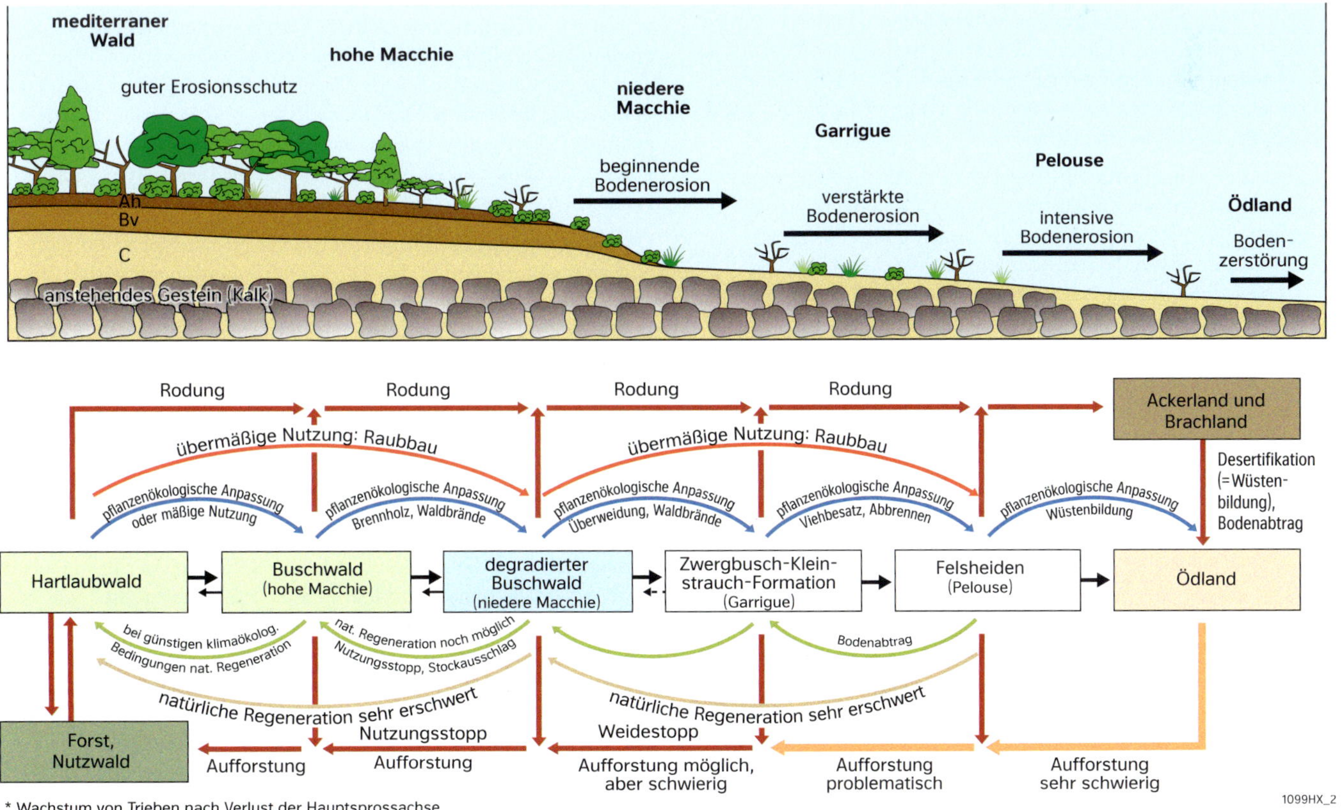

M 6 Degradationsstadien des mediterranen Waldes – Sukzessions- und Regenerationsstadien

Land- und Forstwirtschaft im Mittelmeerraum

Gefährdete Trinkwasserversorgung durch sinkende Grundwasserspiegel, verheerende Waldbrände, Hangrutschungen und Bodendegradation als Folgen einer nicht nachhaltigen land- und forstwirtschaftlichen Nutzung haben in den letzten Jahrzehnten im Mittelmeerraum zugenommen. Wo liegen die Fehler und welche Auswege gibt es?

1 Vergleichen Sie die Satellitenbilder im Bereich des Karlasees (M1 a, b).

2 **a)** Erstellen Sie ein Wirkungsgefüge, das Ursachen und Folgen, die zum Verschwinden des Karlasees geführt haben, aufzeigt (M3).
b) Beurteilen Sie die Nachhaltigkeit der Entwässerungsmaßnahmen (M3, M4).

3 „Die 250 Millionen Euro, die in die Instandsetzung des Karlasees investiert wurden, sind eine zukunftsfähige Anlage." Beurteilen Sie diese Aussage (M5).

4 Erörtern Sie die Nachhaltigkeit der Anpflanzung des Eukalyptus im Mittelmeerraum (M6).

M 1 **Karlaseebecken und Karlasee im Jahr 1984 (a) und 2016 (b)**

In ihrer langen Kulturlandschaftsentwicklung haben die Menschen im Mittelmeerraum unübersehbare Spuren hinterlassen. Bis heute prägen und beeinflussen insbesondere **landwirtschaftliche** und **forstwirtschaftliche Nutzungen** das Ökosystem.

So sind seit Jahrtausenden die Schwemmlandebenen und Küstentiefländer ackerbaulich kultiviert. Daher ist es nicht verwunderlich, dass der Mittelmeerraum die Wiege vieler **Kulturpflanzen** (Pflanzen, die zielgerichtet durch den Menschen zur Nutzung angebaut und züchterisch bearbeitet werden) ist. So sind z. B. die heutigen Getreidesorten das Ergebnis gezielter Auslese und erneuter Aussaat von Samen besonders ertragreicher **Wildpflanzen**. In den bergigen Mittelmeerregionen dominieren die landwirtschaftliche Nutzung an die wechselfeuchten Bedingungen angepasste, heimische Dauerkulturen aus Korkeichen, Ölbäumen oder Wein, in Verbindung mit kleinflächigem Feldbau und extensiver Viehwirtschaft.

Seit Jahrhunderten spielt die Bewässerung in der mediterranen Landwirtschaft eine wichtige Rolle. Mitgut durchdachten, sparsamen Verteilungssystemen gelang eine nachhaltige Nutzung. Allerdings nahm in den letzten Jahrzehnten der Anteil des Bewässerungsfeldbaus im Zuge der großflächigen Produktion von nicht trockenheitsresistenten landwirtschaftlichen Produkten wie Zitrusfrüchten, Obst, Gemüse oder Baumwolle drastisch zu. Diese meist nicht nachhaltig geplanten Produktionssysteme, welche die Grundwasserleiter bis in große Tiefen anzapfen oder Süßwasser aus entfernt liegenden Stauseen heranführen, haben tiefgreifende Folgen für das Ökosystem. So trocknen ganze Räume tiefgründig aus.

Insbesondere die knapper werdenden Wasserressourcen verlangen, auch vor dem Hintergrund der globalen Klimaerwärmung, die Entwicklung und Umsetzung nachhaltiger Nutzungskonzepte. Mit sparsamen Technologien, wie z. B. der Tröpfchenbewässerung, bei der über Schläuche mit kleinen Öffnungen gezielt geringe Mengen Wasser direkt an die Pflanze gegeben werden, der Verbindung traditioneller Anbaumethoden mit modernen Landnutzungskonzepten oder durch die Züchtung neuer Kulturpflanzen wandelt sich die Land- und Forstwirtschaft in den Mittelmeerländern zu einer nachhaltigen Nutzung.

M 2 **Basisinformation**

Bereits die antiken Denker und Entdecker Homer und Strabon erwähnten den südlich der Stadt Larissa liegenden Karlasee. Der von den Regen- und Schmelzwasser des Peliongebirges gespeiste See bedeckte fast ein Drittel der Thessalischen Ebene. Der Wasserstand des Sees schwankte je nach jahreszeitlicher Wasserzufuhr stark. Immer wieder kam es zu Hochwässern, welche die Siedlungen und Ackerflächen der Bewohner dieser alten Kulturlandschaft zerstörten.

Vom Karlasee ging aber noch eine weitere Gefahr aus. Mit dem stetigen Absinken des Seespiegels seit dem Ende des 19. Jahrhunderts entstanden in seinen Randbereichen Sümpfe, die sich zu Brutstätten von Mücken entwickelten. Dies löste verheerende Malariaepidemien aus. Daher sollte der See entwässert werden. Über einen Tunnel wurde das Wasser ins Meer abgeführt, bis der Karlasee 1962 vollständig trockenlag. Die Hochwasser- und Malariagefahr war gebannt. Allerdings war auch das bisherige Seeökosystem mit den Folgen für Flora und Fauna zerstört und die traditionell betriebene Fischerei kam zum Erliegen.

Die ehemalige Seegrundfläche wurde unter landwirtschaftliche Nutzung genommen. In den 1970er-Jahren entwickelte sich die Thessalische Ebene zur produktivsten Agrarregion Griechenlands. Dabei kam es zu einem Wandel der Agrarproduktion – die ehemals traditionellen heimischen Kulturen wie Hülsenfrüchte und Futterpflanzen wurden durch extensiv erzeugte Baumwolle ersetzt. Diesen Baumwollanbau subventionierte die damalige EU-Agrarpolitik, um auf dem Weltmarkt konkurrenzfähig zu sein. Griechenland stieg in dieser Zeit zum größten europäischen Baumwollproduzenten auf. Um aber ausreichend hohe Erträge zu erzielen, müssen die Baumwollfelder intensiv bewässert werden. Dadurch sank der Grundwasserspiegel in der Region und salziges Meerwasser drang aus dem naheliegenden Ägäischen Meer in die Grundwasserleiter, was zu Versorgungsschwierigkeiten von Süßwasser für die Landwirtschaft und Bevölkerung führte. Zugleich belastete der mit dem Monokulturanbau verbundene hohe Dünge- und Pflanzenschutzmitteleinsatz die Böden und das Grundwasser zunehmend mit Nitraten und anderen Stoffen. Darüber hinaus versalzte der ehemalige Seegrund. Die Baumwollerträge sanken. Mit dem Abbau der EU-Subventionen sank die Konkurrenzfähigkeit auf dem Weltmarkt.

M 3 **Der Karlasee verschwindet**

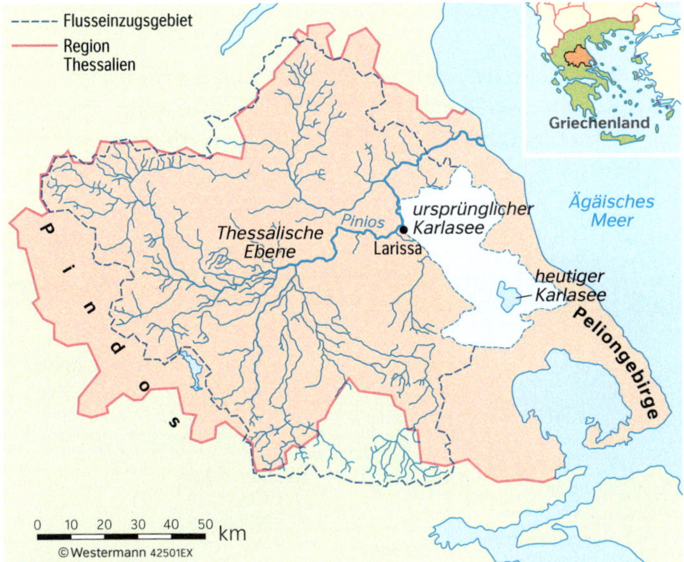

M 4 **Thessalische Ebene und Karlasee**

M 6 **Holzernte auf einer Eukalyptusplantage in Spanien**

In den 1980er-Jahren beschloss die griechische Regierung, den Karlasee wiederherzustellen. Mehr als die Hälfte der Investitionskosten des größten Umweltprojekts auf dem Balkan übernahm die Europäische Union. In knapp dreißigjähriger Bauzeit entstand der von Dämmen eingefasste Karlasee neu. Ziele dieses Projekts waren u. a.:

- die Wiederherstellung eines Feuchtgebietes als Lebensraum für eine vielfältige einheimische Flora und Fauna,
- der Stopp des Absinkens des Grundwasserspiegels, die Verbesserung der Trinkwasserqualität sowie die Sicherung der Süßwasserversorgung der Bevölkerung,
- die Verbesserung des lokalen Klimas,
- die touristische Nutzung des Sees und
- die Schaffung eines Süßwasserreservoirs für die Bewässerung benachbarter Ackerflächen.

Mittlerweile hat der See seine geplante Größe erreicht. Die mittlere Wassertiefe beträgt zwei Meter. Zahlreiche Tier- und Pflanzenarten haben sich wieder angesiedelt und Zugvögel nutzen das Gewässer als Rastplatz. Ein neu errichtetes Museum informiert Touristen über die Historie des Sees. Die Wasserqualität wird kontinuierlich untersucht. Sorgen bereitet den Wissenschaftlern, dass vor allem durch die hohen Nährstoffeinträge aus der umliegenden landwirtschaftlichen Intensivnutzung der Nitratgehalt des Wassers steigt, und dass es im See immer wieder zu Algenblüten kommt.

M 5 **Der neue Karlasee**

Der Eukalyptus war ursprünglich nur auf dem Kontinent Australien und zum Teil in Tasmanien beheimatet. Heute ist er im gesamten Mittelmeerraum zu Hause – vor allem auf der Iberischen Halbinsel. Es zeigte sich schnell, dass der hinsichtlich des Bodens anspruchslose und trockenresistente Eukalyptusbaum bestens für die Wiederaufforstung von degradierten Flächen im Mittelmeerraum geeignet war und so Erosionsschäden verringern konnte. Mit seinem weitverzweigten und tief reichenden Wurzelsystem erschloss sich der Eukalyptus die Wassermengen, die er zum Überleben brauchte. Dabei trocknete er allerdings den Boden bis in große Tiefen aus, sodass auch ursprüngliche Flora verloren ging, Felder vertrockneten und sogar der Grundwasserspiegel sank zum Teil wie gewollt ab.

Da die Pflanze auch mit feuchten Standorten zurechtkam und mit ihren hohen Verdunstungsraten dem Boden schnell große Mengen Wasser entzog, half der Eukalyptus auch bei der Trockenlegung von Mooren und Sümpfen, dem Lebensraum der Malaria übertragenden Stechmücken. Die Krankheit ist heute im Mittelmeerraum nahezu ausgerottet.

Der Eukalyptus ist ein sehr schnell und hoch wachsender Baum. Die größten Exemplare erreichen 100 Meter Höhe, mit Stammumfängen von bis zu 20 Meter. Da viele der Arten ein festes, dauerhaft haltbares Holz ausbilden, machte dies den Eukalyptus im Zusammenspiel mit dem schnellen Wachstum zu einem interessanten Wirtschaftsbaum. Die Ernte war in den Plantagen schon nach 15 bis 20 Jahren möglich. Die Hölzer wurden in der Holz verarbeitenden Industrie weiterverarbeitet, aber auch zur Herstellung von Papier und Zellulose genutzt oder in Biomassekraftwerken verstromt. Darüber hinaus wurde durch Wasserdampfdestillation das ätherische Öl aus den Blättern und Zweigen des Eukalyptusbaumes gewonnen.

Feuer treten in den mediterranen Subtropen immer wieder auf und haben eine wichtige ökologische Funktion, z. B. weil durch die Asche Nährstoffe wieder verfügbar sind. Mit dem Eukalyptus veränderte sich jedoch die Art der Feuer, denn anders als die nur langsam brennenden einheimischen Baumarten wirkten die luftig-faserige Holzstruktur und die ätherischen Öle des Eukalyptus brandbeschleunigend. Seine Feuer entwickeln in kürzester Zeit hohe Temperaturen. Die Pflanzensamen der einheimischen Pflanzen, die normalerweise einen Waldbrand überstanden, hatten keine Überlebenschance. Dagegen trieben die speziellen Speicherwurzeln des Eukalyptus oberirdische Triebe schnell wieder aus.

M 7 **Die Eukalyptusproblematik im Mittelmeerraum**

Die Sahelzone – ein Ökosystem der wechselfeuchten Tropen

Der Begriff Sahel kommt aus dem Arabischen und bedeutet Ufer. Für die Karawanen war der Sahel trotz seiner schütteren Halbwüsten- und Dornsavannenvegetation nach der Durchquerung der Sahara ein „lebensrettendes Ufer". Wie haben sich die Menschen über Generationen in der Sahelzone an die schwierigen ökologischen Bedingungen anpasst?

1. Beschreiben Sie die Lage der Grenzen und deren Auswirkungen auf die landwirtschaftliche Nutzung (M1, M3).
2. Begründen Sie die Lage der agronomischen Trockengrenzen im Senegal zu den gegebenen Zeiträumen (M7).
3. Erläutern Sie die Abgrenzung der Sahelzone (M1, M5).
4. a) Erstellen Sie ein Wirkungsgefüge, das die Merkmale und Zusammenhänge des Ökosystems der Sahelzone aufzeigt (M2, M5 – M10).
   b) Arbeiten Sie Herausforderungen für eine nachhaltige Landnutzung in der Sahelzone heraus (M4, M6).
5. „Die traditionelle agrarische Nutzung ist an die Ökologie des Sahel angepasst und benötigt keine Weiterentwicklung." Beurteilen Sie diese Aussage.

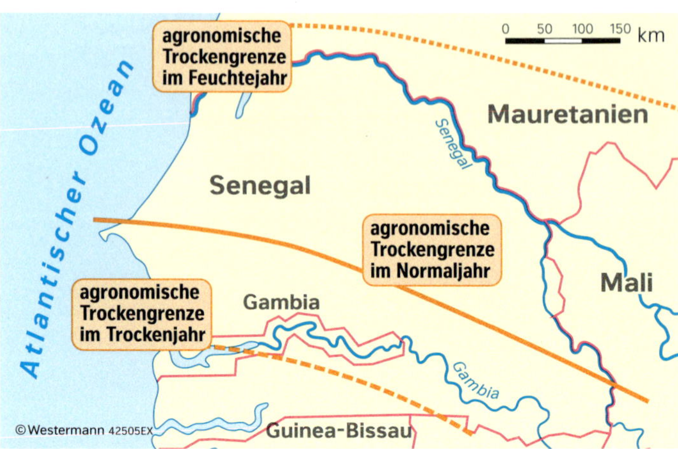

M 1 **Lage der Trockengrenzen im Senegal**

Die Sahelzone ist ein in Afrika vom Senegal im Westen bis nach Äthiopien im Osten verlaufender, etwa 5500 Kilometer langer Landschaftsstreifen. Die semiariden Verhältnisse, geringe Jahresniederschläge zwischen 150 mm und etwa 600 mm, eine hohe Niederschlagsvariabilität – die Schwankungsbreite (Variabilität) des Niederschlags als Abweichung vom langjährigen Mittel – verbunden mit immer wieder auftretenden Dürrejahren sind wesentliche Faktoren für das Ökosystem und z. T. Abgrenzungskriterien für die Sahelzone.

Im Sahel hat sich ein an die semiariden, immer wieder dürregefährdeten Bedingungen angepasstes, traditionelles Landnutzungskonzept etabliert. Nördlich der agronomischen Trockengrenze eignet sich der Raum nur für die Weidewirtschaft. Der aufgrund der geringen Biomasseproduktion große Weideflächenbedarf zwang die Viehzüchter zur halbnomadischen Wirtschaft: Zu Beginn der eintretenden Sommerniederschläge zogen zumeist die Männer mit dem Vieh nach Norden, wo die kurze Regenzeit zu einem raschen Aufblühen der Vegetation führte. Waren die nördlichen Gebiete abgeweidet, kehrten sie auf die mittlerweile von den Frauen bewirtschafteten und abgeernteten Felder zurück.

Der bestimmende ökologische Minimalfaktor für den Feldbau ist die Wasserversorgung. Die agronomische Trockengrenze liegt für viele traditionelle Hauptanbaukulturen, v. a. Hirse, bei etwa 400 Millimeter Niederschlag pro Jahr. Damit sind nur die südlichen Sahelregionen für den Regenfeldbau geeignet. Anspruchslosere Getreidesorten gedeihen noch bis 200 Millimeter Jahresniederschlag, allerdings mit geringen Erträgen. Der Anbau erfolgte so meist an günstigen Standorten wie Senken, Niederungen oder Flusstälern, in denen die erhöhte Sedimentation zu besseren Bodeneigenschaften führt und das Wasserspeichervermögen der Böden günstiger ist. Die Felder in den südlichen Sahelbereichen wurden traditionell schonend mit der Hacke bearbeitet und nach einer Bestellung blieben sie für ein Jahr ohne Nutzung (Brache), was der Regeneration des Bodens diente. Waren die Ernten ergiebig, gaben alle Dorfbewohner einen Teil des Ertrages ab. Dieser Vorrat diente der Ernährungssicherung während der Dürrejahre oder nach Missernten.

M 2 **Basisinformation**

Die klimatische Trockengrenze trennt Regionen ariden Klimas von Regionen mit humidem Klima. An der Trockengrenze ist das Verhältnis von Niederschlag und Verdunstung eins, d. h. im langjährigen Mittel verdunsten die Niederschläge vollständig. Im Gegensatz zu den Niederschlägen ist die Verdunstung schwierig zu messen. Die Abgrenzung humider und arider Klimate erfolgt daher u. a. durch das Verhältnis von Niederschlag und Temperatur oder durch die potenzielle Landschaftsverdunstung (S. 92 M3).

Bis zur agronomischen Trockengrenze ist Regenfeldbau möglich. In diesen Gebieten reichen die natürlichen Niederschläge für einen ertragreichen Anbau von Ackerbaukulturen, wie z. B. Getreide, Hülsenfrüchte oder Gemüse, aus. Der Verlauf der Grenze ist abhängig von den Anbauprodukten, aber auch von dem durch Züchtung oder Gentechnik veränderten Wasserbedarf der Kulturpflanzen.

M 3 **Klimatische und agronomische Trockengrenze**

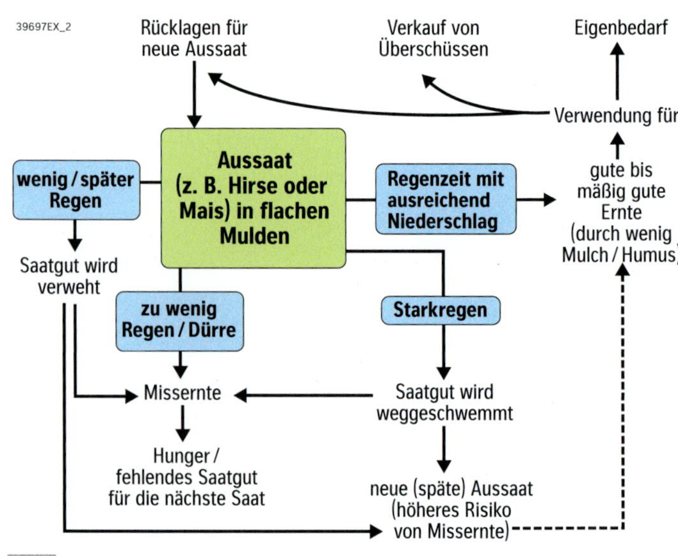

M 4 **Wirkungsgefüge – herkömmlicher Getreideanbau im Sahel**

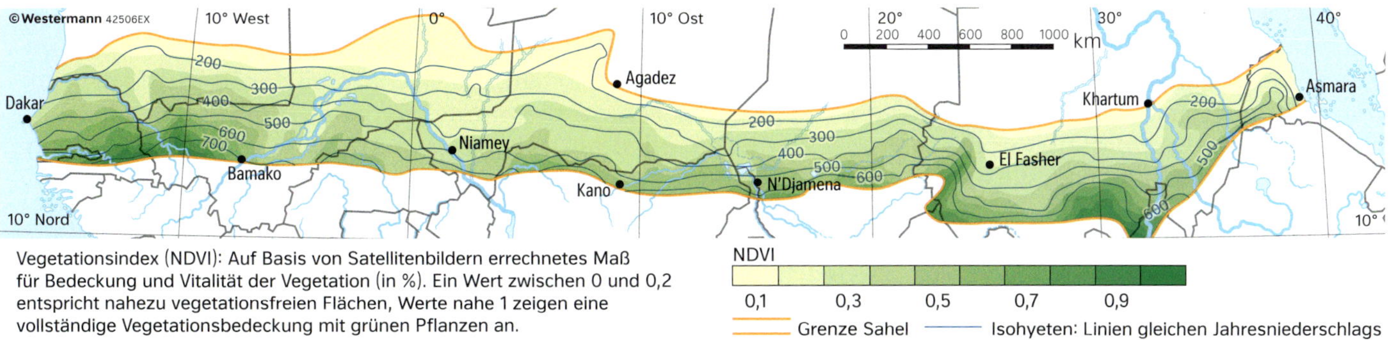

Vegetationsindex (NDVI): Auf Basis von Satellitenbildern errechnetes Maß für Bedeckung und Vitalität der Vegetation (in %). Ein Wert zwischen 0 und 0,2 entspricht nahezu vegetationsfreien Flächen, Werte nahe 1 zeigen eine vollständige Vegetationsbedeckung mit grünen Pflanzen an.

NDVI: 0,1 – 0,3 – 0,5 – 0,7 – 0,9

Grenze Sahel — Isohyeten: Linien gleichen Jahresniederschlags

M 5 Lage der Sahelzone

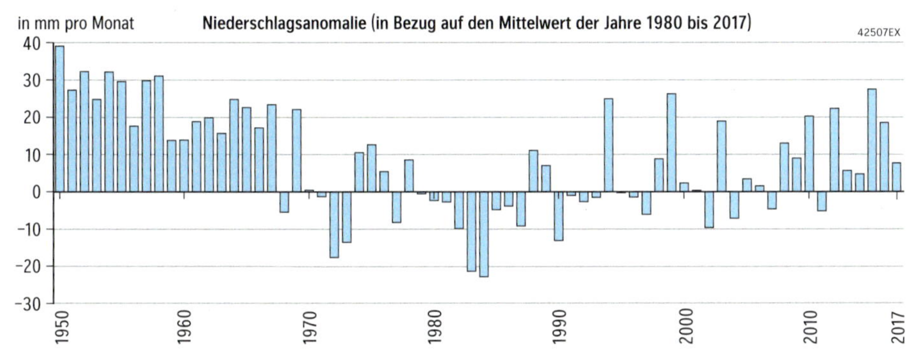

M 6 Niederschlagsvariabilität in der Regenzeit (Juni bis Oktober) in der Sahelzone

M 8 Feld in der Trockenzeit (Senegal)

Die Niederschläge in der Sahelzone resultieren aus der jahreszeitlichen Nordverlagerung der Innertropischen Konvergenzzone (ITC) in den Sommermonaten. Die Niederschläge fallen dabei nicht regelmäßig, sondern meist als kleinräumig begrenzte Starkniederschläge. Doch die Nordverlagerung der ITC ist Schwankungen unterworfen. Erreicht die ITC nur eine geringe nördliche Breite, spiegelt sich das in unterdurchschnittlichen Niederschlägen oder Dürrejahren wider. Unter diesen klimatischen Bedingungen bildet sich die Vegetationsform der **Dornsavanne**, die im südlichen Sahel in Trockensavannen-, im Norden in Halbwüstenvegetation übergeht. Die Dornsavannen werden durch Gräser dominiert, deren dichtes Wurzelsystem auch bei langen Trockenzeiten lebendig bleibt und Niederschlagswasser beim Einsetzen der Regenzeit effektiv aufzunehmen vermag. Bäume können zwar durch Laubabwurf bzw. über die Spaltöffnungen der Blätter ihre Transpiration regeln, benötigen aber während der Trockenzeiten immer noch etwas Wasser. Erst Jahresniederschläge von mehr als 400 Millimeter bringen so viel Wasser in tiefere Bodenschichten, dass sich Bäume während der Trockenzeit aus diesem Reservoir versorgen können.

Die wenigen großen Ströme, die die Sahelzone ganzjährig durchfließen, sind Fremdlingsflüsse, deren Zufluss aus den feuchten, tropischen Gebieten stammt. Ansonsten sind Oberflächenabfluss, Oberflächengewässer sowie Grundwasserspiegel starken Schwankungen unterworfen bzw. Flüsse und Seen trocknen aus. Bei einsetzender Regenzeit können die Platzregen auf den ausgetrockneten Oberflächen nur oberflächlich abfließen und spülen auf breiter Front Lockermaterial ab. Durch die Flächenspülungen kommt es zur Einebnung und allmählichen Tieferlegung der gesamten Landfläche. Aufgrund der hohen Schlammfracht verringert sich die Fließgeschwindigkeit der Flüsse, sodass kaum Energie für Tiefenerosion zur Verfügung steht. Es entstehen oft Flachmuldentäler mit bis zu 80 Kilometer Breite und wenigen Metern Tiefe. Durch äolische Prozesse (Windwirkungen) entstehen vielfach Dünen.

Vor allem in Bereichen mit abgelagerten Feinsedimenten bilden sich nährstoffreiche, aber meist nur geringmächtige Böden mit einem schmalen A-Horizont aus. Die während der Trockenzeit anfallende tote organische Substanz wird dabei rasch zersetzt, sodass die Böden nur eine geringe Streuauflage besitzen. Vor allem Termiten bauen das Material rasch ab und verlagern darüber hinaus Bodenbestandteile aus unteren Bodenschichten nach oben. Während der Trockenzeit kehrt sich der nach unten ausgerichtete Bodenwasserstrom um. Durch kapillaren Aufstieg und Verdunstung bilden Salze, Karbonate oder Eisenverbindungen in den oberen Bodenschichten harte sogenannte Lateritkrusten. Gelangen diese durch Erosion an die Erdoberfläche, entstehen betonharte, nicht mehr nutzbare Flächen.

M 7 Ökosystem Sahelzone

M 9 Termitenhügel im Sahel

M 10 Lateritkruste

Desertifikation im Sahel

Wie in vielen Sahelstaaten steigt auch im Niger der Anteil der Flächen, die sich infolge der Desertifikation nicht mehr landwirtschaftlich nutzen lassen. Das führt nicht nur immer wieder zu Engpässen in der Nahrungsmittelversorgung der Bevölkerung, sondern behindert auch die gesamtwirtschaftliche Entwicklung. Welche Ursachen haben zu dieser Entwicklung geführt?

1 a) Erklären Sie die Landnutzung im Niger (M1).
b) Analysieren Sie die demographischen und agrarwirtschaftlichen Entwicklungen im Niger (M2–M4).
c) Vergleichen Sie den Wandel um das nigerianische Dorf Issari (M1, M5).
d) Arbeiten Sie mögliche Ursachen für den Wandel um Issari heraus.

2 Erläutern Sie den Zusammenhang von Bodenerosion, Vegetationsbedeckung und Desertifikation (M6, M8).

3 a) Erstellen Sie ein Wirkungsgefüge, das Ursachen und Prozesse, die zur Desertifikation im Sahel geführt haben, veranschaulicht (M7).
b) Erklären Sie, weshalb die durch Desertifikation betroffenen Regionen auch als „Man Made Deserts" bezeichnet werden (M7, M9).

4 „Armut ist die entscheidende Ursache der Probleme im Sahel." Beurteilen Sie diese Aussage.

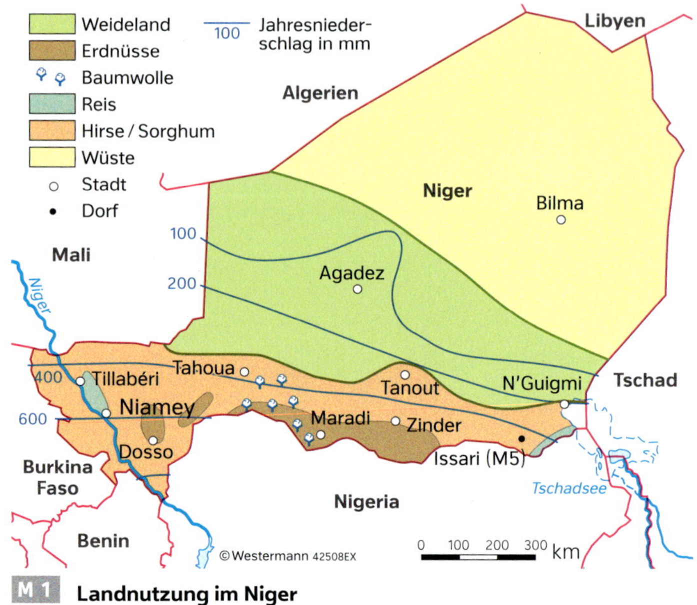

M1 Landnutzung im Niger

Seit den 1950er-Jahren führte die demographische und sozioökonomische Entwicklung in allen Staaten des Sahels zu einer Überlastung der Tragfähigkeit des Raumes. Zunächst ging die mit dem rasanten Bevölkerungswachstum notwendige Erhöhung der Agrarproduktion mit einer mehrjährigen Phase überdurchschnittlicher Niederschläge einher. Gebiete nördlich der agronomischen Trockengrenze wurden erschlossen, allerdings mit nur geringen Erträgen und den Folgen der **Desertifikation**. Unangepasste Landnutzungsformen verstärkten die Verwüstungsprozesse. Während andauernder Dürrejahre vor allem in den 1970er- und 1980er-Jahren kam es zu verheerenden Hungerkatastrophen mit Hunderttausenden Toten. Bis heute sind die Desertifikationsursachen nicht beseitigt und die Sahelstaaten gehören zu den ärmsten Staaten der Erde. Die geringe Wirtschaftskraft behindert die Modernisierung der Agrarproduktion und die Umsetzung angepasster Landnutzungskonzepte.

M2 Basisinformation

Die Agrarwirtschaft des Nigers ist im starken Maße vom Klima abhängig, aber auch andere Faktoren wie Heuschreckeneinfälle, Buschfeuer oder Hochwasser beeinflussen die landwirtschaftliche Produktion und Produktivität. Wirtschaftlich gesehen kommt der Viehwirtschaft eine große Bedeutung zu. Mit Tieren und tierischen Produkten wurden im Jahr 2019 über 11 Prozent des Bruttoinlandproduktes erzeugt. Nördlich der agronomischen Trockengrenze ist Feldbau kaum möglich, wird dort aber immer wieder, obwohl es gesetzlich verboten ist, mit hohem Ernteausfallrisiko durchgeführt. In der südlichen Agrarzone bauen die Landwirte neben Subsistenzfrüchten auch Produkte für den Markt (Cash Crops) an. Durch eine oft wenig nachhaltige, die Bodenfruchtbarkeit vermindernde Bewirtschaftungsweise in Form von Monokulturen und wenig Feldwechselwirtschaft wird die ackerbaulich nutzbare Landwirtschaftsfläche verkleinert und zeigt deutliche Desertifikationsmerkmale.

M4 Landwirtschaft im Niger

	Einwohner (in Mio.)	BNE / Einw. (KKP, in US-$)	Hirseanbaufläche (in Mio. ha)	Nutztiere (in Mio.)		
				Schafe	Ziegen	Rinder
1961	3,3	k. A.	1,6	1,9	4,9	3,5
1970	4,5	k. A.	2,3	4,9	7,8	4,0
1980	5,9	k. A.	3,0	5,4	9,1	4,4
1990	8,0	1120	4,6	5,5	6,2	3,1
2000	11,3	934	5,1	7,7	9,3	5,5
2010	16,5	1033	7,2	10,9	12,7	9,0
2019	22,4	1196	6,8	13,2	18,1	15,2

Quelle: FAO

M3 Niger – Bevölkerungs- und Agrarentwicklung

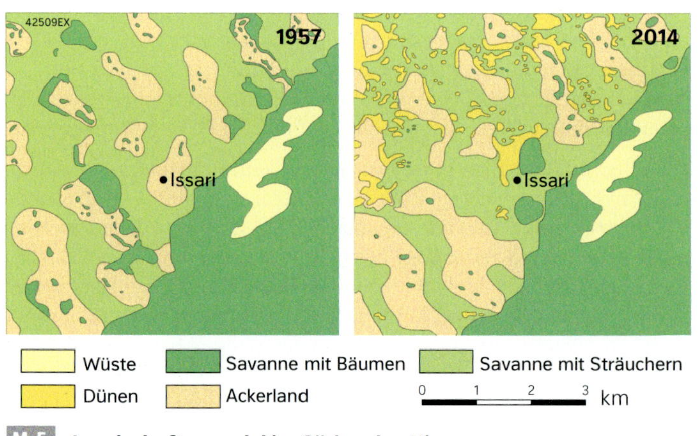

M5 Landschaftswandel im Süden des Niger

Die UNCCD (United Nations Convention to Combat Desertification) definiert **Desertifikation** als: „ [...] land degradation in arid, semi-arid and dry sub-humid areas resulting from various factors, including climatic variations and human activities.“ Für den Sahel bedeutet das, dass sich aufgrund nicht angepasster **menschlicher Eingriffe** bzw. die Tragfähigkeit übersteigenden Nutzungen, insbesondere in den nördlichen Dornsavannengebieten, Wüstenflächen lokal und regional ausweiten. Dabei geht die Desertifikation nicht allein mit der das Landschaftsbild prägenden Versandung und Dünenbildung einher, sondern sie verändert grundlegend die Merkmalsausprägungen aller Komponenten des Ökosystems und deren Wirkungszusammenhänge. Die Degradation bis hin zur vollständigen Zerstörung der Pflanzendecke ist nicht nur ein Indikator, sondern auch der entscheidende, letztlich selbstverstärkende Faktor des Desertifikationsprozesses. Denn die Intensität der Erosion durch Wind, aber auch durch Wasser während Starkniederschlagsereignissen in der Regenzeit steigt mit abnehmendem Grad an Vegetationsbedeckung stark an.

M 6 Desertifikation in der Sahelzone

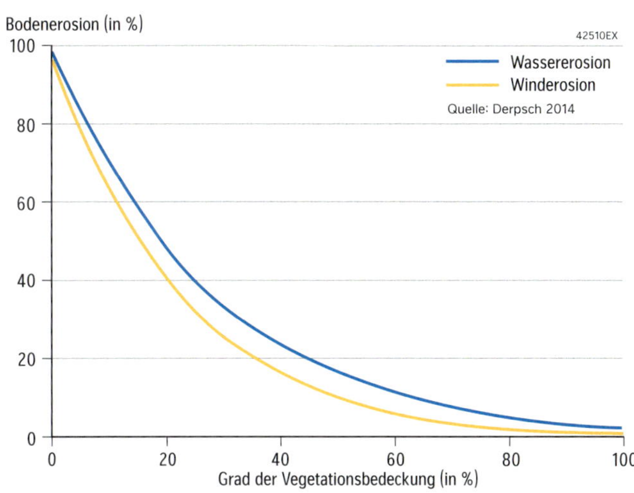

M 8 Mittlere Bodenerosion und Vegetationsbedeckung

In den Jahren mit überdurchschnittlich hohen Niederschlägen, aber auch weil auf den fruchtbareren Ackerflächen in der südlichen Sahelzone zunehmend Cash Crops, wie z. B. Baumwolle und Erdnüsse, angebaut wurden, kam es in den letzten Jahrzehnten zur Ausweitung des Feldbaus über die agronomische Trockengrenze hinaus. Da zudem die vielen zusätzlichen Menschen mehr Nahrungsmittel benötigten, verzichteten die Bauern zunehmend auf die Einhaltung von Brachezeiten, wodurch die Böden an Nährstoffen verarmten. Blieben auch die Niederschläge während der Dürreperioden aus, gingen die Saaten nicht auf. Missernten und erodierte, vegetationsfreie Flächen waren die Folge.

Eine weitere Ursache für die Dezimierung bzw. Vernichtung der natürlichen Vegetation lag in der Vergrößerung der Viehherden. Vor allem Rinderherden benötigen eine ausreichende Wasserversorgung. Die natürlich exisitierenden Tränken reichten für den wachsenden Tierbestand aber nicht mehr aus. Die mit staatlichen Programmen geförderte, z. T. von entwicklungspolitischen Maßnahmen der Industrieländer unterstützte Anlage von Tiefbrunnen, die Wasser frei zur Verfügung stellt, löste dieses Problem. Allerdings verdichteten die Herden um diese Anlagen durch Fußtritt den Boden, vergrößerten dadurch den Oberflächenabfluss und die Erosion. Die Ziegen- und Kamelherden sind bezüglich Wasserbedarf und Nahrungsangebot genügsamer und werden so auch in die nördlichsten, vegetationsärmsten Räume des Sahels getrieben. Dort fressen sie die karge Vegetation restlos ab. Zudem übernehmen immer mehr Lohnarbeiter die Viehhaltung. Traditionelle Regeln der nomadischen Weidewirtschaft gehen dadurch verloren und führen zur Übernutzung der Flächen. So werden z. B. die Äste von Bäumen und Sträuchern abgeknickt, damit die Tiere deren Blätter erreichen können. Diese sterben bei dieser Weideform – der Baumbeweidung – ab.

Bis heute ist Holz in den ländlichen Regionen ein lebensnotwendiger Rohstoff. Pro Familie werden pro Jahr weit über 100 Bäume und Sträucher, vor allem für den Bau von Häusern, zur Einfriedung von Feldern und Höfen als Schutz vor Versandung und Viehverbiss sowie zum Kochen benötigt. Die Abholzung nahm so stark zu, dass heute in manchen Regionen die Beschaffung von Holz schwieriger ist als die von Wasser. Die so degradierten Bereiche wachsen zu großflächigen, wüstenhaften Gebieten zusammen.

Verschärft werden die Prozesse durch die globale Klimaerwärmung. Verlieren Menschen durch die Desertifikation ihre Lebensgrundlage, sind sie zur Migration gezwungen. Lokale Konflikte, Bürgerkriege und Terrorzellen wie Boko Haram verschärfen die Situation weiter.

M 7 Ursachen der Desertifikation im Sahel

M 9 Desertifikation und menschliche Aktivitäten

Maßnahmen gegen die Desertifikation in der Sahelzone

Mangelernährung und Hunger, die sich während längerer Dürreperioden zu Katastrophen ausweiten, sind die dramatischen Folgen der Desertifikation. An Ideen, die Desertifikation einzudämmen oder aufzuhalten, mangelt es nicht. Doch wie nachhaltig sind diese?

1 Beschreiben Sie die Veränderungen in M1.
2 Erläutern Sie die FMNR-Methode (M3, M4).
3 Erklären Sie, wie die Maßnahmen der Agroforstwirtschaft, die Zaï-Technik und der Bau von Steinwällen der Desertifikation entgegenwirken (M3, M6, M7).
4 a) Arbeiten Sie Zusammenhänge der FMNR-Methode und der Agroforstwirtschaft heraus (M3, M6).
b) Erklären Sie den Zusammenhang zwischen Baumbedeckungsgrad und Schutz vor Desertifikation (M5).
5 Vergleichen Sie die FMNR-Methode mit dem Great-Green-Wall-Projekt (M3, M9).
6 „Der Erfolg ist weniger eine Frage der Technik, sondern soziale und rechtliche Probleme müssen gelöst werden." Beurteilen Sie die Aussage Tony Rinaudos.

M 1 Wiederbewaldung mit FMNR in Äthiopien

Die Überbeanspruchung der natürlichen Ressourcen haben im sensiblen Ökosystem des Sahels großflächig zur Desertifikation geführt. Diese ungebremste Flächendegradation bedroht die Lebensgrundlage für die meist noch von der kleinbäuerlichen Landwirtschaft lebende Landbevölkerung und verschärft die wirtschaftlichen und sozialen Entwicklungsrückstände der Sahelstaaten.
Um diese Entwicklung zu unterbrechen, müssen Maßnahmen ergriffen werden: Neben wirtschaftlichen, politischen und sozialen Maßnahmen könnten Veränderungen in der Landnutzung die weitere Wüstenausbreitung stoppen, degradierte Flächen wieder in Bewirtschaftung bringen und deren nachhaltige Nutzung fördern. Hauptziel aller agrarwirtschaftlichen Projekte ist der Erhalt bzw. die Regeneration der Vegetation. Häufig erfolgen die Maßnahmen auch mit internationaler Hilfe. Die Erfahrungen der letzten Jahrzehnte zeigen, dass die Projekte im Kampf gegen die Desertifikation und deren Folgen erfolgreich sind, die von der einheimischen Bevölkerung akzeptiert und mit ihr gemeinsam geplant und umgesetzt werden.

M 2 Basisinformation

In den 1980er-Jahren forschte der australische Agrarwissenschaftler Tony Rinaudo im Auftrag einer Nichtregierungsorganisation zu Maßnahmen gegen die Desertifikation in der Sahelzone. Eher zufällig entdeckte er im Umfeld von vermeintlich toten Bäumen im Sand junge Triebe und vermutete, dass das unterirdische Wurzelsystem fortlebt. Die Annahme erwies sich als richtig und er entwickelte daraus die Wiederaufforstungstechnik „Farmer Managed Natural Regneration" (FMNR), für die er 2018 den Alternativen Nobelpreis bekam. Statt mit enormem Aufwand neue Bäume zu pflanzen, managt FMNR die vorhandenen Reserven der Natur. Ausgangspunkt für das Gelingen dieser einfachen Methode zur Wiederbewaldung ist der Schutz der kleinen Sprösslinge vor Tierfraß, Zertreten oder Umgraben. Durch die geringen Kosten und Risiken, verbunden mit Vorteilen für die Landwirtschaft und das Lokalklima, hat sich die Methode schnell und selbstständig von Dorf zu Dorf verbreitet.
Im Niger wurden mit FMNR bis 2020 etwa sechs Millionen Hektar Wald wiederaufgeforstet.

M 4 Maßnahmenbeispiel 1: die FMNR-Methode

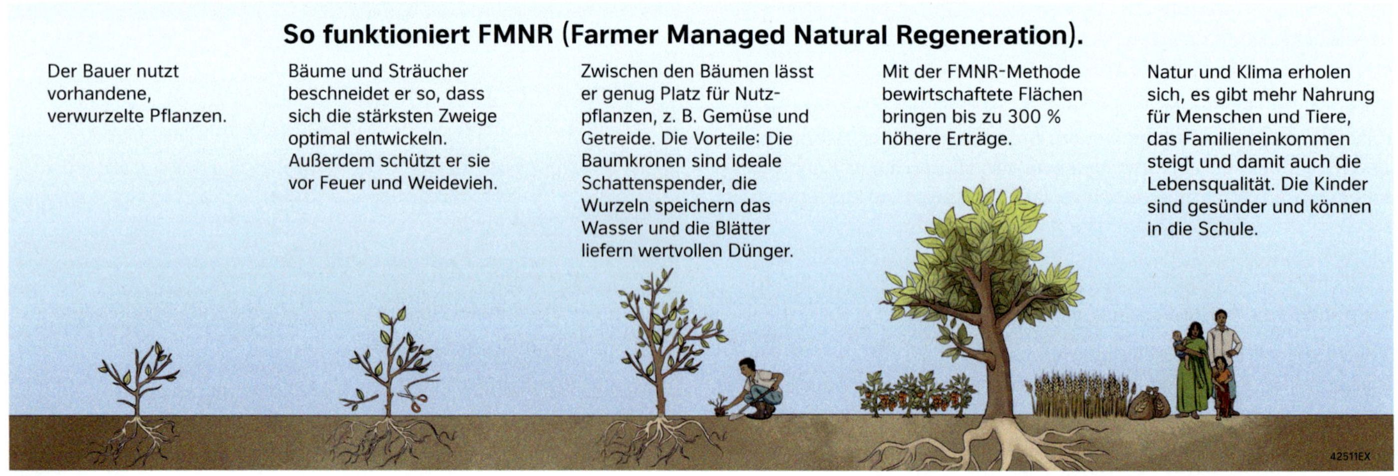

M 3 Maßnahmenbeispiel 1: das FMNR-Prinzip

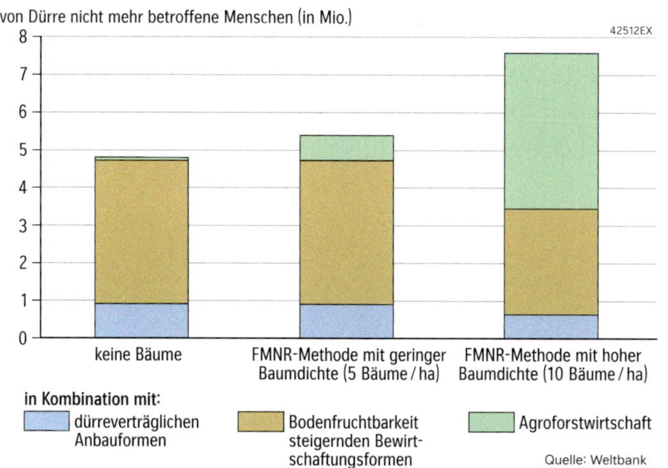

M 5 Verringerung der durchschnittlich von Dürre betroffenen Personen durch FMNR und anderen Anpasssungsformen bis 2030

M 8 Gärtnerei für das Great-Green-Wall-Projekt

Bei der Agroforstwirtschaft handelt es sich um eine Landnutzungsform, bei der landwirtschaftliche Nutzpflanzen auf Flächen mit mehrjährigen Baum- und Strauchpflanzen angepflanzt werden. Das Blätterdach der hochstämmigen Holzpflanzen schützt den Boden und die Ackerpflanzen vor der Wucht der Starkniederschläge und verringert die Temperaturen, die Verdunstung, das schnelle Austrocknen der Böden und den Oberflächenabfluss. Herabfallendes Laub reichert die Humusschicht an und erhöht langfristig den Nährstoffgehalt und die Wasserspeicherfähigkeit der Böden. Die Anpflanzung verschiedener Holzpflanzen reduziert die Gefahr einer massenhaften Zunahme von Schädlingen.
Kultiviert wird der ursprünglich in Malawi vorkommende, bis zu 30 Meter hohe Anabaum in den Sahelländern. Da er während der Trockenzeit grünt, ermöglicht er Ackerbau auch in dieser Jahreszeit. Seine Stickstoff speichernden Blätter sind ein natürlicher Dünger, sodass sich die Erträge von Hirse oder Mais verdoppeln.
Nachhaltige Ertragssteigerungen sind auch mit geregelten Fruchtfolge- und Brachezeiten sowie Düngung zu erzielen. Bei der traditionellen Zaï-Technik graben die Menschen auf den Feldern 20 Zentimeter breite und tiefe Gruben, in die Getreidesamen mit Viehdung eingebracht werden und schließlich alles mit Abfällen und Asche bedeckt wird. Sie sind nicht nur ein guter Nährboden für die Pflanzen, sondern locken auch Termiten an, die nicht nur Mineralpartikel aus tieferen Bodenschichten nach oben transportieren, sondern den Boden intensiv lockern und damit die Wasserspeicherfähigkeit des Substrates deutlich erhöhen.

M 6 Maßnahmenbeispiel 2: die Agroforstwirtschaft und Zaï-Technik

Vom Senegal bis nach Eritrea soll ein 7800 Kilometer langer und 15 Kilometer breiter Waldstreifen das weitere Vordringen der Sahara in den Sahel verhindern. Das Projekt „The Great Green Wall“ wurde 2007 von der Afrikanischen Union ins Leben gerufen und wird u. a. von den Vereinten Nationen und der Europäischen Union unterstützt. Bis 2030 sollen 100 Millionen Hektar derzeit degradierten Landes wiederhergestellt, 10 Millionen Arbeitsplätze geschaffen (Züchtung von Setzlingen, Pflanzung und Pflege) und 250 Millionen Tonnen atmosphärischen Kohlenstoffdioxids gebunden werden. Laut Umweltprogramm der Vereinten Nationen wurden bis 2020 fünfzehn Prozent des geplanten grünen Riegels realisiert.
Im Senegal wurden dadurch z. B. seit 2008 auf fast 100 000 Hektar Fläche rund 18 Millionen Bäume gepflanzt. Neun Gärtnereien züchten Setzlinge für das Aufforstungsprojekt. Während der nur wenige Wochen langen Pflanzsaison erzielen die dafür eingesetzten Arbeitskräfte ein zusätzliches Einkommen. Die jungen Pflanzen müssen aber durch Einzäunungen vor dem Fraß durch frei laufende Weidetiere geschützt werden. Das zwischen den Jungbäumen wachsende Gras dient zusätzlich als „Futterbank“, das von den Viehzüchtern zum Ende der Trockenzeit geerntet wird.
Bei allen Erfolgen mehren sich kritische Stimmen zu dem Großprojekt: Die Überlebensrate der angepflanzten Bäume sei gering, die Akzeptanz in der Bevölkerung nicht vorhanden. Die Kosten sind um ein Vielfaches höher als mit der FMNR-Methode. Immer wieder gehen durch Korruption Projektgelder verloren. Terrorismus und Bürgerkrieg lähmen die Bemühungen der Hilfsorganisationen.

M 9 Maßnahmenbeispiel 4: das Great-Green-Wall-Projekt

Neben den langen Trockenzeiten ist für die Ackerbauern auch der Beginn der Regenzeit eine kritische Phase. Durch das Anlegen von hangparallelen Steinwällen, Dämmen aus Lehm sowie Abflusskanälen wird der flächenhafte, oberflächliche Abfluss gebremst und kanalisiert sowie mitgeführtes Material sedimentiert. Die Anpflanzung von Hecken um die Felder und entlang der Wege reduziert zudem die Windgeschwindigkeit. Bei erfolgreicher Verbuschung des Lateritplateaus sind auch diese Flächen schonend zu bewirtschaften.

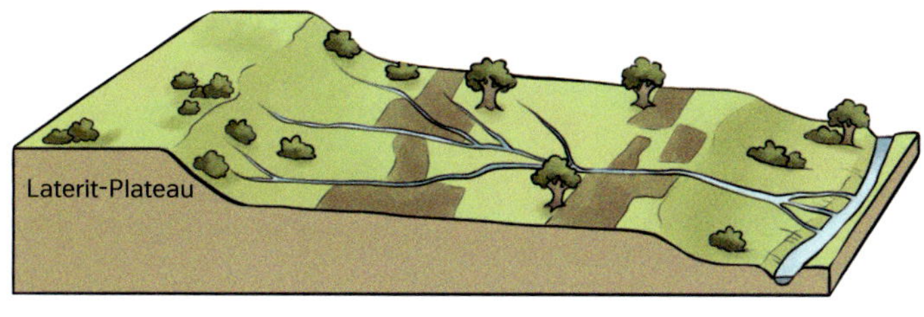

M 7 Maßnahmenbeispiel 3: der ökologische Umbau mit Steinwällen

Entwicklung der Weltbevölkerung – Wachstum und Alterung

Noch wächst die Weltbevölkerung – entgegen aller früheren Befürchtungen aber pro Jahr nur noch etwa um die Einwohnerzahl Deutschlands, rund 80 Millionen. Dennoch wird die Menschheit weiter auf eine kaum vorstellbare Größe anwachsen und zugleich rasant altern. Wodurch werden diese Entwicklungen verursacht?

1 **a)** Beschreiben Sie die dargestellte Entwicklung (M1).
b) Vergleichen Sie die Entwicklungen (M1, M3, M5).

2 **a)** Ordnen Sie tabellarisch den Phasen des Modells (M6) sozioökonomische Entwicklungen zu (M7).
b) Vergleichen Sie die Altersstrukturdiagramme (M8).
c) Erläutern Sie die Begriffe „Zweiter demographischer Übergang", demographische Dividende, Altersstruktureffekt (M7, M9).
d) Entwickeln Sie Problemfelder für die Herausforderungen alternder Bevölkerungen (M7).

3 Vergleichen Sie die regionalen Muster der Bevölkerungsentwicklung (M3, M5, M7, M9).

4 **a)** Stellen Sie Einflussfaktoren auf die Total Fertility Rate (TFR, M4) dar (z. B. Mindmap, Wirkungsgefüge).
b) Überprüfen Sie Ihre Vorschläge (z. B. gapminder.org).

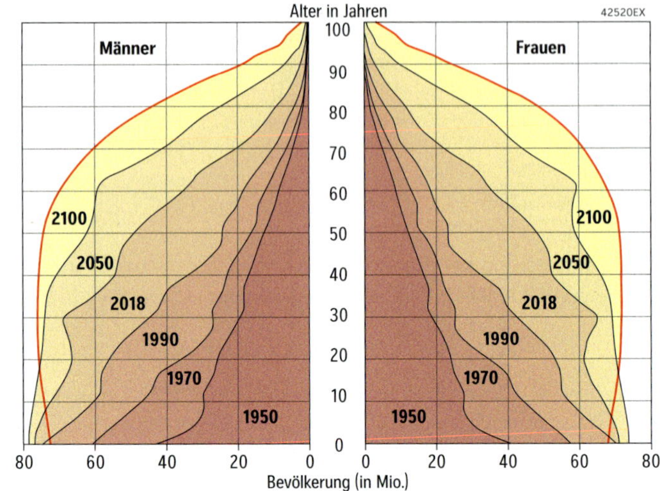

M 1 **Entwicklung der Weltbevölkerung**

Mitte des 18. Jahrhunderts begann in England eine demographische Entwicklung, die sich später in allen Industrieländern wiederholte. Das daraus gewonnene empirische **Modell des demographischen Übergangs** beschreibt die Veränderungen der Geburten- und Sterberaten im Transformationsprozess von traditionellen Agrargesellschaften zu Industriegesellschafen. Es bildet indirekt auch den Trend vieler Länder ab, dass Gesellschaften umso weniger Kinder bekommen, je wohlhabender, freier und gebildeter sie sind (demographisch-ökonomisches Paradoxon).

Mit den Veränderungen der Geburten- und Sterberaten während des demographischen Übergangs ändert sich auch die **Altersstruktur** von Bevölkerungen. Typisch ist dabei der in Bevölkerungsdiagrammen sichtbare Trend von der „Pyramide zur Glocke, zur Urne und zum Pilz". Das regionale Muster des demographischen Wandels ist aber unterschiedlich.

M 2 **Basisinformation**

Die Grafiken der Alters- und **Geschlechterstruktur** (M1, M8) bilden Migration, Kriege, Naturkatastrophen oder bevölkerungspolitische Maßnahmen ab. Sie ermöglichen darüber hinaus auch in den Ländern des Globalen Südens präzisere Vorhersagen über die zukünftige **Bevölkerungsentwicklung** als die einfache Übertragung des Modells des demographischen Übergangs. Denn dies beschreibt nur, dass irgendwann nach der Sterberate auch die Geburtenrate sinken wird.

Für die Abschätzung der Bevölkerungsentwicklung ist daher die Entwicklung der Total Fertility Rate (TFR, Gesamtfruchtbarkeitsrate) – die durchschnittliche Zahl der Geburten je Frau im Alter zwischen 15 und 45 Jahren – besonders wichtig. Die TFR ist regional unterschiedlich, insgesamt in den letzten Jahrzehnten aber deutlich gesunken – in den meisten Industrieländern sogar unter das zur Stabilisierung der Bevölkerung notwendige „Ersatzniveau" von 2,13. So viele Kinder sind nötig, um die Elterngeneration gerade zu ersetzen.

M 4 **Bedeutung der Total Fertility Rate (TFR)**

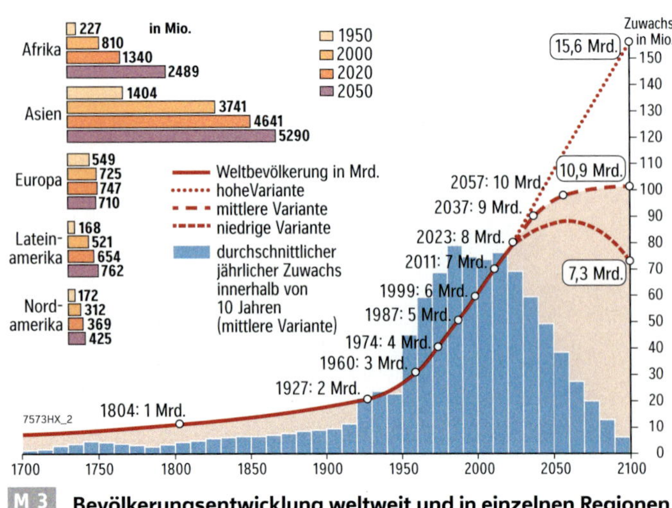

M 3 **Bevölkerungsentwicklung weltweit und in einzelnen Regionen**

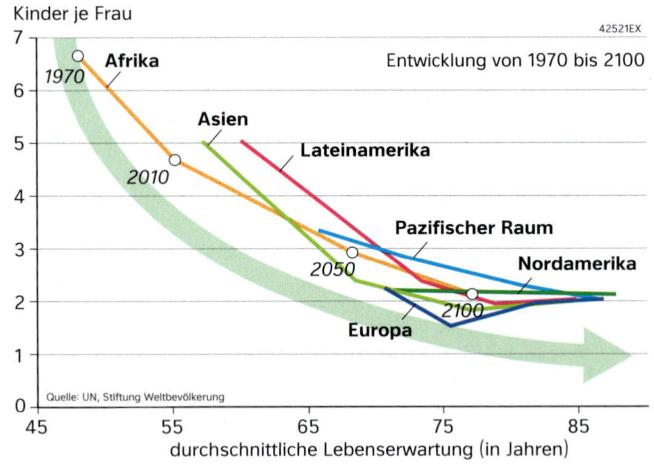

M 5 **Gesamtfruchtbarkeitsrate (TFR) und Lebenserwartung**

www.diercke.de
100800-276-02

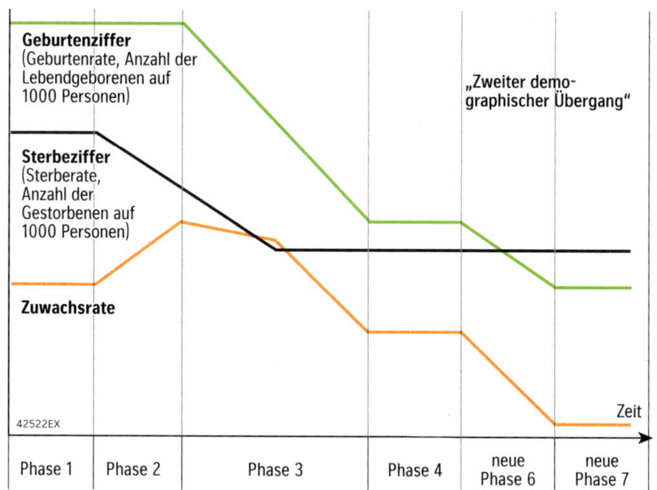

M 6 **Modell des demographischen Übergangs**

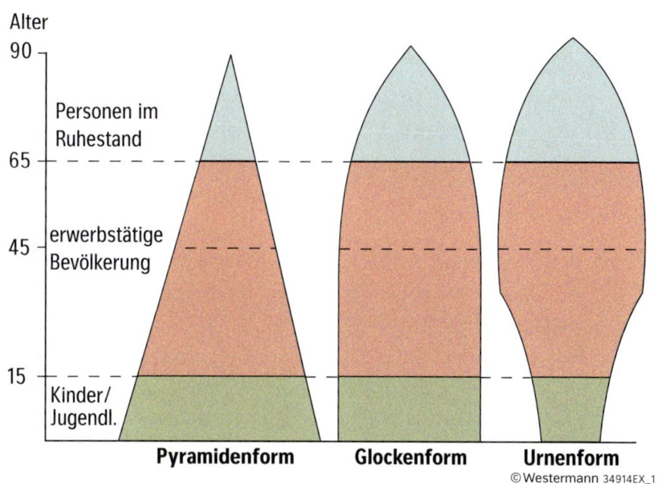

M 8 **Formen von Altersstrukturdiagrammen**

Bis etwa Mitte des 18. Jahrhunderts wuchs die **Weltbevölkerung** weltweit nur wenig. Bevölkerungsverluste durch Hunger, Seuchen, Kriege und Auswanderung wurden durch hohe Geburtenzahlen infolge weitgehend ungeplanter Geburten ausgeglichen. Mit dem um 1750 in England einsetzenden Übergang von der Agrar- zur Industriegesellschaft verringerte sich jedoch die Sterberate, weil sich die medizinische Versorgung, die hygienischen Bedingungen sowie die Ernährungssituation verbesserten und Missernten durch erweiterte Lagerungs- und Transportmöglichkeiten kompensiert wurden. Geburtenüberschüsse und die steigende Lebenserwartung führten nun zusammen mit der höheren Anzahl gebärfähiger Frauen zu einem raschen und anhaltenden Bevölkerungsanstieg.

In den entstehenden städtisch-industriellen Gesellschaften und mit dem Verbot von Kinderarbeit trugen Kinder immer weniger zur Familienversorgung bei und verloren durch die aufkommenden Sozialversicherungen zudem an Bedeutung zur Absicherung ihrer Eltern. Die Aufwendungen für die Ernährung und die Verbesserung der beruflichen und sozialen Aufstiegschancen der Kinder wurden dagegen größer. Die Kleinfamilie setzte sich daher immer mehr durch. Zusammen mit der sinkenden Sterberate und dem sich ändernden generativen Verhalten (dem Trend zur „Spätehe" und eine bewusstere Familienplanung) führte dies in England etwa ab 1875 auch zum Absinken der Geburtenrate und stabilisierte bis etwa 1940 die Bevölkerungszahl.

Die sich danach abzeichnende Alterung der Bevölkerung wurde in Europa zunächst meist noch von einem „Babyboom" überlagert, der mit der wirtschaftlichen Erholung in den ersten Jahrzehnten nach dem Zweiten Weltkrieg einherging. Diese auch als „Goldenes Zeitalter der Heirat" bezeichnete Phase leitete indes den „Zweiten demographischen Übergang" ein – das rasche Absinken der Total Fertility Rate unter den Wert von 2,1, ein Trend, der seit den 1970er-Jahren alle Länder Europas in unterschiedlichem Ausmaß erfasste. Wesentliche Ursachen waren unter anderem die sich verbessernde gesellschaftliche Stellung der Frau, ihr Zugang zu höherer Bildung, vielseitigere Berufschancen und moderne Empfängnisverhütungsmittel.

Die geburtenstarken Jahrgänge der „Babyboomer" erreichen gerade das Rentenalter. Die grundsätzliche Herausforderung einer alternden Bevölkerung sind daher angepasste Versorgungssysteme (Renten, Gesundheit, Wohnen, Soziales etc.). Doch ohne Ausgleich der Geburtendefizite, wie z. B. durch **Migrationsprozesse**, werden die Bevölkerungen in Zukunft in Europa schrumpfen.

M 7 **Bevölkerungsentwicklung im Globalen Norden**

Im Vergleich mit den Industrieländern besitzt die Bevölkerungsentwicklung der Länder des Globalen Südens einige Besonderheiten:

- Fortschritte in Medizin, Hygiene und die gestiegene Nahrungsmittelproduktion bzw. externe Nahrungsmittelhilfen in Notzeiten senken die Sterberate und erhöhen die Lebenserwartung rascher.
- Geburten- und Sterberaten klaffen besonders weit auseinander. Die Wachstumsraten liegen z. T. um das Zwei- bis Dreifache höher als im 18./19. Jh. in Europa. Die Verdopplungszeiten sind kürzer.
- Meist sinkt die Geburtenrate schneller, sodass der demographische Übergang insgesamt rascher abgeschlossen sein wird. In einigen Ländern des Globalen Südens verharrt die Geburtenrate aber nahezu unverändert auf hohem Niveau.

Viele Länder des Globalen Südens haben aber die einmalige Chance, die sogenannte demographische Dividende während des kurzen Zeitfensters zu nutzen, in dem die erwerbsfähige Bevölkerung zunimmt, während der Anteil der Alten und Kinder, der versorgt werden muss, noch relativ niedrig ist. Dies kann sich positiv auf die Entwicklung auswirken, weil wirtschaftliche Produktivität, Investitionen und Konsum potenziell ansteigen. Ein Teil des Aufschwungs der asiatischen Tigerstaaten wird der demographischen Dividende zugeschrieben. Diese kann aber rasch eingebüßt werden: Mit sinkenden Fertilitätsraten und wenn die große Jugendgeneration eines Landes nicht mehr erwerbstätig ist, schließt sich dieses Zeitfenster.

Verschärfend kommt hinzu, dass die größte jemals existierende Teenagergeneration demnächst ins reproduktive Alter kommen wird. Selbst wenn diese pro Paar weniger Kinder zur Welt bringt als ihre Elterngeneration, wird die Bevölkerung insgesamt noch jahrzehntelang weiter wachsen (Altersstruktureffekt). Auf der individuellen Ebene beeinflussen im Wesentlichen vier Faktoren die Total Fertility Rate – das sogenannte Heiratsmuster, die Verwendung von Verhütungsmitteln, die durch Stillen und möglicherweise sexuelle Abstinenz vorübergehend geminderte Empfängnisbereitschaft nach einer Schwangerschaft sowie die Zahl der Abtreibungen.

Problematisch für viele Länder des Globalen Südens ist zudem, dass sich bei knapper werdenden Ressourcen und aufgeteilten Märkten ihr Einkommen, Human- und Sachkapital meist langsamer entwickeln wird, als dies in den Wachstumsphasen der Länder des Globalen Nordens der Fall war. Auch eine Verminderung des Bevölkerungsdrucks durch das „Ventil" Auswanderung ist nur beschränkt möglich. In der Transformationsphase z. B. Europas konnten dagegen Millionen Menschen nach Übersee auswandern.

M 9 **Bevölkerungsentwicklung im Globalen Süden**

Entwicklung der Weltbevölkerung – regionale Disparitäten und Migration

Die Bevölkerungsdichte des Festlands ist wegen verschiedener naturräumlicher sowie sozioökonomischer Bedingungen und Entwicklungen regional unterschiedlich. Diese sind seit jeher auch wichtige Ursachen und Folgen von Migration. Sind in diesem Prozess Muster erkennbar?

1 Arbeiten Sie die Kernaussage der Abbildung heraus (M1).

2 a) Charakterisieren Sie die Bevölkerung auf dem Idealkontinent (M3).
b) Vergleichen Sie die Bevölkerungsverteilung (M3, M4).
c) Nennen Sie mögliche Gründe für die Unterschiede.

3 Gestalten Sie das Ursachengeflecht der Migration (M5) grafisch analog zum Push-Pull-Modell.

4 Arbeiten Sie die Kernaussagen zu Migration, Bevölkerungswachstum und volkswirtschaftlichen Effekten durch Flüchtlinge in Deutschland heraus (M6 – M11).

5 Bewerten Sie: „Zuwanderung lohnt sich für alle."

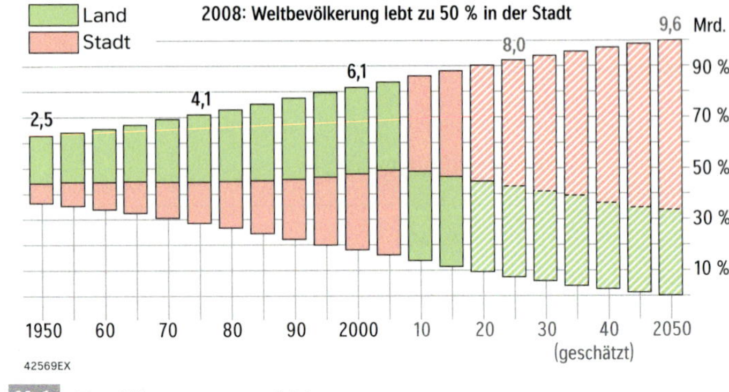

M 1 **Bevölkerungsentwicklung**

Mit Beginn der Neolithischen Revolution, also ab dem Zeitraum, ab dem die Menschheit sesshaft wurde, erstmals Pflanzenbau und Viehzucht betrieb und die Vorratshaltung einführte, entstanden lokale Verdichtungen der agrarischen Bevölkerungen überall dort, wo die Geofaktoren wie Klima, Wasser und Boden den Pflanzenanbau zuließen (z.B. in Schwemmlandebenen, Vulkangebieten, in den Trockensavannen und entlang von Fremdlingsflüssen mit guten Bewässerungsmöglichkeiten). Die Entstehung lokaler Zentren der Religion, der politischen Macht, des Handels sowie von Verkehrsknotenpunkten und Orten der Rohstoffgewinnung und -verarbeitung führten dort bald auch zu lokal und regional steigenden Bevölkerungsdichten.

Diese von Gunsträumen geprägte Bevölkerungsverteilung zeigt sich bis heute, denn nur etwa vier Prozent der Festlandsfläche sind besiedelt, obwohl die genutzte Fläche deutlich größer ist. Die durchschnittliche **Bevölkerungsdichte** lag zu Beginn des 21. Jahrhunderts weltweit bei knapp 15 Einwohnern pro Quadratkilometer, in Deutschland im Jahr 2019 bei 233 Einwohnern pro Quadratkilometer. Unter den Ländern mit mehr als 10 Millionen Einwohnern hatte Bangladesh mit 1240 Einwohnern pro Quadratkilometer (2019) die höchste Bevölkerungsdichte.

Städte haben die weitaus größten Bevölkerungsdichten. Schon seit dem Jahr 2008 lebt bereits mehr als die Hälfte der Weltbevölkerung in Städten, um 2050 werden es voraussichtlich etwa zwei Drittel aller Menschen sein. Wichtigste Ursache für das anhaltend hohe Wachstum der städtischen Bevölkerungen sind inzwischen die Geburtenüberschüsse der Stadtbevölkerung, weniger wichtig sind die mit dem Push-Pull-Modell erklärbaren Land-Stadt-Migrationsgewinne.

Global gesehen waren 2020 rund eine Milliarde Menschen auf Wanderschaft, etwa jeder siebte Mensch. Rund 730 Millionen davon zählten zu den Binnenmigranten, wanderten also innerhalb ihres Geburtslandes. Etwa 270 Millionen migrierten ins Ausland, 164 Millionen davon waren Arbeitsmigranten.
Nach dem Weltmigrationsbericht 2020 erreichte auch die Vertreibung weltweit eine neue und kaum vorstellbare Größenordnung: Zeitgleich waren 41 Millionen Binnenvertriebene und 26 Millionen internationale Flüchtlinge auf der Flucht vor Verfolgung wegen ihrer Ethnie, Religion, Nationalität, ihrer Zugehörigkeit zu einer sozialen Gruppe oder wegen ihrer politischen Überzeugungen.

M 2 **Basisinformation**

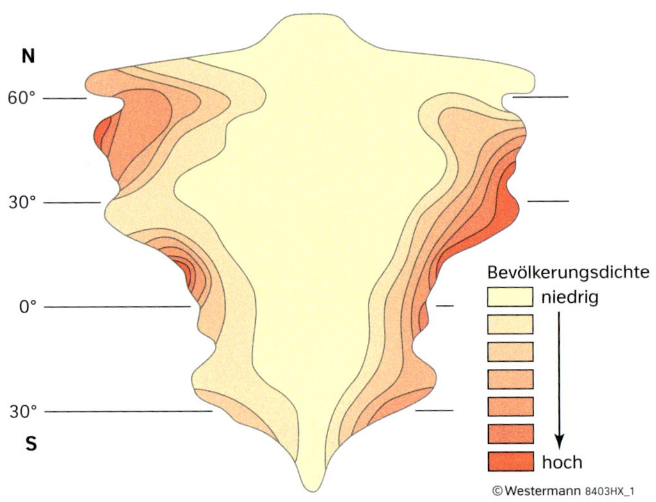

M 3 **Bevölkerungsverteilung auf dem „Idealkontinent"**

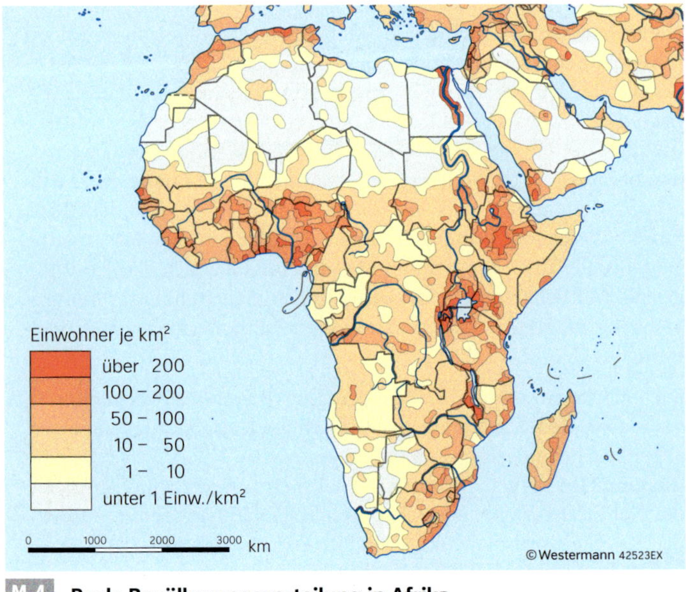

M 4 **Reale Bevölkerungsverteilung in Afrika**

Ursachen

1. Kriege, Naturkatastrophen
Beweggrund: Überleben

2. wirtschaftliche Not
Beweggrund: Hoffnungslosigkeit, materielle Verelendung, Arbeitslosigkeit

3. politische und religiöse Verfolgung
Beweggrund: Verfolgung, Nichtbeachtung der Menschenrechte

4. soziale Gründe
Beweggrund: Verbesserung des Sozialstatus, Familienzusammenführung

5. individuelle Motive
Beweggrund: Bildung, Neugier, Abenteuer etc.

M 5 Ursachen der Migration

„Kein vertragschließender Staat darf einen Flüchtling in irgendeiner Form in ein Gebiet ausweisen oder zurückweisen, wo sein Leben oder seine Freiheit aus Gründen der Hautfarbe, seiner Religion, seiner Nationalität, seiner Zugehörigkeit zu einer bestimmten sozialen Gruppe oder seiner politischen Ansichten bedroht wäre.“

(Genfer Flüchtlingskonvention, Artikel 33, Abs. 1)

Ein universelles Recht auf Einreise gibt es nicht. Aber wem nützen auf Dauer Mauern und Stacheldraht, die Symbole von Abweisung und Schrecken?

Insbesondere regionale Disparitäten waren und bleiben wichtige Verursacher und Auslöser von **Migrationsprozessen** und werden durch diese noch verstärkt. Aspekte dieser Migration sind:

Braindrain: Abwanderung qualifizierter Arbeitskräfte (v.a. Ärzte, Ingenieure, Wissenschaftler, Facharbeiter). Für das Herkunftsland bedeutet es einen volkswirtschafticher Gewinn durch die z. T. geförderte Zuwanderung (hoch-)qualifizierter Arbeitskräfte.

Braingain: Zuwanderung (hoch-)qualifizierter Arbeitskräfte, z.T. gefördert durch Anwerbemaßnahmen.

Die *Rücküberweisungen* von Migranten in ihre Herkunftsländer liegen seit Jahren insgesamt weit über einer halben Milliarde US-Dollar und übersteigen oft die einem Land zufließenden Gelder aus der Entwicklungszusammenarbeit oder die Auslandsinvestitionen.

Doch weniger als drei Prozent aller EU-Bürger leben in einem anderen Staat der Europäischen Union.

M 6 Aspekte der Migration

- Österreich / Slowenien: 3,7 km
- Slowenien / Kroatien: 200 km
- Ungarn / Kroatien: 300 km
- Ungarn / Serbien: 151 km
- Mazedonien / Griechenland: 33 km
- Griechenland / Türkei: 12 km
- Bulgarien / Türkei: 201 km
- Spanien / Marokko: 18,3 km
- Saudi-Arabien / Irak: 700 km
- Indien / Bangladesch: 4000 km
- Nordkorea / Südkorea: 240 km
- Türkei / Syrien: 290 km
- USA / Mexiko: 700 km
- Israel / Westjordanland: 759 km

M 7 Mauern, Grenzzäune und Stahlnetze (rechts: Melilla, Afrika)

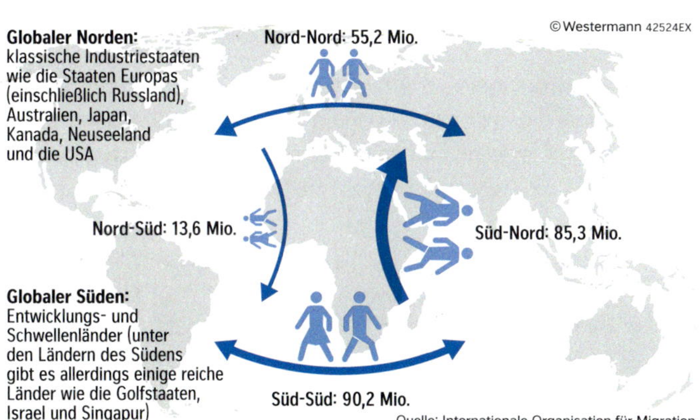

M 8 Migration in Zahlen (2018)

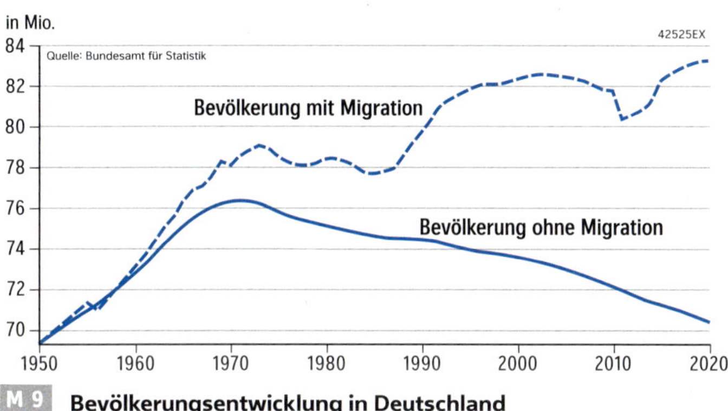

M 9 Bevölkerungsentwicklung in Deutschland

Veränderung von Wirtschaftskennziffern in Deutschland durch Flüchtlinge

	BIP (in Mrd.)	privater Konsum (in Mrd.)	Erwerbslosenquote (in %)	Ausgaben Deutschlands für die Flüchtlingshilfe (in Mrd.)
2016	+7,1	+3,6	+0,5	
2017	+10,9	+8,4	+0,9	
2018	+16,5	+11,6	+1,1	
2019	+22,7	+15,0	+1,3	
2020	+29,5	+17,9	+1,5	+28,4

Quelle: IW

42526EX

M 10 Volkswirtschaftliche Effekte durch Flüchtlinge in Deutschland

insgesamt sozialversicherungspflichtig Beschäftigte ohne deutschen Pass: 3 609 386

davon aus der EU: 2 001 643	
Polen	400 016
Rumänien	309 378
Italien	258 854
Kroatien	163 392
Griechenland	140 095
Bulgarien	111 568
Ungarn	100 493
übrige EU	517 847

Nicht-EU-Staaten	
Türkei	534 197
Balkanstaaten	271 765
Asylherkunftsländer (z.B. Syrien)	194 501
Osteuropäische Drittstaaten	118 741
restliche Welt	488 539

42527EX

M 11 Erwerbstätige in Deutschland ohne deutschen Pass (2018)

Globalisierung – Wirtschaft ohne Grenzen?

Internationale Wirtschaftsbeziehungen sind nichts Neues. Doch seit dem Ende des Zweiten Weltkriegs wuchsen die einst begrenzten Wirtschaftsräume zunehmend zu einem weltumspannenden System zusammen, in dem scheinbar nahezu alles überall und jederzeit produziert, gehandelt und konsumiert werden kann. Welche Auswirkungen hat der Globalisierungsprozess auf das wirtschaftliche Handeln wirklich?

1 **a)** Analysieren Sie die Definition (M1).
b) Vergleichen Sie die Aussagen (M1, M5, M6, M9).

2 **a)** Arbeiten Sie Vorteile des Freihandels heraus (M3, M4).
b) Nennen Sie Freihandelshindernisse (M2, M3).

3 Erklären Sie Global Player und Global City (M7, M10).

4 Stellen Sie mögliche Standortentscheidungen z. B. für ein neues Automobilwerk vor dem Hintergrund der globalisierten Weltwirtschaft dar (M1, M4, M7, M8).

5 „Globalisierung und Fragmentierung verlaufen parallel.“ Überprüfen Sie die These (M1, M2, M7, M10).

*„**Globalisierung** ist ein primär wirtschaftliches, Wachstum generierendes, Wohlstand verheißendes weltweit präsentes Phänomen. Es findet Niederschlag in der Entgrenzung der Finanz-, Waren-, Arbeits-, Rohstoff- und Produktionsmärkte sowie in der Gültigkeit von Wettbewerb, Privatisierung und Deregulierung. All dies schlägt sich in weltweiten technologischen Netzwerken, in Transport-, Produktions- und Informationssystemen, in einem supranationalen, politischen Zusammenspiel und in der Ubiquität (lat.: überall vorkommend) von alltäglichen Lebensweisen, Konsumverhalten und kulturellen Bedürfnissen nieder.“*

(Fred Scholz, Diercke Spezial, Globalisierung, Westermann, 2010, S. 11)

M 1 **Eine mögliche Definition des Begriffs Globalisierung**

Die rasche, vor allem ökonomische **Vernetzung** der Welt wurde zwar begünstigt durch die enormen technologischen Fortschritte im Transport, der Kommunikationstechnik und in der Logistik sowie durch ausreichend verfügbares Kapital, sie ist aber im Wesentlichen ein Ergebnis einzelner unternehmerischer Entscheidungen. Diese wurden oft erst möglich im Zuge politischer Entwicklungen (z. B. dem Ende des Kalten Krieges, der Erweiterung der EU, der Öffnung Chinas) und einer seit den 1980er-Jahren vielfach verfolgten neoliberalen Wirtschaftspolitik. Dazu gehören:

- die Liberalisierung der Märkte (Öffnung nationaler Märkte, Abbau von Handelshemmnissen wie Zölle, technische Normen),
- Deregulierungen (z. B. Abbau von Sozialstandards),
- die Privatisierung einst staatlicher Betriebe (z. B. beim Verkehr),
- die Einrichtung spezieller **Freihandelszonen** oder freien Produktionszonen mit Standortbedingungen, die für ausländische Investoren attraktiv sind (z. B. in China, Bangladesch).

Freihandel und internationale Arbeitsteilung sind so zu den wichtigsten Treibern der **Globalisierung** geworden. Aufgabe der Welthandelsorganisation (WTO) ist es, Handelshemmnisse zu verringern und bei Handelsstreitigkeiten zu schlichten.

M 2 **Basisinformation**

Der Nationalökonom Adam Smith zeigte mit seiner Theorie der absoluten Kostenvorteile, dass alle am Handel Beteiligten (Länder, Unternehmen, Personen) von diesem profitieren, wenn sie sich auf das Gut spezialisieren, das sie am günstigsten produzieren können. Voraussetzung dafür ist Freihandel, ein nicht durch Zölle oder Ähnliches behinderter Austausch.

Nach der ergänzenden Theorie der komparativen Kostenvorteile von David Ricardo lohnt sich Außenhandel aber auch dann, wenn sich jedes Land auf die Herstellung der Güter spezialisiert, für die es den vergleichsweise geringsten Arbeitsaufwand benötigt und alle anderen Güter im freien Handel erwirbt (M3). In beiden Fällen führt die Spezialisierung und Arbeitsteilung zu einer Leistungssteigerung und Wohlstandsmehrung bei allen Handelspartnern. Dies bedeutet allerdings auch, dass bei freiem Spiel der Marktkräfte bestimmte Branchen oder Standorte in Ländern aufgegeben werden müssen. Oft handeln Länder aber untereinander auch mit Gütern derselben Art. Trotz eigener Käseproduktion kaufen z. B. deutsche Konsumenten auch Käse aus Frankreich oder Italien. Wesentliche Ursachen dafür sind subjektive Vorlieben der Konsumenten sowie Produktdifferenzierungen durch die Anbieter mit dem Ziel, mit der eigenen Marke auch im anderen Land Marktsegmente zu besetzen.

M 4 **Freihandelstheorien**

	Land A		**Land B**		
Arbeitskräfte	200		100		
Bedarf	600 Käse, 600 Brote		1000 Käse, 1000 Brote		1043HX_2
Situation 1	**Käse**	**Brote**	**Käse**	**Brote**	**Gesamtproduktion (in Stück)**
Arbeitskräfte	150	50	50	50	Käse Brote
Produkte je Arbeitskraft	4	12	20	20	1600 1600
Produkte insgesamt	600	600	1000	1000	
Wert pro Stück	9,00 €	4,00 €	9,00 €	4,00 €	**Erlöse** Land A Land B Summe
Erlöse	5400,00 €	2400,00 €	9000,00 €	4000,00 €	7800,00 € 13 000,00 € 20 800,00 €
Situation 2		**Brote**	**Käse**		**Gesamtproduktion (in Stück)**
Arbeitskräfte		200	100		Käse Brote
Produkte je Arbeitskraft		12	20		2000 2400
Produkte insgesamt		2400	2000		
Wert pro Stück		3,80 €	8,60 €		**Erlöse** Land A Land B Summe
Erlöse		9120,00 €	17 200,00 €		9120,00 € 17 200,00 € 26 320,00 €

M 3 **Theorie der komparativen Kostenvorteile**

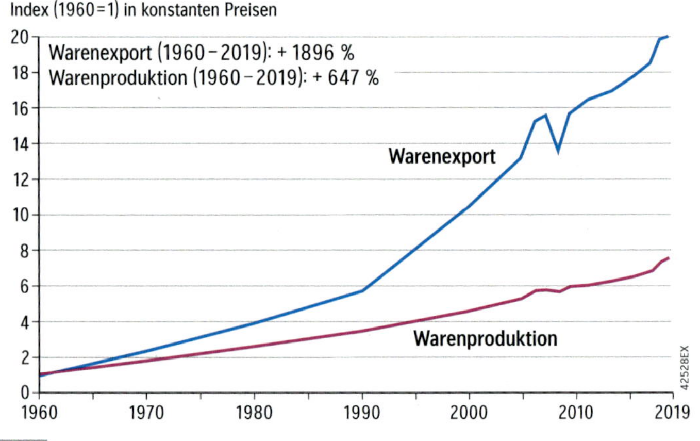

M 5 **Globale Warenproduktion und Warenexport**

Bereiche	Aspekte (Auswahl)	Stichworte und Beispiele (Auswahl)
Handel	• Waren • Dienstleistungen • Kapital	• globales Warenangebot, multinationale / transnationale Unternehmen • Billiglohnländer, Service rund um die Uhr • globaler Finanzmarkt, globale Finanzkrisen
Technologie	• Information • Kommunikation • Transport	• Fernsehen, Printmedien, Internet • Telefon, Handy, PC, Videokonferenzen, GPS • Containerschiffe, Großraumflugzeuge
Gesellschaft	• Kultur • Sprache • Tourismus	• globale Trends (z. B. Mode, soziale Netzwerke) • Englisch als „Weltsprache"
Kriminalität	• organisierte Kriminalität • Terrorismus	• Geldwäsche, Korruption, Schutzgelderpressung, Schmuggel, Drogen und Menschenhandel • Nutzung moderner Technologien
Recht	• Völkerrecht • Normierung • Rechtsverkehr	• Weiterentwicklung und Durchsetzung • Vereinheitlichung internationaler Normen • Urheberrecht, Schutz geistigen Eigentums
Politik	• Vereinbarungen • Organisation • Umwelt	• multilaterale Verträge, internationale Kooperation • UNO, WTO, ILO, IWF etc. („Weltinnenpolitik") • Ressourcen (Input) versus Belastung (Output)

42529EX

M 6 Dimensionen und Aspekte der Globalisierung

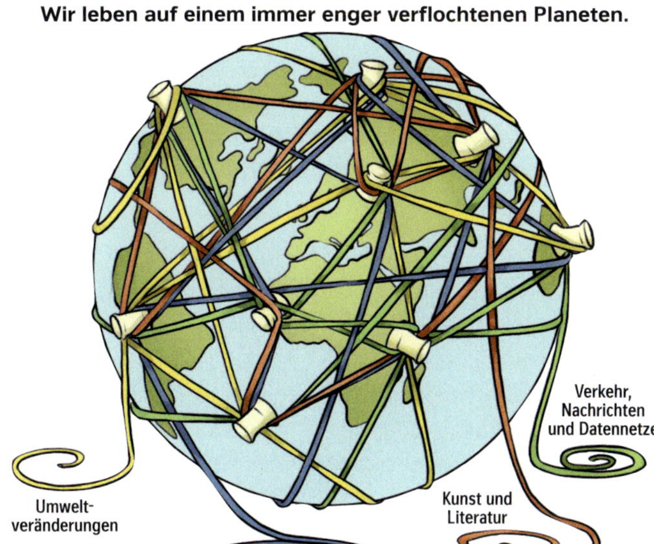

M 9 Globalisierung im Bild

Globalisierung bezeichnet einerseits den Übergang vom Außenhandel zu einer global organisierten Produktion, andererseits die Etablierung eines Weltmarktes durch eine umfassende Echtzeit-Kommunikation, dessen Anforderungen bzw. Chancen das wirtschaftliche Handeln an jeder Stelle des Globus beeinflussen. [...] Durch den Abbau von Handelshemmnissen und die freie Konvertierbarkeit von Währungen ist ein den Erdball umgreifender Wirtschaftsraum entstanden, in dem transnationale Unternehmen agieren, die die Vor- und Nachteile der verbliebenen Nationalökonomien ins Kalkül ziehen und für ihre Verwertungsstrategie ausnutzen; Einkauf von Komponenten dort, wo die Arbeitskraft und das Material am billigsten sind (Global Sourcing); Versteuerung dort, wo die Steuern am niedrigsten sind; Verkauf dort, wo die Preise am höchsten sind – verbunden mit hoher Mobilität und Flexibilität, um sich wandelnden Bedingungen anzupassen. Transnationale Unternehmen, die **Global Player**, beherrschen einen gewichtigen Teil der weltweiten industriellen Produktion (z. B. Automobile), aber in der postindustriellen Ökonomie – wie z. B. [...] im Bereich der Finanzdienste – haben sie eine noch größere Bedeutung, weil sich neue Zweige dieser Branchen von vornherein als globale Industrien konstituieren.

(Hartmut Häußermann, Großstadt, Springer, 2000, S. 79 / 80, gekürzt)

M 7 Global Player

Während in der Industrieproduktion eine gewisse Dezentralisierung stattgefunden hat, konzentrieren sich der Finanzsektor und die unternehmensbezogenen Dienstleistungen immer mehr auf wenige Zentren, die **Global Citys**. Städte wie New York, London und Tokio sind im Gefüge des weltweiten Städtenetzes die wichtigsten Steuer- und Kontrollzentren der globalisierten Wirtschaft, Headquarter-Standorte internationaler Organisationen und Agenturen sowie transnationaler Unternehmen, Sitz wichtiger Banken und Börsen, Drehscheiben des Flug- und Seeverkehrs. „Grenzenlos global" ist die Weltwirtschaft daher bis heute nicht und weltweit unbeschränkten Freihandel hat es noch nie gegeben. Auch ist die Struktur des **Welthandels** trotz der aufstrebenden Wirtschaftsmacht China immer noch stark geprägt von der bislang dominierenden „Triade" (USA – EU – Japan).

Im Bestreben, das volkswirtschaftliche „magische Viereck" (Vollbeschäftigung, stabiles Preisniveau, Wirtschaftswachstum, außenwirtschaftliches Gleichgewicht) zu erfüllen, pendeln nationale und internationale Wirtschaftspolitiken zudem oft zwischen Liberalismus und **Protektionismus** hin und her. Als Gegenströmung zur scheinbar ungehemmten Globalisierung ergibt sich so eine Fragmentierung der Weltwirtschaft, denn regionale Wirtschaftsbündnisse wie die Europäische Union gewinnen an Bedeutung.

M 10 Globalisierung versus Fragmentierung

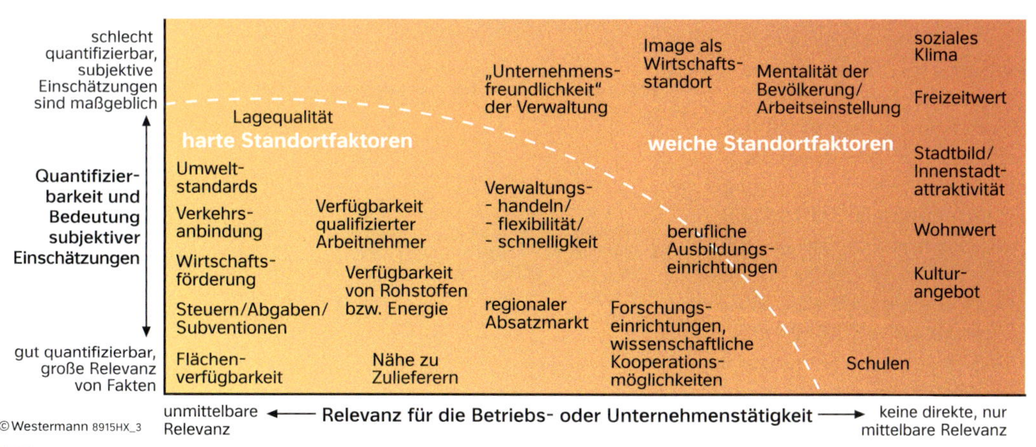

Standortfaktoren sind Gründe, weshalb sich ein Unternehmen an einem bestimmten Standort befindet oder ansiedelt. Eine Standortanalyse umfasst daher Untersuchungen der harten und weichen Standortfaktoren der Mikrostandorte mit lokalem Bezug bzw. der Makrostandorte innerhalb größerer Regionen (z. B. Rhein-Main-Gebiet, Bayern, Deutschland, EU).

M 8 Harte und weiche Standortfaktoren

Veränderung von Raumstrukturen – das Beispiel Silicon Valley

Das Silicon Valley ist kein Tal, es ist eine Bezeichnung für eine mehrere Countys umfassende Region im Süden der San Francisco Bay Area. Im weiteren Sinn gehören dazu auch San Francisco sowie der Osten der Bay von Berkeley über Oakland bis Fremont. Im Silicon Valley sind rund dreißig der umsatzstärksten Unternehmen der USA (2020) angesiedelt. Weshalb ist das weltweit führende Hightechzentrum gerade hier entstanden?

1 Beschreiben Sie die Geschäftsfelder einiger Ihnen bekannter Unternehmen (M1).

2 Charakterisieren Sie die Entwicklung der das Silicon Valley stark prägenden Kommunikationstechnologie (M2 – M4).

3 Analysieren Sie die Erwerbstätigkeitsbereiche im Silicon Valley und in San Francisco (M5).

4 **a)** Arbeiten Sie die Kernaussagen der Standorttheorie von Richard Florida heraus (M6).
b) Überprüfen Sie die Kernaussagen von Floridas Standorttheorie (M7 – M10).

Im Silicon Valley hat sich innerhalb weniger Jahrzehnte eine einzigartige Konzentration und Vielfalt hochinnovativer Unternehmen der unterschiedlichsten Hightechbranchen, unter anderem der Biochemie, Gen- und Medizintechnik, entwickelt. Ein wichtiger Treiber war von Beginn an die **Kommunikationstechnologie**, die für das Erfassen, Verarbeiten und die Weitergabe von Daten notwendige Hard- und Software produziert. Infolge von Innovationen und mit der Digitalisierung eines großen Teils der globalen Wirtschaft wurden immer weitere Bereiche durchdrungen.

Als Keimzelle des Silicon Valley gilt die 1891 in einem damals agrarischen Intensivgebiet gegründete Stanford University. Deren Absolventen William R. Hewlett und David Packard entwickelten bereits in den 1930er-Jahren in einer Garage bei San Francisco den Vorläufer des ersten Personalcomputers (PC). Wichtige Impulse für die wirtschaftliche Entwicklung der Region waren aber auch Rüstungsaufträge im Zweiten Weltkrieg und danach, denn die Waffensysteme enthielten immer mehr Elektronik. Hinzu kam die Weiterentwicklung der für den Bau mikroelektronischer Baugruppen wichtigen Halbleiter aus Silizium durch den Mitbegründer des Transistors, William Bradford Shockley.

Die Errichtung des Stanford Industrial Park 1951, eines Forschungs- und Industriezentrums, ermöglichte Mitarbeitern der Universität, von Forschungseinrichtungen oder von Elektronikfirmen verschiedene Spin-offs (Ableger) zu gründen – kleine innovative Start-up-Unternehmen. Diese entwickelten mit ihrem technologischen und wirtschaftlichen Knowhow sowie viel Eigeninitiative und unterstützt von Risikokapital spezialisierte Produkte und Dienstleistungen. Manche erreichten rasch eine Monopolstellung, übernahmen Konkurrenten oder erweiterten mit Aufkäufen ihr Geschäftsfeld. Ohne die Globalisierung der Märkte, die hohe Mobilität von Talenten und Kapital wäre diese stürmische Entwicklung kaum möglich gewesen. Aber auch der spezifische „Spirit" des Silicon Valley war wichtig. Er vereint für viele dort Agierende, für viele Menschen, die sich mit dem Silicon Valles beschäftigen oder sich davon angezogen fühlen, Kompetenz, Innovation und Kreativität, Flexibilität und Schnelligkeit, Mut und Akzeptanz des Scheiterns und ist getrieben von der Überzeugung, die Welt verbessern zu können. Vergessen werden dabei z. T. diejenigen, die nicht mithalten können.

M 2 Basisinformation

M 1 Im Silicon Valley ansässige Unternehmen (Auswahl)

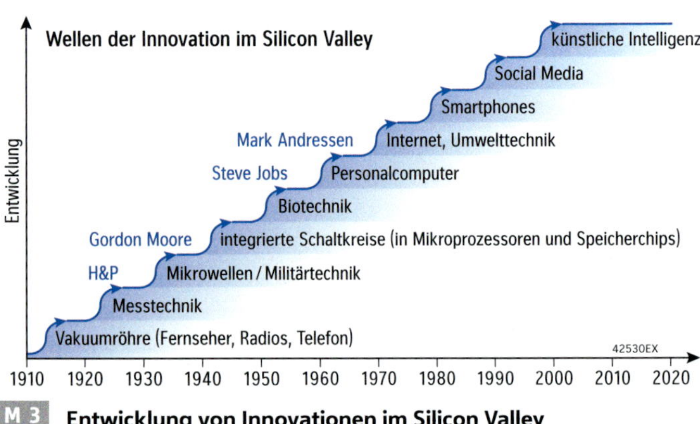

M 3 Entwicklung von Innovationen im Silicon Valley

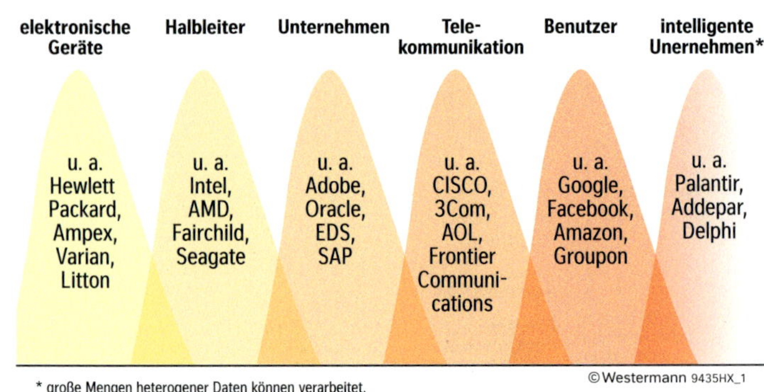

M 4 Technologische Trends im Silicon Valley

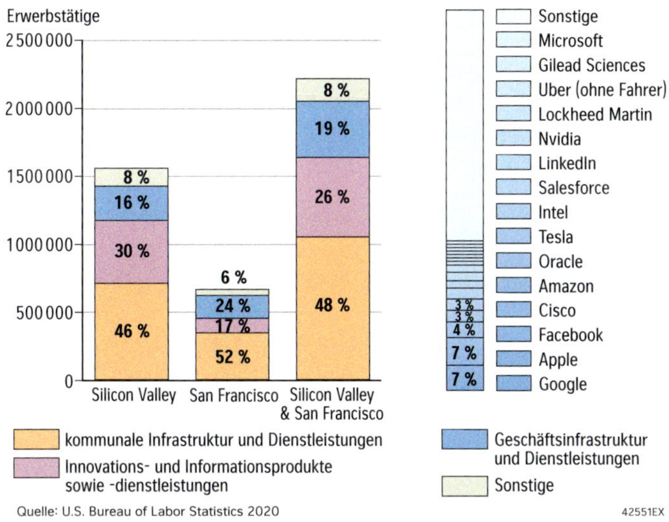

M 5 Hauptbereiche der Erwerbstätigkeit im Silicon Valley (2020)

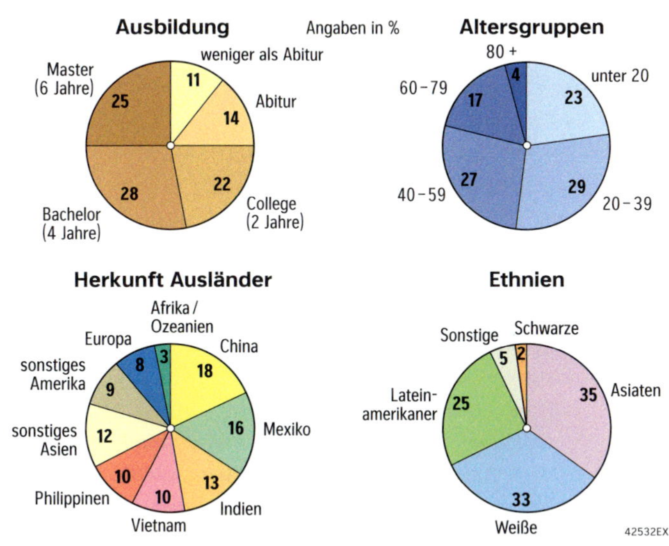

M 7 Bevölkerung des Silicon Valley (2020)

Der US-amerikanische Wirtschaftswissenschaftler Richard Florida entwickelte 2002 eine Theorie zum Wirtschaftswachstum eines Standortes. Danach sind die kreativen Köpfe und die von ihnen ausgehenden Innovationen entscheidend für dessen ökonomisches Wachstum. Die Tätigkeit der drei von Florida benannten Gruppen von Kreativen unterscheidet sich nach ihm von der Tätigkeit jener Menschen, die vor allem vorbestimmte Tätigkeiten routinemäßig und an festen Arbeitsplätzen ausführen.

Zu den Kreativen zählt er:

- den kreativen Kern (u. a. Wissenschaftler, Lehrende, Unternehmer),
- die kreativen Professionellen (u. a. Manager, Anwälte, Ärzte, Facharbeiter),
- die Bohemians (u. a. schaffende Künstler, Publizisten).

Kreativität entwickelt sich nach Florida besonders dort, wo sich die sogenannten „drei T“ möglichst ungehindert entfalten können:

- *Technologie:* Der intensive Umgang insbesondere mit innovativen Zukunftstechnologien, wie z. B. in den Bereichen Information, Telekommunikation, Medien oder Biochemie, ist stets Voraussetzung und Begleiterscheinung für kreative Milieus.
- *Talente:* Neben den Investitionen in den regionalen Bildungssektor und der Anzahl gut ausgebildeter Menschen ist deren Fähigkeit zu innovativem und kreativem Handeln entscheidend.
- *Toleranz:* Ein Milieu der Offenheit und Vielfalt, das von verschiedenen kulturellen Impulsen und dem Aufeinandertreffen unterschiedlicher Persönlichkeiten geprägt ist, erhöht die Anziehungskraft von Regionen und besitzt daher eine Schlüsselrolle.

Kreativität und die Offenheit für das „Andere“ sowie das „Fremde“ beeinflussen sich nach Florida gegenseitig. Die Vielzahl an kreativen Talenten erzeugt eine innovationsfreudige Stimmung, die Unternehmen aus wissensintensiven Dienstleistungsbereichen und Zukunftstechnologien anzieht. Zusammen mit einer weltoffenen und toleranten Regionalkultur erhöht dies auch die Anziehungskraft und Attraktivität einer Region und lockt weitere hochqualifizierte Talente an.

Eine regionale Clusterbildung des kreativen Milieus bildet nach Florida daher das Erfolgsrezept für überdurchschnittliches wirtschaftliches Wachstum, für Wohlstand und für internationale Wettbewerbsfähigkeit von Wirtschaftsstandorten.

M 6 Standorttheorie nach R. Florida

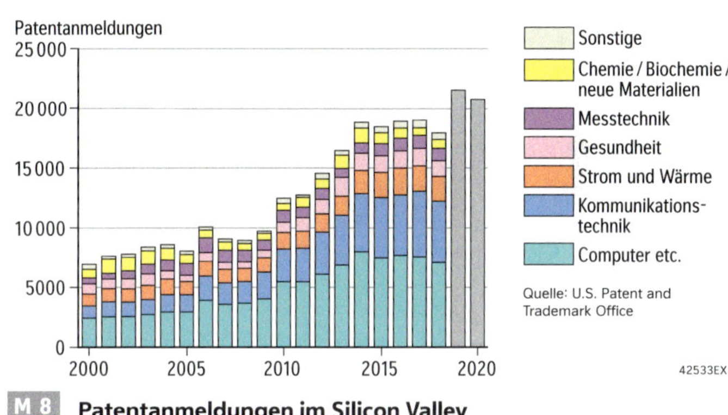

M 8 Patentanmeldungen im Silicon Valley

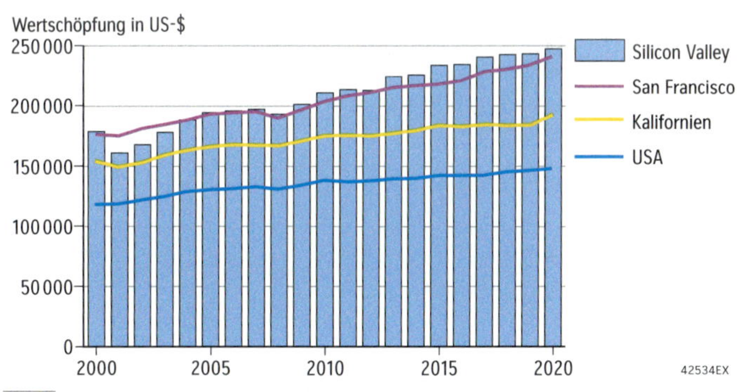

M 9 Wertschöpfung pro Mitarbeiter

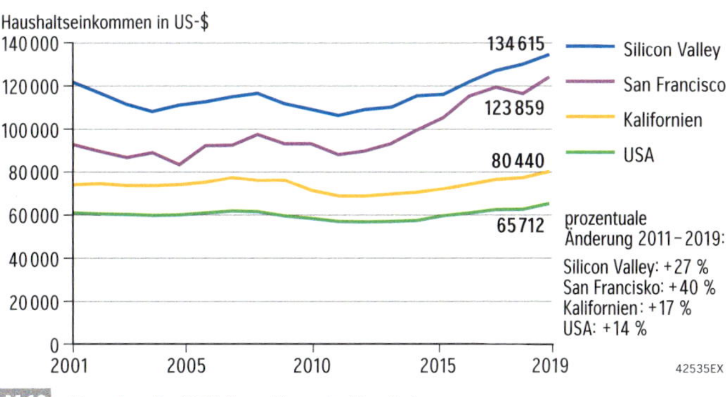

M 10 Durchschnittliches Haushaltseinkommen

Netze und Standorte der globalisierten Kommunikationstechnologie

Die Besiedlung, die Bevölkerung, die Wirtschafts- und Infrastruktur des Silicon Valley haben sich im Verlauf seiner Entwicklung erheblich verändert. Seine globale hat aber auch in vielen anderen Regionen Veränderungen hervorgerufen. Welche Prozesse und Strukturen sind dabei erkennbar?

1 Beschreiben Sie die dargestellte Landschaft (M1).

2 **a)** Charakterisieren Sie die mit dem Produktlebenszyklus verbundenen Prozesse (M4).
b) Überprüfen Sie, inwieweit das Modell des Produktlebenszyklus auf Apple-Produkte zutrifft (M1, M5).

3 **a)** Analysieren Sie die globalen Datenstränge und die Verteilung der Server von Google (M3, M8).
b) Nennen Sie die Standortanforderungen an globale, wichtige Rechenzentren (M3, M6 – M8).

4 Gestalten Sie eine bebilderte Zusammenschau zum Thema Informations- und Kommunikationstechnologie.

Entwickler von Software sowie Anbieter von Social Media und anderen Diensten, wie z. B. Google in Mountain View oder Facebook in Menlo Park, benötigen neben geeignetem Personal eine global vernetzte technische Infrastruktur sowie leistungsfähige Server und Datenleitungen. Unternehmen wie Apple, die auch Hardware entwickeln und produzieren, brauchen zusätzlich Produktionsstätten. Hinsichtlich Produktion und Beschäftigung ähneln sich die Raummuster der Informations- und Kommunikationstechnologie: Ein Großteil der Forschung, Entwicklung und der Highendproduktion erfolgt in den Ländern des Nordens, die Routineaufgaben verlagern sich aber in periphere Regionen (Ost-, Südostasien). Ausnahmen von dieser **internationalen Arbeitsteilung** bilden das „Silicon Plateau" von Bangelore (Indien) oder der „Multimedia Super Korridor" bei Kuala Lumpur (Malaysia), der die steuervergünstigten Investitionen von Microsoft, Sun Systems, Nippon Telegraph und IBM anzog.

M 2 Basisinformation

Das von Steve Jobs, Steve Wosniak und Ron Wayne 1976 als Garagenfirma gegründete IT-Unternehmen Apple hat im Lauf seiner Unternehmensgeschichte immer wieder technologische Führung errungen, u. a. mit dem iPhone, das erstmals Internet, verschiedene Anwendersoftware und Telefonie in einem Mobilgerät integrierte. Die Apple-Hardwareprodukte werden jedoch innerhalb eines globalen Netzwerks mit Schwerpunkt in China hergestellt.

M 1 Das „Raumschiff" – Apple-Headquarter in Cupertino

Das populäre, luftige Bild einer „Cloud" stimmt so nicht: Alle Daten lagern an physischen Orten, die durch armdicke Kabel mit Kupfer- oder Lichtwellenleitern verbunden sind. Drahtlose Techniken und Satelliten spielen beim raschen globalen Transport großer Datenmengen kaum eine Rolle. Die meisten Kabel verlaufen in der Tiefsee und hatten 2019 bereits eine Länge von rund 1,2 Millionen Kilometer.

• Landestation
— Unterseekabel

Quelle: Telegeography 2020

0 2000 4000 km

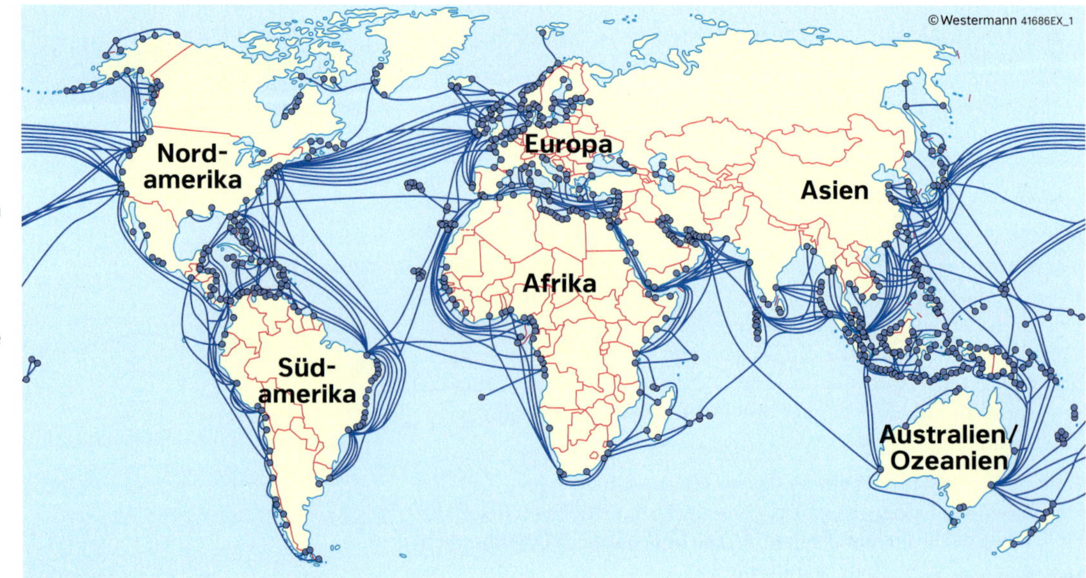

M 3 Vernetzte Welt (Unterseekabel 2019)

Alle in der Information- und Kommunikationstechnologie tätigen Unternehmen bringen in rascher Folge immer wieder neue Produkte auf den Markt. Die meisten haben nur eine begrenzte Lebensdauer. Sie durchlaufen dabei einen mehrphasigen Lebenszyklus, in dessen Phasen sich die Produktionsbedingungen, das Marktumfeld und die Relationen zwischen Kosten und Erlös erheblich ändern. Dadurch kann es im Laufe des Produktlebenszyklus auch zu Neubewertungen und Verlagerungen von Produktionsstandorten kommen, an denen aber auch Komponenten von anderen Standorten verarbeitet werden können.

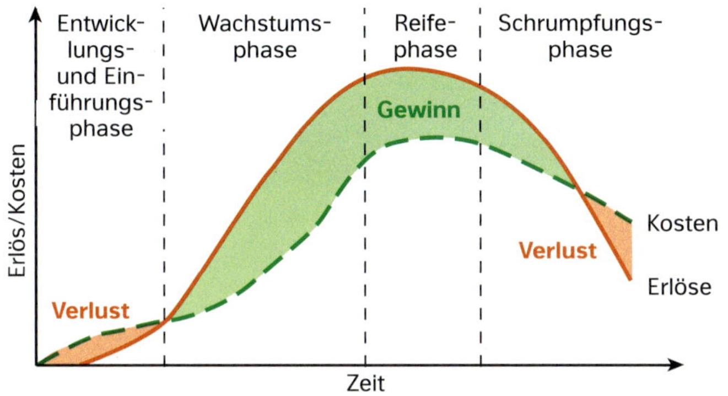

	Entwick-lungs- und Ein-führungs-phase	Wachs-tums phase	Reife-phase	Schrump-fungs-phase
qualifizierte Arbeitskräfte	++	+	0	0
hochwertige Infrastruktur	++	+	0	0
Agglome-rationsvorteile (Zulieferer, Dienste)	+	++	0	0
Marktnähe	+	++	+	0
billige Arbeitskräfte	0	0	++	++
niedrige Standortkosten (Betriebsgelände, Abgaben)	0	0	++	++

++ = sehr wichtig; + = wichtig; 0 = weniger wichtig

Veränderung ——→ Zeit				
Produktion	humankapital-intensiv		sachkapital- und arbeitsintensiv	
Innovationen	Produktinnovationen		Prozessinnovationen	
Investitionen	F&E-Investionen		Rationalisierungs-investionen	
Produktions-menge	kleine Losgrößen		Massenproduktion	
Wettbewerbs-struktur	sehr we-nige Kon-kurrenten	Eintritt neuer Konkur-renten	Verdrän-gung schwä-cherer Kon-kurrenten	Sterben einiger Konkur-renten
Gewinne/ Verluste	Verlust	anstei-gende Gewinne	abnehmen-de Gewinne	Verlust
optimaler Produktions-standort	Agglome-rations-raum	Umland der Agglo-meration	periphere Regionen, Niedriglohnländer	

M 4 Veränderungen im Produktlebenszyklus

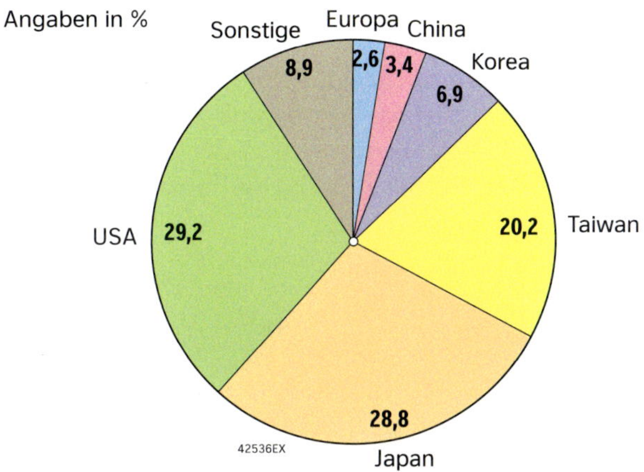

M 5 Beiträge verschiedener Staaten zu einem iPhone 7

Die Informations- und Kommunikationstechnologie benötigt eine wachsende materielle Infrastruktur. Dafür geeignete Standorte werden nach ganz unterschiedlichen Kriterien (Energie, Datenschutzregelungen, Arbeitskräftepotenzial, Kühlmöglicheit etc.) ausgewählt. In der Rangliste belegen die USA mit 41 Prozent aller Rechenzentren Platz 1, Deutschland mit 9 Prozent bereits Platz 2.

Das 2011 im finnischen Hamina von Google in Betrieb genommene Rechenzentrum wurde auf dem Gelände einer alten Papierfabrik mit bereits vorhandener Infrastruktur errichtet, konnte auf geeignete Arbeitskräfte zurückgreifen und verfügt über ein damals einzigartiges, nachhaltiges Kühlsystem, das mit Meerwasser aus dem Finnischen Meerbusen gespeist wird.

M 6 Standortwahl für Rechenzentren

M 7 Google-Rechenzentrum in Eemshaven (Niederlande)

M 8 Google-Rechenzentren im Jahr 2020 (Serverstandorte)

Veränderung von Raumstrukturen im Globalisierungsprozess – das Beispiel Vietnam

Als Tigerstaaten gelten die Staaten in Ost- und Südostasien, die sich aus eigener Kraft – wie ein Tiger mit einem gewaltigen Sprung – innerhalb kurzer Zeit vom Entwicklungsland zum Schwellenland und dann zum Industrieland entwickelten und sich dabei zunehmend in den Weltmarkt integrierten. Welche Strategien und Maßnahmen setzt die Sozialistische Republik Vietnam in diesem Transformationsprozess ein?

1 Beschreiben Sie die Abbildung (M1).

2 a) Arbeiten Sie wichtige Etappen in der wirtschaftlichen Entwicklung Vietnams heraus (M3).
b) Arbeiten Sie Strategien und Maßnahmen des Transformationsprozesses heraus (M2 – M8).

3 1959 entstand im irischen Shannon die erste moderne Sonderwirtschaftszone. Mittlerweise gibt es davon je nach Definition (z. B. freie Produktionszone, Freihandelszone) weltweit zwischen 2500 bis 5300.
Erläutern Sie die Besonderheiten solcher Einrichtungen (M1, M7, M9).

M1 Vietnam – ein neuer Tiger?

Vietnam wurde nach dem 2. Weltkrieg geteilt und erst 1975 wieder vereint, als der kommunistische Norden den von den USA unterstützten demokratischen Süden besiegt hatte. Nach Jahrzehnten von Kriegen und kommunistischer Planwirtschaft war Vietnam zu Beginn der 1980er-Jahre eines der ärmsten Länder Asiens.

Seit 1986 verfolgt die Kommunistische Partei in dem Einparteienstaat jedoch eine als Doi Moi (Erneuerung) bezeichnete liberale Wirtschaftspolitik. Seitdem befindet sich die Sozialistische Republik Vietnam in einem rasanten wirtschaftlichen Aufholprozess und vollzieht eine Transformation von einer Zentralverwaltungswirtschaft zu einer sozialistischen Marktwirtschaft. Wie in China gilt dabei das Prinzip der „Zwei Systeme", eine Wirtschaftsstruktur mit teilweise immer noch gelenkten Staatsbetrieben einerseits und Privatunternehmen andererseits. Letztere sind vor allen ausländische Unternehmen, die meist in besonders ausgewählten Wirtschaftsregionen angesiedelt sind.

Doi Moi hat in Vietnam einen fortschreitenden Strukturwandel und ein rasantes Wirtschaftswachstum ausgelöst und das Land zu einem attraktiven Investitionsstandort für internationale Unternehmen werden lassen. Im Zuge der Doi-Moi-Politik entstanden zunächst sieben Wirtschaftszonen – vor allem in Nordvietnam. Sie sollten Zentren der Politik, der Wirtschaft, der Kultur und Wissenschaft sowie der Technologien in Vietnam werden. Später kamen weitere, teilweise speziell ausgerichtete Sonderwirtschaftszonen hinzu – im Hinterland und an der Küste. Alle verfügen über eine gute Infrastruktur, sind an die wichtigsten Verkehrswege angeschlossen. Die Zonen im Landesinnern weisen mit ihren einzigartigen Landschaften auch ein großes Tourismuspotenzial auf.

Die Sonderwirtschaftszonen sind das zentrale Instrument der Wirtschaftsförderung Vietnams und sollen als „Reformtestzentren" über Rückkoppelungseffekte indirekt Innovation, Technologie- und Wissenstransfer für die gesamte Volkswirtschaft vorantreiben. 40 Prozent der ausländischen Direktinvestitionen fließen dorthin. Vor allem Unternehmen aus Südkorea und Japan investierten Milliarden in Vietnam. Aber auch der niedrige Ölpreis, die geringe Arbeitslosigkeit und die niedrigen Zinsen für Kredite treiben die wirtschaftliche Entwicklung voran. Die Einbindung Vietnams in diverse Freihandelsabkommen wird ebenfalls dazu beitragen.

M2 Basisinformation

1986	Doi-Moi-Politik (marktwirtschaftliche Reformen, Öffnung)
1988	volle wirtschaftliche Souveränität von Bauern auf gepachtetem Boden; Verabschiedung eines liberalen Gesetzes über Auslandsinvestitionen im Land
1998	Freigabe der Preise für Waren und Dienstleistungen (Ausnahme: Energie, Mieten, Medikamente)
1990	Zulassung privater Banken; Platz 2 Kaffee exportierender Länder
1991	Einrichtung von Export Processing Zones (Befreiung von Gewinnsteuern)
1995	Einführung Sozialversicherungsfonds; Beitritt zur ASEAN
1996	Kooperationsvertrag mit der EG (heute EU)
2000	Handelsabkommen zwischen Vietnam und den USA; Unternehmensgesetz zur Gewerbefreiheit, Folge: Gründung von 50 000 neuen Betrieben
2001	Privatunternehmen werden Staatsbetrieben gleichgestellt
2005	Bau der ersten Raffinerie mithilfe einer französischen Firma
2007	Beitritt zur Welthandelsorganisation (WTO)
2014	Aufhebung des Waffenembargos durch die USA
2015	Freihandelsabkommen mit der EU; Freihandelsabkommen TPP (Trans-Pacific Partnership)
2016	Regierung verfügt lohndämpfende Maßnahmen, um die durch inländischen Konsum wachsenden Importe zu reduzieren
2018	Erneuerung des TPP, Erweiterung zum CPTPP (Comprehensive and Progressive Agreement for Trans-Pacific Partnership); erstmals Widerstände der Bevölkerung gegen Errichtung weiterer Sonderwirtschaftszonen, in denen die Marktwirtschaft „getestet" wird; Investoren sollen Land für 99 Jahre pachten können, Demonstranten fürchten einen „Ausverkauf" des Landes v. a. an chinesische Investoren
2019	Freihandels- und Investitionsschutzabkommen mit der EU
2020	größte **Freihandelszone** der Welt: Regional Comprehensive Economic Partnership (RCEP)

M3 Etappen der Wirtschaftsentwicklung (Auswahl)

Viele Staaten des asiatisch-pazifischen Wirtschaftsraums verfolgten eine Industrialisierungsstrategie, die sich am Modell der nacheinander startenden Fluggänse sowie am Modell des Produktlebenszyklus orientierte und einen ständigen Strukturwandel verursachte. Dabei ging einer starken Exportorientierung oft eine importsubstituierende Phase voraus, in der Importe durch eigene Produkte ersetzt wurden. Dadurch konnten die einheimische Wirtschaft gefördert und einheimische Märkte vor ausländischer Konkurrenz geschützt werden (Protektionismus). Nach diesem Modell übernahm Japan als wirtschaftlicher Vorreiter die Rolle der Leitgans. In den 1970er-Jahren folgten Südkorea, Singapur, Hongkong und Taiwan (2. Generation). Mit fortschreitender Entwicklung und steigenden Arbeitskosten verlagerten diese vier „kleinen Tiger" ihrerseits ihre Produktion in weniger entwickelte Nachbarstaaten, sodass in den 1980er-Jahren die Entwicklung auf Malaysia, Indonesien, Thailand und die Philippinen übergriff (3. Generation). Dort allerdings dominierte die Exportorientierung von Beginn an.

M 4 Industrialisierung in asiatischen Entwicklungs- und Schwellenländern

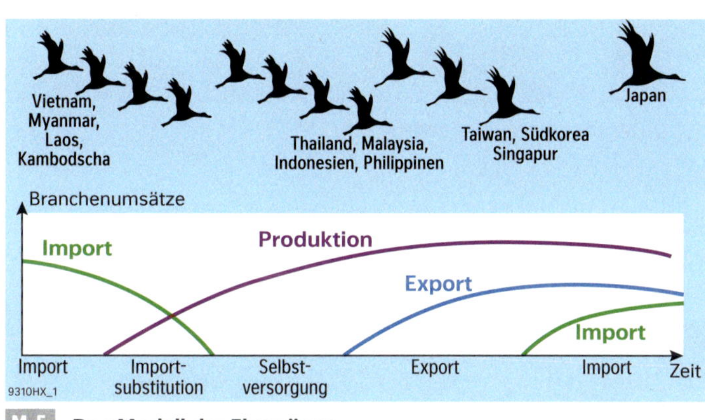

M 5 Das Modell der Fluggänse

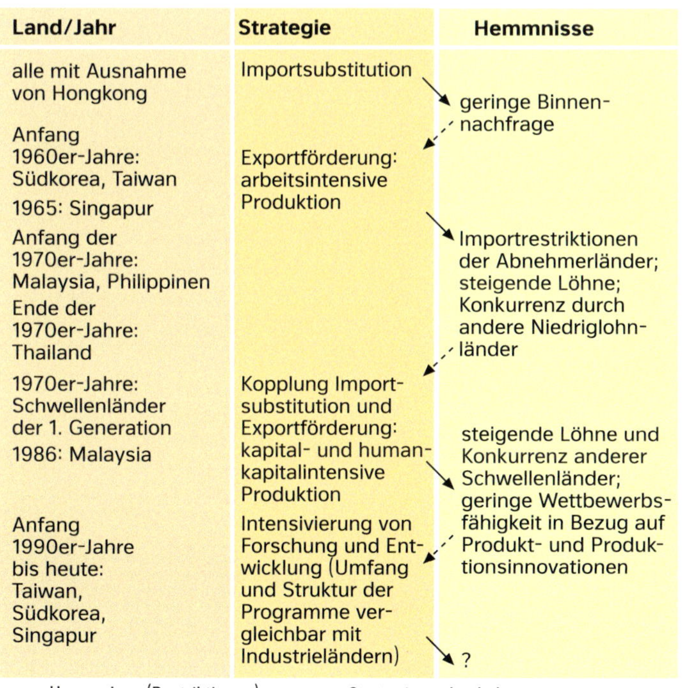

Land/Jahr	Strategie	Hemmnisse
alle mit Ausnahme von Hongkong	Importsubstitution ↘	geringe Binnennachfrage
Anfang 1960er-Jahre: Südkorea, Taiwan 1965: Singapur Anfang der 1970er-Jahre: Malaysia, Philippinen Ende der 1970er-Jahre: Thailand	Exportförderung: arbeitsintensive Produktion ↘	Importrestriktionen der Abnehmerländer; steigende Löhne; Konkurrenz durch andere Niedriglohnländer
1970er-Jahre: Schwellenländer der 1. Generation 1986: Malaysia	Kopplung Importsubstitution und Exportförderung: kapital- und humankapitalintensive Produktion ↘	steigende Löhne und Konkurrenz anderer Schwellenländer; geringe Wettbewerbsfähigkeit in Bezug auf Produkt- und Produktionsinnovationen
Anfang 1990er-Jahre bis heute: Taiwan, Südkorea, Singapur	Intensivierung von Forschung und Entwicklung (Umfang und Struktur der Programme vergleichbar mit Industrieländern) ↘	?

← Hemmnisse (Restriktionen) der gewählten Strategie ⇠ Strategiewechsel als Reaktion auf Hemmnisse

9306HX_1

M 6 Industrialisierungsphasen in asiatischen Entwicklungs- und Schwellenländern

Zonen	Merkmale / Unternehmen
Industriezonen	für Unternehmen, die auf die Produktion von diversen industriellen Gütern spezialisiert sind sowie für Unternehmen, die Dienstleistungen für industrielle Güter anbieten
Exportverarbeitungszonen	auf die Produktion von Exportgütern spezialisierte Unternehmen sowie Dienstleister für die jeweilige Branche
Hightechzonen	Multifunktionszonen für Firmen, die Hightechwaren produzieren, Forschung und Entwicklung betreiben oder Personal für den Hightechbereich ausbilden
Sonderwirtschaftszonen	geographisch definierte Gebiete meist in strukturschwachen Regionen, in denen Investoren bestimmte Privilegien seitens des Staates gewährt werden (Steuervergünstigungen, verbesserte Landnutzungsrechte)

M 7 Wirtschaftszonen in Vietnam

M 8 Vietnam – Werkbank der Bekleidungsindustrie

Sonderwirtschaftszonen sind abgeschirmte Areale in meist hochregulierten oder wenig entwickelten Wirtschaftssystemen und werden als Instrumente zur beschleunigten Industrialisierung eingerichtet. Ihr Konzept ist einfach: Um die dringend benötigten Devisen zu bekommen, um hohe Arbeitslosigkeit zu bekämpfen und in der Hoffnung auf Sickereffekte werden ausländischen Unternehmen großzügige Zugeständnisse und Angebote gemacht – Steuerbefreiungen, die zollfreie Einfuhr von Kapital und Rohstoffen sowie ein freier Gewinntransfer für die in erster Linie für den Weltmarkt produzierenden, ausländischen Firmen, die zudem meist an nationale Rechte wenig gebunden sind. In diesen autonomen, kapitalistischen Produktions- und Handelsoasen wird die Infrastruktur oft kostenlos bereitgestellt und Betriebsgebäude sowie Unterkünfte für die Beschäftigten billig angeboten.

Neben all diesen Vorteilen liegt der Hauptanreiz für Investoren in der durch die hohe Arbeitslosigkeit verursachten Arbeitswilligkeit der Einheimischen und in den somit niedrigen, konkurrenzfähigen Lohnkosten. Insbesondere arbeitsintensive Branchen nutzen diese Art der internationalen Arbeitsteilung. Trotz zunehmenden Drucks nach Einhaltung der Kernarbeitsnormen der Internationalen Arbeitsorganisation (ILO) reicht der gezahlte Mindestlohn jedoch oft kaum aus, um die Grundbedürfnisse der Arbeiter zu befriedigen.

M 9 Sonderwirtschaftszonen

Transformationsprozesse im Zeitalter der Globalisierung – Vietnams Zwischenbilanz

Vietnams Volkswirtschaft verzeichnet seit Mitte der 1980er-Jahren ein stabiles Wirtschaftswachstum mit hohen Zuwachsraten und gilt als eine der dynamischsten Volkswirtschaften in Asien. Durch verschiedene Freihandelsabkommen ist Vietnam zudem als Produktionsstandort, Absatz- und Bezugsmarkt immer erfolgreicher geworden. Inwiefern kann der Transformationsprozess als insgesamt gelungen bezeichnet werden?

1 Beschreiben Sie die Straßenszene (M1).
2 Charakterisieren Sie Vietnams Wachstumsmodell (M2).
3 Ordnen Sie das Beispiel Schuhherstellung (M3) in das Modell der Fluggänse (S. 153 M5) sowie in das Modell des „Produktlebenszyklus" (S. 151 M4) begründet ein (M4).
4 Charakterisieren Sie die Wirtschaftsregionen Vietnams (M9).
5 a) Arbeiten Sie die Erfolge der Doi-Moi-Politik in Vietnam heraus (M2, M4 – M7, M9, M10).
  b) Arbeiten Sie die weiterbestehenden Probleme in Vietnam heraus (M2, M3, M8).
6 Beurteilen Sie abschließend folgende Aussage: „Vietnam ist vielleicht ein Tiger, ist aber bisher noch nicht weit genug gesprungen."

M1 Straßenszene in Vietnam

Trotz der Covid-19-Pandemie hat Vietnam als eines der wenigen Länder der Welt das Jahr 2020 mit einem wirtschaftlichen Wachstum beendet. Und insgesamt hat der Übergang von einer zentral geplanten zu einer Marktwirtschaft das Land innerhalb weniger Jahrzehnte von einem der ärmsten Länder der Welt in ein Land mit niedrigem mittlerem Einkommen verwandelt.

Dieser wirtschaftliche Erfolg beruht auf mehreren Faktoren: Dazu gehören neben der günstigen geographischen Lage des Landes niedrige Lohnkosten, eine arbeitswillige Bevölkerung sowie eine wachsende Inlandsnachfrage, die sich in den letzten Jahren aus hohen Einkommenszuwächsen, dem Bevölkerungswachstum und neu geschaffenen Arbeitsplätzen im sekundären und tertiären Wirtschaftssektor speiste. Hinzu kommt eine erfolgreiche Exportwirtschaft, die auch von öffentlichen Investitionen, einer liberalen Wirtschafts- und multilateralen Handelspolitik sowie von fortgesetzen staatlichen Reformen zur Verbesserung der wirtschaftlichen Rahmenbedingungen und von den Förderungen privater Investitionen profitiert.

Die Einbindung der Sozialistischen Republik Vietnam in ein Netz regionaler (ASEAN) und darüber hinausgehender Freihandelsabkommen (mit der Europäischen Union und mit Pazifikanrainerstaaten) macht das Land für multinationale Investoren zunehmend attraktiv, erhöht seine Bedeutung in globalen Wertschöpfungsketten und hilft ihm, die abnehmende Wettbewerbsfähigkeit bisheriger Industrien (z.B. in der Schuhproduktion) zu bremsen und weiterhin ein kräftiges Exportwachstum sicherzustellen.

Das auch von anderen Schwellenländern verfolgte exportorientierte Wachstumsmodell zeigt jedoch trotz ökonomischer Erfolge erhebliche Mängel und strukturelle Probleme im sozialen und ökologischen Bereich. Es wird daher für die zukünftige Entwicklung wichtig sein, ob es dem Vietnam gelingt, die wirtschaftlichen Reformen durch Reformen der öffentlichen Verwaltung sowie der Gerichtsbarkeit zu unterstützen und eventuell auch eine Abkehr vom Einparteiensystem zu erlangen.

M2 Basisinformation

Milliarden exportierter Schuhe mit einem Eportwert von über 12 Milliarden US-Dollar machten Vietnam bis zum Ende der 2010er-Jahre hinter China zum weltweit zweitgrößten Schuhexporteur. Bei ausländischen Unternehmen ist Vietnam im Jahr 2021 als Standort für die Produktion im höheren Preissegment, u. a. bei Sportschuhen, beliebt. Doch auch hier herrscht auf dem Weltmarkt ein harter Konkurrenzkampf, der in der Vergangenheit in erheblichem Maße auf Kosten der meist weiblichen Beschäftigten erfolgte – mit den für frühkapitalistische Bedingungen typischen Erscheinungsformen wie Lohndruck und mangelhaften Arbeitsschutz.

Inzwischen hat die Regierung aber den Mindestlohn gemessen an der Arbeitsproduktivität überproportional angehoben, obwohl inländische Arbeitgeber vor dem Verlust der internationalen Wettbewerbsfähigkeit warnten. Eine Gefahr ist aber auch die Konkurrenz durch andere Niedriglohnländer wie Indonesien und Indien. Zudem kann im Zuge der Hochautomatisierung der Produktion insbesondere im mittel- und hochpreisigen Marktsegment eine computergesteuerte Einzelfabrikation entstehen, sodass der Lohnkostenvorteil beinahe entfällt. Dadurch würde die Schuhindustrie schrumpfen, in der gut eine Million Arbeitskräfte beschäftigt sind.

M3 Der Schuhproduzent

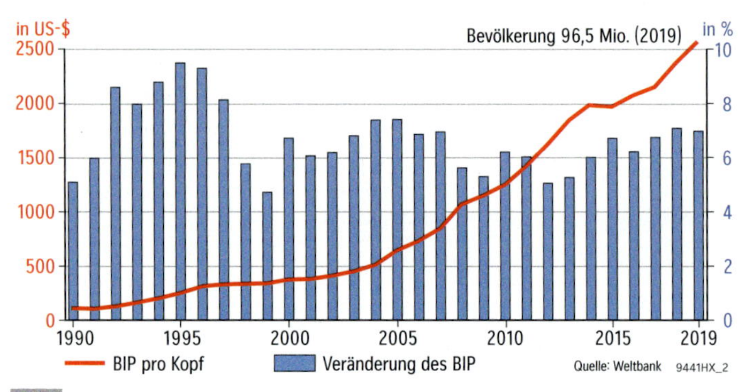

M4 Wirtschaftskraft und Wirtschaftswachstum in Vietnam

In den vergangenen Jahren ist Vietnam in der Wertschöpfungskette von Textilien und Bekleidung zu Mikrochips, Smartphones und anderer Elektronik aufgestiegen und profitierte dabei wegen geringerer Kosten (durchschnittlicher Monatslohn 270 US-$) und geringen Betriebsrisiken auch von der Verlagerung von Produktionsstätten aus China (z.B. Apple und seine Zulieferer Foxconn, Pegatron sowie Panasonic). Vietnam entwickelte sich so zu einem alternativen Produktionszentrum in Ost- und Südostasien. Das Land war das von Unternehmen am meisten favorisierte Land für Verlagerungen von Aktivitäten in Asien – vor Indien, Indonesien, Thailand, Malaysia.

Größter privater Auslandsinvestor ist der koreanische Technologiekonzern Samsung, der bis 2020 über 17 Milliarden US-Dollar an acht verschiedenen Standorten investiert hat, 2200 Personen allein in Forschung und Entwicklung in Vietnam beschäftigt und über 20 Prozent des vietnamesischen Ausfuhrvolumens beisteuert. Insgesamt sind ausländische Investitionen von großer Bedeutung für die vietnamesische Wirtschaft. Sie trugen 2020 zu den Steuereinnahmen 15 Prozent, zum Bruttoinlandsprodukt 20 Prozent und zu den Ausfuhren 70 Prozent bei.

M 5 Neue Standorte im Visier

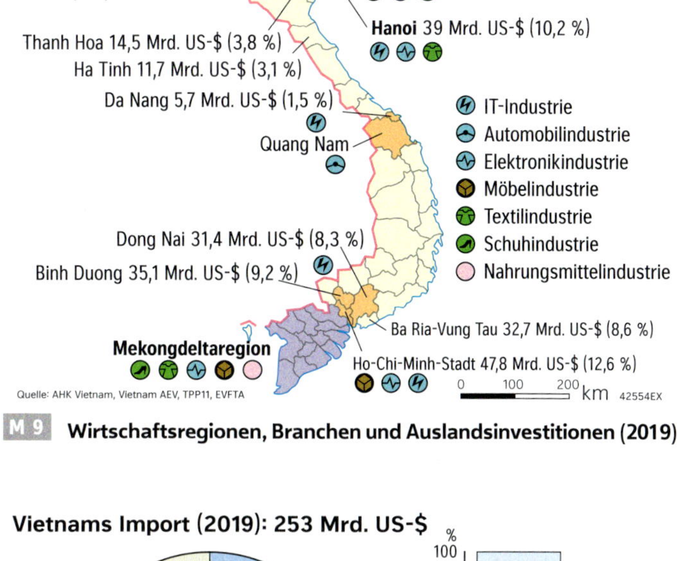

M 9 Wirtschaftsregionen, Branchen und Auslandsinvestitionen (2019)

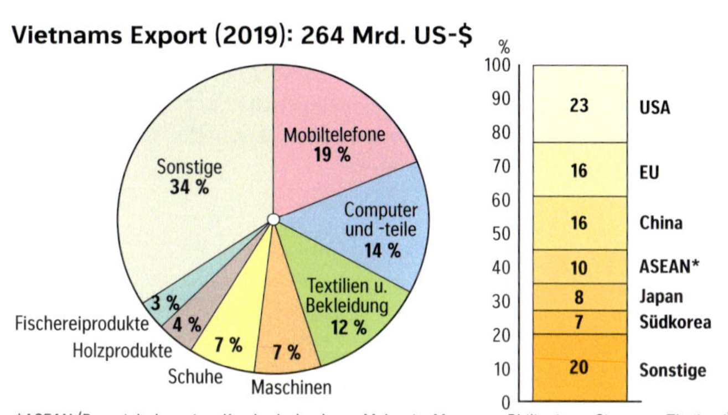

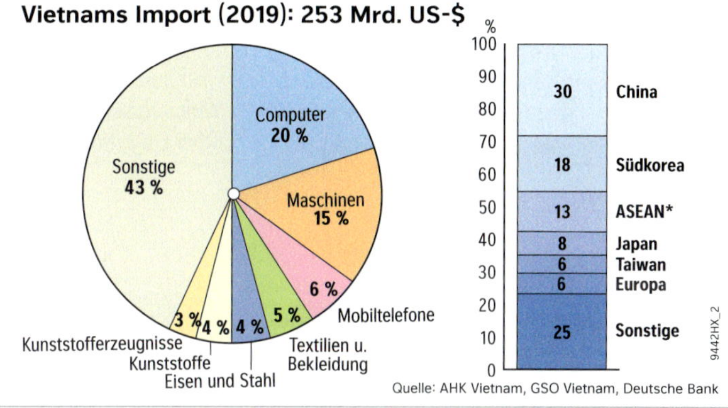

*ASEAN (Brunei, Indonesien, Kambodscha, Laos, Malaysia, Myanmar, Philippinen, Singapur, Thailand)

Quelle: AHK Vietnam, GSO Vietnam, Deutsche Bank

M 6 Der Außenhandel Vietnams

	primärer Sektor	sekundärer Sektor	tertiärer Sektor
1990	38,7 %	22,7 %	38,6 %
2000	22,7 %	34,2 %	43,1 %
2010	18,9 %	38,2 %	42,9 %
2020	16,0 %	37,0 %	46,0 %

(Quelle: Weltbank)

M 7 Anteil der Wirtschaftssektoren am Bruttoinlandsprodukt (BIP)

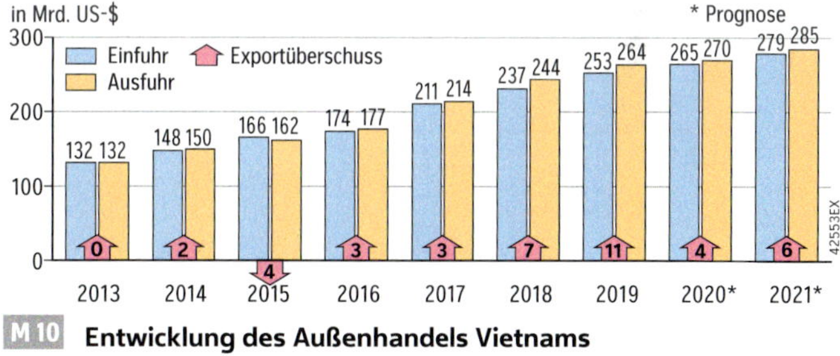

M 10 Entwicklung des Außenhandels Vietnams

Ökologie: In den letzten 30 Jahren hat sich die Bereitstellung von Basisdienstleistungen (Strom Wasser, Gesundheitsfürsorge) in Vietnam erheblich verbessert, auch wenn es besonders in den ländlichen Regionen noch Defizite gibt. Allerdings verdreifachte sich auch der Strombedarf in den letzten 10 Jahren. Er wird v.a. durch fossile Brennstoffe gedeckt, wodurch einer der weltweit am schnellsten wachsenden Treibhausgasemittenten pro Kopf entstand. Stark belastete Gewässer, lokale Landsenkungen aufgrund übermäßiger Grundwasserentnahme und die zunehmende Gefährdung der dicht besiedelten Deltaregionen entlang der Küste Vietnams infolge des Klimawandels sind weitere ökologische Probleme.
Ökonomie: Ausländischen Investoren dürfen Mehrheitsbeteiligungen an (nicht strategischen) vietnamesischen Unternehmen erwerben. Die Privatisierung teurer und ineffizienter Staatsbetriebe kommt aber nur langsam voran.

Es herrscht ein großer Mangel an qualifizierten Fachkräften, weil das Bildungswesen mit der schnellen wirtschaftlichen Entwicklung nicht mithalten konnte. Die technische Infrastruktur ist vielerorts unzureichend, Korruption dagegen weit verbreitet.
Soziales und Politik: Regierung, Parlament und Rechtsprechung werden von der Parteiführung kontrolliert. Rechte wie die Meinungs- und Versammlungsfreiheit können nicht frei ausgeübt werden, die Pressefreiheit ist stark eingeschränkt: Auf der Rangliste der Pressefreiheit stand Vietnam 2019 auf Platz 176 von 180 bewerteten Staaten. Auch gegen Internetnutzer wird streng vorgegangen – kritische Meinungsäußerungen in Blogs oder sozialen Medien werden nicht selten strafrechtlich verfolgt. Der vietnamesische Sicherheitsapparat verfügt über 10000 parteiloyale „Cyberaktivisten", deren Aufgabe darin besteht, Aussagen gegen die Regierung im Internet zu bekämpfen.

M 8 Folgen wirtschaftlichen Handelns unter vietnamesischen Bedingungen

Das Wichtigste in Kürze

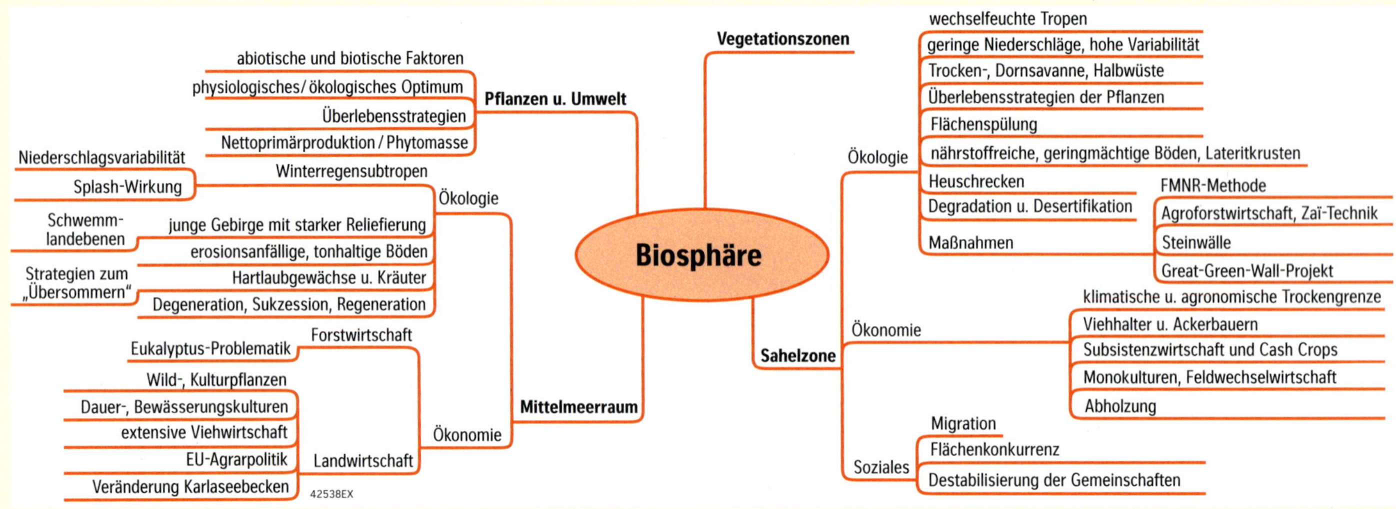

M 1 Mindmap zum Thema Biosphäre

Basisbegriffe der Biosphäre

Verbreitung der Ökosysteme in Abhängigkeit von Klima, Relief und Höhenlage (borealer Nadelwald, Halbwüste, Höhenstufe, Mangrove, Savanne, sommergrüner Laub- und Mischwald, Steppe, subtropisches Hartlaubgewächs, tropischer Regenwald, Tundra, Wüste), **Wirkungszusammenhänge / Folgen menschlicher Eingriffe in Ökosysteme** (Degradation, Desertifikation, forstwirtschaftliche Nutzung, Kulturpflanze, landwirtschaftliche Nutzung, Mittelmeerraum, Sahelzone, Sukzession, Wildpflanze)

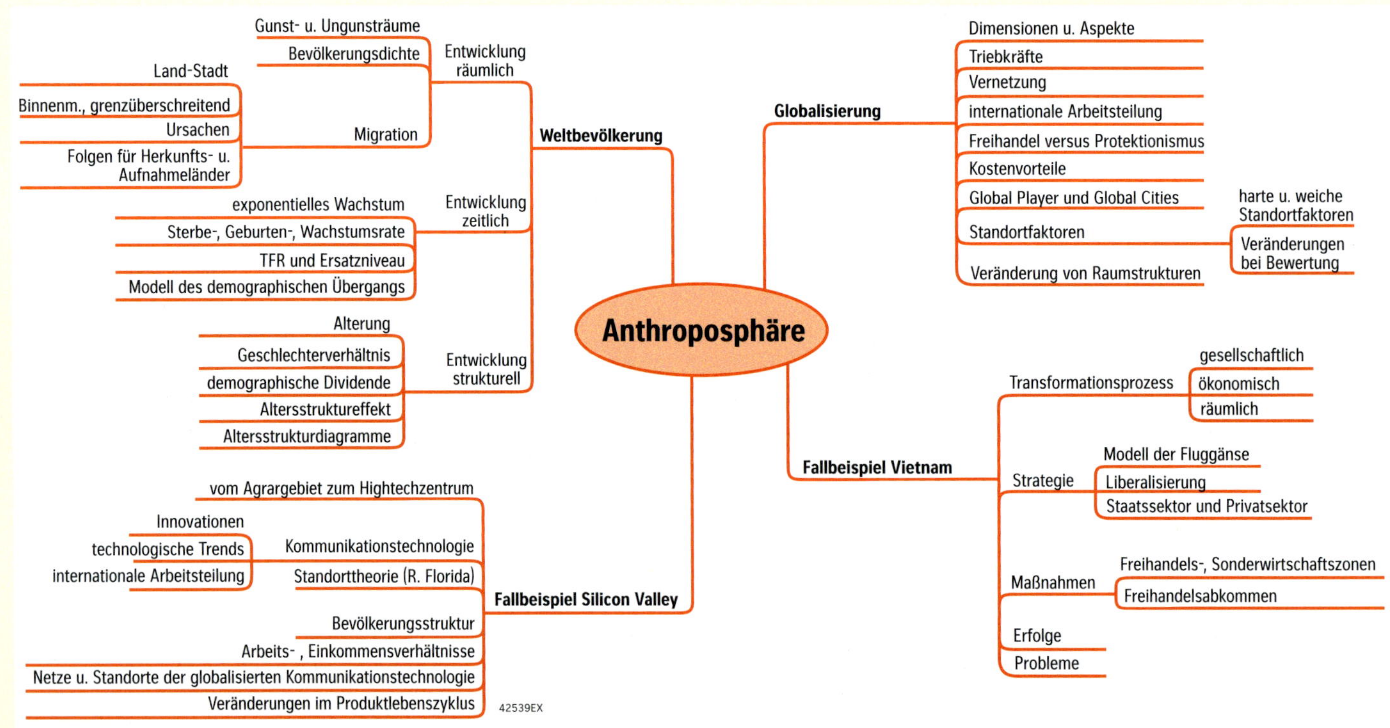

M 2 Mindmap zum Thema Anthroposphäre

Basisbegriffe der Anthroposphäre

Entwicklung der Weltbevölkerung, raumzeitlich, alters- und geschlechtsspezifische Struktur, resultierende Herausforderungen (Bevölkerungsentwicklung, Herausforderungen, wie z. B. Bevölkerungsdichte, Altersstruktur, Migrationsprozesse, Modell des demographischen Übergangs, Weltbevölkerung), **Veränderung von Raumstrukturen in ausgewählten Wirtschaftsregionen als Ergebnis wirtschaftlichen Handelns im Globalisierungsprozess** (Freihandel, Freihandelszone, Global City, Globalisierung, Global Player, internationale Arbeitsteilung, Kommunikationstechnologie, Protektionismus, Standortfaktor, Welthandel)

Klausurtraining

Durch Besiedlung und wirtschaftliche Nutzung hat die Menschheit die natürlichen Ökosysteme der Erde in nur wenigen Jahrhunderten dramatisch verändert. Ausmaß und Prozesse dieser Veränderungen sollen nachfolgend untersucht werden.

1 Arbeiten Sie Trends bei der Ausdehnung der Landnutzung heraus (M1).

2 Charakterisieren Sie die durch menschliche Nutzung bedingte Veränderung natürlicher Ökosysteme im Verlauf der letzten Jahrhunderte (M2).

3 Beurteilen Sie die Aussagekraft des Wirkungsgefüges zur Sahelzone (M3).

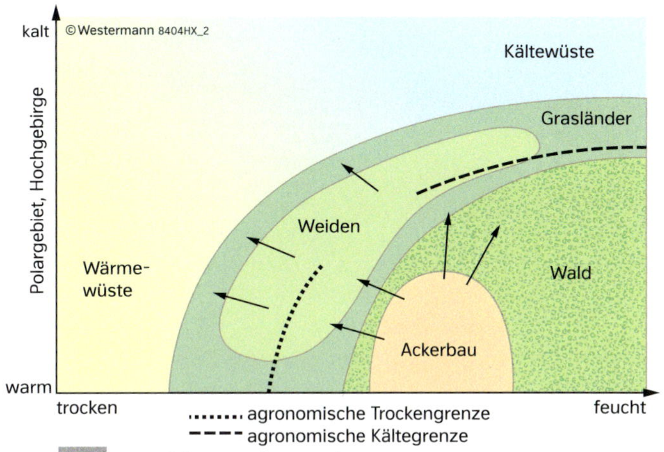

©Westermann 8404HX_2

kalt – Polargebiet, Hochgebirge – warm

trocken – feucht

Kältewüste

Grasländer

Weiden

Wärme-wüste

Wald

Ackerbau

agronomische Trockengrenze

agronomische Kältegrenze

M 1 Ausdehnung der Landnutzung

©Westermann 42619EX

Flächennutzung weltweit, in % der eisfreien Fläche

Besiedlung
- dicht besiedelt, v. a. städtisch
- vorwiegend Reisfeldbau und Siedlungen
- Dörfer, Ackerland, vorwiegend Regenfeldbau

Weideland
- intensive Weidewirtschaft
- extensive und abgelegene Weidewirtschaft

naturnah
- Wald

natürlich
- Ödland und Urwälder

ungenutzt – naturnah – genutzt

2000, 1900, 1800, 1700

0, 25, 50, 75, 100

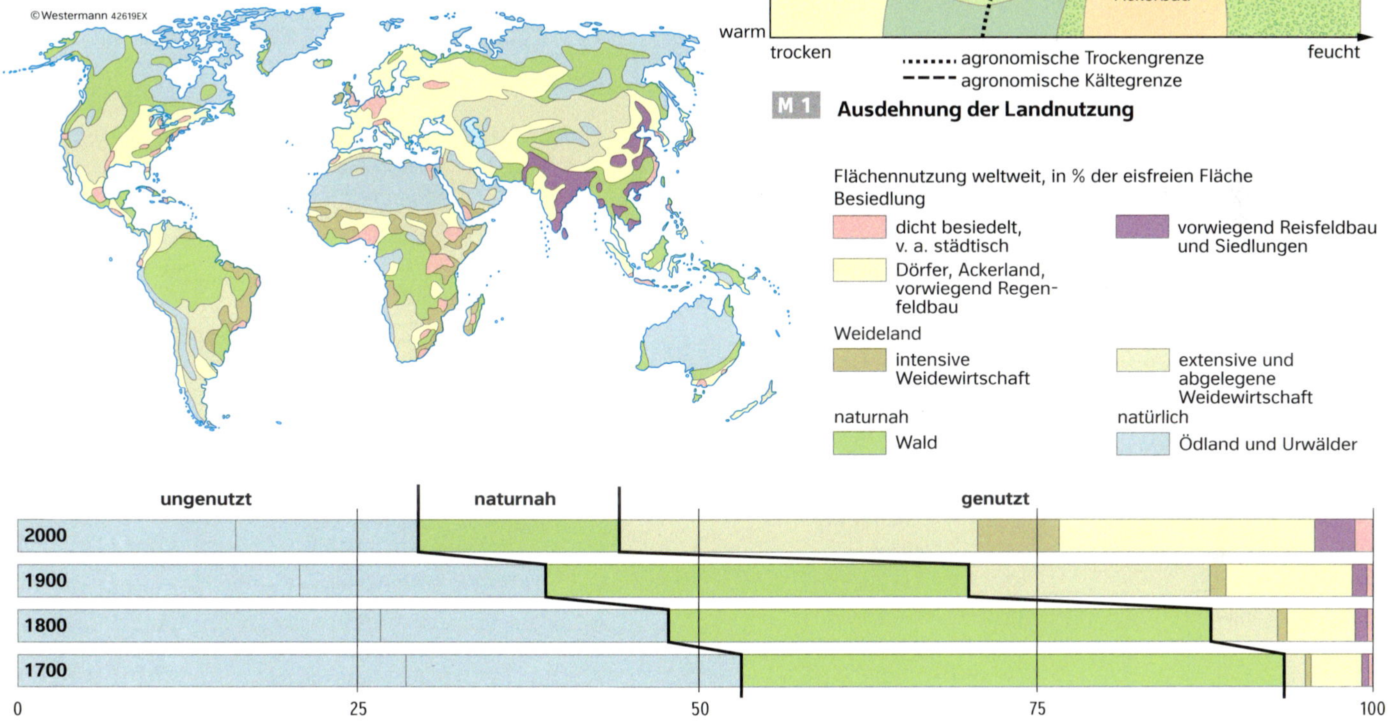

M 2 Menschliche Landnutzung und natürliche Ökosysteme

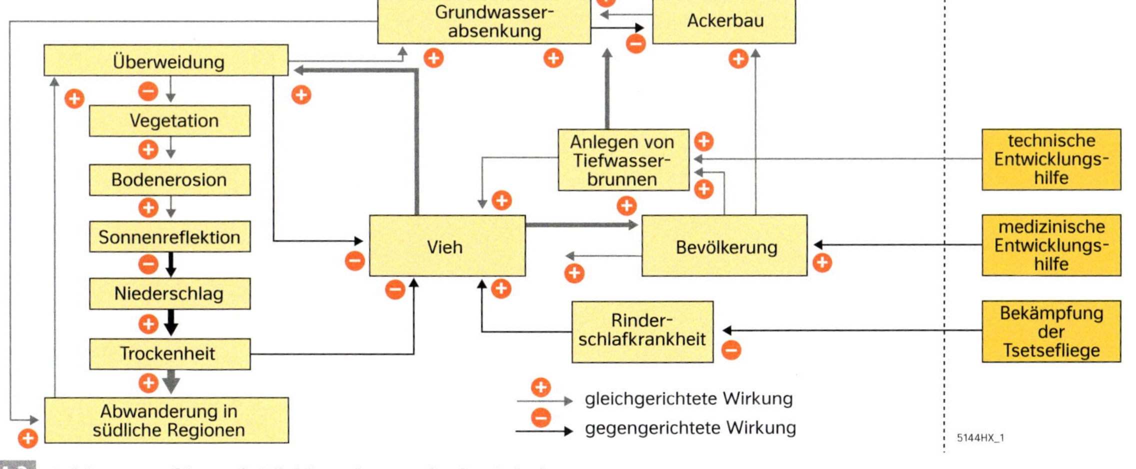

M 3 Wirkungsgefüge mit Rückkopplungen in der Sahelzone

WES-115548-004

|123RF.com, Hong Kong: cek23 3.4, 68.1. |action press, Hamburg: MEYER,MICHAEL 40.1. |akg-images GmbH, Berlin: 8.1. |Alamy Stock Photo, Abingdon/Oxfordshire: ACHILLEFS KATSAOUNIS 135.3; All Canada Photos 43.2; B.A.E. Inc. 110.1; Boethling, Joerg 139.3; Cecil, Charles O. 139.4; Chile DesConocido 100.1; Combre Stephane 103.1; Deb Prentice 73.2; Dieterich, Werner 52.1; EmmePi Images 60.1; Evans, Greg Balfour 73.3; FLHC 20216 17.2; frans lemmens 139.2; Heimaspa 43.3; imageBROKER 132.1; JONATHAN PLANT 135.2; lophius 100.2; lucky-photographer 126.1; Maidun Collection 128.1; Prisma by Dukas Presseagentur GmbH 58.1; Regalia, Marco 59.2; RR08 65.1; Sackermann, Joern 126.2; Stipek, Karel 129.4; Zoonar GmbH 57.2. |Bauer, Jürgen, Nierderrimsingen: 18.1, 42.1. |bpk-Bildagentur, Berlin: Nationalgalerie, SMB/ J. Liepe 98.1. |Bricks, Prof. Wolfgang, Erfurt: 118.2, 118.3, 119.2. |Bundesanstalt für Geowissenschaft und Rohstoffe (BGR), Hannover: 19.1. |Bundesanstalt Technisches Hilfswerk (THW), Bonn: THW 65.2. |DLR Deutsches Zentrum für Luft- und Raumfahrt, Weßling, OT Oberpfaffenhofen: 83.1. |dreamstime.com, Brentwood: Bidouze Stéphane 129.5. |Englert, Wolfgang, Freiburg: 50.1. |F1online, Frankfurt/M.: euroluftbild.de 37.1. |Faust, Dominik, Dresden: 121.2. |fotolia.com, New York: Allen.G 86.1; erichon 21.3; f9photos 3.1, 6.1; Hawlan, Dieter 22.1; juan35mm 152.1, 152.3; Marsh, Dan 96.1; oberfrank-list, doris 129.3. |Gehrke, Mahlberg: 79.1, 79.2, 79.3, 79.4. |GEOMAR Helmholtz-Zentrum für Ozeanforschung Kiel, Kiel: 27.1. |Gesellschaft für ökologische Forschung e.V., München: Baumeister, Oswald 62.1. |Getty Images, München: AFP/ROMEO GACAD 3.3, 124.1; AFP/SEYLLOU DIALLO 141.2; Hulton Archive 22.2; JOUAN/RIUS/GAMMA-RAPHO 18.2; NASA Images/500px Titel. |Google Earth: 134.1. |Google Inc., Hamburg: Google LLC 151.2. |Google Maps: 34.1. |Großheim, Prof. Dr. Martin, www.liportal.de, Passau: 154.1. |Imago, Berlin: blickwinkel 127.1. |Institut für Bodenwissenschaften, Göttingen: Ahl, Christian 119.3. |Interfoto, München: 38.1; Sammlung Rauch 31.1. |iStockphoto.com, Calgary: anankkml 130.2; Diana Lundin 152.2; Dronandy 150.1; Hailshadow 88.1; Mlenny 44.1, 84.1; tm_zml 130.1. |juniors@wildlife Bildagentur GmbH, Hamburg: D. Harms 101.4; M. Harvey 101.6. |K+S Minerals and Agriculture GmbH, Kassel: 119.4. |Karto-Grafik Heidolph, Dachau: 10.2, 11.1, 13.2, 13.3, 14.2, 17.3, 24.1, 29.1, 33.1, 50.2, 50.3, 51.4, 70.1, 71.1, 73.1, 74.1, 75.1, 76.1, 76.2, 77.1, 77.2, 79.5, 87.1, 87.2, 89.1, 89.3, 96.2, 99.1, 106.2, 115.1, 115.2, 117.2, 126.3, 133.3, 146.1, 153.1, 157.1. |Kartographie Michael Hermes, Hardegsen Hevensen: 9.1, 9.2, 10.1, 14.3, 15.1, 15.2, 15.3, 15.4, 16.1, 17.1, 21.1, 21.2, 22.3, 23.1, 25.1, 26.1, 26.2, 29.3, 30.1, 30.2, 31.3, 32.2, 40.2, 41.1, 41.2, 44.2, 46.2, 47.3, 48.2, 49.1, 49.2, 49.4, 51.1, 51.3, 52.2, 53.1, 56.2, 57.3, 59.5, 61.1, 61.2, 63.1, 63.2, 63.3, 64.1, 64.2, 66.1, 66.2, 83.2, 84.2, 85.1, 90.1, 91.1, 93.1, 93.2, 95.1, 97.1, 98.2, 101.1, 102.1, 106.1, 108.1, 110.2, 112.2, 113.1, 114.1, 115.3, 116.2, 117.1, 121.1, 122.1, 122.2, 123.1, 123.2, 123.3, 123.4, 128.3, 131.1, 132.2, 133.1, 135.1, 137.1, 138.1, 139.1, 141.1, 142.1, 142.2, 143.1, 144.1, 145.1, 145.2, 145.4, 146.2, 147.1, 148.1, 149.1, 149.2, 149.3, 149.4, 149.5, 151.1, 155.1, 156.1, 156.2. |Keis, Heike, Rödental: 31.2. |Landeshauptarchiv Koblenz, Koblenz: LHA KO/Rittstieg, Gustav 37.2. |LWL-Denkmalpflege, Landschafts- und Baukultur in Westfalen, Münster: Brückner, Arnulf (1969) 20.2; Ludorff, Albert (1908) 20.1. |MARUM - Zentrum für Marine Umweltwissenschaften, Universität Bremen, Bremen: 29.2. |mauritius images GmbH, Mittenwald: imageBROKER 129.2; imagebroker/J.W.Alker 55.2; Pott, Eckart 129.1. |Mende, Achim, Überlingen: 32.1. |Meyer, Jean-Yves Hiro, Papeete, Tahiti: Englund, Ron 128.2. |Mineralienatlas, Kirchseeon: Peter Seroka für https://www.mineralienatlas.de 19.2. |Mithoff, Stephanie, Gehrden: 8.2, 12.1, 21.4, 21.5, 35.1, 43.1, 101.2, 120.3, 140.2, 141.3, 147.2, 166.1. |Morgeneyer, Frank, Leipzig: 46.1, 47.1, 47.2, 94.1, 101.3, 133.2, 137.2, 137.3, 137.4. |NASA, Washington: 89.2. |Ochsenwadel, Brigitte, Möckmühl: 18.3. |OKAPIA KG - Michael Grzimek & Co., Frankfurt/M.: BIOS/Labat, Jean-Michel 116.1. |PantherMedia GmbH (panthermedia.net), München: Schneider, Robert 51.2. |Picture-Alliance GmbH, Frankfurt/M.: AP Photo/Alvaro Barrientos 145.3; dpa/epa Gupta 88.2; dpa/Hoogervorst, F. 127.2; dpa/Kneffel, Peter 153.2; ZB/euroluftbild.de/Blossey, Hans 37.3. |Regierungspräsidium Freiburg Landesamt für Geologie, Rohstoffe und Bergbau, Freiburg im Breisgau: Abbildung 2 aus LGRB-Informationen 18 (2006) - Landesamt für Geologie, Rohstoffe und Bergbau im Regierungspräsidium Freiburg, genehmigt unter Az. 2851.3//21-4978 53.2, 53.3; „Foto aus LGRBwissen - Landesamt für Geologie, Rohstoffe und Bergbau im Regierungspräsidium Freiburg, https://lgrbwissen.lgrb-bw.de), genehmigt unter Az. 2851.3//21-2330“ 14.1. |Rieke, Michael, Hannover: 119.1. |Schmidt, Marianne, Teningen: 59.1, 112.1, 118.1, 120.1, 120.2. |Schobel, Ingrid, Hannover: 35.3, 45.1, 55.1. |Science Photo Library, München: DENNIS KUNKEL MICROSCOPY 5.1. |Shutterstock.com, New York: 2017 Quintanilla 104.1; Gerhardinger, Andreas 56.1; Quintanilla 3.2; Thompson, Mel 39.1; Witte, Marc 23.2. |stock.adobe.com, Dublin: artographer34 54.1; aufwind-luftbilder 48.1; greenpapillon 49.3; M.Dörr & M.Frommherz 101.5; Schultheiss, Ralf 59.3. |U.S. Geological Survey/Cascades Volcano Observatory, Washington: courtesy of the U.S. Geological Survey/T.P. Miller 59.4. |UNESCO Global Geopark Schwäbische Alb, Schelklingen: Stadtarchiv Ehingen (Donau) 57.1. |United States Federal Government: 13.1. |Waldeck, Winfried, Dannenberg: 35.2. |Wetterzentrale, Bad Herrenalb: EUMETSAT 2021 80.1. |World Vision Deutschland e.V., Friedrichsdorf: 140.1.

Entwicklung der Lebewesen

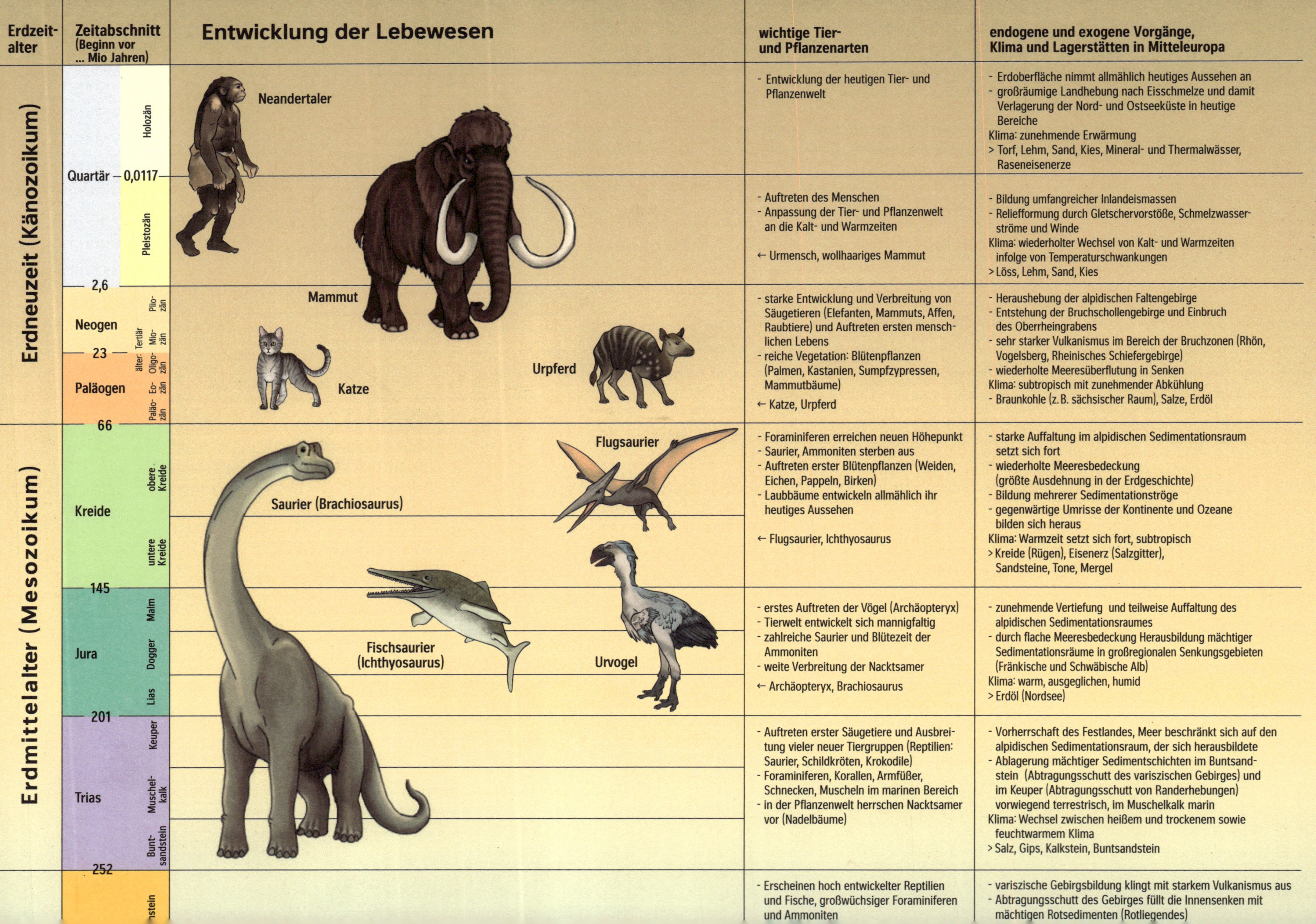

Erdzeitalter	Zeitabschnitt (Beginn vor ... Mio Jahren)	wichtige Tier- und Pflanzenarten	endogene und exogene Vorgänge, Klima und Lagerstätten in Mitteleuropa
Erdneuzeit (Känozoikum)	Quartär – 0,0117 – Holozän	- Entwicklung der heutigen Tier- und Pflanzenwelt	- Erdoberfläche nimmt allmählich heutiges Aussehen an - großräumige Landhebung nach Eisschmelze und damit Verlagerung der Nord- und Ostseeküste in heutige Bereiche Klima: zunehmende Erwärmung > Torf, Lehm, Sand, Kies, Mineral- und Thermalwässer, Raseneisenerze
	Pleistozän 2,6	- Auftreten des Menschen - Anpassung der Tier- und Pflanzenwelt an die Kalt- und Warmzeiten ← Urmensch, wollhaariges Mammut	- Bildung umfangreicher Inlandeismassen - Reliefformung durch Gletschervorstöße, Schmelzwasserströme und Winde Klima: wiederholter Wechsel von Kalt- und Warmzeiten infolge von Temperaturschwankungen > Löss, Lehm, Sand, Kies
	Neogen (Pliozän, Miozän) 23 Paläogen (Oligozän, Eozän, Paläozän) älter: Tertiär 66	- starke Entwicklung und Verbreitung von Säugetieren (Elefanten, Mammuts, Affen, Raubtiere) und Auftreten ersten menschlichen Lebens - reiche Vegetation: Blütenpflanzen (Palmen, Kastanien, Sumpfzypressen, Mammutbäume) ← Katze, Urpferd	- Heraushebung der alpidischen Faltengebirge - Entstehung der Bruchschollengebirge und Einbruch des Oberrheingrabens - sehr starker Vulkanismus im Bereich der Bruchzonen (Rhön, Vogelsberg, Rheinisches Schiefergebirge) - wiederholte Meeresüberflutung in Senken Klima: subtropisch mit zunehmender Abkühlung - Braunkohle (z. B. sächsischer Raum), Salze, Erdöl
Erdmittelalter (Mesozoikum)	Kreide (obere Kreide, untere Kreide) 145	- Foraminiferen erreichen neuen Höhepunkt - Saurier, Ammoniten sterben aus - Auftreten erster Blütenpflanzen (Weiden, Eichen, Pappeln, Birken) - Laubbäume entwickeln allmählich ihr heutiges Aussehen ← Flugsaurier, Ichthyosaurus	- starke Auffaltung im alpidischen Sedimentationsraum setzt sich fort - wiederholte Meeresbedeckung (größte Ausdehnung in der Erdgeschichte) - Bildung mehrerer Sedimentationströge - gegenwärtige Umrisse der Kontinente und Ozeane bilden sich heraus Klima: Warmzeit setzt sich fort, subtropisch > Kreide (Rügen), Eisenerz (Salzgitter), Sandsteine, Tone, Mergel
	Jura (Malm, Dogger, Lias) 201	- erstes Auftreten der Vögel (Archäopteryx) - Tierwelt entwickelt sich mannigfaltig - zahlreiche Saurier und Blütezeit der Ammoniten - weite Verbreitung der Nacktsamer ← Archäopteryx, Brachiosaurus	- zunehmende Vertiefung und teilweise Auffaltung des alpidischen Sedimentationsraumes - durch flache Meeresbedeckung Herausbildung mächtiger Sedimentationsräume in großregionalen Senkungsgebieten (Fränkische und Schwäbische Alb) Klima: warm, ausgeglichen, humid > Erdöl (Nordsee)
	Trias (Keuper, Muschelkalk, Buntsandstein) 252	- Auftreten erster Säugetiere und Ausbreitung vieler neuer Tiergruppen (Reptilien: Saurier, Schildkröten, Krokodile) - Foraminiferen, Korallen, Armfüßer, Schnecken, Muscheln im marinen Bereich - in der Pflanzenwelt herrschen Nacktsamer vor (Nadelbäume)	- Vorherrschaft des Festlandes, Meer beschränkt sich auf den alpidischen Sedimentationsraum, der sich herausbildete - Ablagerung mächtiger Sedimentschichten im Buntsandstein (Abtragungsschutt des variszischen Gebirges) und im Keuper (Abtragungsschutt von Randerhebungen) vorwiegend terrestrisch, im Muschelkalk marin Klima: Wechsel zwischen heißem und trockenem sowie feuchtwarmem Klima > Salz, Gips, Kalkstein, Buntsandstein
	...nstein	- Erscheinen hoch entwickelter Reptilien und Fische, großwüchsiger Foraminiferen und Ammoniten	- variszische Gebirgsbildung klingt mit starkem Vulkanismus aus - Abtragungsschutt des Gebirges füllt die Innensenken mit mächtigen Rotsedimenten (Rotliegendes)